Führungswissen für kleine und mittlere Unternehmen
Band 1

Kurt Nagel
Heinz Stark

Marketing und Management

Das Standard-Lehrwerk für den Studiengang Betriebswirt des Handwerks, entwickelt im Auftrag der Landesakademie Baden-Württemberg

Band 1

Förschler/Hümer/Rössle/Stark (Hrsg.)
Führungswissen für kleine und mittlere Unternehmen

Kurt Nagel/Heinz Stark

Marketing und Management

4., völlig neu bearbeitete Auflage 2009

Holzmann Buchverlag

4., völlig neu bearbeitete Auflage 2009

Herstellung: abavo GmbH, Buchloe
Art.-Nr. 1821.04
ISBN 978-3-7783-0706-9
Printed in Germany

Teil I: Marketing (Dr. Heinz Stark)

Teil I: Marketing (Dr. Heinz Stark)

1. Marketing – zentraler Erfolgsfaktor des Unternehmens

1.1 Marketing als Managementaufgabe – ein Überblick

Marketing ist keine Wissenschaft vom „besseren" Verkaufen von Produkten und Dienstleistungen. Mit Marketing bezeichnet man vielmehr jenes **Denken,** dass ein Unternehmen nach den Bedürfnissen und Wünschen der Kunden geführt werden muss, wenn es Erfolg haben soll.

Marketing als kundenbezogene Unternehmensführung

Marketing ist mehr als Werbung und Verkauf. Marketing ist eine konkrete Aufgabe der Unternehmensführung.

Marketing ist eine Grundhaltung bei der Führung eines Unternehmens, die auch als **„kundenbezogene Unternehmensführung"** bezeichnet werden kann. Das bedeutet, dass Leistungsangebot, Leistungserbringung und Verhalten im Umgang mit den Kunden von deren Wünschen und Erwartungen an das Unternehmen bestimmt werden.

Marketing, Definition

Marketing bedeutet: Bewusste, geplante Ausrichtung des gesamten Unternehmens auf jene privaten und geschäftlichen Kunden, Kundengruppen und Kundenwünsche, mit denen die Unternehmensziele, speziell das Gewinnziel, am besten zu verwirklichen sind.

Entscheidend ist nicht, was das Unternehmen technisch-kaufmännisch an Leistungen bieten kann, sondern was der einzelne Kunde will! **Der Kunde ist der Bezugspunkt allen unternehmerischen Handelns,** denn durch seine Kaufentscheidung und seine spätere Zufriedenheit entscheidet er wesentlich über die Zukunftsaussichten eines Unternehmens im Umfeld seiner Mitbewerber.

Zufriedene Kunden

„Dem Unternehmen geht es gut, wenn seine Kunden mit der Gesamtleistung zufrieden sind!"

Jedes Unternehmen muss die Veränderungen in seinem Umfeld, speziell bei Mitbewerbern und Kunden, erkennen und möglichst zu seinem Vorteil nutzen. Das bedeutet dauernde Suche nach Problemen und Wünschen möglicher Kunden, um dann kundengerechte Leistungen zu entwickeln, anzubieten und gewinnorientiert zu verkaufen. Dabei muss in den Augen des Kunden ein im Vergleich zu Mitbewerbern vorteilhaftes „Preis-Leistungs-Verhältnis" geboten werden und eine zuverlässige Leistungserbringung erfolgen. Denn erst eine subjektiv als positiv empfundene Übereinstimmung von erwarteter und erhaltener Leistung macht aus einem „Kunden" einen „zufriedenen Kunden"! Und zufriedene Kunden werden häufig zu treuen Kunden mit geringer Neigung zum Wechseln.

Daher sollten die gesamten **Marketingaktivitäten** eines Unternehmens darauf ausgerichtet sein, von bisherigen Kunden ertragswirksame Aufträge zu erhalten, Neukunden zu gewinnen und diese über **Kundenzufriedenheit** und **Kundenbindung** zu Stammkunden zu machen.

Kundenbindung

Kundengewinnung, Kundenzufriedenheit und Kundenpflege sind wesentliche Voraussetzungen für **Kundenbindung** und für eine positive Imagebildung durch Mund-zu-Mund-Werbung.

Marketingaufgaben

Einige der wichtigsten **Marketingaufgaben** sind in nachfolgender Abbildung kurz zusammengefasst.

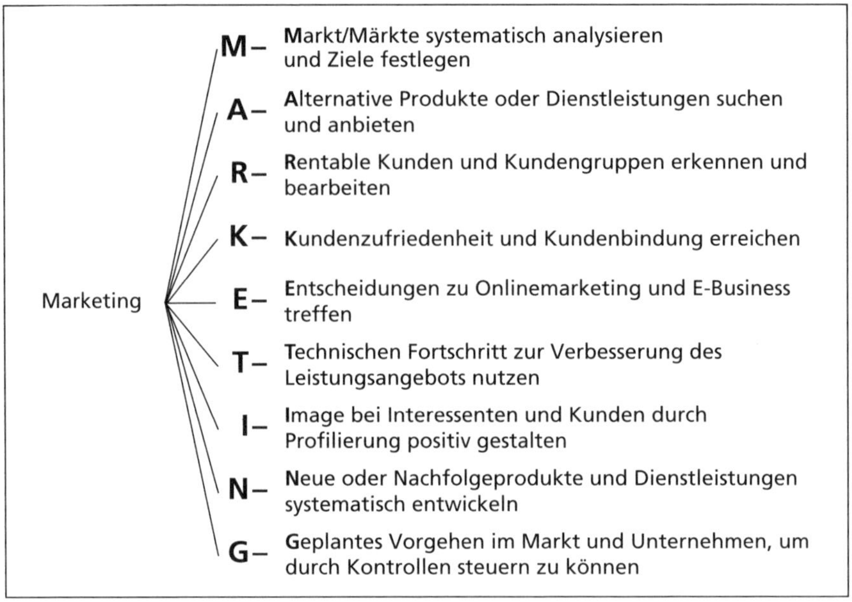

Marketing

zentrale Marketingentscheidung

Damit diese Aufgaben koordiniert und erfolgswirksam durchgeführt werden können, müssen in der **Marketingpraxis** eines jeden Unternehmens – ganz besonders in den kleinen und mittelgroßen – mindestens vier **zentrale Entscheidungen im Marketing** getroffen werden.

(1) Geschäftsfelder: Welche Bedarfe will das Unternehmen bearbeiten?

Geschäftsfelder

Ermittlung und Festlegung des Geschäftszweckes, d. h. jener Problemfelder und Bedarfe, für die das Unternehmen ertragswirksame Leistungen anbieten möchte.

Aus den möglichen Tätigkeitsbereichen des Unternehmens werden jene ausgesucht, die als **strategische Geschäftsfelder (SGF)** Gegenstand der Geschäftstätigkeit des Unternehmens sind.

(2) Marketingziele: Was will das Unternehmen im Markt erreichen?

Marketingziele

Hier sind für die einzelnen Geschäftsfelder strategische und operative Marktziele festzulegen. **Strategische Marketingziele** betreffen langfristig in den einzelnen SGF, bei Kundengruppen oder in Absatzgebieten angestrebte Marktpositionen (z. B. größter, ertragsstärkster oder innovativster Anbieter unter den Mitbewerbern oder Kosten- oder Qualitätsführer in einem bestimmten Markt oder bei bestimmten Leistungen). Strategische Marketing-Ziele als Handlungsvorgaben in einem Geschäftsfeld sind z. B.

- Markterschließung,
- Marktausweitung,
- Marktsicherung und
- Marktverzicht.

Strategische Marketingziele werden mit Marketingstrategien und kurzfristig realisierbaren, **operativen Marketingzielen** verwirklicht. Dies sind Mittel oder Instrumente zur Erreichung der strategischen Ziele in den Absatzmärkten.

(3) Marketing-Strategien: Wie will das Unternehmen im Markt vorgehen?

Zur Verwirklichung der Marketingziele in den Geschäftsfeldern hat das Unternehmen Marketingstrategien als zielführendes Vorgehen am Markt zu entwickeln und einzusetzen. Zur Vermeidung von Zersplitterung der Kräfte (Ressourcen) und zur Steigerung der Wirksamkeit der eingesetzten finanziellen Mittel und der Mitarbeiter ist ein koordiniertes und konzentriertes Vorgehen im Betrieb und bei den Kunden wichtig.

Marketing-strategien

Folgende **Marketingstrategien** haben sich als besonders wirksam erwiesen, wenn sie vom Unternehmen koordiniert eingesetzt werden:

- Wettbewerbsstrategie
- Profilierungsstrategie
- Wachstumsstrategie
- Marktbearbeitungsstrategie
- Absatzmarktstrategie

Trifft ein Unternehmen hierzu keine Entscheidungen, wird es seine Unternehmensziele, speziell seine Gewinnziele, nicht oder nur schwer erreichen. Denn der Umfang der operativen Marketingziele ist abhängig von den gewählten Marketingstrategien und dem Mix der Marketinginstrumente, mit denen die Marktziele insgesamt erreicht werden sollen.

(4) Marketing-Mix: Womit will das Unternehmen seine Marktziele erreichen?

Hier geht es um die Frage nach den Maßnahmen, mit denen die Marketingstrategien umgesetzt und die strategischen und operativen Marketingziele erreicht werden sollen. Es geht um Auswahl und Einsatz von geeigneten **Marketing-Management-Instrumenten.**

Marketing-Management-Instrumente

Es sind 3 Arten von Marketing-Management-Instrumenten zu unterscheiden:
- Informationsinstrumente (Marktforschung, Betriebsanalyse)
- Gestaltungsinstrumente (Maßnahmen zur Kundenbeeinflussung)
- Steuerungsinstrumente (Planung und Kontrolle)

Marketing-Mix

In der Praxis werden im Allgemeinen nur die **Gestaltungsinstrumente** als Marketinginstrumente bezeichnet. Sie stellen die wichtigsten Maßnahmen zur Kundenbeeinflussung und damit zur Erreichung der Marktziele dar. Diese Instrumente werden nicht isoliert, sondern stets kombiniert eingesetzt. Dies ergibt dann pro Geschäftsfeld einen inhaltlich und zeitlich aufeinander abgestimmten **Marketing-Mix.** Der Marketing-Mix mit der stärksten Kundenorientierung schafft die kaufentscheidende Profilierung und Positionierung gegenüber den Mitbewerbern und stärkt die Ertragsaussichten nachhaltig.

Zusammenfassend soll die **zentrale Bedeutung von Marketingaktivitäten** für den Erfolg eines Unternehmens noch an einem Beispiel verdeutlicht werden:

Beispiel:

Vergleicht man ein Unternehmen z. B. mit einem Auto mit Gangschaltung und Navigationsgerät, dann erfüllt Marketing im Unternehmen beide Funktionen. Marketing dient zum einen wie ein „Navi" oder Kompass der Wegbestimmung zu zufriedenen Kunden im Umfeld von mehr oder weniger aggressiven Mitbewerbern. Und wie die Wahl des geeigneten Ganges beim Autofahren über die Geschwindigkeit und den Kraftstoffverbrauch bis zur Zielerreichung entscheidet, so wirken Marketingentscheidungen zum Erreichen der Marktziele des Unternehmens.

Die Wahl der Marketingstrategien und des Marketing-Mix für die einzelnen Geschäftsfelder bestimmt, in welchem Umfang und mit welchem Einsatz an Finanzen und Personal die angestrebten Markt- und Ertragsziele des Unternehmens erreicht werden.

Marketing als Führungsaufgabe

Marketing als aktive Kundengewinnung und aktive Kundenbeeinflussung ist eine der wichtigsten ertragsbestimmenden Aufgaben der Führungskräfte und Mitarbeiter eines Unternehmens.

1.2 Marketingmanagement

1.2.1 Marketingkonzept und Marketingpolitik

Marketingmanagement, Rahmenbedingungen

Die überlebenswichtige Bedeutung gezielter Marketingaktivitäten erfordert zielgerichtete Planung, Gestaltung, Koordination und Kontrolle aller nachfragewirksamen Ziele, Strategien und Maßnahmen. Dabei gilt es im Rahmen des **Marketingmanagements,** zunächst die externen Rahmenbedingungen (siehe „3K-Informationen" im Kapitel 3.2 „Marktforschung") und die internen

Gegebenheiten (z. B. Produktions-, Finanz- und Personalkapazitäten) im Hinblick auf ihren Einfluss auf die Wahl erfolgsträchtiger Geschäftsfelder zu bewerten. Geeignete Instrumente hierzu sind u. a. Stärken-Schwächen-Analysen, Chancen-Risiken-Analysen oder Portfolio-Analysen (Näheres siehe Kapitel 3.3 „Unternehmensanalyse"). Die hierbei gewonnenen Erkenntnisse ergeben in der Regel ein gutes Bild über Situation und Möglichkeiten des Unternehmens. Diese Bewertungen sind die Voraussetzung zur Entwicklung einer realitätsnahen Marketingkonzeption.

Wer Marketing betreibt, sieht im Kunden den Drehpunkt unternehmerischen Handelns!

Marketingkonzeption

Unter **Marketingkonzeption** versteht man die Gesamtheit aller strategischen und operativen Entscheidungen eines Unternehmens zur Kundengewinnung und Kundenbeeinflussung. Sie umfasst folgende Entscheidungen (Planungen):

- Geschäftsfeldwahl
- Strategische Marketingziele
- Marketingstrategien
- Operative Marketingziele
- Marketinginstrumente (Marketing-Mix)

Diese Elemente einer Marketingkonzeption sind inhaltliche Schwerpunkte dieses Beitrags und werden daher in den folgenden Kapiteln ausführlicher behandelt.

Marketingpolitik

Wie das Marketingkonzept konkret umgesetzt und zielführend angepasst wird, ist Gegenstand der **Marketingpolitik** als **Teil der Unternehmenspolitik,** in der über betriebs- und marktgerichtete Ziele, Strategien und Maßnahmen zur Erreichung der Unternehmensziele entschieden wird. Die Marketingpolitik ist das Ergebnis der an einem bestmöglichen Erreichen der Unternehmensziele ausgerichteten Durchführung folgender **Aufgaben des Marketingmanagements:**

Aufgaben des Marketingmanagements

- Die **Gestaltungsaufgabe** befasst sich mit der strategiegerechten Erarbeitung und Festlegung von operativen Marketingzielen und konkreten Maßnahmen bei den einzelnen Marketinginstrumenten für die einzelnen Geschäftsfelder.
- Die **Koordinationsaufgabe** betrifft die inhaltliche und zeitliche Abstimmung bei den operativen Marketingzielen und -maßnahmen zur Durchsetzung der geplanten Marketingstrategien.
- Die **Steuerungsaufgabe** besteht zum einen in der Planung und laufenden Überprüfung und Steuerung durch Anpassung der Marketingmaßnahmen, um die operativen Marketing- und Unternehmensziele zu erreichen. Zum anderen geht es um spätere, ergebnisbezogene Kontrollen in Form von Soll/Ist-Vergleichen mit Abweichungsanalysen, um Hinweise für künftige Marketingziel- und Maßnahmenplanungen zu erhalten.

Die **Hauptaufgaben des Marketingmanagements** sind in der nachfolgenden Abbildung nochmals kurz dargestellt.

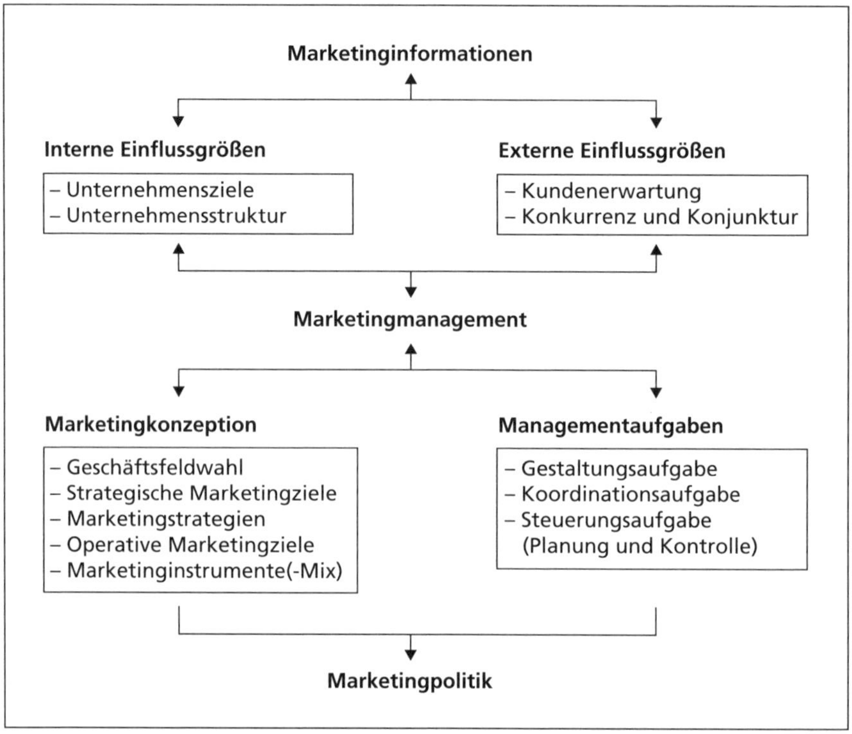

Hauptaufgabenfelder des Marketing-Managements

Die Gestaltungsaufgabe wird im Kapitel 4 „Gestaltungsinstrumente" ausführlich behandelt. Die Koordinations- und Kontrollaufgabe ist Gegenstand der Ausführungen im Kapitel 5 „Steuerungsinstrumente".

1.2.2 Marketing im Zeitalter des Internets

Marketing im Internet

Im Wettbewerb um Kunden und Aufträge nutzen immer mehr Unternehmen ergänzend elektronische Medien, speziell das Internet. Das Internet wird zunehmend für die Informationsbeschaffung wie auch für die Kundenbeeinflussung eingesetzt. Auch als zusätzlicher Absatzweg gewinnt es zunehmend an Bedeutung. Man spricht heute bereits vom Internet-Zeitalter, denn immer mehr gewerbliche und private Internetnutzer sind heute als Anbieter und Nachfrager online aktiv. Marketingaktivitäten im Internet sind heute nicht mehr wegzudenken. Welche Überlegungen bei einem Internet-Auftritt eines Unternehmens zu beachten sind, ist kurz in nachstehender Abbildung zusammengefasst.

In manchen Branchen wie z. B. der Telekommunikation wurde der traditionelle indirekte Absatz, hier über den Elektrofachhandel, durch den Online-Direktabsatz über das Internet nahezu zur Bedeutungslosigkeit gebracht. Die Schaffung neuer Online-Geschäftsfelder beim einen Unternehmen hat zum Verlust von Geschäftsfeldern bei anderen Unternehmen geführt. Die Erwartungen und Wünsche der Kunden haben sich geändert und Online-Unternehmen bieten kundengerechte Leistungen häufig zu einem besseren Preis-Leistungs-Verhältnis an. Oft wird auch von **„Electronic-Marketing"** oder **„Online-Marketing"** als zusätzlichem Element in der Marketingkonzeption gesprochen. Dabei kann der Einsatz des Internets von der Unterstützung einzelner traditioneller Marketingaktivitäten durch spezifische Online-Maßnahmen bis hin zur Entwicklung einer Online-Vermarktungsstrategie gehen.

Online-Unternehmen

Elektronic-Marketing

Chancen durch das Internet

Markt- und wettbewerbs-bezogene Fragestellungen	Ausgewählte Fragestellungen	Chancen durch das Internet
Eigenes Produkt-/ Leistungsangebot	Welche Möglichkeiten bietet das Internet, um den Kundennutzen zu erhöhen? – Geringerer Preis – Bequemere Distribution – Bessere Information – Höherer Value-to-Customer	Verbesserung der Kundenorientierung
Wettbewerb	Können durch einen Marktauftritt im Internet Wettbewerbsvorteile erzielt werden?	Verbesserung der Wettbewerbssituation
Absatz/ Marktanteil	Lassen sich durch das Internet – neue Zielgruppen adressieren? – neue Kunden in bestehenden Zielgruppen erreichen? – neue (internationale) Märkte leichter erschließen? – Kunden von Wettbewerbern gewinnen? Welche Möglichkeiten bietet der Internet-Auftritt zur Steigerung der Kundenbindung?	Steigerung des Unternehmenswachstums/des Marktanteils

Markt- und wettbewerbsbezogene Fragen zu einem Internetauftritt

Online-Marketing

Einzelne (isolierte) Online-Marketingaktivitäten (z. B. eine Übersicht über die Leistungspalette oder Glückwünsche zum Geburtstag über das Internet o. Ä.), die im Marketing-Mix ergänzend und unterstützend eingesetzt werden, haben keine oder nur geringe Wirkung. Dies gilt auch für die Einrichtung einer Homepage im Internet, wenn diese nicht durch zusätzliche Online-Marketingaktivitäten ergänzt wird. Ein Auftritt im Internet muss kundengerecht informativ und handlungsauslösend gestaltet sein. Dies kann im Allgemeinen nur mit einem Mix von Online-Marketingmaßnahmen erreicht werden.

E-Business

Zum anderen kann das Internet auch die Plattform für eine neue Strategie „Elektronischer Verkauf" sein, was auch mit **„E-Business"** bezeichnet wird (siehe Kapitel 4.6 „E-Business"). Mit diesem Vorgehen können auch neue Geschäftsfelder erschlossen werden. Aber in der Regel ist „E-Business" mit seinen Online-Aktivitäten eine Ergänzung des traditionellen Vertriebs mit seinen Offline-Marketingaktivitäten. Als Beispiel sei hier auf den zweigleisigen Vertrieb des Kaffeeherstellers Tchibo hingewiesen. Tchibo verkauft seine Produkte über Depots und Filialen (traditionell) und gleichzeitig über das Internet (online). Im Nahrungsmittelhandwerk, z. B. Metzgereien, werden Mittagsmenüs und Partyservice mittlerweile im Internet angeboten (online); abgeholt werden sie im Laden oder sie werden zum Kunden gebracht (traditionell). Dieses Beispiel ist typisch für alle handwerklichen Dienstleistungsunternehmen.

Kombinationen von Online- und Offline-Marketing

Die grundsätzlichen Möglichkeiten des Einsatzes von Internet im Marketing ist nachfolgend nochmals kurz dargestellt.

elektronische Marketingaktivitäten

INTERNET
(elektronische Marketingaktivitäten)

E-Marktforschung	**E-Marketing**	**E-Business**
(online-Datengewinnung)	(online-Information an Interessenten)	(online-Vertrieb)
– Nutzung von Datenbanken – Suchmaschinen – www-Kataloge – Befragungen – Beobachtungen	einzelne oder mehrere Online-M-Aktivitäten wie z. B. – Homepage – Leistungsübersicht – Online-Marketing-Mix	Marketing und Vertrieb im Internet als – eigenständiges Geschäftsfeld – ergänzend zum traditionellen Vertrieb

Der Einsatz von Internet im Marketing

Heute gehört es zum Standard in jedem mittelständischen Marketing, für Kunden attraktive und wertvolle Informationen und Angebote im Internet bereit zu stellen. Das Internet bringt das Untenehmen und seine Leistungen näher und schneller zum Kunden – und das ohne unmittelbare Störung durch Mitbewerber.

Kundennähe durch Internet

Ein Auftritt im Internet schafft räumliche und zeitliche Kundennähe! Unternehmen sehen die Vorteile des E-Business deutlich, wie die nachfolgende Abbildung zeigt.

Motive für Internetauftritt

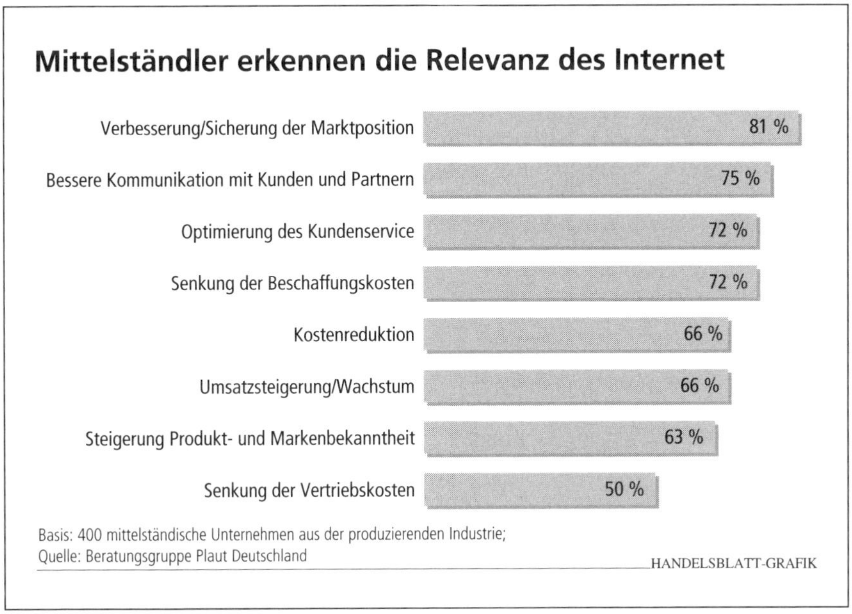

Motive für E-Business-Aktivitäten

Voraussetzung für einen erfolgreichen Internetauftritt ist eine bewusste Einbindung in die Marketingaktivitäten des Unternehmens – und eine laufende Aktualisierung der Informationen. Im Internet treibt den Kunden nichts schneller zum Mitbewerber als veraltete und damit „wertlose" Informationen!

1.3 Wahl der Geschäftsfelder

Geschäftsfeldwahl

Unter **Geschäftsfeldwahl** wird die Ermittlung und Festlegung jener Problemfelder (Bedarfe) verstanden, für die das Unternehmen Leistungen anbieten könnte. Aus diesen Möglichkeiten werden jene Tätigkeitsfelder bestimmt, die das Unternehmen für geeignet hält, seine Ziele, insbesondere das Gewinnziel, am besten zu realisieren. Diese ausgewählten Tätigkeitsfelder werden auch als **strategische Geschäftsfelder (SGF)** des Unternehmens bezeichnet. Sie bilden die Grundlage der Geschäftstätigkeit des Unternehmens.

Strategische Geschäftsfelder (SGF)

Mögliche Geschäftsfelder des Unternehmens ergeben sich meist aus der Zugehörigkeit zu einzelnen Branchen (z. B. Nahrungs- und Genussmittel, Metallverarbeitung, Maschinenbau, Groß- oder Einzelhandel) oder aus erlernten Berufen (im Handwerk z. B. Bäcker, Schlosser, Installateur oder Gebäudereiniger). Die Bedarfe oder Bedarfsbündel treten bei verschiedenen Bedarfsträgern (potenzielle Kundengruppen) auf, die sich unterschiedlichen geografischen Wirtschaftsgebiete (lokaler, regionaler, nationaler Markt) zuordnen lassen. Daher ist beim **Festlegen der SGF** zu entscheiden,

- welche Bedarfe oder Bedarfsbündel,
- welche Kundengruppen (Bedarfsträger) und
- welche Absatzgebiete

vom Unternehmen als **Märkte für künftige Leistungen** bearbeitet werden sollen. Aus Gründen der Chancen- und Risikenoptimierung sollte das Unternehmen stets auf mehreren voneinander unabhängigen, eigenständigen SGF tätig sein. Dabei lassen sich durch gezielte Kombination der Bestimmungsmerkmale **innerhalb eines SGF verschiedene Absatzmärkte** bilden.

Bestimmung von strategischen Geschäftsfeldern

Strategische Geschäftsfelder
Bestimmungsmerkmale

Bedarfe	**Kunden**	**Absatzgebiete**
– Produkte	– Gewerbebetriebe - Industrie, Handwerk - Handel, Banken, Vers.	– lokal
– Dienstleistungen	– Öffentliche Hand	– regional
– Leistungsbündel (Kombination)	– Privatkunden	– national
– Neubedarf		– europäische Länder
– Reparaturbedarf		– sonstiges Ausland

Ansatzpunkte zur Bestimmung von Geschäftsfeldern

„Generalist" oder „Spezialist"

Durch enge oder weite Kombination der Bestimmungsmerkmale werden Zahl und Umfang der SGF und der Absatzmärkte bestimmt. Hier entscheidet sich das Unternehmen, ob es mehr als **„Generalist"** oder als **„Spezialist"** am Markt aktiv werden will. Dies soll beispielhaft am Bedarfsfeld „Raum-Klimatisierung" dargestellt werden:

- mögliche Bedarfe:
  - Klimatisierung von Gebäuden aller Art (= Generalist)
  - Klimatisierung von Geschäftsräumen (= Spezialist)
- mögliche Kunden:
  - Klimatisierung von Räumen aller Bedarfsträger (= Generalist)
  - Klimatisierung von Kühlräumen (= Spezialist)
- mögliche Gebiete:
  - Leistungen innerhalb Europas (= Generalist)
  - einzelne regionale Märkte (= Spezialist)

Auswahl der Absatzmärkte

Die **Auswahl der SGF** und der **Absatzmärkte** des Unternehmens haben nach Chancen-Risiken-Abwägung und nach Kapazitäts-, Kosten- und Ertragsgesichtspunkten zu erfolgen. Dies kann dazu führen, dass interessante regionale Märkte z. B. wegen zu großer Entfernung der Bedarfsträger vom Betrieb nicht berücksichtigt werden. So kann z. B. das Risiko eines späteren starken Preisverfalls durch lokale Anbieter nicht abgeschätzt werden, die Kosten der persönlichen Auftragsgewinnung sind zu hoch, oder der logistische Aufwand ist nicht vertretbar.

Dies könnte im Beispiel „Raum-Klimatisierung" als SGF dazu führen, dass hier „Klimatisierung von Privatwohnungen im Großraum Stuttgart" anstatt „Klimatisierung von Privatwohnungen in Baden-Württemberg und Bayern" als Absatzmarkt gewählt wird.

Da die Wahl der SGF eine langfristige Bedeutung für das Unternehmen hat, ist die Einschätzung der Chancen und Risiken auf den vorgesehenen Märkten enorm wichtig. Fehlentscheidungen bei der Wahl von SGF können für das Unternehmen existenzbedrohend werden.

Entwicklungsstadien von strategischen Geschäftsfeldern

Das Chancen- und Risikopotenzial von SGF ist davon abhängig, wie „alt" es ist; wie lange schon Leistungen zur Befriedigung entsprechender Kundenbedürfnisse von Unternehmen angeboten werden. So lassen sich ähnlich wie beim Produktlebenszyklus (siehe Kapitel 4.2.1.2 „Einfluss des Produktlebenszyklus") folgende **Entwicklungsstadien von SGF** erkennen:

- **Junge SGF:** Diese sind geprägt vom Anreiz, in diese Märkte mit innovativen Leistungen, die bislang noch nicht angeboten wurden, einzutreten. Hier liegt ein hohes Chancen-Risiko-Potenzial, das sich aus konkurrenzloser Alleinstellung im Angebot einerseits und Unkenntnis sowie nur vereinzelter Kaufbereitschaft der potenziellen Kunden andererseits ergibt.
- **Expandierende SGF:** Hier einzusteigen, ist für das Unternehmen durch wachsende Nachfrage nach neuen Leistungen hochinteressant. Immer mehr Kunden möchten die subjektiv wertvollen Leistungen erwerben. Diese Chancen gilt es durch Ausbau der Kapazitäten zu nutzen. Die Mitbewerber wollen an diesem Boom teilhaben.
- **Reife SGF:** Diese Märkte haben ihre Attraktivität für das Unternehmen weitgehend verloren. Es ist bei nachlassender Nachfrage ein starker preisorientierter Wettbewerb anzutreffen, denn die Mitbewerber sind mit ähnlichen Leistungen am Markt präsent. Dieses SGF nähert sich der Marktsättigung.
- **Rückläufige SGF:** Hier kann sich ein Anreiz zum Einstieg ergeben, weil andere sich aus diesem Marktfeld zurückziehen. Man spricht auch von „sterbenden SGF", denn die Nachfrage sinkt fortlaufend infolge von technischem oder modischem Fortschritt, die dieses SGF „alt" erscheinen und die Nachfrage an andere, junge SGF abwandern lassen.

Marketingkonzeptionen von strategischen Geschäftsfeldern

Für die vom Unternehmen ausgewählten SGF sind entsprechend ihrem Entwicklungsstand **passende Marketingkonzeptionen** zu entwickeln. Dabei richten sich die Tätigkeiten in den SGF und Absatzmärkten nach den strategischen Marketingzielen und den zu ihrer Realisierung erforderlichen operativen Zielen des Unternehmens.

1.4 Bestimmung der Marketingziele

1.4.1 Strategische Marketingziele

Marketingziel

Bezeichnet **Ziel** einen zu erreichenden Zustand oder ein Ergebnis, dann beschreiben strategische Marketingziele jene Zustände oder Ergebnisse in den einzelnen SGF und deren Absatzmärkte, die es durch zielbezogenes Vorgehen in einem bestimmten Zeitraum in diesen Märkten zu erreichen gilt.

Strategische Marketingziele

Die Zielsetzungen für die SGF und Absatzmärkte ändern sich im Zeitablauf entsprechend zu den Phasen in einem Produktlebenszyklus (PLC). Daher lassen sich folgende **strategischen Marketingziele** (Lebensphase eines SGF oder Absatzmarktes) für die Marktbearbeitung feststellen:

- Markterschließung(Entstehung)
- Marktausweitung(Wachstum)
- Marktsicherung(Reife, Sättigung)
- Marktverzicht(Verfall)

Diese Ziele werden mit geeigneten Strategien und der Festlegung von operativen Marketingzielen für die einzelnen Absatzmärkte zu realisieren versucht.

Markterschließung und Marktausweitung

Die strategischen Ziele **Markterschließung und Marktausweitung** sind ausgerichtet auf den Aufbau und Ausbau von Märkten. Es geht um die Festlegung von Umsatz- und Absatzzielen, die in einem längerfristigen Zeitraum zu erreichen sind bei:

- neuen Marktleistungen,
- neuen Kunden oder Kundengruppen,
- neuen Absatzgebieten.

Werden Ziele zur Markterschließung oder Marktausweitung nach Ablauf festgelegter Zeiträume nicht erreicht, kann dies zur Aufgabe eines Absatzmarktes oder gar des SGF insgesamt führen.

Marktsicherung

Das strategische Ziel **Marktsicherung** in den einzelnen Absatzmärkten eines SGF gegenüber Mitbewerbern ist eine Daueraufgabe des Unternehmens. Hier sind es Ziele wie

- Anpassung der Leistungen an gewandelte Kundenerwartungen
- Imageverbesserung
- Steigerung der Kundenzufriedenheit
- Erhöhung der Kundenbindung,

die für eine Stabilisierung bei Umsatz und Absatz (Verkaufszahlen, Marktanteil) führen sollen.

Marktverzicht

Beim strategischen Ziel **Marktverzicht** geht es um den geplanten Rückzug aus einem SGF oder Teilmarkt. Dabei kann es sich um einen vollkommenen oder teilweisen Verzicht von

- Marktleistungen,
- Kundengruppen,
- Absatzgebieten

innerhalb eines bestimmten Zeitraums handeln. Ziele sind hierbei:

- Vermeidung von Imageverlust
- Verhinderung von Kundenverlust
- Gewinnung von bisherigen Kunden für Ersatz- oder Nachfolgeleistungen

Weitere strategische Ziele wie Sicherstellen oder langsames Herunterfahren der Leistungen, der Gewährleistung, der Ersatzteilversorgung oder des technischen Kundendienstes können gezielte „Auslaufstrategien" erforderlich machen. Dies gilt besonders bei langlebigen technischen Erzeugnissen. Bei Dienstleistungen ist ein langfristig-strategischer Marktverzicht nicht erforderlich. Hier wird die Leistung kurzfristig-operativ vom Markt genommen („Gibt es nicht mehr!").

Erreichen der strategischen Marketingziele

Zum planmäßigen und kontrollierbaren Erreichen der strategischen Marketingziele eines SGF gilt es

- SGF-spezifische Marketingstrategien zu entwickeln,
- operative Marketingziele festzulegen und
- zielführende Marketinginstrumente einzusetzen.

1.4.2 Operative Marketingziele

Operative Marketingziele

Operative Marketingziele sind eng mit den Marketingstrategien verbunden. Durch diese Ziele wird vorgegeben, welche konkreten Zustände oder Ergebnisse in bestimmten Zeiträumen durch die Strategien am Markt erreicht werden sollen.

Handlungsziele

Operative Marketingziele sind kontrollierbare Handlungsziele, die gleichzeitig mit der Wahl der Marketingstrategien festgelegt werden sollten.

Operative Ziele sind gekennzeichnet durch **Entscheidungen** über:

- Zielinhalt (**Was** soll erreicht werden?)
- Zielausmaß (**Wie viel** soll erreicht werden?)
- Zeitbezug (**Bis wann** soll es erreicht werden?)
- Kosten (**Mit welchem Aufwand** soll es erreicht werden?).

Als **wichtigste operative Marketingziele,** die als konkrete, kontrollierbare Ergebnisvorgaben für bestimmte Zeiträume (z. B. Monat, Quartal, Halbjahr, Jahr) geplant werden, sind zu nennen:

Absatzziele

- **Absatzziele**
  Dies sind konkrete Soll-Vorgaben der Absatzmengen für bestimmte Zeiträume zum Erreichen der strategischen Marketingziele. Das heißt, diese Ziele sind ausgerichtet auf das Erreichen, Sichern oder Erhöhen von Stück, Stunden oder mengenmäßigen Marktanteilen in einem SGF und deren Absatzmärkte.

Umsatzziele

- **Umsatzziele**
  Hier geht es um die Vorgabe konkret zu erreichender Planzahlen für Erträge (Umsätze) aus den im SGF zu verkaufenden Leistungen. Umsatzziele werden nach Einzelprodukten oder nach Produktgruppen vorgegeben. Dabei spielt die Einschätzung der bei den Kundengruppen und in den Absatzgebieten zu erzielenden Preise und Mengen eine wichtige Rolle für die Glaubwürdigkeit der Planzahlen.

Kostenziele

- **Kostenziele**
  Hier wird durch Budgetierung festgelegt, welche Kosten beim Einsatz der Marketingmaßnahmen und der Steuerungsinstrumente anfallen sollen und welche liquiditätswirksamen Ausgaben in einer Periode zu finanzieren sind (Marketingkosten-Planung). Das Erreichen der Umsatz- und Kostenziele einer Periode bestimmt das Vertriebsergebnis als Grundlage der späteren Gewinnermittlung.

Marketing-Zielhierarchie

Zielwirkungen

Die inhaltliche und zeitliche Vielzahl der strategischen und operativen Marketingziele für die SGF eines Unternehmens als Soll-Vorgaben erfordert die Festlegung einer **Marketing-Zielhierarchie.** Im Hinblick auf die Unternehmensziele, besonders das Gewinnziel, werden Prioritäten gesetzt und festgelegt, welches Marketing-Oberziele und Marketing-Unterziele sind. Damit können die bei der Realisierung der Marketingziele positiv (unterstützend) wirkenden Effekte genutzt und nachteilige Zielwirkungen auf den Absatzmärkten vermieden werden.

Beispiel:

Das Unternehmen will einen Jahresgewinn von x EUR im einem SGF erzielen. Hierzu ist eine Umsatzerhöhung um y EUR für dieses Jahr eingeplant. Für diese Umsatzsteigerung wird z. B. ein um z EUR höheres Werbebudget eingeplant. Außerdem wurde das Ziel beim Kundenservice erhöht, um Preisstabilität bei ausgewählten Kundengruppen zu erreichen. Beide Aktivitäten hätten eine positive Wirkung auf die Erreichung des Umsatzziels. Aber das Gewinnziel wird unter Umständen infolge zu hoher Marketingkosten letztlich nicht erreicht.

Marketing-Oberziele, Unterziele

Es ist im Voraus möglichst genau festzulegen, welches Marketingziel (z. B. Umsatzerhöhung oder Imageverbesserung) als Oberziel **Priorität** hat und dominieren soll. Danach sind die Unterziele inhaltlich auszurichten und aufeinander abzustimmen (z. B. Umsatzsteigerung durch mehr Werbung, mehr Verkaufsförderung oder mehr Direktverkauf). Die operativen Marketingziele sind dabei konkreter Bestandteil der Marketingstrategien und der Marketingpolitik.

Den Zusammenhang von strategischen und operativen Marketingzielen stellt auch die nachfolgende Abbildung dar.

Marketingstrategien und operative Marketingziele

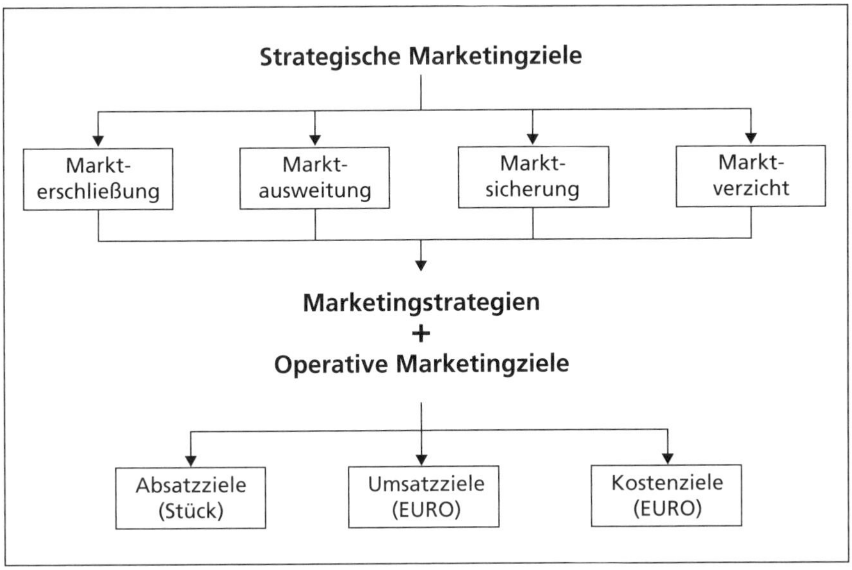

Strategische und operative Marketingziele

Zielplanung

Die operativen Marketingziele haben in Bezug auf das Marktverhalten eine **konkrete Steuerungsfunktion.** Inhalt, Umfang und Zeithorizont werden in der **Zielplanung** im Rahmen der Marketingplanung (siehe Kapitel 5 „Steuerungsinstrumente“) festgelegt.

Wiederholungsfragen zum 1. Kapitel

Nach den Fragen steht in Klammern der Verweis auf die entsprechende Seite im Buch.

1. Aus welchen Gründen kann Marketing als „kundenbezogene Unternehmensführung" bezeichnet werden? (Seite 13, 14)
2. Welches sind die vier zentralen Entscheidungsfelder im Marketing? (Seite 14, 15)
3. Welche Marketingstrategien sollten koordiniert eingesetzt werden? (Seite 15)
4. Welche Arten von Marketing-Management-Instrumenten stehen dem Unternehmen zur Verfügung? (Seite 16)
5. Der Einsatz der Marketing-Gestaltungsinstrumente führt zu einem Marketing-Mix. Was ist damit gemeint? (Seite 16)
6. Wieso ist Marketing eine der wichtigsten Aufgaben der Führungskräfte und Mitarbeiter? (Seite 16)
7. Welche Entscheidungen sind Bestandteile einer Marketingkonzeption? (Seite 17)
8. Wie würden Sie die Aufgaben des Marketing-Managements gliedern und beschreiben? (Seite 17, 18)
9. Welche Chancen bietet das Internet für das Marketing? (Seite 18, 19)
10. Wie kann das Internet für das Marketing genutzt werden? (Seite 19, 20)
11. Worin sehen Sie die Vorteile einer Kombination von Online- und traditionellem Marketing? (Seite 20)
12. Was versteht man unter Geschäftsfeldwahl? (Seite 20)
13. Warum sind die Entscheidungen über „Strategische Geschäftsfelder" für ein Unternehmen so bedeutsam? (Seite 21, 22)
14. Wo liegt der Unterschied zwischen „Strategische Geschäftsfelder" und Absatzmärkte für ein Unternehmen? (Seite 22)
15. Welche Entwicklungsstadien lassen sich bei Strategischen Geschäftsfeldern unterscheiden? (Seite 23)
16. Welche strategischen Marketingziele unter Berücksichtigung der Entwicklungsstadien von Märkten sind Ihnen bekannt? (Seite 24)
17. Worin unterscheiden sich strategische und operative Marketingziele? (Seite 24, 25)
18. Durch welche Entscheidungen sind operative Marketingziele gekennzeichnet? (Seite 25)
19. Welche Arten von operativen Marketingzielen sind Ihnen bekannt? (Seite 25)
20. Warum ist die Festlegung von Zielprioritäten im Marketing so wichtig? (Seite 26)

2. Marketingstrategien

2.1 Überblick

Marketingstrategien beschreiben ein grundsätzliches Vorgehen und Verhalten des Unternehmens, um strategische Marktziele als Marktpositionen zu erreichen. Ihre Aufgabe ist, das Vorgehen des Unternehmens in den SGF und Absatzmärkten so auszurichten, dass

- Chancen in den Märkten bestmöglich genutzt,
- Risiken in den Märkten möglichst klein gehalten,
- Erfolgs-(Gewinn-)potenziale in den Märkten gezielt ausgeschöpft werden.

Marketingstrategien, Definition

Marketingstrategien sind marktorientierte Leitlinien, mit denen festgelegt wird, über welches Vorgehen am Markt die angestrebten Marktsituationen (siehe strategische Marketingziele) zu erreichen sind.

Nach dem Gegenstand der zu treffenden Marketingentscheidungen lassen sich folgende **fünf zentrale Marketingstrategien** unterscheiden:

- Wettbewerbsstrategie
- Profilierungsstrategie
- Wachstumsstrategie
- Marktbearbeitungsstrategie
- Absatzmarktstrategie

Wettbewerbstrategie

Bei der **Wettbewerbsstrategie** geht es um das grundsätzliche Vorgehen des Unternehmens zur Gewinnung und Sicherung von Kunden und Aufträgen im Wettbewerb. Es geht hier um die Grundrichtung, mit der sich das Unternehmen bei seinen Kundengruppen gegenüber Mitbewerbern präsentieren, profilieren und durchsetzen will. Dabei lassen sich zwei einander ausschließende **Formen der Wettbewerbsstrategie** unterscheiden:

- Strategie des Preiswettbewerbs
- Strategie der Qualitätswettbewerbs

Strategie der Kundennähe

Realisiert werden diese Strategien auf der Grundlage einer **Strategie der Kundennähe.** Diese soll sicherstellen, dass alle Marketingaktivitäten wettbewerbswirksam auf die Wünsche und Erwartungen der Kunden ausgerichtet sind. Verstärkt werden die Wirkungen von Kundennähe und Wettbewerbsstrategie beim Kunden durch eine unterstützende Profilierungsstrategie.

Profilierungsstrategie

Im Rahmen der **Profilierungsstrategie** werden das generelle Vorgehen, Verhalten und Erscheinungsbild des Unternehmens zur Imagebildung im Markt festgelegt. Es soll durch bewusste Abhebung von den Mitbewerbern ein einzigartiges Profil des Unternehmens entsprechend der Kompetenz der gewählten Wettbewerbsstrategie geschaffen werden. Ziel ist nicht nur eine positive Imagewirkung im gesamten Umfeld des Unternehmens, sondern vor allem eine Beeinflussung des Verhaltens der Marktpartner, speziell jedoch der Kunden.

Wachstumsstrategie

Bei der **Wachstumsstrategie** muss entschieden werden, welches Vorgehen am Markt am bestens geeignet ist, die Umsatz- und Absatzziele in den SGF zu realisieren. Dabei ist zwischen den Verhaltensalternativen

- Anpassung an die Marktgegebenheiten (Re-Aktion und Imitation)
- Beeinflussung der Marktgegebenheiten (Aktion und Innovation)

zu entscheiden. Außerdem ist zu klären, ob das Wachstum aus eigener Kraft (internes Wachstum) erfolgen soll. Wachstum durch Erwerb anderer Unternehmen oder Unternehmensteile (Zukauf) oder durch Zusammenarbeit mit anderen Unternehmen wird als externes Wachstum bezeichnet.

Durch kombinierte Betrachtung von Leistungen und Märkten unter den Gesichtspunkten „alt" (bereits Erfahrungen/Aktivitäten) und „neu" (bislang keine Erfahrungen/Aktivitäten) kann man folgende Ausprägungen oder **Formen der Wachstumsstrategie** unterscheiden:

- Marktdurchdringung (Strategie der Absatzsteigerung in bekannten Märkten)
- Marktentwicklung (Strategie der Erschließung neuer Märkte für bisherige Leistungen)
- Produktentwicklung (Strategie der Umsatzsteigerung durch neue oder modifizierte Leistungen für bisherige Märkte)
- Diversifikation (Strategie der Erschließung neuer Märkte mit neuen Leistungen oder Leistungskombinationen)

Die Wahl der jeweiligen Wachstumsstrategie ist vom **Unternehmensleitbild** („Durch was und wie will sich das Unternehmen langfristig in seinem Umfeld vorteilhaft positionieren?") und den sich daraus ergebenden strategischen Unternehmenszielen abhängig.

Für ausländische Märkte sind der Export, aber auch Lizenzvergabe, Franchising und Joint Venture geeignete Formen der Markterschließung und Marktbearbeitung.

Marktbearbeitungsstrategie

Bei der **Marktbearbeitungsstrategie** geht es um die Entscheidung, ob in allen SGF gleichartig oder in den einzelnen SGF unterschiedlich vorgegangen werden soll, entsprechend den Besonderheiten und den strategischen Marketingzielen in den SGF. Dies führt zu zwei einander ausschließenden **Formen der Marktbearbeitung:**

- Strategie der undifferenzierten Marktbearbeitung („Schrotflintenmethode")
- Strategie der differenzierten Marktbearbeitung („Scharfschützenmethode")

Marktsegmentierung

Die Wirkung einer Strategie der differenzierten Marktbearbeitung kann durch eine vorgeschaltete **Marktsegmentierung** wesentlich verbessert werden. Hierbei geht es um das Finden und Bilden von Kundengruppen mit gleichen oder ähnlichen Merkmalen und Verhaltensmustern bei Auswahl und Kauf von Leistungen. Damit diese als eigenständige Marktsegmente differenziert bearbeitet werden können, müssen sich die Kundengruppen in ihren Eigenschaften grundlegend unterscheiden. So können z. B. die Marktsegmente „Senioren" und „Junioren" mit sehr verschiedenen Marketingkonzeptionen bearbeitet werden. Die Bildung und gezielte Bearbeitung von Marktsegmenten erhöht das Gewinnpotenzial des Unternehmens!

Absatzmarktstrategien

Bei den **Absatzmarktstrategien** geht es um das grundsätzliche Vorgehen bei der Festlegung, Ausdehnung, Verkleinerung und Aufgabe von Absatzgebieten eines Unternehmens. Hierbei sind folgende Vorgehensweisen zu unterscheiden:

- Konzentrisches Vorgehen (den lokalen oder regionalen Markt, das „Schornsteingebiet", ausdehnen oder verkleinern)
- Selektives Vorgehen (Absatzgebiete werden nach Gewinnpotenzial ausgesucht)
- Inselförmiges Vorgehen (Niederlassungen in nationalen Ballungsgebieten oder im Ausland)

Absatzmarktstrategien sind eng verbunden mit Fragen des Vertriebs (Wahl der Absatzwege). Auch die Standortwahl für das Unternehmen und seine Teilbetriebe (z. B. Niederlassungen, Filialen oder Tochtergesellschaften im In- und Ausland) spielt hier eine wichtige Rolle.

Gemeinsam ist allen Marketingstrategien, dass sie die Ausrichtung („Kanalisierung") der Marketinginstrumente und der konkreten Marketingmaßnahmen auf eine bestmögliche Zielerreichung bestimmen.

Strategie-Bündel, Strategie-Mix

Marketingstrategien sind nicht einzeln, sondern stets koordiniert und kombiniert als Strategie-Bündel oder **Strategie-Mix** einzusetzen. Dies bewirkt u. a.

- eine verbesserte Marktorientierung des Unternehmens
- eine verstärkte Koordination und Konzentration der Kräfte
- eine erhöhte Effizienz bei den Marketingaktivitäten
- eine Steigerung der Mitarbeitermotivation und nicht zuletzt
- mehr zufriedene Kunden.

2.2 Wettbewerbsstrategien

Im Wettbewerb um Kunden und Aufträge hat jedes Unternehmen im Prinzip die Wahl zwischen den zwei Grundeinstellungen „Preis" oder „Qualität", um sein Verhalten am Markt und seine Aktivitäten im Betrieb auszurichten. Es muss sich für eine dieser Strategien definitiv und langfristig bindend entscheiden. Die gewählte Ausrichtung kann durch geeignete Profilierungsmaßnahmen unterstützt und im Kundenbewusstsein stärker verankert werden.

Wettbewerbswirksame Attraktivität

Eine größere Attraktivität bei derzeitigen und potenziellen Kunden und eine stärkere Berücksichtigung bei der Auftragsvergabe kann ein Unternehmen erreichen durch

- eine bewusste Ausrichtung am **Preisbewusstsein** der Kunden (Strategie des Preiswettbewerbs)
- eine bewusste Ausrichtung am **Qualitätsbewusstsein** der Kunden (Strategie des Qualitätswettbewerbs)

und dies kombiniert und untermauert durch

- eine bewusste Ausrichtung an **der Nähe zum Kunden** (Strategie der Kundennähe) sowie
- einen unterstützenden, imagewirksamen Marktauftritt (Strategie der **Profilierung**).

Zwischen den Wettbewerbsstrategien je nach Auftragslage oder gar im Einzelfall zu wählen, ist nicht sinnvoll, da sich dies negativ auf das Unternehmensimage auswirken würde. Die Kunden könnten nicht erkennen, wo die Stärken des Unternehmens im Vergleich zu seinen Mitbewerbern liegen. Es wäre keine Profilierung des Unternehmens über ein klares Preis- oder Qualitätsimage am Markt möglich! Die in der Praxis gern gebrauchte Formulierung, den Wettbewerb durch ein „besseres Preis-Leistungs-Verhältnis" zu gewinnen, entspricht einer **Strategie des „Durchwurstelns".** Diese Verhaltensweise ist zur klaren Profilierung nicht geeignet, denn es wird weder der Preis noch die Qualitätsleistung als besondere Stärke des Unternehmens herausgestellt; es ist von beidem etwas – aber kaufentscheidend ist meist eine der beiden Größen! Daher führt dieses Vorgehen selten zu einem kundenoptimalen Ergebnis, was sich auch negativ auf die Gewinnerzielung auswirkt.

Strategie des „Durchwurstelns

2.2.1 Strategie des Preiswettbewerbs

Preiswettbewerb

Das Unternehmen richtet seine Marketingstrategie, seine Aktivitäten im Betrieb und im Markt und seine Betriebsstruktur darauf aus, seine Marktleistungen zu niedrigen Kosten zu erbringen und zu günstigeren Preisen als die Mitbewerber anzubieten. Zielgruppe sind preisbewusste Kunden. Sie orientieren ihre Kaufentscheidung an der Höhe des Preises, auf Leistungsqualität und Service wird wenig (kein) besonderer Wert gelegt. Es wird ein branchenüblicher oder Mindeststandard gewollt und als ausreichend akzeptiert.

Tiefpreispolitik

Dominierendes, profilierendes Marketingkennzeichen ist die **„Tiefpreispolitik"**. An ihr werden alle Maßnahmen nach innen und außen ausgerichtet. Der Preiswettbewerb zeigt sich deutlich in der kostenorientierten Gestaltung des Marktauftritts. Hier sollen durch Normierung und Standardisierung der Marktleistungen (Angebot von Produkttyp A, B oder C oder Servicepaket I oder II) sowie durch Begrenzung der Angebotspalette (z. B. Minimierung oder Wegfall von Nachkauf-Service) gezielt Kosten- und Preisvorteile erreicht werden. Die Attraktivität des Preisvorteils stellt den dominierenden Kaufanreiz dar; die Leistungen sind weitgehend standardisiert und damit anreizneutral. Dies zeigt sich ganz deutlich beim Wettbewerb über Ausschreibungen, z. B. in der Baubranche. Häufig kommt hier auch die Imitation in Form von „Me-too-Produkten" oder „Me-too-Dienstleistungen" als Strategie der Anpassung an Wettbewerbsleistungen zum Einsatz. Der Wettbewerb wird dann über Preis- und Konditionengestaltung ausgetragen, was sich meist negativ auf den Gewinn pro Auftrag auswirkt.

Strategie der Anpassung

„Masse statt Klasse" – der Preis entscheidet.

Dies ist auch die Strategie der Discount-Unternehmen, die im preislichen Verdrängungswettbewerb untereinander stehen. Eine gute Rendite lässt sich bei dieser Wettbewerbsstrategie – hier sind die Spannen klein – nur durch Kostenvorteile und ein großes Umsatzvolumen erzielen.

2.2.2 Strategie des Qualitätswettbewerbs

Qualitätswettbewerb

Hier will sich das Unternehmen Wettbewerbvorteile verschaffen durch differenzierte, am Bedarf der jeweiligen Kunden/Kundengruppe ausgerichtete Problemlösungen. Die Leistungsfähigkeit des Betriebs, Marketingverhalten und Marktauftritt des Unternehmens sind darauf ausgerichtet, dem Kunden hochwertige Qualität, Zuverlässigkeit und Sicherheit bei der Leistungserbringung und -nutzung zu signalisieren. Zielgruppe sind Kunden mit individuellen Wünschen und Anforderungen bei den Leistungen des Unternehmens. Kaufentscheidend ist die vom Kunden gewünschte Qualität und Einzigartigkeit der Leistung, nicht die Höhe des geforderten Preises. Aber dem Kunden muss vermittelt werden, dass die Leistung den Preis rechtfertigt.

Qualitätspolitik

Dominierendes, profilierendes Marketingkennzeichen ist eine **Qualitätspolitik,** die an **„Spitzenleistungen für unsere Kunden!"** ausgerichtet ist. Diese Strategie zeichnet sich aus durch Beachten der kundenspezifischen Besonderheiten und Anforderungen bei

Spitzenleistungen für die Kunden

- der Problem-, Wunsch- und Erwartungsanalyse,
- der Präsentation von Lösungsalternativen und des Angebots,
- der gemeinsamen Festlegung des Auftrags,
- der Leistungserbringung (speziell bei Dienstleistungen) und
- bei den Serviceleistungen vor und nach der Leistungserbringung.

Der Wettbewerb wird nicht über standardisierte, sondern weitgehend über individualisierte, auf die speziellen Wünsche und Erwartungen der Kunden abgestimmte Leistungen ausgetragen. Dies können Marktinnovationen oder Spezialangebote für ausgewählte Kundengruppen oder Teilmärkte (Marktnischen) sein. Die **Attraktivität der Problemlösung** (z. B. „Alles aus einer Hand" oder „Komplettlösung") steht im Vordergrund. Das Leitthema heißt hier :

> **„Klasse statt Masse!" – der Kunde möchte besondere Qualitätsleistungen.**

Der Preis wird als Teil der Problemlösung für den Kunden gesehen. Qualitätspolitik signalisiert man meist dadurch, dass man die Marktleistungen als Leistungspakete anbietet, die durch Bezeichnungen wie „Komfort-", „Spezial-", „Exklusiv- "oder „Premium-" hervorgehoben werden. Auch Auszeichnungen bei Wettbewerben (z. B. 1., 2., 3. Preise) sind Zeichen für Spitzenleistungen im Qualitätswettbewerb.

Beispiele:

Komfort-Reinigung, Spezial-Service, 1a-Qualität bei Produkt X oder Dienstleistung Y, geprüfte oder zertifizierte Qualität nach DIN ..., XY unsere TOP-Leistung oder Gold- bzw. Silber-Platzierungen bei Vergleichswettbewerben (z. B. branchenspezifischen Leistungs-, Innovations- oder Qualitätswettbewerben im Bäcker-, Fleischer- oder etwa Kürschner-Handwerk).

Kundenbezogene Leistungsdifferenzierung

Eine Strategie des Qualitätswettbewerbs setzt jedoch voraus, dass eine **kundenbezogene Leistungsdifferenzierung** überhaupt möglich ist. Die Leistungen oder Leistungsbündel müssen auf die speziellen Probleme und Wünsche von Einzelkunden oder Kundengruppen abgestimmt werden können. Ist dies nicht möglich oder nicht gewünscht, können auch keine leistungsbezogenen Wettbewerbsvorteile herausgearbeitet und preis- und gewinnsteigernd genutzt werden. Dies zeigt sich z. B. ganz deutlich bei der Auftragsvergabe über Ausschreibungen im Baugewerbe. Hier soll die Möglichkeit, eine individuelle Problemlösung anzubieten, bewusst entfallen. Dies führt zwangsläufig zum Preiswettbewerb – mit den bekannten, oft ruinösen Folgen.

Mit einer verstärkten Orientierung an den Leistungserwartungen der Kunden kann das Unternehmen dem zunehmenden Preisdruck ausweichen. Nach Meinung eines bekannten Wirtschaftspsychologen kann dies erfolgen „durch mehr Qualität, mehr Erleben, mehr Emotionen – durch eine bessere Beziehung von Mensch zu Mensch".

Individualität

Ein solches Vorgehen erhöht die Attraktivität des Unternehmens, denn es bietet nicht nur kundenspezifische Problemlösungen, sondern kann dies mit mehr Individualität bei der Leistungserbringung verknüpfen. Dies empfinden die Kunden psychologisch als „mehr Qualität" und als wichtigen Beitrag zu mehr Profilierung im sozialen Umfeld des Kunden.

Spitzenleistungen bringen die Erfolge im Qualitätswettbewerb.

Es sollte daher eine zentrale Aufgabe von Marketing und Management sein, das Unternehmen auf Qualitätswettbewerb auszurichten und ein Qualitätsimage aufzubauen. Dabei wird mit einer zielgruppenbezogenen Festlegung des Leistungsangebots einerseits eine bestimmte Positionierung im Markt signalisiert und andererseits eine wirksame Profilierung beim Kunden möglich. Um die Marktwirkungen der gewählten Wettbewerbsstrategie zu verstärken, stehen mit der Strategie der Kundennähe und der Profilierungsstrategie geeignete Instrumente zur Verfügung.

2.2.3 Strategie der Kundennähe

Strategie der Kundennähe

Der Wettbewerb wird am Markt und beim Kunden wirksam ausgetragen. Daher kann das Unternehmen große kaufrelevante Vorteile beim Kunden erreichen, wenn es sein preis- oder qualitätsorientiertes Verhalten mit Entscheidungen zur Kundennähe kombiniert. Hierbei geht es um die Frage, wie das Unternehmen seine Kundenorientierung wettbewerbswirksam umsetzen will.

Kundennähe tritt in verschiedenen Bereichen im Unternehmen auf und besagt, wie Anbahnung, Abwicklung und Erhaltung von Geschäftsbeziehungen zu Kunden gestaltet werden. Folgende **vier Erscheinungsformen von Kundennähe** sind kaufrelevant:

Erscheinungsformen von Kundennähe

(1) Sachliche Kundennähe:

Sie besagt, in welchem Umfang auf Kundenwünsche und Problemstellungen gegenüber Kunden bei der Leistungserbringung eingegangen wird. Diese Form der Kundenähe prägt das Leistungsprogramm und deren Differenzierung (Variantenvielfalt), die dem Kunden angeboten werden. Je kundenindividueller die Leistungen erbracht werden, desto größer ist die sachliche Kundennähe ausgeprägt.

(2) Zeitliche Kundennähe:

Hier geht es darum, wie rasch der Kunde mit Reaktionen des Unternehmens rechnen kann: Wie schnell bekommt er ein Angebot, wann ist mit der Leistungserstellung zu rechnen, und wie zügig werden die Arbeiten abgeschlossen? Diese Kundennähe hat einen sehr hohen Stellenwert bei den Kunden, denn Pünktlichkeit und Termineinhaltung sind für die Zeitdisposition des Kunden sehr wichtig und daher sehr wertvoll. Hiermit hat das Handwerk manchmal (noch) seine Probleme.

(3) Räumliche Kundennähe:

Kundennähe, räumliche

Hier geht es um die Frage, wie nahe das Unternehmen bei seinen Kunden/ Kundengruppen ist: Wo wird verkauft? Dies erfolgt beim zentralen Vertrieb normalerweise am Standort des Unternehmens. Die Kunden müssen aus ihren Absatzmärkten real oder kommunikativ mit dem Unternehmen in Kontakt treten. Insofern ist auch E-Business ein zentraler Vertrieb. Die Leistungserbringung kann dann zentral – mit dezentraler Montage beim Kunden – oder dezentral beim Kunden direkt erfolgen (Haupt- oder Service-Dienstleistungen). Beim dezentralen Vertrieb erfolgt die Auftragsgewinnung – und zum Teil auch die Leistungserbringung – direkt im Absatzmarkt, also mit großer Kundennähe. Hierzu werden **Verkaufseinrichtungen** geschaffen, die z. B. als Verkaufsbüros, Filialen oder Niederlassungen wirken.

(4) Persönliche Kundennähe:

Kundennähe, persönliche

Die im zentralen und dezentralen Vertrieb tätigen Verkäufer können die Auftragsgewinnung im Verkaufsraum oder beim Kunden vor Ort betreiben. Aber kaufentscheidend ist die persönliche Kundennähe, und die ist direkt beim Kunden am größten. So kann der Verkäufer mit Mustern, Modellen oder mobilen Einrichtungen (z. B. Ausstellungs- oder Demonstrationsfahrzeugen) zum Kunden gehen. Diesem werden zeitaufwendige Wege erspart. Das Unternehmen kann durch Gespräche direkt am Einsatz- oder Verwendungsort häufig noch spezifischere – und oft auch ertragreichere – Problemlösungen anbieten. Diese Form der Kundennähe ist bei schwierigen Dienstleistungen und kundenindividuellen Sachleistungen (Einzelfertigungen) sehr erfolgreich!

Unmittelbare, persönliche Kundennähe ist der Schlüssel zum Erfolg.

Allerdings ist auch bei diesen Maßnahmen zur Schaffung größtmöglicher Kundennähe ein Anpassungsverhalten an die Konkurrenzaktivitäten stets kritisch zu sehen.

Der Kunde würdigt zwar die „gleiche" Leistung, erwartet jedoch eine, die für ihn vorteilhafter und wertvoller ist als diejenige vom Mitbewerber!

Insoweit sollte das Unternehmen auch in diesem Fall möglichst nach differenzierten, den unterschiedlichen Kundenerwartungen gerecht werdenden Vertriebslösungen suchen. **„Abheben statt Anpassen!"** ist gefordert, denn dies formt das Gesicht des Unternehmens bei den Kunden und in der Öffentlichkeit.

Kundennähe, Varianten

Diese Varianten der Kundennähe sind nach den Erfordernissen eines Preis- oder Qualitätswettbewerbs zu gestalten. Das kann dazu führen, dass man bei Preiswettbewerb auf kundennahe, zentrale Verkaufsstandorte verzichtet und diese in Randlagen (z. B. Gewerbegebiete) verlegt und die zeitliche und persönliche Kundennähe (z. B. Beratungs- und Bedienungsverkauf sowie den Einsatz von Fach-Verkaufspersonal) stark begrenzt oder weitgehend darauf verzichtet. Bei Qualitätswettbewerb wird man dagegen gerade darauf besonderen Wert legen und dies zur Profilierung beim Kunden sogar verstärkt einsetzen.

2.3 Profilierungsstrategie

Marketing will erreichen, dass das eigene Unternehmen gegenüber Mitbewerbern bevorzugt wird. Hierzu müssen die Besonderheit des Unternehmens und dessen Attraktivität für den Kunden herausgestellt und signalisiert werden. Das Unternehmen muss am Markt unverwechselbar auftreten. Dies kann z. B. dadurch erfolgen, dass das Unternehmen sich in den gewählten SGF als **Generalist** mit einem sehr breiten Leistungsangebot am Markt positioniert. Die Alternative ist das Auftreten als **Spezialist,** der sich am Markt durch ein eingeschränktes, häufig sehr kundenspezifisches Leistungsangebot profilieren möchte. Es braucht ein Image oder „Gesicht", das die Einzigartigkeit und Attraktivität des Unternehmens widerspiegelt. Ohne „Gesicht" fehlen dem Unternehmen Unterscheidungsmerkmale, es wirkt profillos, ist wenig attraktiv und somit leicht austauschbar. Dies ist mit einem **profilierenden Marketing,** einer unternehmensspezifischen Profilierungsstrategie, zu verhindern.

Imagebildung

profilierendes Marketing

> **Profilierung** bedeutet Aufbauen und Signalisieren der speziellen (Wettbewerbs-)Kompetenz und Einzigartigkeit des eigenen Unternehmens.

Kompetenz

Ein erster Hinweis über die Richtung der Profilierung ergibt sich aus der **Ausrichtung der Kompetenz des Unternehmens.** Durch die Kombination der Gegensatzpaare „Generalist oder Spezialist" und „konservativ oder fortschrittlich" ergeben sich folgende grundsätzlichen Alternativen für einen profilierenden Marktauftritt:

	konservativ	fortschrittlich
Spezialist	1.3	1.4
Generalist	1.1	1.2

Generalist oder Spezialist

Beispiele für die Profilierungsalternativen:

Feld 1.1: Produktions- und Dienstleistungsbetriebe mit traditionellen Verfahren, z. B. Nahrungsmittelhandwerk „Wie bei Muttern ...",Gebäudereinigung „Wir machen alles sauber" oder Sanitär, Heizung, Klima (ohne Öko-Technik im Angebot), ...

Feld 1.2: Anbieter und Verarbeiter von modernen Produkten und Verfahren, z. B. Anbieter für EDV-Lösungen, Digital-Druckerei, Wärmedämmung und Vollwärmeschutz, Gebäudedienst, Facility-Management, Öko-Heizungen, Friseursalon mit Körperpflege- und Nagelstudio, ...

Feld 1.3: Begrenzung auf bestimmte Produkte, Verfahren und Zielgruppen, z. B. Aufarbeitung von Pkw-Oldtimern „Bei uns wird Ihr Mercedes-Oldtimer wieder so neu wie früher", traditionelle Handwerksberufe wie etwa Polsterwerkstätten, Sattlerei, Lackierwerkstätten, Schuhe nach Maß, ...

Feld 1.4: Ausrichtung an innovativen Produkten und Verfahren, z. B. High-tech-Blech (hochpräzise Blechbearbeitung mit neuester Hoch-Technologie für bestimmte Branchen), Tuning-Betriebe für bestimmte Auto-Marken, Digital-Fotografie und -Druck, Dienstleister für IT-Kommunikation, Internet-Auftritt und E-Business oder interaktives Einkaufen im Einzelhandel, ...

Kompetenzprofil

Diese Beispiele lassen klar erkennen, dass in allen Kompetenzfeldern, auch beim „konservativen Generalisten" (Feld 1.1), Möglichkeiten zur Profilierung gegeben sind, aber der Spielraum hierzu wesentlich begrenzter ist als z. B. beim „fortschrittlichen Spezialisten"(Feld 1.4). Diese können ihr Kompetenzprofil sehr viel schärfer und imagewirksamer präsentieren. Und dies wirkt sich wiederum positiv bei der Auftragsvergabe aus, denn **nur profilierte Unternehmen wirken beim Kunden kompetent!**

Ziel der Profilierungsstrategie ist es, das Unternehmen als eine eigene, unverwechselbare **„Unternehmenspersönlichkeit"** mit hohem Identifikationspotenzial für die Zielgruppen am Markt zu positionieren. Das Unternehmen gibt sich ein „Gesicht"; es bekommt eine eigene Identität, auch **„Corporate Identity"** genannt.

Profilierungskonzept

„Corporate Identity"

Jedes Unternehmen ist einmalig und muss sich daher als **Unikat** am Markt präsentieren und profilieren. Hierzu muss ein **ganzheitliches Profilierungskonzept** (auch „Corporate-Identity-Konzept" oder CI-Konzept genannt) entwickelt werden. Eine solche Unternehmensprofilierung oder profilierende „Corporate Identity" wird erreicht durch gezielte und koordinierte Aktivitäten des Unternehmens in den Bereichen

- **Unternehmensbild** („Corporate Design"),
- **Unternehmenskommunikation** („Corporate Communication") und
- **Unternehmensverhalten** („Corporate Behavior").

Durch das bewusste Sichtbarmachen der Besonderheiten des Unternehmens (CI-Konzept) soll es sowohl bei **internen Zielgruppen** (Mitarbeiter, deren Familienangehörige und Familienmitglieder des Unternehmers) als auch bei **externen Zielgruppen** (z. B. Kunden, Lieferanten, Banken, Versicherungen und Meinungsbildner wie Standesorganisationen, Politikern, Journalisten, Nachbarn u. a. m.) zu positiven Imagewirkungen kommen. Diese können durch Goodwill-Transfer zu einer Bevorzugung des Unternehmens führen.

Unternehmensbild

Beim **Unternehmensbild** („Corporate Design") geht es um das einprägsame, unverwechselbare Erscheinungsbild des Unternehmens am Markt. Es ist der **sichtbare Teil des Profilierungskonzepts.** Dabei signalisieren abgestimmte Gestaltung, Kombination und Konstanz der eingesetzten grafischen Elemente wie Schriftform, (Haus-)Farbe, Symbole („Logo" und „Marken") die Unterschiedlichkeit und die angestrebte Positionierung im Markt. Je nach Erscheinungsform kann hier der Ausgangspunkt für ein konservatives oder fortschrittliches Image des Unternehmens liegen. Nachfolgend ist eine Checkliste zur Überprüfung des Erscheinungsbildes abgebildet:

Testbogen zum Firmen-Erscheinungsbild

	Spalte 1 Nein	Spalte 2 Bedingt	Spalte 3 Ja
Wirken Ihre Geschäftsdrucke und Werbemittel			
• sympathisch und Vertrauen erweckend?	☐	☐	☐
• modern?	☐	☐	☐
• überzeugender als die Ihrer Wettbewerber?	☐	☐	☐
• wie aus einem Guss?	☐	☐	☐
Kommt in Ihren Geschäftsdrucken und Werbemitteln ausreichend zum Ausdruck			
• die Bedeutung Ihrer Firma?	☐	☐	☐
• die Branche Ihrer Firma?	☐	☐	☐
• das Leistungsangebot Ihrer Firma?	☐	☐	☐
• die fachliche Kompetenz Ihrer Firma?	☐	☐	☐
Sind in allen Ihren Geschäftsdrucksachen einheitlich und konsequent angewendet			
• Firmenname?	☐	☐	☐
• Blickfang (Firmenschriftzug/Wortmarke/Firmenzeichen)?	☐	☐	☐
• Aufbau?	☐	☐	☐
• Schriften?	☐	☐	☐
• Farben?	☐	☐	☐
• Leistungsangaben?	☐	☐	☐
Ist Ihr Firmenschriftzug oder Ihr Firmenzeichen			
• leicht erfassbar (auch auf dem Firmenfahrzeug)?	☐	☐	☐
• einprägsam?	☐	☐	☐
• unverwechselbar?	☐	☐	☐
• übertragbar auf alle Werbemittel?	☐	☐	☐
• gut lesbar bei Vergrößerungen oder starker Verkleinerung?	☐	☐	☐
• auch wirksam in Schwarzweiß?	☐	☐	☐
Sind alle werbenden Aussagen in Ihren Geschäftsdrucken			
• ausreichend informativ?	☐	☐	☐
• verständlich?	☐	☐	☐
• überzeugend?	☐	☐	☐

Auf welche Punktzahl kommen Sie?

65–69 Punkte: Herzlichen Glückwunsch. Ihr Unternehmensbild stimmt nahezu in jedem Punkt.
53–64 Punkte: Die Substanz Ihres Unternehmensbildes ist in Ordnung. Vermutlich muss es nur aktualisiert werden. Lassen Sie es sobald wie möglich überprüfen.
23–52 Punkte: An Ihrem Unternehmensbild muss etwas getan werden. Lassen Sie zunächst überprüfen, ob Sie damit auskommen es zu aktualisieren, oder ob Sie es völlig neu gestalten müssen.

Checkliste zur Eigenbeurteilung Ihres Firmen-Erscheinungsbildes
(Quelle: DRESCHER-Drucke)

Gestaltungsbereiche für das sichtbare Unternehmensbild sind hauptsächlich:

- **Produkt-Design** (abgestimmte Gestaltung von Produkten, Verpackungen und Eigenmarken).
- **Grafik-Design** (abgestimmte Gestaltung der Geschäftsdrucke, Formulare, Broschüren, Kataloge, Bedienungsanleitungen und des Internetauftritts mittels Webdesign).
- **Arbeitsmittel-Design** (abgestimmte Gestaltung von Arbeitskleidung, Fahrzeugen – außen und innen – sowie Arbeitplatzausstattungen).
- **3D-Design** (abgestimmte Gestaltung von Gebäuden oder Fassaden und der Innenausstattung von Büro, Werkstatt oder Lager).

Unternehmenskommunikation

Bei der **Unternehmenskommunikation** („Corporate Communication") geht es um den profilierenden Einsatz der Marketing-Kommunikationsinstrumente (vgl. Kapitel 4.4 „Kommunikation"). Durch aufeinander abgestimmte Aussagen, Erscheinungsformen und Aktivitäten in der Werbung, Verkaufsförderung und speziell in der **Öffentlichkeitsarbeit** sollen bei den internen und externen Zielgruppen positive Imagewirkungen erreicht und zustimmendes Verhalten ausgelöst werden. Eine besondere Bedeutung hat dabei heute der **Internetauftritt** des Unternehmens. Er wirkt als Informationsinstrument und als Plattform für E-Business stark profilierend und imageprägend.

Unternehmensverhalten

Beim **Unternehmensverhalten** („Corporate Behavior") ist die profilierende Gestaltung von Beziehungen zu internen und externen Zielgruppen des Unternehmens als Teil des ganzheitlichen Profilierungskonzepts angesprochen.

Dabei geht es vor allem um die Art des persönlichen und kommunikativen Umgangs miteinander, im Normalfall (z. B. bei Angebotsabgabe) und in Sondersituationen (z. B. bei Reklamationen von Kunden). Dies gilt es in entsprechenden Verhaltensgrundsätzen festzulegen.

Diese Grundsätze sind normative Aussagen zum Führungsstil und zum Verhalten zwischen Unternehmer, Führungskräften und Mitarbeitern einerseits und zum Auftreten der Repräsentanten des Unternehmens (z.B. Führungskräfte und Mitarbeiter im Außen- und Innendienst) gegenüber externen Zielgruppen, speziell Interessenten und Kunden, andererseits.

Kompetenz-Image

> Erscheinungsform, Fachwissen, Leistungsbereitschaft und persönliches Verhalten gegenüber Kundenerwartungen und -wünschen sowie die erbrachten Leistungen der Mitarbeiter selbst prägen das Erscheinungsbild des Unternehmens und sein Kompetenz-Image bei den Kunden.

Wie sich eine Profilierung des gesamten Unternehmens entsprechend dem Corporate-Identity-Konzept auswirkt, zeigt die nachfolgende Abbildung. Ohne Corporate-Identity-Konzept („Vorher") gibt es wenig Harmonie oder Übereinstimmung in den Unternehmensaktivitäten und den Kundenwünschen in den einzelnen Teilbereichen; Spannungen sind vorprogrammiert.

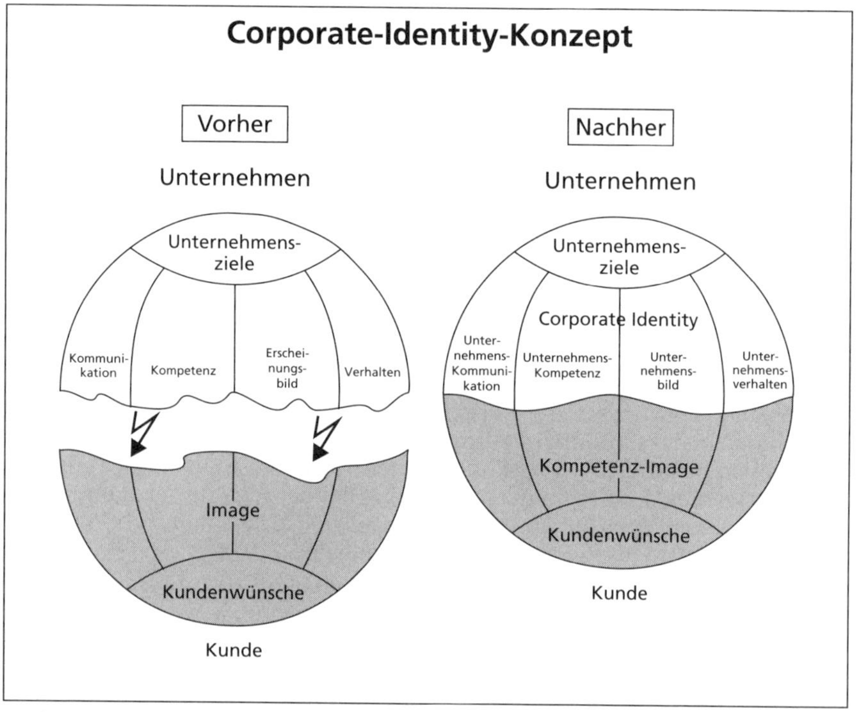

Wirkung des Corporate-Identity-Konzepts

CI schafft Vertrauenspotenzial

Ein an den Erwartungen der Zielgruppen, speziell der Kunden, aufbauendes Profilierungskonzept des Unternehmens bringt das gewünschte Kompetenz-Image.

Profilierende Corporate Identity bedeutet Aufbau von Vertrauenspotenzial:

Man kauft bei, man liefert an und man arbeitet für ein Unternehmen, dessen Image einem zusagt und an dessen Zukunft man glaubt; ein Unternehmen, das Sicherheit, Zuverlässigkeit, Bonität, Dynamik und Leistungskraft ausstrahlt!

Beispiel:

Alle Marktführer ihrer Branche haben abgestimmte, öffentlichkeitswirksame, ganzheitliche Profilierungskonzepte und zeichnen sich durch eine in sich geschlossene Corporate Identity aus. Beispielhaft sind Premium-Markenhersteller wie etwa Bosch, Daimler, BMW, Porsche, FESTO, Index-Traub Maschinenhersteller oder SEW Eurodrive Antriebsmotoren genannt. Sie alle verfolgen eine Strategie des Qualitätswettbewerbs, um Preiskämpfe möglichst zu umgehen.

Folgende reale oder angestrebte **Stärken des Unternehmens** können **Ansatzpunkte für ein Unternehmensleitbild** zur Ausrichtung des gesamten Unternehmens nach innen und außen sein:

Ansatzpunkte für ein Unternehmensleitbild

- **Individualität:**
  Keine standardisierten Leistungen, sondern kundengerechte Problemlösungen bei Haupt- und Nebenleistungen.
- **Kundennähe:**
  Kommunikations- und Zeitvorteile durch räumliche Nähe.
- **Persönliche Leistung:**
  Der Kunde hat stets den gleichen Ansprechpartner; keine Anonymität; z. B. Meisterleistung.
- **Fachkompetenz:**
  Großes Problemlösungswissen, Alternativlösungen, z. B. Spezialist für Klimatechnik.
- **Aktualität:**
  Umsetzen des technischen Fortschritts bei Materialien und Verarbeitungsprozessen, z. B. Realisierung des Umweltschutzes bei der Leistungserstellung und bei Produkten.
- **Flexibilität:**
  Kurzfristiges Reagieren auf Änderungswünsche, seien es Termine, Qualitäten oder Mengen eines Auftrages.
- **Sicherheit:**
  Garantien für technische und kommerzielle Standards und Vereinbarungen, Qualitätsprüfungen etc.
- **Zuverlässigkeit:**
  Einhalten von Zusagen bezüglich terminlicher und qualitativer Vertragsabwicklung, Gewährleistung, technischer Nachkauf-Service.

Diese **Profilierungsansätze** werden meist kombiniert angewandt und führen oft zur Formulierung von imageorientierten, sehr werbewirksamen **Leitlinien der Kundenorientierung.**

Leitlinien der Kundenorientierung

Beispiel:

Den Produkten der Firma Roeckl Handschuhe, München, ist folgender Hinweis beigefügt: *„Aus Tradition innovativ sein. Bewährtes erhalten, Gutes noch besser machen. Dieser Herausforderung stellen wir uns immer wieder."*

Annette Roeckl, Roeckl Handschuhe, München (Handschuhmacher seit 1839)

Solche Aussagen gegenüber Kunden führen zu einer klaren Positionierung und Profilierung des Unternehmens im Wettbewerb. Sie signalisieren den Kunden ein **klares Kompetenzimage** im Preis- oder Qualitätswettbewerb.

Positionierung und Profilierung

In der nachfolgenden Abbildung sind jene Unternehmensbereiche und Aktivitäten aufgezeigt, mit denen das gewählte Unternehmensleitbild (z. B. Individualität, Kundenähe, Sicherheit oder Flexibilität) kompetent umgesetzt werden kann.

Von 100 befragten mittelständischen Unternehmen erklärten, durch gezielte Corporate-Identity-Aktivitäten folgende Vorteile erreicht zu haben:

Vorteile bei CI-Aktivitäten

- 89 % Imagegewinn

- 85 % Steigerung der Mitarbeitermotivation
- 71 % Marktanteilsgewinne
- 69 % Umsatzerhöhung
- 69 % Leichtere Gewinnung von Mitarbeitern und Führungskräften
- 57 % Ertragszuwachs

Diese Zahlen spiegeln die Stärke einer ganzheitlich ausgerichteten Unternehmensprofilierung wider!

Profilierung und Imagebildung

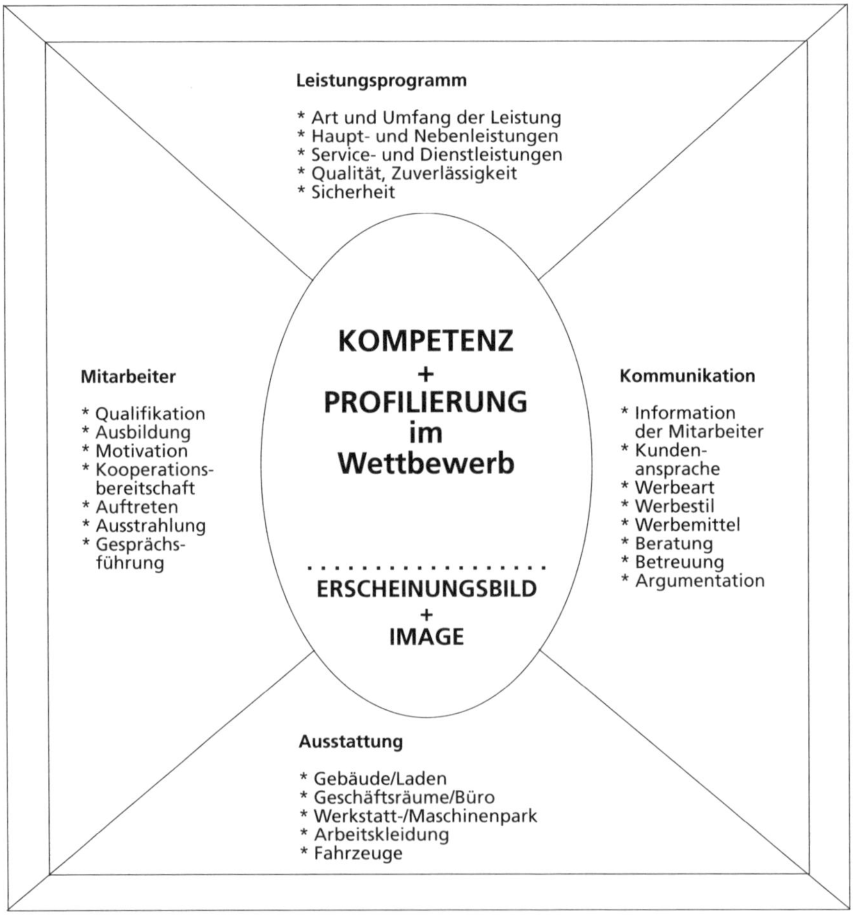

Ansatzpunkte zur Profilierung und Imagebildung

Imagewirkung durch Teamhandeln

Profilierte Unternehmen wirken kompetenter und sind daher erfolgreicher.

Kunden orientieren sich bei ihren Entscheidungen an kompetenten und preis- oder leistungsmäßig profilierten Unternehmen. Dabei sind Profilierung und positives Image das Ergebnis von abgestimmtem **Marketing-Teamhandeln** aller Führungskräfte und Mitarbeiter eines Unternehmens.

2.4 Wachstumsstrategien

Wachstumsstrategie

Unter **Wachstumsstrategie** werden alle marktwirksamen Vorgehensweisen zusammengefasst, mit denen Umsatz, Marktanteil und Gewinn des Unternehmens in den SGF und Absatzmärkten gesteigert werden sollen. Als Verhaltensalternativen lassen sich hierbei Marktanpassung und Marktbeeinflussung unterscheiden.

Marktanpassung

Die Verhaltensweise einer bewussten, meist jedoch unbewussten **Marktanpassung** ist geprägt von der Verhaltensweise der **Reaktion** oder der **Imitation** des Vorgehens von Mitbewerbern, z. B. bei Preisen, Leistungen, Service oder Werbemaßnahmen.

Marktbeeinflussung

Ein auf **Marktbeeinflussung** ausgerichtetes Vorgehen ist geprägt vom Verhaltensgrundsatz der **Aktion** oder **Innovation.** Das Verhalten ist ausgerichtet auf ein bewusstes Erarbeiten von Vorteilen gegenüber Mitbewerbern. Dies kann erfolgen durch neue Sach- und Dienstleistungen, zusätzliche Serviceangebote, die es bisher noch nicht oder nicht in dieser Zusammenstellung gegeben hat. Auch die Suche nach neuen Anwendungs- oder Einsatzgebieten (neue Kundengruppen oder Zusatzgeschäft bei den alten Kunden) gehört hierher.

Formen möglicher Wachstumsstrategien

Bei kombinierter Betrachtung der Handlungsfelder „Leistungen" und „SGF oder Absatzmärkte" lassen sich nach deren Neuheit für das Unternehmen vier Ausprägungen oder **Formen möglicher Wachstumsstrategien** unterscheiden:

Marketing-Aktivitäten	auf bisherigen SGF	auf neuen SGF
mit bisherigen Leistungen	**Marktdurchdringung** Verstärkte Bearbeitung der bisherigen Märkte mit den bisherigen Leistungen	**Marktentwicklung** Suche nach neuen Märkten für die bisherigen Leistungen
mit neuen Leistungen	**Produktentwicklung** Suche nach neuen Leistungen für die bisherigen Märkte	**Diversifikation** Suche nach neuen Leistungen/Unternehmen für neue Märkte

Wachstumsstrategien eines Unternehmens

Bei den Wachstumsüberlegungen des Unternehmens lässt sich dabei meist ein **„Z-Verlauf"** feststellen. Dies ergibt sich aus dem Chancen-Risiken-Potenzial bei der Bearbeitung von bisherigen und neuen SGF oder Märkten.

2.4.1 Marktdurchdringung

Marktdurchdringung

Diese Art des Vorgehens ist die risikoärmste Art der Marktbearbeitung und des Unternehmenswachstums, aber u. U. auch die am wenigsten Gewinn bringende. Hier wird mit Hilfe zusätzlicher Marketingstrategien und den später dargestellten Marketing-Gestaltungsinstrumenten versucht, den Absatz und Umsatz bei bislang angebotenen Leistungen **im bisherigen SGF** und dessen Absatzmärkten zu steigern.

Zufriedene Altkunden gewinnt man leichter für Zusatzgeschäfte.

Die Strategie der Marktdurchdringung ist ausgerichtet auf eine bestmögliche Nutzung des Umsatz- und Gewinnpotenzials eines SGF. Dies kann erfolgen durch ein meist kombiniertes Vorgehen in zwei Richtungen:

(1) Bisherige Kunden sollen zu einem Mehrverbrauch, Nachkauf oder Zusatzkauf von bislang erbrachten Leistungen veranlasst werden.

(2) Gewinnung von Neukunden in den bisherigen Kundenzielgruppen.

Marktausschöpfung

Beides bringt eine bessere Marktausschöpfung, höhere Marktanteile und damit Größen- und Kostenvorteile für das Unternehmen gegenüber seinen Mitbewerbern.

Beispiele:

Anregung zum Erwerb von mehr Leistungen pro Haushalt (z. B. Pkw oder PC pro Person; mehr Wartungen und Inspektionen von Anlagen und Geräten); Angebot von Zusatz- oder Ergänzungsleistungen wie z. B. Tagescafé in der Bäckerei, Partyservice der Metzgerei; Nachfolgeprodukte oder technische Dienstleistungen etwa unter dem Motto „Alles rund um den PC"; Schreinerei bietet Kunden des Innenausbaus (Möbel) auch Gestaltung von Außenüberdachungen an; Umtauschaktionen „Alt gegen neu" oder Sonderangebote sind besonders wirksame Instrumente zur Marktdurchdringung.

2.4.2 Marktentwicklung

Marktentwicklung

Diese Strategie zielt ebenfalls auf Mengen- und Umsatzwachstum des Unternehmens. Hier sollen jedoch neue Märkte für bisherige Leistungen erschlossen werden durch

(1) Gewinnung neuer Kundengruppen im bisherigen Absatzgebiet,

(2) Ausdehnung der Marktbearbeitung bisheriger Kundengruppen in neuen Absatzgebieten,

(3) Kombination von (1) und (2): Neue Kunden in neuen Märkten gewinnen.

Neue Kunden, neue Märkte

Neue Kunden und neue Märkte sichern das Unternehmenswachstum.

Hier sollen bislang noch nicht erkannte oder noch nicht bearbeitete Kundengruppen und Märkte zusätzlich für Unternehmenswachstum sorgen („Wer und wo sollten unsere Leistungen noch erworben werden können?"). Diese „neuen" Märkte können sich aus folgenden Gesichtspunkten (einzeln, aber meist kombiniert) ergeben:

- demografisch (junge Familien oder Senioren)
- geografisch (neue Standorte, z. B. regional oder im Ausland)
- zeitlich (24-Stunden-Service oder Expressbedarf)
- verbrauchsbezogen (Kleinkunden oder Großkunden)
- branchenorientiert (Handels-, Handwerks- oder Industriezweige)

Aufspaltung von Kundengruppen

Durch Aufspaltung der bisherigen Mischstruktur der Kundengruppen (Privat- und Geschäftskunden) können „neue" Zielgruppen gewonnen werden. Zur bestmöglichen Nutzung der Ertragschancen sind diese entsprechend ihren Anforderungen und Erwartungen differenziert zu bearbeiten.

Beispiele:
Errichtung zusätzlicher Filialen oder Niederlassungen an neuen Standorten im Inland; Absatzsteigerung im Ausland durch Kooperation mit ausländischem Partner, z. B. über Franchising; Verkauf von Werkzeug an Handwerksbetriebe (national) und zusätzlich an Privathaushalte (regional und national über Internet); Metzgerei beliefert Einzelhandelsgeschäfte der Region und eröffnet zusätzliche Filialen in angrenzenden Gemeinden.

2.4.3 Produktentwicklung

Produktentwicklung

Bei diesem Vorgehen werden die bisherigen SGF, Zielgruppen und Märkte beibehalten. Hier soll Wachstum durch zusätzliche, neue leistungen erfolgen. Solche „neuen" Leistungen können sein:

Produktmodifikation

- **Modifikationen** von bisherigen Leistungen entsprechend dem technischen oder modischen Fortschritt;
- **Neue**, bislang nicht angebotene **Leistungen** zur Sortimentsabrundung.

Unter Nutzung des im Unternehmen vorhandenen und am Markt beschaffbaren Wissens (z. B. über Kooperationen, Lizenzen oder Franchising) sollen hier den bisherigen Kundengruppen und Kunden zusätzliche, neue Problemlösungen angeboten werden. Diese sind z. B. in Design oder Funktion verbessert, technologisch angepasst oder neuartig kombiniert. Außerdem wird davon ausgegangen, dass es beim Kunden immer weniger isolierte Einzelprobleme zu lösen gilt. Es treten vielmehr meist funktional verknüpfte Problemfelder oder **Bedarfsbündel** auf, für die kundengerechte Lösungen erwartet werden. Hierzu bedarf es einer systematischen, kundenorientierten Ausweitung des Leistungsangebots durch Sortimentsergänzung und Sortimentserweiterung. Dabei kann sich das Unternehmen an den Leistungen seiner Mitbewerber orientieren (Imitation) oder durch eigenständige Neuheiten (Innovationen) bei den Kundengruppen profilieren.

Neuheiten und Leistungsvarianten

Neuheiten und Leistungsvarianten steigern das Kundeninteresse sowie die Kaufbereitschaft.

Es ist die kontinuierliche Steigerung der Attraktivität des Leistungsangebots und des Unternehmens für den Kunden, die letztlich zu einer gewinnwirksamen Bevorzugung gegenüber Mitbewerbern führt.

Beispiele:

Innovation statt Imitation

Unterschiedliche Serviceangebote (Platin-, Gold- und Silber-Service); Innenausbau und Möbelherstellung unter Einsatz von Holz, Kunststoff und Metall; Angebotsausweitung bei Metzgerei durch ausländische Wurst, Käse oder Fisch; Hausmeisterservice und Gartenpflege; Entwicklung einer Parfümerie zur Wellness-Oase mit Schönheitspflege u.a.m.

2.4.4 Diversifikation

Diversifikation

Hier geht es um das sogenannte „zweite Bein" für das Unternehmen, um ein zusätzliches SGF. Die Marketingbemühungen sind geprägt durch „neue Leistungen für neue Märkte". Handelt es sich dabei um leistungsbezogene Firmenneuheiten (Imitation) oder Marktneuheiten (Innovationen), dann sind es marktseitig andere, neue Kundengruppen in bisherigen oder zusätzlichen Absatzbebieten (z. B. im Ausland). Bei der Diversifikation geht es um die Entwicklung eines neuen SGF durch Kombination der Marketingstrategien Produktentwicklung und Marktentwicklung.

Erschließung neuer SGF

Dieses Vorgehen ist zunächst mit dem hohen unternehmerischen Risiko des Scheiterns infolge Nichtkenntnis des künftigen Verhaltens der Marktteilnehmer (Kunden und Mitbewerber) belastet. Aber bei Gelingen trägt es langfristig wesentlich zum Abbau von Marktrisiken in Folge Abhängigkeit von einzelnen Kunden oder Kundengruppen bei. Dieser Effekt der Diversifikation ist umso größer, je mehr die Sortimentserweiterung durch neue Leistungen erfolgt, die in keinem oder nur sehr geringem Bezug zum bisherigen Tätigkeitsfeld (SGF) des Unternehmens stehen.

Beispiele:

Ein metallverarbeitendes Unternehmen mit Stanz- und Biegetechnik hat neben dem SGF „Teile für die Automobilindustrie" als zusätzliches SGF (Diversifikation) die Fertigung von Scheinwerfern zur Bühnenbeleuchtung (Zielgruppen Opern- und Theaterhäuser sowie Filmindustrie) erfolgreich aufgebaut.

Ein Gipserfachbetrieb mit SGF „Neubau" (Hauptkundengruppen „Projektgeschäft" und „Öffentliche Auftraggeber") hat zum Abbau der Abhängigkeit als zusätzliches SGF die Montage von Fertigschwimmbädern bei der Zielgruppe „Privatkunden" aufgebaut. Dies wurde mit großen Verlusten wieder aufgegeben, da die Besonderheiten der Märkte und die Anforderungen an die Marktbearbeitung der beiden SGF zu unterschiedlich waren. Sie konnten vom Unternehmen führungsbezogen, personell und marketingmäßig nicht mit Aussicht auf Erfolg erfüllt werden. Die SGF passten aus Marktbearbeitungssicht nicht zusammen.

2.4.5 Kombinierter Einsatz

Da das Unternehmen normalerweise mit verschiedenen Leistungen für verschiedene Kundengruppen auf unterschiedlichen Märkten tätig ist, muss es sein Marketing auch darauf ausrichten. Nur so kann es auch sein Gewinnwachstum verbessern!

Wachstums-Mischstrategien

Das bedeutet, dass für die einzelnen SGF unterschiedliche Mischstrategien zu entwickeln sind. Je nach Markterfordernissen, Markt- und Gewinnzielen, Unternehmensgröße und Risikobereitschaft werden für die unterschiedlichen Leistungen oder Leistungsbündel verschiedene Wachstumsstrategien entwickelt und gleichzeitig verfolgt.

Der kombinierte Einsatz von Wachstumsstrategien bei bisherigen und neuen Leistungen ist in der nachfolgenden Abbildung beispielhaft dargestellt. Ergänzend zeigt die übernächste Abbildung Ansatzpunkte zur Findung von Wachstumsstrategien.

Wachstums-strategien \ Märkte		SGF I (Massenmärkte)			SGF II (Kundengruppen)		
		M1	M2	M3	KG1	KG2	KG3
Bisherige Leistungen	Markt-Durchdringung	X	X				
	Markt-Entwicklung			X	X		
Neue Leistungen	Produkt-Entwicklung		X	X		X	
	Diversifikation	X					

Kombinierter Einsatz von Wachstumsstrategien

Im SGF I werden lokale Märkte ohne Unterscheidung nach Kundengruppen bearbeitet (Massenmärkte bei Nahrungsmitteln), während im SGF II die Wachstumsziele bei ausgewählten Kundengruppen realisiert werden sollen (angepasste Leistungen für Junioren oder Senioren).

Beispiele:

Ein Unternehmen aus der Branche „Sanitär & Heizung" kann bzw. muss im Einzelfall sogar verschiedene geschäftsfeldspezifische Wachstumsstrategien verfolgen, z. B. aus Gründen der Konkurrenzabwehr. Dies kann zur Formulierung folgender (Teil-)Strategien führen:

- erhöhte Marktdurchdringung bei Gasheizungen im Neubaugeschäft (SGF I),
- verstärkte Marktentwicklung bei Solarheizungen für Ein- und Zweifamilienhäuser (SGF II),
- gezielte Produktentwicklung, z. B. verschiedene Serviceverträge für Privatkunden, Gewerbebetriebe und Betriebe der öffentlichen Hand (SGF III).

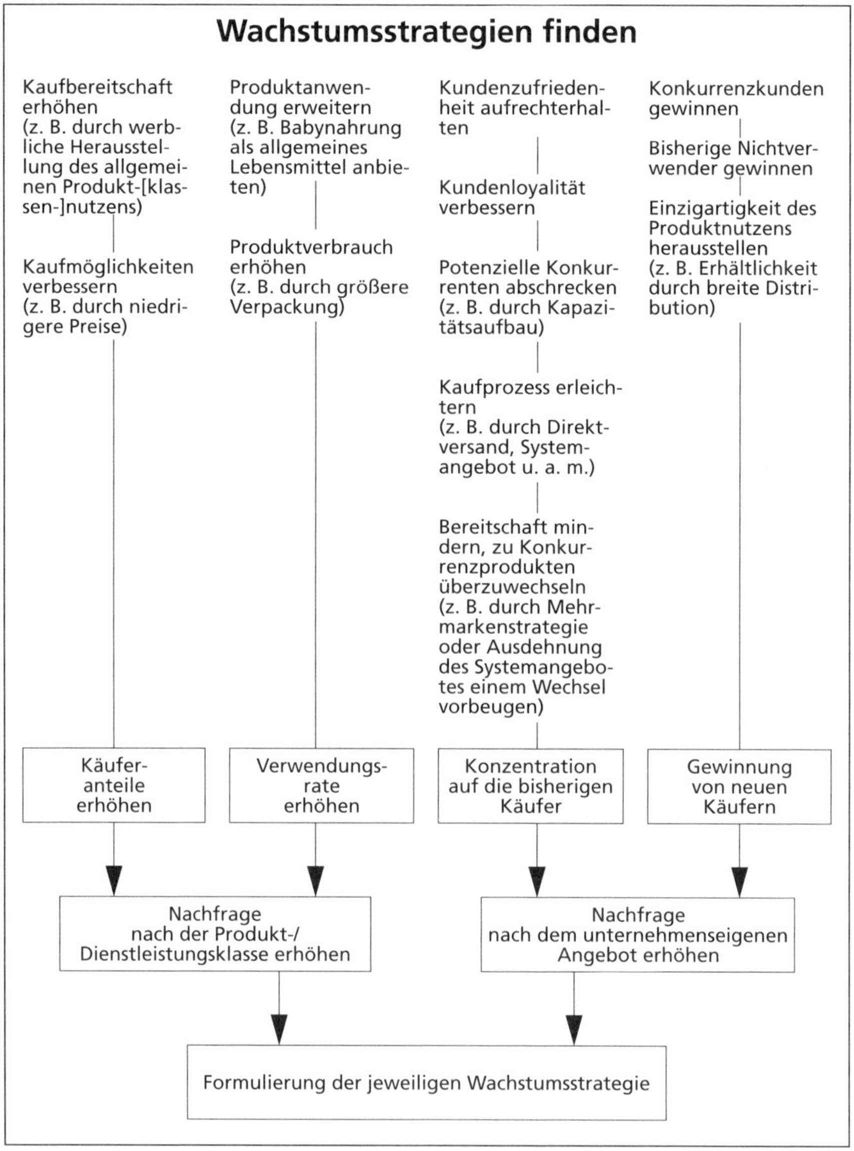

Ansatzpunkte für Wachstumsstrategien

Internes oder externes Wachstum

Der kombinierte Einsatz der Marketingstrategien, speziell bei den Wachstumsstrategien, wirft die Frage auf, **wie** das Unternehmen seine Wachstumsziele erreichen will bzw. erreichen kann. Dei Alternative ist entweder alleine **(internes Wachstum)** oder zusammen mit anderen Unternehmen **(externes Wachstum).** In der Praxis werden beide Möglichkeiten oft gleichzeitig eingesetzt.

2.4.6 Wachstumsformen

Internes Wachstum

Realisiert das Unternehmen seine strategischen und operativen Unternehmens- und Marketingziele sowie die dazugehörenden Strategien „aus eigener Kraft", liegt **internes Wachstum** vor. Hier bestimmen die finanziellen, personellen, betrieblichen und organisatorischen Möglichkeiten und Fähigkeiten des eigenen Unternehmens das Vorgehen am Markt. Das angestrebte Wachstum auf den Märkten wird unter Beachtung von Chancen, Risiken und Gewinnwirkung abgestimmt auf die eigene Leistungsfähigkeit. Internes Wachstum erfolgt durch Zunahme der Betriebsgröße, z. B. durch Ausbau der Produktion, des Verkaufspersonals oder durch zusätzliche Filialen oder Niederlassungen.

Externes Wachstum

Externes Wachstum liegt vor, wenn die Unternehmens- und Marktziele durch „Zukauf" von Umsatz-, Markt- und Gewinnanteilen erreicht werden sollen. Dies kann zweckmäßig oder sogar erforderlich sein, wenn die „eigenen Kräfte" nicht ausreichend sind oder für andere Aufgaben geschont werden sollen. Auch kann das andere Unternehmen bei bestimmten Leistungen oder in bestimmten Märkten wesentlich stärker sein als das eigene Unternehmen (z. B. durch besseres Produktions- oder Markt- Know-how). Hiervon kann das eigene Unternehmen durch Zusammenarbeit gewinnwirksam profitieren.

Beteiligungen an oder die **Übernahme** von anderen Unternehmen (z. B. Fahrradhersteller beteiligt sich an Importeur oder Händler für Kleinmotorräder oder Betriebsübernahme an einem neuen Standort und Eingliederung ins Unternehmen) sind gängige Formen des externen Wachstums. Als **Sonderformen des externen Wachstums**, die gerade für mittelständische und handwerkliche Unternehmen sehr bedeutsam sind, sollen hier **Kooperation, Franchising** und **Joint Ventures** (Gemeinschaftsunternehmen) etwas näher erläutert werden. Sie eignen sich besonders zur Profilierung gegenüber Mitbewerbern, Vermeidung des Markteintritts eines potenziellen Mitbewerbers in das eigene SGF bzw. in Teilmärkte hiervon oder zur Erschließung neuer Märkte (z. B. im Ausland).

Kooperation

Unter **Kooperation** ist jede freiwillige, vertraglich geregelte, meist zeitlich befristete Zusammenarbeit von zwei oder mehr Unternehmen, die rechtlich und wirtschaftlich selbstständig sind und bleiben, zu verstehen. Eine Kooperation dient der Stärkung der Leistungsfähigkeit der Partner durch Abstimmung der Interessen und Verhaltensweisen der beteiligten Unternehmen auf bestimmten Teilgebieten. Dies kann z. B. beim Einkauf, in der Produktentwicklung, bei der Sortimentsabrundung oder bei der Marktbearbeitung erfolgen.

Beispiele:

Bildung von Einkaufsgenossenschaften (z. B. EGI-Stuck für Gipser- und Stukateurbetriebe, BÄKO für das Bäcker-Handwerk) oder Vertragswerkstätten (herstellergebundene Reparaturbetriebe) oder Exklusivhändler (Gebietsschutz für bestimmte Handelswaren).

Da die Kooperationspartner zur gleichen oder zu anderen Wirtschaftsstufen gehören, lassen sich vertikale und horizontale Kooperationen unterscheiden. Als Beispiel für **horizontale Kooperation** seien die Zusammenarbeit von Handelsunternehmen (freiwillige Ketten, Einkaufsgemeinschaften) genannt. Auch im Handwerk ist dies anzutreffen als Erfa-Gruppen, Einkaufsgenossenschaften, Arbeitsgemeinschaften, Sortimentsaustausch, Gemeinschaftswerbung oder Leistungsverbund „Alles aus einer Hand" im Bau- und Ausbaugewerbe.

Kooperationsformen

Als Beispiele für **vertikale Kooperationen** sind an dieser Stelle die Zusammenarbeit auf der Absatz- und Beschaffungsseite zwischen Hersteller und Handel (Vertragshändlersystem), Hersteller und Handwerk (Kooperation für Zulieferung an den Hersteller oder herstellergebundener Kundendienst durch Handwerk) oder Handel und Handwerk (Handwerkskunden kaufen beim Handel; Einbau, Montage und Reparatur durch Handwerk/Vertragswerkstatt) aufgeführt.

Die **Organisationsformen der Kooperation** reichen von der informellen Absprache unter den beteiligten Partnern über die Einrichtung einer gemeinschaftlich getragenen Koordinations- und Steuerungsstelle (z. B. für Messegemeinschaft oder Gemeinschaftswerbung) bis hin zur Gründung von Gemeinschaftsunternehmen (z. B. Vertriebsgesellschaften) im Ausland z. T. mit ausländischen Partnern (sog. Joint Ventures).

Franchising

Beim **Franchising** handelt es sich um eine **Spezialform der Kooperation.** Sie geht über eine reine Abstimmung der Verhaltensweisen der Partner hinaus. Es handelt sich um die gewerbliche Nutzung einer Geschäftsidee durch mehrere eigenständige Unternehmen. Die Rechte und Pflichten von Ideengeber (Franchise-Geber) und Ideennutzern (Franchise-Nehmer) werden in einem Lizenzvertrag (Franchise-Vertrag) geregelt. Die Leistungen des Franchise-Gebers bestehen im Angebot eines erfolgversprechenden Beschaffungs-, Marketing- und Vertriebs- sowie Organisationskonzepts, der Gewährung von Schutzrechten (z. B. Gebietsschutz) und der Verpflichtung zur Aus- und Weiterbildung des Personals des Franchise-Nehmers. Hinzu kommen Verpflichtungen zur ständigen werblichen Unterstützung und zur permanenten kunden- und wettbewerbsgerechten Weiterentwicklung des Franchise-Konzepts. Dafür hat der Franchise-Nehmer das Recht und die Pflicht, die Leistungen des Franchise-Gebers gegen Entgelt (Lizenzgebühr) zu nutzen.

Da die Franchise-Nehmer mit einheitlichem Erscheinungsbild (Marke, Farbkombinationen, Berufsbekleidung und Leistungsprogramm) am Markt auftreten, entsteht bei den Kunden der Eindruck, diese Unternehmen seien Filialen des Franchise-Gebers. Dies wird von den Franchise-Partnern bewusst angestrebt, um Einheitlichkeit und Gleichheit in Leistung und Qualität zu signalisieren. Erfolgreiches Franchising betreiben McDonalds, Benetton, Coca Cola, Eismann Tiefkühlkost, Bäckerei Kamps, Master Mint Schlüsseldienst oder Pit Stop-Auto Service GmbH, um einige Beispiel zu nennen.

Joint Ventures

Eine weitere spezielle Kooperationsform ist die Bildung von **Joint Ventures** oder **Gemeinschaftsunternehmen.** Hier gründen mindestens zwei auch weiterhin selbstständige Unternehmen ein **neues, eigenständiges Unternehmen** in der Absicht, Marktchancen gezielter und effizienter nutzen zu können. Auslöser für solche Joint Ventures ist meist eine Bündelung der Kräfte, um mehr Marktmacht zu erhalten (z. B. gemeinsame Einkaufs- oder Verkaufsgesellschaften) oder um Engpässe bei Know-how oder Finanzen zu beseitigen. Joint Ventures sind besonders geeignete Instrumente zur Erschließung und Bearbeitung ausländischer Märkte, wenn zuverlässige Vertragspartner gefunden werden. Im Gegensatz zu Export und Filialen im Ausland werden hier Chancen und Risiken gemeinsam getragen: Ein Unternehmen bringt meist

Leistungs-Know-how und Finanzkraft, der andere Kooperationspartner hat Kunden- und Marktkenntnis und bringt den Standort sowie einheimisches Personal im jeweiligen (Auslands-)Markt in das Joint Venture ein. Den wirtschaftlichen Nutzen haben die Kooperationspartner über den beidseitigen Zuwachs ihres Know-hows sowie über den Ertrag entsprechend der Höhe ihrer Beteiligung.

Beim Kunden gemeinsam stark auftreten ist besser als alleine schwach wirken.

Kooperationsmanagement

Voraussetzung für das Gelingen jeder Art von Kooperation ist ein **professionelles Kooperationsmanagement** mit Planung, Organisation und Kontrolle der gemeinsamen Aktivitäten und Kosten (!). Außerdem ist auf die sich im Zeitablauf ändernde Kooperationswilligkeit und Kooperationsfähigkeit der Partner zu achten. Bei anhaltenden Konflikten und Störungen muss die bestehende Kooperation überdacht, auf eine neue Basis gestellt oder sogar beendet werden.

2.5 Marktbearbeitungsstrategien

Marktbearbeitungsstrategien

Nach Festlegung der strategischen Geschäftsfelder, der Unternehmens- und speziell der Marktziele, der Wahl der erfolgversprechenden Wachstums-, Wettbewerbs- und Profilierungsstrategie müssen Marketing und Management darüber entscheiden, wie die Geschäftsfelder und deren Märkte bearbeitet werden sollen. Hier ist zu entscheiden, wie intensiv die Chancen in den einzelnen Märkten oder Kundengruppen genutzt werden sollen. Es geht darum, ob die Märkte **mehr standardisiert** (undifferenziert) oder **mehr individualisiert** (differenziert) zu bearbeiten sind, um die Unternehmens- und Gewinnziele zu realisieren. Ein differenziertes Vorgehen setzt in der Regel eine Aufteilung der Märkte nach bestimmten Merkmalen in Teilmärkte oder Kundengruppen (**Segmentierung**) voraus.

Segmentierung

Bei der Marktbearbeitungsstrategie geht es um die Grundsatzentscheidung, ob auf der Basis eines eindeutigen Unternehmensprofils eine undifferenzierte Marktbearbeitung erfolgen kann oder eine differenzierte Vorgehensweise am Markt wünschenswert und wirtschaftlich realisierbar ist.

2.5.1 Undifferenzierte Marktbearbeitung

Undifferenzierte Marktbearbeitung

Bei **undifferenzierter Marktbearbeitung** wird für alle SGF oder für alle Kundengruppen eines SGF ein (einheitliches) Marketingkonzept entwickelt und zur Auftragsgewinnung eingesetzt. Es erfolgt ein standardisierter Einsatz der Marketinginstrumente. Besonderheiten wie z. B. Wettbewerbsintensität, Kundenstruktur oder unterschiedliche Kaufmotive (z. B. Preis- oder Qualitätsbewusstsein) bleiben unberücksichtigt. Dies führt in der Regel zu hohen Streu- und Wirkungsverlusten bei den Marketingaktivitäten (**Risiken durch „Schrotflintenmethode“**). Daher ist eine undifferenzierte Marktbearbeitung nur in einem **Massenmarkt** mit dem Angebot von standardisierten (Massen-)Produkten oder bei einer Strategie des Preiswettbewerbs sinnvoll zu vertreten.

„Schrotflintenmethode“

2.5.2 Differenzierte Marktbearbeitung

Differenzierte Markt-bearbeitung

Die Strategie der **differenzierten Marktbearbeitung** ist dadurch gekennzeichnet, dass die Marketingaktivitäten sich nach den Strukturen und Erfordernissen der einzelnen SGF, einzelner Teilmärkte oder ausgewählter Kundengruppen richten. Durch zielgruppengerechtes Marketing können – speziell bei Qualitätswettbewerb – **differenzierte Leistungen** erbracht, profilierende Vorteile herausgestellt und die Möglichkeiten zur Auftragsgewinnung optimiert werden **(Chancen durch „Scharfschützenmethode").**

„Scharfschützenmethode"

Der Unterschied zwischen differenzierter und undifferenzierter Marktbearbeitung wird nochmals in der nachfolgenden Abbildung dargestellt.

Grundsätzliche Vor- und Nachteile	Undifferenzierte Marktbearbeitung („Schrotflintenmethode")	Differenzierte Marktbearbeitung („Scharfschützenmethode")
Vorteile	– Kostenvorteile durch Massenproduktion – Abdeckung des gesamten Grundmarktes (Potentialausschöpfung) – vereinfachter, durchschnittsorienter, weniger aufwendiger Marketingmix – geringerer marketing-organisatiorischer Aufwand	– hohe Bedarfsentsprechung (Erfüllung differenzierter Käuferwünsche) – Erarbeitung überdurchschnittlicher Preisspielräume – gute „Lenkungsmöglichkeiten" des Marktes – Möglichkeit, Preiswettbewerb durch Qualitätswettbewerb weitgehend zu ersetzen (zu überlagern)
Nachteile	– je nach Marktstruktur nicht volle Entsprechung von Käuferwünschen – begrenzte Preisspielräume („monopolistischer Bereich" relativ klein) – eingeschränkte Möglichkeiten der Marktsteuerung – eher Gefahr eines Preiswettbewerbs	– Komplizierungen (Verteuerungen) im Einsatz des Marketing-Instrumentariums – vielfach Verzicht auf Massenproduktion (und entsprechende Kostenvorteile) – teilweise eingeschränkte Stabilität von Marktsegmenten – hoher Marketing-Know-how-Bedarf (bzw. entsprechende Marketingorganisation)

Vor- und Nachteile bei undifferenzierter oder differenzierter Marktbearbeitung

Segmentierung

Richtung und Schwerpunkte einer differenzierten Marktbearbeitung lassen sich mit Hilfe einer Portfolio-Darstellung erkennen und festlegen. Voraussetzung ist, dass sich durch **Segmentierung** (siehe Kapitel 2.5.3) **unterschiedliche, bearbeitungsfähige Kundengruppen bilden** lassen. Diese gilt es in ihrer Bedeutung, z. B. nach Auftrags- und Gewinnpotenzial für das Unternehmen, einzuschätzen. Dies entspricht der **„Attraktivität der Kundengruppen".** Gleichzeitig sind die wettbewerbswirksamen Vorteile des Unternehmens zu ermitteln und seine Stärke im Vergleich zu seinen (Haupt-)Mitbewerbern einzuschätzen. Dies ist die „relative Unternehmensstärke im Marktauftritt". Kombiniert man beide Betrachtungen und stellt dies in einer Grafik dar, erhält

Attraktivität der Kunden-gruppen

man ein **Kundengruppen-Portfolio** als Basis für differenzierte Wachstums- und Marktbearbeitungsstrategien:

Kundengruppen-Portfolio

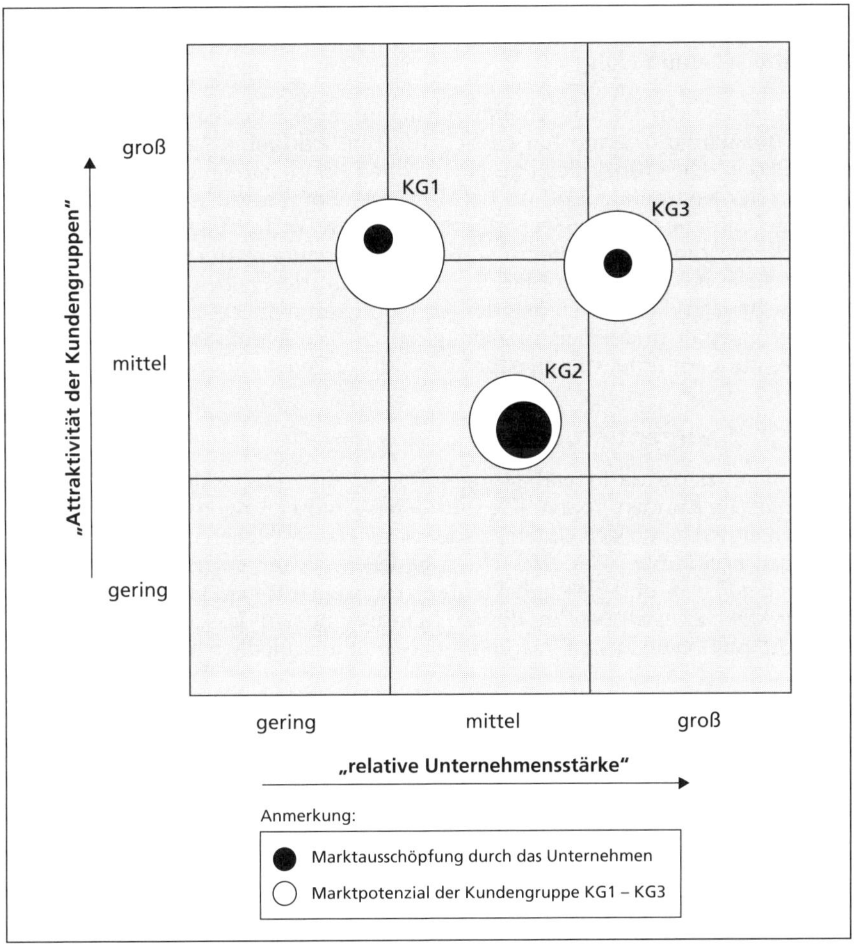

Kundengruppen-Portfolio

Aus vorstehender Abbildung ist erkennbar, dass die Kundengruppen KG 1 und KG 3 für das Unternehmen hoch attraktiv sind, aber beispielsweise die Unternehmensstärke im Hinblick auf die Kunden der KG 1 noch kräftig auf- und ausgebaut werden muss. Bei KG 3 ist eine intensive Marktbearbeitung mit weiterem Ausbau der Stärken sinnvoll.

Jedes Unternehmen hat über die **Auswahl der attraktiven Marktsegmente** zu entscheiden. Dies können ausgewählte Kundengruppen oder Absatzmärkte sein. Konzentriert es sich auf einige ausgewählte Marktsegmente, spricht man von **selektiver Marktbearbeitung.** Die finanziellen und personellen Möglichkeiten sollen gebündelt hochgradige Ertragswirkung bringen und nicht durch

Marktbearbeitung: – selektiv

zu breite Marktbearbeitung „verheizt“ werden. In der Begrenzung liegt die Kraft!

Konzentration auf attraktive Kundengruppen und Absatzmärkte ist ein Schlüssel zum Erfolg.

– exclusiv

Konzentriert sich das Unternehmen auf nur eine Kundengruppe oder nur einen Absatzmarkt, dann hat es sich für eine **exklusive Marktbearbeitung** entschieden. Dies führt meist zu einer hohen kundenabhängigen Spezialisierung in der Kompetenz und im Leistungsangebot. Beispiele hierfür sind herstellergebundene Vertragswerkstätten, Exklusiv-Vertretungen (mit Gebietsschutz) oder die Systemlieferanten für den Maschinenbau oder die Automobilindustrie. Bei exklusiver Marktbearbeitung dürfen neben den meist guten Ertragschancen die Risiken aus der Abhängigkeit nicht unterschätzt werden. Fällt ein Partner in der Leistungsfähigkeit zurück, leidet (auch) der Markterfolg des anderen unter diesen negativen Wirkungen.

2.5.3 Segmentierung

Marktsegmentierung

Eine differenzierte Marktbearbeitung, sei sie selektiv oder exklusiv, setzt voraus, dass man die Kunden in den SGF und deren Anforderungen an die Marktleistungen kennt. Lassen sich Unterschiede relativ klar feststellen und Kundengruppen nach bestimmten Gesichtpunkten bilden (z. B. unterschiedliche Auftragsgrößen bei Privat- und Geschäftskunden), dann spricht man von Marktsegmentierung. Die Zielgruppen in diesen Marktsegmenten lassen sich dann mit Aussicht auf höhere Erträge marketingmäßig unterschiedlich bearbeiten.

Marktsegment

Marktsegmente sind Kundengruppen mit einander ähnlichen Kaufentscheidungsmerkmalen und einem Kaufverhalten, das sich wesentlich von anderen Zielgruppen unterscheidet.

Je größer diese Unterschiede (z. B. „Junioren“ und „Senioren“), umso mehr können die Marketingmaßnahmen auf die einzelnen Zielgruppen ausgerichtet werden.

Will das Unternehmen solche Segmente erkennen und sich als kundenspezifischer Problemlöser profilieren, sind umfassende Informationen zu beschaffen über

Basisinformationen für eine Segmentierung

- jene **Käufereigenschaften,** die für den Absatz der Marktleistungen bestimmend sind und ermittelt werden können (z. B. gewerbliche oder private Kunden, Kaufkraft, Kaufverhalten, Größe und Standort etc.).
- die **Größe der einzelnen Zielgruppen.** Damit die Segmentierung nicht zu unwirtschaftlichem Marketingaufwand führt (z. B. 20 Zielgruppen à 50 Kunden sind wenig, aber zwei Zielgruppen mit 200 bzw. 800 Kunden u. U. sinnvoll), ist die wirtschaftliche Attraktivität eines Marktsegments zu bestimmen (siehe Kundengruppen-Portfolio, Abschnitt 2.5.2).
- die **Erreichbarkeit der einzelnen Zielgruppen** für die Marketingaktivitäten, um sie mit dem Leistungsangebot vertraut und kaufwillig zu

machen (z. B. Zielgruppe wohnt an einem Stadtbezirk oder ist Leser einer bestimmten Zeitung oder Zeitschrift).

Der Gesamtmarkt von tatsächlichen und möglichen Kunden kann nach verschiedenen kaufbeeinflussenden Gesichtspunkten gegliedert werden.

Marktsegmentbildung: geografisch

Im Einzelnen lassen sich Marktsegmente oder Zielgruppen ermitteln z. B. durch:

- **geografische Segmentierung:**
  Bewusste Aufteilung des Absatzgebietes in Teilmärkte, z. B. Inland und Ausland, Stadtbezirk und Landkreise; Kunden aus der Nachbarschaft und aus anderen Wohngebieten; Aufteilung der BRD in Teilmärkte „Nord“, „Süd“, „West“ und „Ost“, oder Gliederung nach Postleitzahlen;

demografisch

- **demografische Segmentierung:**
  Bilden von Zielgruppen auf der Basis kaufbestimmender Faktoren wie Alter, Geschlecht, Familiengröße, Einkommen, Beruf, Bildungsniveau, Besitztum (Haus, Auto) u. a.; wobei der Vorteil in der relativ leichten Erfassbarkeit und Messbarkeit der Kriterien liegt;

sozio-psychografisch

- **Sozio-psychografische Segmentierung**
  Ausgangspunkt ist die Erkenntnis, dass das Kaufverhalten nicht allein demografisch erklärbar ist. Es ist eher auf Persönlichkeitsmerkmale der Käufer zurückzuführen. Daher sucht man Kundengruppen mit gleichartigen Grundeinstellungen, Neigungen und Erwartungen (z. B. bezüglich Kauf-, Konsum- oder Freizeitgestaltung), um einige Kriterien zu nennen. Besonders bedeutsam ist hierbei das Preis- oder Qualitätsbewusstsein für die Kaufentscheidung. Aber auch soziologische Momente wie Statussymbol, sozialer Status oder „Gruppennorm“ wirken verhaltensbestimmend. Wichtig ist hierbei, dass diese Kriterien sich auch demografisch zuordnen und damit gezielt ansprechen lassen.

Beispiel:

Möbelhersteller, Schreiner oder etwa Fahrradhändler mit Reparaturbetrieb könnten ihren Kundenkreis gliedern in nutzungsorientierte, statusorientierte, preisorientierte oder qualitätsorientierte Kundengruppen. Auch Dienstleistungsunternehmen können solche Segmentierungen durchführen und ihre Profilierung darauf aufbauen.

Kundenwahl und Kundenbearbeitung in den Teilmärkten nach der „Scharfschützenmethode“ ist in der Regel erfolgreicher und gewinnwirksamer als eine Marktbearbeitung nach der „Schrotflintenmethode“!

Die unterschiedlichen Anforderungen und Erwartungen der Kundengruppen an die Marktleistungen des Unternehmens sind gekoppelt mit unterschiedlicher Kauf- und Zahlungsbereitschaft der Kunden. Das bedeutet:

Marktsegmente sind Preissegmente.

Diese Erkenntnis gilt es durch differenzierte, auf die Kundengruppen abgestimmte Marketingstrategien und -maßnahmen zu nutzen. Abschließend sind in der nachfolgenden Abbildung noch Segmentierungsgesichtspunkte mit ihren Einsatzmöglichkeiten zusammenfassend dargestellt.

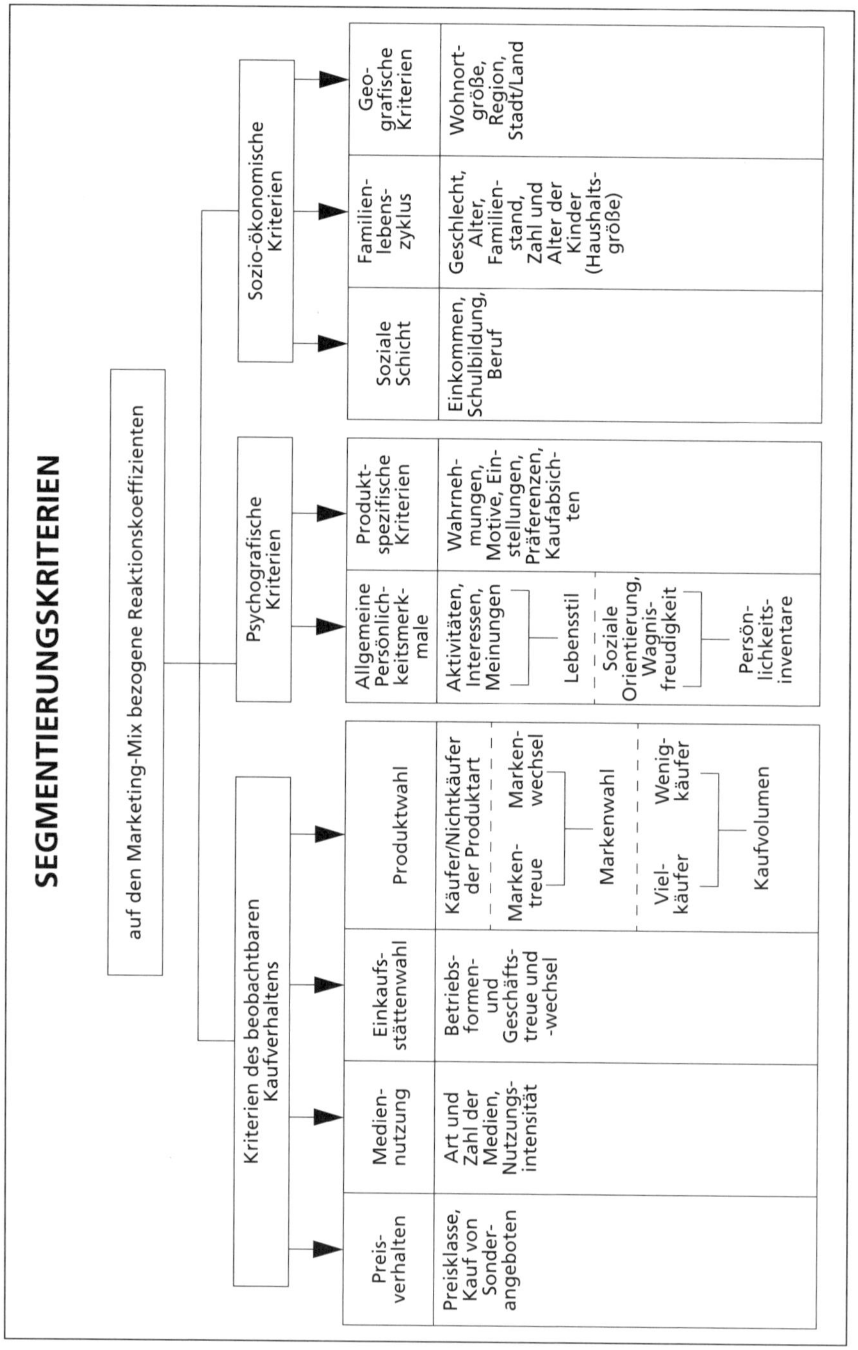

Segmentierungskriterien (Diller)

2.5.4 Push- und Pull-Marktbearbeitung

Neben der Entscheidung, ob eine undifferenzierte oder differenzierte Marktbearbeitung erfolgen soll, muss für den optimalen Einsatz der Marketing-Instrumente (siehe Kapitel 2.7 „Marketingstrategien-Mix") eine weitere Grundsatzentscheidung für die Marktbearbeitung getroffen werden. Es geht um die Bestimmung der sog. **Auftragsgewinnungsstrategie** als jener Vorgehensweise am Markt, mit der eine Nachfrage nach Leistungen des Unternehmens erreicht werden soll. Dies ist über eine Push- oder Pull-Strategie möglich.

Auftragsgewinnungsstrategie

Eine **Push-Strategie** wird häufig bei Massenwaren und undifferenzierter Marktbearbeitung eingesetzt. Hier soll durch gezielt kaufstimulierende Aktivitäten beim Handel und bei Kunden ein Druck zur (vermehrten) Nachfrage nach Leistungen des Unternehmens aufgebaut werden. Die Leistungen sollen über eine meist aggressive Marktbearbeitung in den Markt „gedrückt" werden. Hierzu besonders geeignet sind der verstärkte Einsatz von sofort wirksamen Marketinginstrumente wie Preise und Konditionen, Verkaufsförderung (Sonderangebote), spezielle Serviceangebote und persönliche Verkaufsaktivitäten. Auch zeitlich befristete Maßnahmen wie Hausmessen, Frühjahrs- oder Herbstaktionen sind hier zu nennen.

Push-Strategie

Beispiele:

Marketing- und Angebotspolitik der Discounter, Frühjahrs- und Herbstaktionen im Kfz-Handwerk, Wartungs- und Instandhaltungswochen im „Sommerloch" oder aktuelle, zeitlich begrenzte Sonderangebote (z. B. „Schweizer Woche" oder „Grill-Fest").

Bei der **Pull-Strategie,** die bei undifferenzierter und differenzierter Marktbearbeitung eingesetzt werden kann, sollen bei den Kunden oder einzelnen Zielgruppen die Nachfrage nach Leistungen des Unternehmens angeregt werden. Bei indirektem Absatz soll der Handel so zur Aufnahme der Leistung in sein Sortiment bewegt werden. Hier wird die Leistung gewissermaßen in den Markt „gezogen". Dieses Vorgehen ist (auch beim direkten Absatz an den Kunden) in der Gewinnwirkung meist vorteilhafter, da eine aggressive Preispolitik entfällt. Die Kaufanreiz wird über Werbung in allen Medien, Verkaufsförderung und verstärkten Einsatz von Händler- und Kunden-Direktwerbung erreicht.

Pull-Strategie

Beispiele:

Endverbraucherwerbung für Markenartikel, Luxusgüter und Kosmetika in den Medien und die Unterstützung durch personenbezogene Direktwerbung, um den Kunden zu aktivieren, die Produkte beim Handel nachzufragen. Dann ist der Handel gezwungen, diese Produkte in sein Sortiment aufzunehmen. Bei Gebrauchsgütern könnte eine gezielte Endverbraucherwerbung durch die Industrie eine Nachfrage der Kunden nach Einbau, Wartung, Reparatur und Ersatzteildienst beim Handwerk auslösen (vgl. Vertragswerkstätten). Dies würde das Ersatzteil- und Zusatzgerätegeschäft für die Industrie verstärken.

In der Praxis wird meist eine **kombinierte Push- und Pull-Strategie** eingesetzt. So sind über „Druck" und „Zug" bei den Kunden, den eingeschalteten Absatzhelfern und evtl. notwendigen Händlern die strategischen und operativen Marketingziele des Unternehmens leichter und vollständiger zu erreichen.

kombinierte Push- und Pull-Strategie

2.6 Absatzmarktstrategien

2.6.1 Vorgehensweisen

Bei der Wahl von Strategischen Geschäftsfeldern (SGF) wird entschieden, für welche Teilbereiche des täglichen Lebens das Unternehmen Leistungen erbringen will. In der Formulierung „Gegenstand des Unternehmens ist ..." wird der Inhalt des unternehmerischen Handels festgelegt. Diese weite Fassung, die große Flexibilität im Marktverhalten bringt, kann aus Gründen der Zweckmäßigkeit auf bestimmte Kundengruppen oder Absatzmärkte begrenzt werden (siehe Kapitel 1.3 „Wahl der Geschäftsfelder").

Im Rahmen der Überlegungen zu Marktbearbeitung und Marktwachstum spielen Fragen zu den gegenwärtigen und künftigen Absatzgebieten des Unternehmens eine wichtige Rolle.

Absatzmarktstrategie

Bei der **Absatzmarktstrategie** geht es um Entscheidungen zur Festlegung, Ausdehnung, Verkleinerung oder Aufgabe von Absatzgebieten im In- und Ausland. Es sollen jene Absatzgebiete gefunden und bearbeitet werden, in denen ausreichend viele attraktive Kunden oder Kundengruppen durch gezielte Marketingaktivitäten für Aufträge gewonnen werden können.

Zum Finden und Festlegen der strategisch richtigen **Absatzgebiete im Inland** eignen sich:

Vorgehen zur Absatzmarktbestimmung:

– im Inland

- **Konzentrisches Vorgehen:** Ausgehend vom lokalen Markt des Unternehmens wird das Absatzgebiet analog einer „Schnecke" bewusst bis zum regionalen, überregionalen oder nationalen Markt ausgedehnt. Eine große Marktmacht im Heimatmarkt erleichtert besonders bei mittelständischen Unternehmen diese Art des Gebietswachstums.
- **Selektives Vorgehen:** Hier werden die Absatzgebiete nach bestimmten Kriterien ausgewählt, z. B. bestehen hier selten geografische Berührungen oder Verknüpfungen. Als Beispiel sei die Gründung von Niederlassungen in ausgewählten Regionen Baden-Württembergs oder in anderen Bundesländern genannt.
- **Inselförmiges Vorgehen:** Hier werden gezielt einzelne Wirtschaftgebiete in meist größerer Entfernung zum Standort des Unternehmens als inselhafte Absatzgebiete ausgewählt. Dies ist z. B. der Fall, wenn Filialen oder Niederlassungen in ausgewählten Großstädten oder mitten im Hauptabsatzgebiet eines Mitbewerbers eingerichtet werden.

Als Absatzmarktstrategien zur Bestimmung der **Absatzgebiete im Ausland** eignen sich ebenfalls:

– im Ausland

- **Konzentrisches Vorgehen:** Auswahl eines Absatzgebietes möglichst nahe am Heimatmarkt, um Erfahrungen zu sammeln und bei Problemen schnell vor Ort zu sein. Dieses Gebiet hat später meist eine „Brückenkopffunktion" für die Erschließung weiterer Absatzgebiete im Ausland.
- **Selektives Vorgehen:** Auf Erfahrungen mit dem ersten Absatzgebiet aufbauend, werden einzelne Absatzgebiete im gleichen oder einem anderen Land nach bestimmten Gesichtspunkten (siehe oben) gezielt ausgewählt. Zur Risikobegrenzung eignen sich hierzu Gebiete, in denen bereits Unternehmen mit ähnlichem Leistungsangebot tätig sind.

- **Inselförmiges Vorgehen:** Hier werden einzelne, relativ isolierte Absatzgebiete mit attraktiven Kunden oder Kundengruppen gezielt ausgewählt. Ausländische Absatzgebiete über diesen Weg zu erschließen, erscheint in Zusammenarbeit mit ausländischen (Kooperations-)Partnern angeraten. Dies kann am besten in Form von Franchising (als Franchise-Geber oder -Nehmer) oder in Form eines Joint Ventures erfolgen. Ohne Auslandserfahrung des Unternehmens ist sonst die Gefahr des Scheiterns zu groß.

Die Bestimmung und Bearbeitung von Absatzgebieten im In- und Ausland bedeutet für das Unternehmen langfristig bindende Entscheidungen – zum Teil mit Investitionen und auf jeden Fall mit erhöhtem Marketingaufwand verbunden. Daher bedarf es speziell bei mittelständischen Unternehmen mit ihren begrenzten finanziellen und personellen Möglichkeiten genauer Chancen-Risiken-Abwägungen bei der Wahl der Absatzgebiete. Außerdem ist ein „Schritt-für-Schritt"-Vorgehen mit einer dazwischenliegenden Konsolidierungsphase angeraten. So können Erfahrungen ausgewertet und bei der nächsten Absatzgebietswahl berücksichtigt werden.

„Schritt-für-Schritt"-Vorgehen bei Wahl der Absatzgebiete

Die bisherigen Ausführungen lassen erkennen, dass die Festlegung der Absatzgebiete eng mit Entscheidungen für internes oder externes Wachstum gekoppelt ist. Da auch die Standortwahl des Unternehmens in engem Zusammenhang mit den gegenwärtigen und künftigen Absatzgebieten zu sehen ist, sollen Standortüberlegungen in einem Exkurs anschließend kurz erörtert werden.

2.6.2 Standortwahl

Standort, Begriff

Unter betrieblichem Standort versteht man den geografischen Ort, an dem das Unternehmen seinen rechtlichen Sitz hat, und den oder die Orte, an denen die Betriebsstätten angesiedelt sind. Das heißt, ein Unternehmen kann mehrere Standorte haben, z. B. Firmensitz und mehrere Filialen, Zweigwerke oder Außenlager im In- und Ausland.

Standortwahl

Die Standortwahl ist eine Entscheidung mit langfristiger Wirkung, die unter Umständen nur schwer revidiert werden kann. Dies ist bei der Gründung oder Verlegung eines Unternehmens oder Teilen davon zu berücksichtigen. Das gilt auch bei der räumlichen Ausgliederung oder Angliederung von Betriebsstätten (z. B. Verkaufsfilialen). Der gewählte Standort muss auf lange Sicht gewinnwirksam sein. Kurzfristeffekte durch Steuervorteile, Subventionen oder konkrete Hilfestellung durch die örtliche Wirtschaftsförderung können langfristige Personal- oder Kostennachteile eines Standorts nicht ausgleichen.

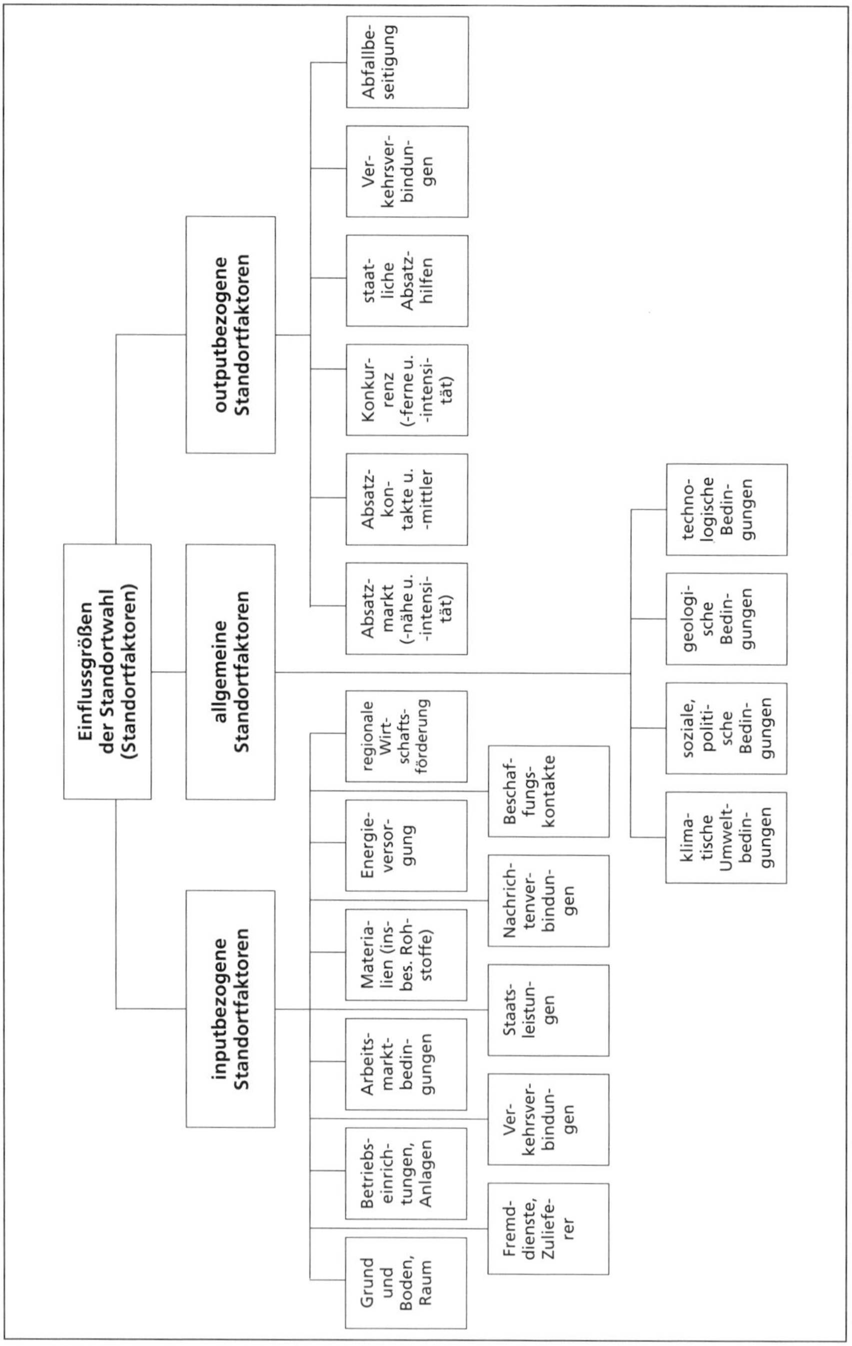

Faktoren der betrieblichen Standortwahl

Welche Gesichtpunkte bei der Standortwahl eine Rolle spielen können, zeigt die folgende Abbildung auf der nächsten Seite. Standortbedingte Lohnkostenvorteile können zusammentreffen mit standortbedingter Ferne vom (Haupt-)Absatzgebiet und mit schlechter Verkehrsanbindung (z. B. Standort in infrastrukturschwachen Gebieten). Auch kann sich die Bedeutung einzelner Einflussfaktoren für die betriebliche Standortwahl im Zeitablauf ändern. So könnte sich die Situation bei der Existenzgründung anders dargestellt haben als heute, z. B. durch zu stark gestiegene Produktionskosten, Fachkräftemangel oder Wegzug der Kunden. Eine Überprüfung des Standorts **(Standortanalyse)** könnte ergeben, dass möglicherweise eine Änderung des bisherigen Standorts sinnvoll ist. Eine Alternative wäre eine **Standortverlegung,** die zur kompletten Aufgabe des alten Betriebes führt. Beim Neuaufbau können die neuen Standort- und Rationalisierungsvorteile voll genutzt werden.

Standortanalyse

Standortverlegung

Eine andere Alternative ist die **Standortspaltung.** Hier wird der Betrieb gegliedert in einen Produktionsstandort (in einem Gewerbegebiet oder im Ausland) und in weitere (Teil-)Standorte in Absatzgebieten im In- und Ausland. So können die Unternehmen ihre Produktionskosten senken, die Marketingstrategien kundennah realisieren und ihre Marktchancen gezielt nutzen.

Standortspaltung

Beispiele:

Trennung von Produktionsbetrieb (häufig im Gewerbegebiet) und Verkaufsräumen (Filialen) in Wohngebieten, Einkaufszentren oder Kaufhäusern; auch rollende Filialen (Verkaufsstände) sind hier zu nennen.

Die Standortwahl spielt bei der Umsetzung der räumlichen Kundennähe im Vertrieb eine zentrale Rolle, speziell wenn ein dezentraler Vertrieb/Verkauf vorteilhaft oder erforderlich ist (Näheres siehe Kapitel 4.5.2 „Kundennähe im Vertrieb"). Ausschlaggebend für alle Standortentscheidungen sind die derzeitigen und künftigen Kosten-, Marketing- und Ertragswirkungen für das Unternehmen.

Räumliche Kundennähe

2.7 Marketingstrategien-Mix

Die bisher dargestellten Marketingstrategien werden im Unternehmen nicht isoliert und zeitlich nacheinander, sondern gleichzeitig kombiniert und inhaltlich koordiniert eingesetzt. Nur so kann **für die einzelnen SGF ein langfristiges Wirkungsmaximum** erreicht und sichergestellt werden. Wie solche **Strategiekombinationen** aussehen könnten, zeigt folgende Abbildung:

Marketing-strategie-Mix

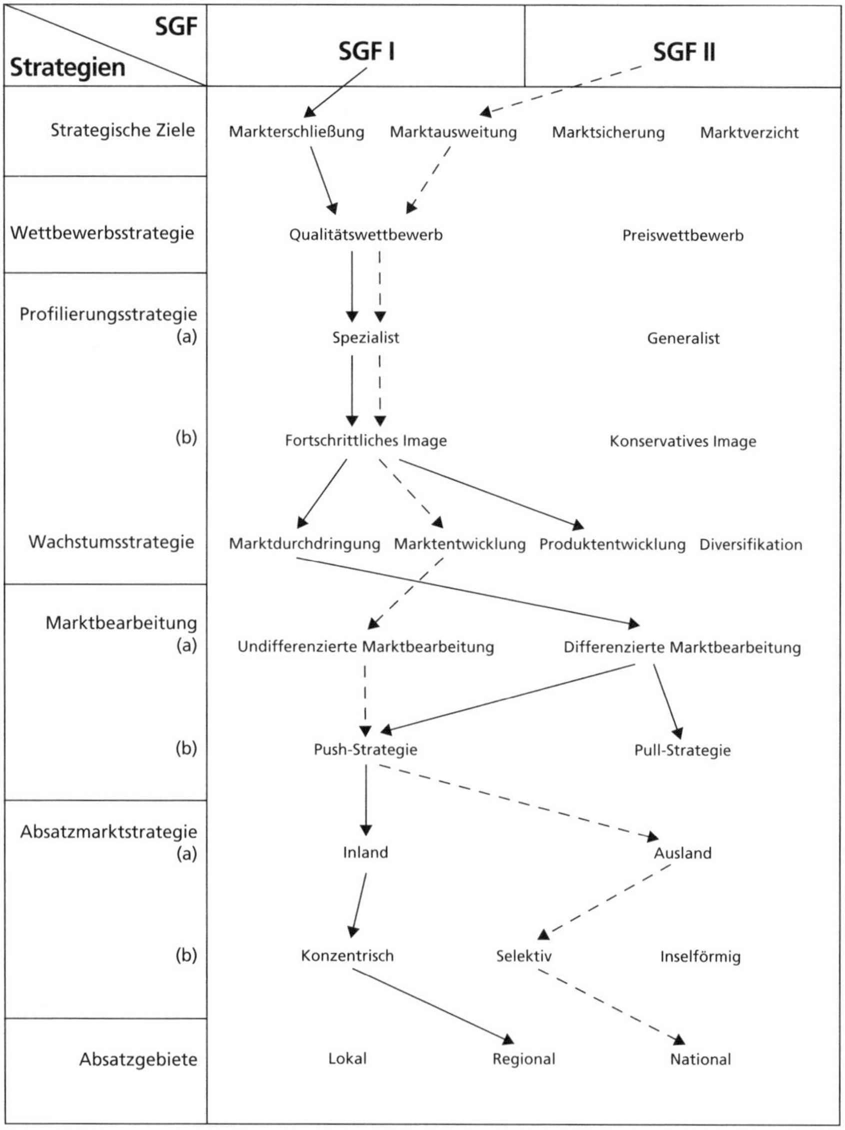

Marketingstrategien-Mix für zwei Strategische Geschäftsfelder (SGF)

Strategie-kombinationen

Die Abbildung zeigt einen Marketingstrategien-Mix für die gleichzeitige Bearbeitung von zwei SGF. Das Unternehmen hat sich für den Qualitätswettbewerb entschieden und will als Spezialist mit fortschrittlichem Image bei seinen Kunden erfolgreich sein.

Beim SGF 1 soll das strategische Ziel „Markterschließung" über die Wachstumsstrategie „Marktdurchdringung" kombiniert mit „Produktentwicklung" für den Gesamtmarkt im In- und Ausland erreicht werden. Dies entspricht einer differenzierten Marktbearbeitung, denn spezielle Wünsche oder Besonderheiten einzelner Kundengruppen bleiben unberücksichtigt. Zur Risikominimierung wird im Inland ein konzentrisches Vorgehen bei der Wahl der regionalen Absatzgebiete gewählt. Im Ausland wird ein konzentrisches Vorgehen für den Aufbau lokaler Absatzgebiete („Markterschließung") gewählt.

Ein anderer Strategie-Mix wird beim SGF 2 zur Realisierung des strategischen Ziels „Marktausweitung" eingesetzt. Auch hier müssen die für das gesamte Unternehmen geltenden Grundsatzentscheidungen Qualitätswettbewerb, Spezialist und Fortschrittlichkeit für die Imagebildung beachtet werden. Sie sind die Richtgrößen für die Auswahl und Gestaltung der folgenden Marketingstrategien und -maßnahmen. Im Beispiel wurde die Wachstumsstrategie „Marktentwicklung" gewählt. Sie soll über eine undifferenzierte Bearbeitung der Kundengruppen (Marktsegmente) zur Zielerreichung führen. Für das SGF 2 hat man sich für eine Beschränkung auf den Auslandsmarkt entschieden. Hier sollen durch selektives Vorgehen lokale und regionale Absatzgebiete erschlossen und so die angestrebte Marktausweitung realisiert werden.

Nur ein Strategie-Mix bringt in den Marktsegmenten bestmögliche Erträge.

Strategiebündel

Diese Ausführungen zum Marketingstrategie-Mix zeigen, dass ein Unternehmen nicht mit nur einem Strategiebündel für alle seine SGF auskommt. Es sei denn, es beschränkt sich mit seiner Ausrichtung auf nur ein SGF. Zur bestmöglichen Nutzung der Marktchancen bedarf es neben klarer strategischer Zielvorstellungen auch einer möglichst differenzierten Bearbeitung der Kundengruppen in den gewählten Absatzgebieten.

Nur mit differenzierten Marketingstrategie-Mixes für die einzelnen SGF lassen sich Umsatz- und Gewinnpotenzial der Kundengruppen mit noch größerem Vorteil für das Unternehmen abschöpfen.

Wiederholungsfragen zum 2. Kapitel

Nach den Fragen steht in Klammern der Verweis auf die entsprechende Seite im Buch.

1. Welche fünf zentralen Marketingstrategien stehen einem Unternehmen zur Verfügung? (Seite 29)
2. Welche Wirkungen lassen sich mit einem sinnvollen Strategie-Mix erzielen? (Seite 31)
3. Durch welche wettbewerbswirksamen Marketingstrategien oder Vorgehensweisen kann das Unternehmen seine Attraktivität bei den Kunden steigern? (Seite 31)
4. Was versteht man unter „Durchwurschteln"? (Seite 32)
5. Unter welchen Bedingungen ist eine Strategie des Preiswettbewerbs sinnvoll? (Seite 32)
6. Welche Voraussetzungen müssen gegeben sein, um eine Strategie „Klasse statt Masse" realisieren zu können? (Seite 32, 33)
7. Welche Erscheinungsformen der Kundennähe sind Ihnen bekannt? (Seite 34, 35)
8. Was versteht man unter Profilierung als Teilbereich des Marketings? (Seite 36)
9. Aus welchen Elementen besteht ein ganzheitliches Profilierungskonzept? (Seite 37)
10. Welche Ansatzpunkte für ein Unternehmensleitbild lassen sich unterscheiden? (Seite 40, 41)
11. Welche Unternehmensteilbereiche sollten abgestimmt zur Profilierung und Imagebildung abgestimmt werden? (Seite 42)
12. Welche Ausprägungen oder Formen von Wachstumsstrategien sind Ihnen bekannt? (Seite 43)
13. Was ist mit „Strategie der Marktdurchdringung" gemeint? (Seite 44)
14. Welche Möglichkeiten hat ein Unternehmen, um mit einer Strategie der Produktentwicklung zu wachsen? (Seite 45)
15. Was versteht man unter internem und externem Wachstum? (Seite 49)
16. Wo liegt der Unterschied zwischen Franchising und einem Joint Venture? (Seite 50)
17. Erklären Sie den Unterschied einer Marktbearbeitung nach „Schrotflinten- oder Scharfschützen-Methode"! (Seite 51, 52)
18. Was bedeutet Marktsegmentierung und nach welchen Gesichtspunkten ist sie möglich? (Seite 54, 55)
19. Über welche Vorgehensweisen können Absatzmärkte erschlossen werden? (Seite 58, 59)
20. Was versteht man unter Marketingstrategie-Mix? (Seite 62, 63)

3. Informationsinstrumente

3.1 Überblick

Information versteht man zum einen als Gegenstand (Wissen) und zum anderen als Prozess, mit dem Wissen weitergegeben und gespeichert wird. Der Begriff Informationsinstrumente kann inhaltlich insoweit drei Teilbereiche umfassen:

Informationsinstrumente

- **Instrumente der Informationsgewinnung** (Verfahren, mit denen neues oder zusätzliches Wissen erworben wird.)
- **Instrumente der Informationsweitergabe** (wird auch als Kommunikation bezeichnet, die in Wort, Schrift und Zeichen mit Hilfe unterschiedlicher Medien [Sprache, Ton, Print- und Non-Print-Medien oder elektronisch] erfolgen kann.)
- Instrumente der **Informationsspeicherung** (hier geht es vor allem um den Aufbau und die Nutzung von Datenbanken mit Print- oder Non-Print-Medien, speziell beim Einsatz elektronischer Medien wie z. B. CD, DVD, Internet.)

Informationsgewinnung

Die Aufgaben und Methoden der Informationsweitergabe und -speicherung werden hier nicht erörtert. Der Schwerpunkt liegt bei den Instrumenten (Methoden) zur Informationsgewinnung für strategische und operative Marketingentscheidungen, denn diese spielen im Unternehmen eine zentrale Rolle. So werden auf Grund vorliegender Marketinginformationen zum einen die an Kundengruppen orientierte Ausrichtung der Kompetenz und die SGF festgelegt (strategische Marketinginformationen). Zum anderen hängt es vom Informationsstand (Wissen) des Entscheidungsträgers ab, mit welchen Marketingaktivitäten er die gesetzten Marketingziele zweckmäßigerweise erreichen will (strategische und operative Marketinginformationen). Die „richtigen“ Entscheidungen hierbei zu treffen, setzt Wissen um die internen und externen Möglichkeiten und Grenzen voraus. Diese zu beschaffen, ist Aufgabe der Marketing- Informationsgewinnung, denn

Informationen sind der Rohstoff aller Entscheidungen.

neues Wissen und altes Wissen

Mit Marketinginformationen werden bei den Entscheidungsträgern handlungsbestimmendes Wissen zur Lösung von Marketingproblemen aufgebaut. Als „neues Wissen“ ergänzen und verbessern aktuelle Informationen häufig vorhandenes „altes Wissen“ (Erfahrungen der Entscheidungsträger aus früheren, ähnlich gelagerten Entscheidungen). Mit neuen Informationen werden die Entscheidungsunsicherheit und damit die Gefahr von Fehlentscheidungen auf Grund einer „veralteten“ Informationsbasis verringert. Eine Verbesserung der **Qualität des Informationsverarbeitungsprozesses** beim Entscheidungsträger ist abhängig von:

- **Qualität des Inputs** (Umfang, Aktualität und Zuverlässigkeit der Informationsquellen)

- **Qualität der Instrumente** (Eignung sowie Stärken und Schwächen der angewandten Methoden und Verfahren zur Informationsgewinnung und -verarbeitung).
- **Qualität des Outputs** (Fähigkeit des Entscheidungsträgers hinsichtlich Auswahl und Einsatz der geeigneten Methoden und Verfahren, der Interpretation der Ergebnisse und der Umsetzung in koordinierte Aktivitäten).

3 K- & 3 U-Informationen

Gegenstand der Marketing-Informationsgewinnung sind – in Kurzfassung – die sog. **„3 K- & 3 U-Informationen"**, die als **Struktur- und Trendinformationen** mit Hilfe der Marktforschung und der Unternehmensanalyse gewonnen werden.

Marktforschung

Gegenstand der Marktforschung sind folgende **„3 K-Informationen"**:

- **Kundeninformationen:** Neues Wissen über Strukturen und Entwicklungen bei gegenwärtigen und potenziellen Kunden, Kundengruppen, Absatzmittlern und Absatzhelfern.
- **Konkurrenzinformationen:** Daten über Strukturen und Entwicklungen bei Mitbewerbern sowie Stärken und Schwächen des eigenen Unternehmens in Bezug auf Entwicklungen bei Kunden und wichtigen Mitbewerbern.
- **Konjunkturinformationen:** Strukturen und Trends in der Gesamtwirtschaft und unternehmenswichtigen Branchen.

Unternehmensanalyse

Gegenstand der Unternehmensanalyse sind folgende **„3 U-Informationen"**:

- **Unternehmens-Ressourcen:** Informationen über die gegenwärtige und künftige Ausstattung des Unternehmens mit Sachmitteln, Finanzen und Personal.
- **Unternehmens-Potenziale:** Informationen über die Möglichkeiten, Fähigkeiten und wettbewerbswirksamen Besonderheiten, um auf erkennbare Chancen und Risiken ertragswirksam reagieren zu können.
- **Unternehmens-Prozesse:** Informationen über die Struktur der Geschäftsprozesse (Abläufe) im Unternehmen und nach außen; es geht um die Anpassung der Betriebsabläufe an die Erwartungen der Kunden; in der kundenorientierten Prozessgestaltung liegen große Potenziale zum Ausbau der Marktposition und der Ertragskraft.

Gewonnen werden die **3 K- & 3 U-Informationen** mit Hilfe von unterschiedlichen Verfahren der Analyse und Prognose.

Aufgabengebiete von Analyse und Prognose

Beim Aufgabengebiet der **Analyse** als Markt- und Unternehmensanalyse geht es um die Gewinnung von Informationen über Zustände oder Gegebenheiten zu einem bestimmten Zeitpunkt. Es sollen Strukturen zu früheren oder gegenwärtigen Zeitpunkten untersucht und Anhaltspunkte für künftiges Vorgehen erkannt werden. Auch frühere Entwicklungen sind Gegenstand von Analysen, um Informationen über künftig zu erwartende Verläufe (Trends) oder Wirkungszusammenhänge zu erhalten. Analysen sind wichtige Grundlagen, z. B. für Kunden-, Konjunktur- oder Wettbewerbsprognosen.

Beim Aufgabengebiet der **Prognose** geht es um die rationale, methodisch abgesicherte Ermittlung von künftig zu erwartenden Gegebenheiten oder Entwicklungen im Markt und im Unternehmen. Entwicklungen (Trends) und Wirkungsprognosen sind hierbei von besonderem Interesse. Durch ihre Zukunftsorientierung und die Ungewissheit über das künftige Eintreffen der im Zeitpunkt der Prognoseerstellung getroffenen Annahmen sind Prognosen stets unsicher. Sie können daher nur als Handlungsorientierung dienen. Prognosen sind durch laufende Überwachung (Kontroll-Analysen) zu beobachten und immer wieder an die reale Entwicklung anzupassen. Sonst wird aus einer aktuellen Prognose mit neuem Wissen rasch eine Datenbasis mit veraltetem Wissen mit hohem Potenzial für Marketingfehlentscheidungen.

Kontroll-Analysen

Für beide Teilaufgaben stehen mit den Methoden der Primär- und Sekundärforschung geeignete Instrumente zur Verfügung. Die Verfahren der **Primärforschung** dienen der direkten, unmittelbaren Informationsgewinnung (Datenerhebung). Hier kommen vor allem Verfahren der Befragung und Beobachtung zum Einsatz. Geht es beispielsweise bei der Marktanalyse um Kunden- oder Handwerkerbefragung, Kaufverhaltensbeobachtung oder vergleichende Produkttests, so können bei der Unternehmensanalyse eine Stärken-Schwächen-Analyse des eigenen Unternehmens im Verhältnis zum Hauptwettbewerber oder eine Prognose des voraussichtlichen Verhaltens eines Mitbewerbers auf geplante eigene Marketingaktivitäten von Interesse sein.

Primärforschung

Bei der **Sekundärforschung** geht es um indirekte Informationsgewinnung durch Verarbeitung vorhandener Aufzeichnungen (Datenauswertung). Hier werden unterschiedlich exakte Analyse- und Prognoseverfahren eingesetzt, um Zusammenhänge und Entwicklungen erkennen und vorhersagen zu können. Am bekanntesten sind mathematische Verfahren wie gleitende Durchschnittswerte, Clusterbildung oder Regressionsanalyse, um einige Beispiele zu nennen.

Sekundärforschung

Zur **elektronischen Informationsgewinnung** kann auch das Internet eingesetzt werden. Dort stehen mit sog. Realtime-Informationssystemen (Plattformen oder Marktportale), Online-Datenbanken und Informationsdiensten geeignete Informationsquellen zur Verfügung. Hieraus können mit einigen Verfahren der Primär- und Sekundärforschung gezielt 3 K-Informationen für Marketing-Entscheidungen gewonnen werden.

elektronische Informationsgewinnung

Die Zusammenhänge zwischen Gegenständen, Aufgaben und Methoden zur Gewinnung von Marketing-Informationen zeigt nachfolgende Abbildung:

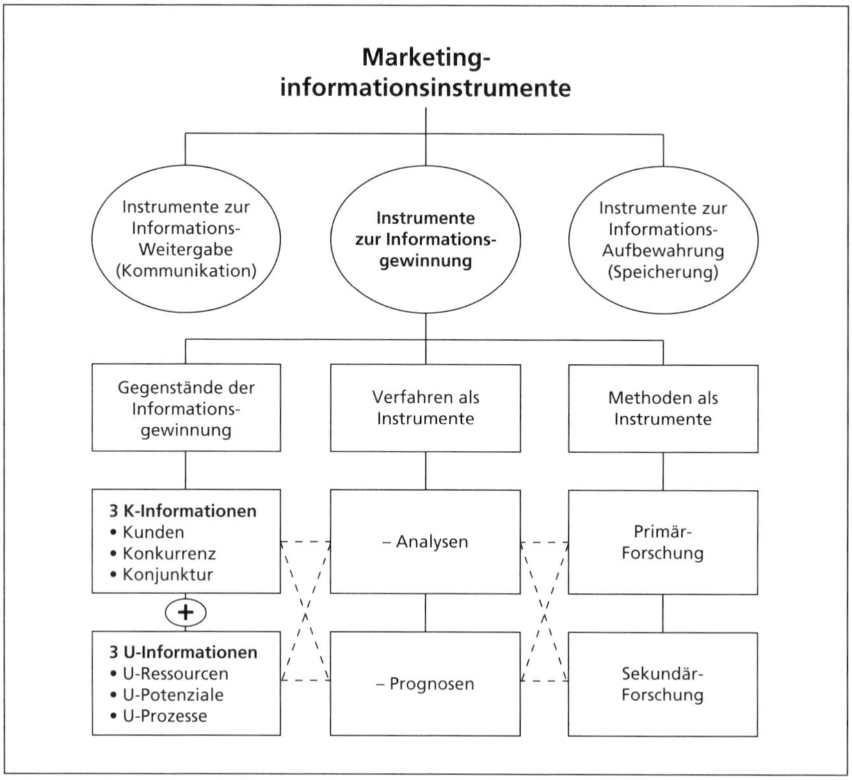

Gegenstände und Instrumente zur Gewinnung von Marketinginformationen

Im Folgenden werden die Instrumente und Methoden zur Informationsgewinnung unter den in der Praxis bekannten und angewandten Begriffen „Marktforschung" und „Unternehmensanalyse" erörtert.

3.2 Marktforschung

3.2.1 Aufgabengebiete

Gegenstand der Marktforschung

Gegenstand der Marktforschung ist „der Markt" als Umschreibung für die Vorgänge beim Ausgleich von Angebot und Nachfrage in einem konkreten Teilmarkt. Es geht um Informationsgewinnung aus den realen Vor- und Nachmärkten, mit denen das Unternehmen wirtschaftlich verflochten ist. Dies sind zum einen die **Märkte der Kostengüter** (Beschaffungs-, Arbeits-, Finanz- und Kapitalmarkt), deren Preiskonstellationen die Kostenstruktur des Unternehmens beeinflussen. Zum anderen ist es der Absatzmarkt als Sammelbegriff für die **Märkte der Ertragsgüter** (Strukturen und Entwicklungen in konkreten Absatzteilmärkten), die für das Unternehmen von existenzieller Bedeutung sind. Daher ist im Folgenden Absatzforschung gemeint, wenn von Marktforschung gesprochen wird.

Marktforschung, Begriff

Unter **Marktforschung** soll hier die methodische Gewinnung und Auswertung von Informationen über Gegebenheiten und Entwicklungen (Trends) der Unternehmensumwelt generell und bei Strukturen und Verhaltensweisen in den Absatzmärkten eines Unternehmens speziell verstanden werden.

> Marktforschung ist rational geplante, systematische Informationsgewinnung im Hinblick auf eine aktive Beeinflussung der Marktpartner und deren Reaktionen auf eigene Marketingaktivitäten.

Markterkundung

Dem steht die eher gefühlsmäßig (intuitiv) und zufällig durchgeführte **Markterkundung** oder Marktdurchleuchtung gegenüber. Beide Vorgehensweisen sind geeignet, das Erfahrungswissen des Entscheidungsträgers zu überprüfen, zu ergänzen oder zu korrigieren. Aber nur beim systematischen Vorgehen der Marktforschung werden Zufallseindrücke und einmalige Sondereffekte vermieden bzw. ausgeschaltet. Die hierzu eingesetzten Methoden und Verfahren richten sich nach dem Informationsbedarf des Entscheidungsträgers, um markt- und unternehmensgerechte Lösungen entwickeln zu können. Hierzu sind folgende **„3 K-Informationen"** mit unterschiedlichem Detaillierungsgrad zu beschaffen:

3 K-Informationen

- **Kundeninformationen:**
  Neues Wissen über Gegebenheiten, Besonderheiten, Veränderungen in Strukturen und Verhaltensweisen und deren künftigen Entwicklungen (Trends) bei gegenwärtigen und künftigen (End-)Kunden/Kundengruppen, Absatzmittlern und Absatzhelfern.
- **Konkurrenzinformationen:**
  Daten über derzeitige und künftig zu erwartende Struktur, Verhaltens- und Vorgehensweise einzelner Mitbewerber am Markt sowie Stärken und Schwächen des eigenen Unternehmens in Bezug auf derzeitige und zu erwartende Veränderungen bei Kunden und Mitbewerbern.
- **Konjunkturinformationen:**
  Strukturen und Trends in der generellen Unternehmensumwelt im In- und Ausland (Verfügbarkeit und Entwicklungen bei Rohstoffen und Energie, technischer Fortschritt, Bevölkerung und gesellschaftlicher Wandel, gesamtwirtschaftliche Konjunktur) und deren Auswirkungen auf die eigene Branche und auf weitere für die Unternehmensentwicklung wichtige Branchen, besonders die Kundenbranchen.

Einen Überblick über generell benötigte Marktinformationen gibt auch das nachfolgende Schaubild:

Markt-informationen

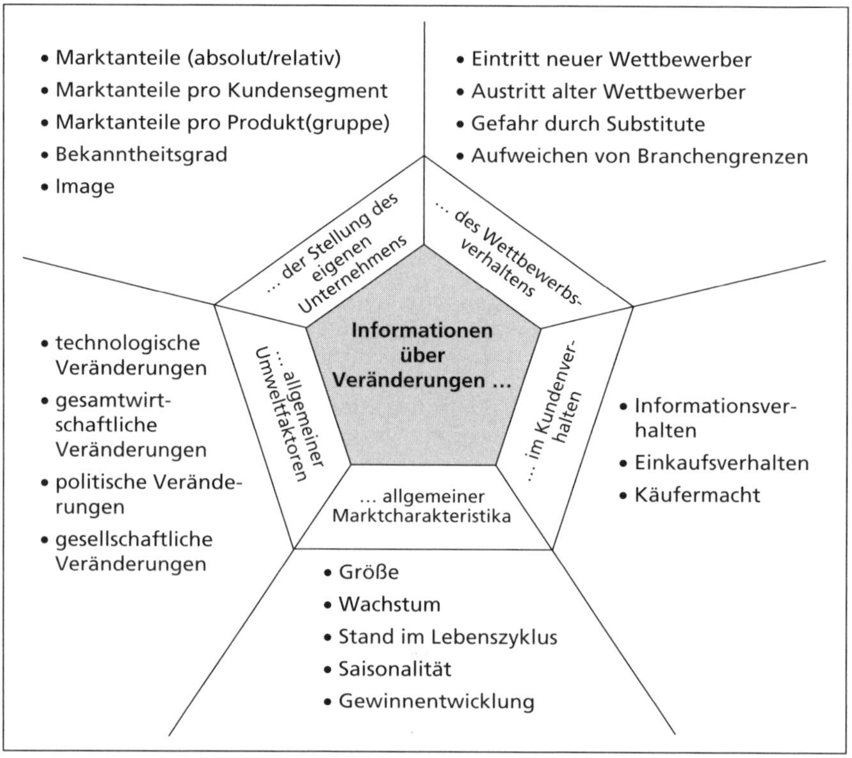

Marktinformationsbereiche – ein Überblick (Homburg)

Markt-forschung, Aufgabe

- Diese Marktinformationen – ergänzt mit dem Erfahrungswissen des Entscheidungsträgers und Kenntnissen über Stärken und Schwächen des eigenen Unternehmens – sind die Basis für alle Marketingentscheidungen. Im Einzelnen ist es **Aufgabe der Marktforschung,** detaillierte Vergangenheits-, Gegenwarts- und Zukunftsinformationen über folgende Bestimmungs- und Begrenzungsfaktoren für die strategische Ausrichtung des Unternehmens und dessen Vorgehen am Markt zu gewinnen:
- **Bedarfslage** (z. B. Struktur und Entwicklung der Nachfrage zur Bestimmung der SGF, der Kundengruppen, der Absatzgebiete im In- und Ausland und deren Besonderheiten).
- **Wettbewerbslage** (z. B. Struktur und Entwicklung der Branche und einzelner Mitbewerber in den jeweiligen SGF und in den Absatzgebieten im In- und Ausland).
- **konjunkturelle, soziologische, technologische Trends** (z. B. im In- und Ausland generell und in den absatzrelevanten Branchen speziell).
- **Veränderungen** (z. B. bei gesetzliche Bestimmungen und Verordnungen).
- **Standort und Kundennähe** (z. B. Änderungen in Bebauungsplänen, Verkehrsanbindung oder Straßenbau und deren Auswirkungen auf das Kaufverhalten bei Kunden).

Beispiel:
Wegen der besonderen Bedeutung für strategische und operative Marketingentscheidungen sollen hier am Branchenbeispiel „Handwerk" die Notwendigkeit einer systematischen Informationsgewinnung (Marktforschung) für (1) Kundeninformationen und Bedarfslage und (2) Konkurrenzinformationen und Wettbewerbslage exemplarisch dargestellt werden.

(1) Kundeninformationen und Bedarfslage

Kundeninformationen

Kunden und deren Bedarfslage sind die Basis aller Marketingentscheidungen. Um Fehlentscheidungen und Fehlverhalten zu vermeiden, sind zuerst möglichst genaue und vielfältige Daten über die ins Auge gefassten Kunden zu sammeln und zu untersuchen. Damit man den Blick für das Wesentliche behält, ist in Anlehnung an Homburg folgende Gliederung der kundenbezogenen Informationen angeraten:

- Grundinformationen (Wer sind unsere Kunden?)
- Potenzialinformationen (Was brauchen unsere Kunden?)
- Aktionsinformationen (Was tun wir für unsere Kunden?)
- Reaktionsinformationen (Wie erfolgreich sind wir und die Hauptmitbewerber bei unseren Kunden?)

Bedarfsinformationen

Von all den benötigten Informationen haben **Bedarfsinformationen** eine besondere Bedeutung, denn sie sind für die zu wählenden Marketingstrategien, Entscheidungen und Maßnahmen bei den Marktleistungen des Unternehmens entscheidend.

Bedarfsforschung, Marktpotenzial

Die Bedarfslage, sprich die Nachfrage nach bestimmten Problemlösungen bzw. Leistungen eines Handwerksbetriebs wird wesentlich geprägt von der zahlen- und kaufkraftmäßig bestimmten Größe der Zielgruppen, die teilweise bereits Kunden sind oder als Kunden gewonnen werden sollen. Daher muss jedes Unternehmen **Bedarfsforschung** betreiben, um Kenntnisse zu erhalten über den voraussichtlichen Bedarf (Erst-, Ersatz- oder Ergänzungsbedarf) der tatsächlichen und möglichen Kunden eines Absatzgebiets. Dies entspricht der Ermittlung des Marktpotenzials eines bestimmten Zeitraums für eine bestimmte Handwerksleistung in qualitätsmäßiger, mengenmäßiger und preislicher Hinsicht.

Welche Marktchancen sich für das einzelne Unternehmen ergeben, ist nicht zuletzt abhängig vom Grad der Marktsättigung für die in Frage stehenden Leistungen. Ist die Marktsättigung bei Einzelleistungen relativ hoch und es muss mit geringen Zuwachsraten bei Mengen und Umsätzen gerechnet werden, könnte z. B. durch Anbieten von neuartigen oder umgestalteten Problemlösungspaketen eine zusätzliche Nachfrage geweckt werden. Diese Leistungen müssen jedoch vom Kunden als „echte" Problemlösung empfunden werden und reale oder psychologische Vorteile gegenüber den bisherigen Leistungen bieten. Dabei sind z. B. für Privatkunden solche Leistungen besonders interessant, die dem Einzelnen ermöglichen,

- attraktiver zu sein,
- Freizeit zu genießen,
- mobiler zu sein,
- sicher zu sein,

– besser zu leben und zu genießen,
– gesünder zu leben.

Bedürfnisfelder

Diese Wunsch- oder Bedürfnisfelder sind einzeln oder in Kombination in Struktur und Veränderungen möglichst genau zu erforschen, um kundengerechte Leistungen erbringen zu können. Hinzukommen müssen noch Informationen über die bedarfsbestimmenden Faktoren, z. B. Kaufkraft, Zahlungsbereitschaft, Zugehörigkeit zu Sozial- und Konsumgruppen oder Lebens- und Konsumgewohnheiten.

(2) Konkurrenzinformationen und Wettbewerbslage

Konkurrenz-informationen

Ergänzend zu den Kundeninformationen sind entsprechende Informationen über die Konkurrenzsituation an sich und die Haupt-Mitbewerber im Speziellen zu sammeln und auszuwerten. Dabei interessieren weniger die betriebswirtschaftlichen Tatbestände als solche. Es sind vielmehr deren Auswirkungen auf die Nachfrage der Kunden, die ihrer Ansicht nach den für sie attraktivsten Anbieter wählen. Und dies sollte nicht der Wettbewerber sein. Die Gewinnung und Auswertung der in der folgenden Abbildung dargestellten **kundenwirksamen Konkurrenzinformationen** lässt erkennen, wie der Mitbewerber bei der Auftragsgewinnung erfolgreich sein will. Vergleicht man diese Informationen mit den eigenen Gegebenheiten und Aktivitäten als Maßstab, dann lassen sich sehr aussagkräftige **Konkurrenzprofile** (Stärken-Schwächen-Profile) erstellen.

Konkurrenz-profile

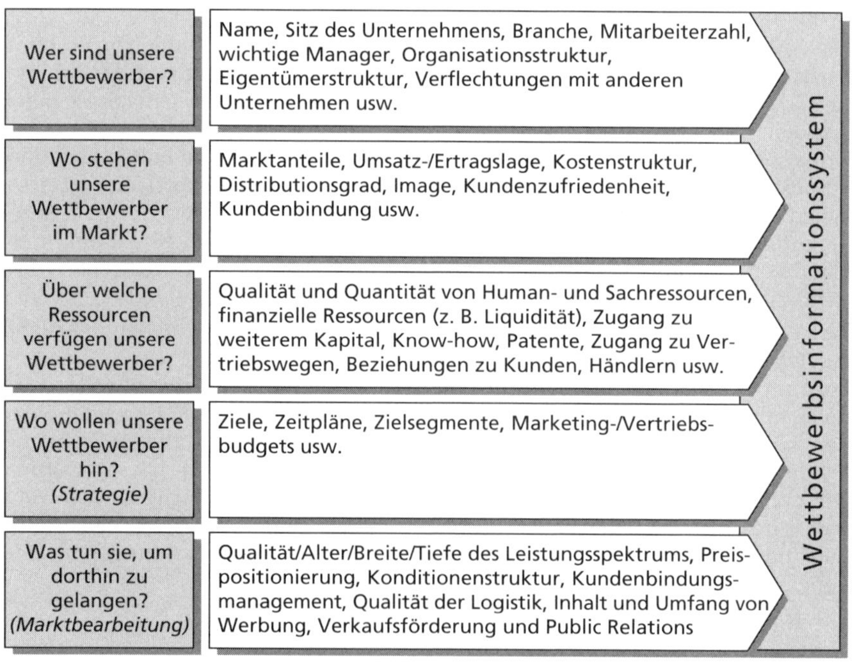

Konkurrenzinformationen für Marketingentscheidungen (Homburg)

Wettbewerbslage

Diese über einzelne Mitbewerber gewonnenen Daten müssen noch mit Informationen zur generellen **Wettbewerbslage** in der eigenen Branche und in anderen Branchen, die zu einer erweiterten Konkurrenzsituation führen könnten, ergänzt werden. Hinzu kommen entsprechende Erkenntnisse für ausgewählte Absatzgebiete, falls diese starke Strukturunterschiede aufweisen (z. B. Inland/Ausland). Erst dann kann unter Berücksichtigung der Kundeninformationen entschieden werden, mit welchen Marketingstrategien und Marketingmaßnahmen sich beim Kunden konkurrenzabwehrende Wirkungen erzielen lassen.

Wettbewerbssituation zwischen Industrie und Handwerk

Wie wichtig solche generellen Informationen über die Wettbewerbsituation zwischen einzelnen Branchen sind, soll am Beispiel der Beziehungen zwischen Handwerk und Industrie dargestellt werden.

Beispiel:

(1) Handwerk und Industrie konkurrieren nicht

Die Leistungen an die jeweiligen Kunden sind so, dass keine Überschneidungen auftreten, da in den Handwerksbranchen individuelle Leistungen durch persönlichen Einsatz (handwerklich) erbracht werden. Beispielhaft seien Maler, Fliesenleger, Friseure oder Kürschner genannt. Die Industrie kann und will diese Leistungen mit der hohen persönlichen Kundennähe nicht erbringen. Sie fördert vielmehr die Gründung und Entwicklung dieser Handwerkszweige und tritt direkt oder über den Großhandel als Materiallieferant und Berater für die kundenoptimale Verwendung ihrer Produkte in Erscheinung.

(2) Handwerk und Industrie konkurrieren

Dies betrifft insbesondere das produzierende Handwerk von „massenhaft" benötigten Konsumwaren, wie z. B. Tischler-, Bäcker-, Metzger-Handwerk, Schneiderei, Schlosserei und Maschinenbauerhandwerk, deren Entwicklung durch die Maßnahmen der jeweiligen Industrie stark beeinflusst werden. Folgen: Zwang zur Spezialisierung und zu größeren Betriebseinheiten (Konzentration im Handwerk).

(3) Handwerk und Industrie kooperieren

Zulieferer-kooperation

Das Handwerk ist „Zulieferer" der Industrie in Bezug auf spezielle Produkte oder Dienste. Das Handwerk übernimmt für industrielle Partner die Herstellung von Einzelteilen, Baugruppen in größeren Stückzahlen oder von Sonderteilen. Diese Handwerksbetriebe sind integriert in die Fertigung und insoweit Wertschöpfungspartner bei der Erstellung von Industrieprodukten. Dies ist bei manchen metallverarbeitenden Handwerksbetrieben der Fall. Neben dieser Kooperation bei der Leistungserstellung gibt es auch noch eine Kooperation auf der Absatzseite der Industrie. Das Handwerk kann z. B. eine Handelsfunktion übernehmen (Handwerkshandel) oder seine hohe Dienstleistungskompetenz einbringen. Hier werden bestimmte Dienstleistungen für den Einsatz, die Erhaltung und Wiederherstellung der Betriebsbereitschaft industrieller Erzeugnisse angeboten und erbracht. Diese Delegation von Montieren, Installieren, Warten und Reparieren führt zu einem gegenseitigen Abhängigkeitsverhältnis. Dies zeigt sich z. B. deutlich beim Kfz- oder Landmaschinen-Reparaturhandwerk, Radio-, Fernsehtechniker-, Uhrmacher- oder Installationshandwerk, speziell bei Gas-, Wasser- und Elektrogeräten. Voraussetzung für eine auch für das Handwerk ertragreiche Kooperation mit der

Absatz-kooperation

Industrie ist allerdings, dass das einzelne Handwerksunternehmen bereit und fähig ist, den technischen Fortschritt zu verwirklichen. Dies erfordert u.a. Bereitschaft zur stetigen Weiterbildung (fachlich und kaufmännisch), um den sich ändernden Anforderungen der Kunden gerecht zu werden.

Diese Beispiele verdeutlichen, dass auch handwerkliche Unternehmen ohne Markt- und Kundeninformationen keine zielführenden Marketingstrategien und kundengerechten Leistungsprogramme entwickeln und durchsetzen können.

Ohne gute Marktinformationen gibt es kein gutes Marketing.

3.2.2 Instrumente

Die Gewinnung der strategisch und operativ erforderlichen Marktinformationen erfolgt mit Hilfe von

- Marktanalysen und
- Marktprognosen.

Marktanalyse

Die **Marktanalyse** ist eine Punktbetrachtung, die über Situationen, Gegebenheiten und Strukturen in konkreten Absatzmärkten Auskunft gibt (vergangenheitsbezogen und gegenwärtig). Mit ihr werden **zeitpunktbezogene 3 K-Informationen** gewonnen. Durch Analysen zu verschiedenen Zeitpunkten lassen sich im Vergleich über einen Zeitraum auch Informationen über Entwicklungen in der Vergangenheit bei den betrachteten Objekten (z. B. Veränderungen von Umsatzgröße und Umsatzstruktur) erkennen. Auch Verhaltensänderungen (z. B. anderes Kaufverhalten von Kunden) als Wirkung von Marketingaktivitäten des eigenen Unternehmens und von Mitbewerbern lassen sich hiermit feststellen. Solche Informationen, gekoppelt mit aktuellen Analysedaten, können Grundlage für Kontrollen und Anpassungsentscheidungen im operativen Marketing sein. Ein Bespiel für die Gewinnung von 3 K-Informationen durch angewandte Marktanalyse zeigt die Checkliste „Marktinformationen zur Produktplanung".

Marktinformationen zur Produktplanung

Basis-Marktinformationen zur Produktplanung und Produktentwicklung
1. Wer/Was ist unser Markt?
2. Welche Wünsche, Bedürfnisse, technischen Anforderungen, Probleme hat der jeweilige Markt bzw. das Marktsegment bzw. der einzelne Kunde?
3. Wer benötigt wo, wann, welches Leistungs- bzw. Produktangebot? In welchem Umfang?
4. Welche ähnlich gelagerten Konkurrenzprodukte gibt es? Von wem?
5. Welche technischen Detail-Anforderungen werden an das neue Produkt gestellt: Leistung, Lebensdauer, Anbringungstechnik, Form, Farbe, Oberfläche, Design?
6. Preislage, Konditionen, Termine?
7. Welche Vorstellungen, Meinungen hat der Markt/der Kunde über uns und unsere bisherigen Produkte?
8. Welche Kaufmotive für unsere Produkte liegen sonst noch vor?

Marktinformationen zur Produktplanung

Marktanalytische Informationen sind jedoch nicht geeignet für langfristig-strategische Marketingentscheidungen. Hier sind zukunftsbezogene Informationen gefragt, welche die Marktanalyse nicht liefern kann. Dazu bedarf es der Marktprognose.

Marktprognose

Bei der **Marktprognose** werden Entwicklungen in der Vergangenheit ausgewertet und mit Hilfe rational abgesicherter Verfahren zukünftige Strukturen oder Entwicklungen (Trends) und Wirkungsprognosen ermittelt. Durch ihre Zukunftsorientierung und die Ungewissheit des Eintreffens der unterstellten Annahmen sind Prognosen stets unsicher und können nur als Handlungsorientierung dienen. Dennoch sind sie unverzichtbarer Bestandteil des strategischen Marketings, das heute Entscheidungen treffen muss, die das Unternehmen morgen langfristig binden (vgl. Wahl der SGF und der Marketingstrategien). Die Marketingentscheidungen beruhen auf einer Prognose von wahrscheinlichen **Entwicklungen in der Zukunft (Vorhersagen).** Diese können ersetzt oder ergänzt werden durch Bildung von methodisch abgesicherten Szenarien künftiger Gegebenheiten, Situationen oder Wirkungen in einem späteren Zeitpunkt (Zukunftsbilder/Visionen). Damit Marktprognosen in ihrem Informationsgehalt stets aktuell bleiben, sind sie durch laufende Kontrollanalysen zu überwachen und an die reale Entwicklung anzupassen. Werden Überprüfung und Anpassung unterlassen, besteht eine große Gefahr für Marketingfehlentscheidungen infolge von veralteten (überholten) Marktinformationen.

Vorhersagen

Produktlebenszyklus

Auf der Basis von Analysen, die zeigen, **„was war"** und **„was ist"**, sowie Prognosen, die zeigen, **„was sein könnte"**, legt das Unternehmen in der Marketingplanung fest, **„was sein soll"**! Daher sind Marktanalysen und Marktprognosen zur Gewinnung von 3 K-Informationen zentrale Voraussetzungen für eine markt- und unternehmensgerechte Marketingplanung, -steuerung und -kontrolle. Dies verdeutlicht auch die folgende Abbildung, in der die **Gewinnung von Marktinformationen** für den Einsatz von Marketinginstrumenten im **Produktlebenszyklus** (Näheres hierzu vgl. Kapitel 4.2.1.2 „Einfluss des Produktlebenszyklus") beispielhaft dargestellt ist.

	Vormarktphase	Einführung	Wachstum	Reife
Produkt- und Programmpolitik	Bedarfsanalyse/ Potentialschätzung/Zielgruppendefinition/Test alternativer Produktkonzepte/ Schwachstellenanalyse	Positionierung im Markt/Überprüfung der Zielgruppendefinition und Potentialschätzung/Zufriedenheit und Kritik	Profilierung im Markt/kontinuierliche Strukturbeobachtung/Loyalität	Kontinuierliche Strukturbeobachtung/Überprüfung der Rahmenbedingungen/Ansätze zur Produktdifferenzierung
Preis- und Konditionenpolitik	Ermittlung von Preisschwellen	Messung von Preiselastizitäten/Überprüfung der Preisschwellen	Konkurrenzbeobachtung/ Möglichkeiten zur Preisanpassung	Chancen und Notwendigkeit für Preisdifferenzierung/Treueprämien/Rabatte
Distributionspolitik	Ermittlung adäquater Vertriebswege (Image)/ Standorte	Test alternativer Vertriebswege/Erfahrungen der Absatzmittler und Überprüfung ihrer Aktivitäten/ optimale Warenplatzierung	Kontinuierliche Beobachtung der Vertriebsstrukturen/ Kapazitätsüberprüfung	Erschließung weiterer Vertriebswege
Kommunikationspolitik	Produktanmutung/Ermittlung der Kauf- und Verwendungsmotive/ Nutzenerwartung/ Werbe-Pretest/ Mediaplanung	Werberesonanzuntersuchungen/Werbe-Post-Test/Werbeerfolgskontrolle/Mediaoptimierung/Mitarbeiterschulung	Kontinuierliche Werbebeobachtung/Überprüfung des Schulungserfolgs	Entwicklung und Überprüfung von Folgekampagnen

Gewinnung von Marktinformationen für Marketingaktivitäten im Produktlebenszyklus

Die Gewinnung der Informationen erfolgt mit Verfahren der

- **Primärforschung** (direkte Informationsgewinnung) und der
- **Sekundärforschung** (indirekte Informationsgewinnung).

Beide Methoden werden je nach Informationsbedarf und finanziellen Mitteln des Unternehmens alternativ oder ergänzend eingesetzt.

Primärforschung

Unter Primärforschung bzw. Primärerhebung versteht man die direkte Gewinnung von Marktdaten, d.h. unmittelbare Informationsgewinnung von den Marktpartnern; seien es Kunden, Konkurrenten, Absatzhelfer oder Absatzmittler. Durch gezielten Einsatz von Befragung und Beobachtung lassen sich die gewünschten Informationen gewinnen.

Befragung

- Die **Befragung** als die vielseitigste und leistungsfähigste Erhebungsmethode im Rahmen der direkten Informationsgewinnung ist für kleine und mittelgroße Unternehmen aus Kostengründen meist nicht in dem großen Umfang einsetzbar wie in der Industrie. Aufgrund der großenteils räumlich begrenzten Teilmärkte ist dies in großem Umfang auch nicht erforderlich. Oftmals genügt hier eine Klein-Umfrage, etwa bei Kunden oder Absatzhelfern (z. B. bei Architekten), um Trendinformationen zu erhalten.

- Die **Beobachtung** unterscheidet sich von der Befragung dadurch, dass der festzustellende Sachverhalt nicht aufgrund einer ausdrücklichen Erklärung einer Person (z. B. Kunde oder Absatzhelfer) ermittelt wird, sondern unmittelbar aus dem Personenverhalten erkennbar ist. So kann man z. B. durch Beobachten der Werbe- und Angebotsaktivität eines Wettbewerbers auf dessen Beschäftigungslage schließen oder durch Beobachten des Kaufverhaltens bei Kunden entsprechende Hinweise für den Aufbau künftiger Verkaufsgespräche gewinnen. Da solche Beobachtungen in der Regel nicht sehr kostenintensiv sind, ist dieses Marktforschungsinstrument für die kleineren und mittelgroßen Unternehmen besonders geeignet. Hierzu gehören auch die Tests von Konkurrenzprodukten, aus denen sich gezielte Hinweise für die eigenen Marktleistungen gewinnen lassen. Aber Vorsicht! Mit Imitation von Wettbewerbsprodukten („Me-too-Produkte") kann keine Profilierung und kein Wettbewerbsvorsprung beim Kunden erreicht werden.

Beobachtung

Produkttest

Sekundärforschung

Sekundärforschung

Als Sekundärforschung (Auswertung) bezeichnet man die mittelbare Informationsgewinnung aus bereits vorhandenen Informationsquellen wie Aufzeichnungen, Datenbanken oder Veröffentlichungen. Mit Hilfe unterschiedlich exakter und methodisch abgesicherter Analyse- und Prognoseverfahren werden Strukturen, Entwicklungen (Trends) und Wirkungszusammenhänge im Marketing erkannt und vorhergesagt. Für die Erstellung von Prognosen auf Basis von Vergangenheitswerten werden vor allem **statistisch-mathematische Verfahren** eingesetzt. Aber auch **subjektive (Schätz-)Verfahren** kommen zum Einsatz, wie die folgende Abbildung zeigt.

statische Verfahren, subjektive Verfahren

Merkmale **Prognosemethode**	**(1) Verwendung in % der 334 Unternehmen**	**(2) Einschätzung der Zuverlässigkeit**	**(3) Einsatzhäufigkeit (falls überhaupt verwendet)**
*(A) Statistisch-mathematische Verfahren**			
1. Trendextrapolationen	73,7	d	h
2. Bildung gleitender Durchschnitte	67,7	d	h
3. Regressionsanalysen	35,9	b	m
4. Exponentielle Glättung	32,9	d	m
5. Simulationsansätze	15,9	g	s
6. Input-Output-Projektionen	14,4	d	s
7. Markoff-Prozesse	4,2	g	s
(B) Eher subjektive Verfahren			
1. Schätzungen von Außendienstmitarbeitern	87,7	d	h
2. Schätzungen des kaufm. und techn. Managements	85,9	b	h

Merkmale Prognosemethode	(1) Verwendung in % der 334 Unternehmen	(2) Einschätzung der Zuverlässigkeit	(3) Einsatzhäufigkeit (falls überhaupt verwendet)
3. Vorhersagen aufgrund von Abnehmerbefragungen	81,7	d	h
4. Erwartungsbildung auf der Grundlage von Produkttests	50,0	d	m
5. Analogverfahren (z.B. historische bzw. geografische Analogie)	46,7	b	h
6. Hochrechnung von Testmarkt-Resultaten	37,7	d	m
7. Gruppen-Schätzungen speziell nach der Delphi-Methode	15,9	d	s

Einschätzung der Zuverlässigkeit: b=besonders gut, d=durchschnittlich, g=gering (ermittelt durch eine Kombination aus Rating-Urteilen und aus Prozentangaben über durchschnittliche Prognose-Ist-Abweichungen)

Einsatzhäufigkeit der verwendeten Methoden: h=häufig, m=manchmal, s=selten (Gruppierung auf der Grundlage von Durchschnittswerten)

* Für EDV-Anwendungen gibt es mehrere Software-Programme (u.a. MARKET, FORSYS)

Einsatz von Verfahren zur Erstellung von Marketingprognosen (Becker)

Die dargestellten Ergebnisse einer Untersuchung zeigen zum einen den großen Einfluss von „aktuellen" subjektiven Schätzungen und zum anderen die stark verbreitete Verwendung der einfachen statistisch-mathematischen Verfahren wie Trendextrapolation und gleitende Durchschnitte.

Auswertung

Die Auswertung von internen oder externen Unterlagen ist meist kostengünstiger als eine direkte Datenerhebung (z. B. Befragung). Auf Grund des Vergangenheitsbezugs der Informationsquellen mangelt es jedoch häufig an der Aktualität der gewonnenen Informationen. Daher müssen sie unbedingt durch aktuelle Analyseinformationen ergänzt werden.

3.2.3 Informationsquellen

indirekte Informationsquellen

Als **Quellen für Auswertungen** (indirekte Informationsgewinnung) sind insbesondere zu nennen:

- **Eigene Aufzeichnungen**
  Hier sind besonders die Kundenkartei und die Aufzeichnungen über Kundenbeschwerden, technische Reklamationen oder auch Gründe der Kundenzufriedenheit hervorzuheben. Aber auch eine Analyse der Anfragen- und Angebotsstatistiken kann sehr nützliche Informationen bringen.
- **Buchliteratur** (hauptsächlich Fachliteratur)
  Hier werden oft grundlegende Daten geliefert, auf welche die Untersuchungen aufgebaut werden können. Besonders zu erwähnen sind hier Quellenhandbücher, Nachschlagewerke und dergleichen.

- **Zeitungen und Zeitschriften** (vor allem Fachzeitschriften)
  Hieraus können sehr viele generelle und branchenspezifische Informationen gewonnen werden. Dies gilt besonders für technische Publikationen von Lieferanten, Konkurrenten und Kunden sowie für Fachzeitschriften.
- **Elektronische Medien**
  Auf die Bedeutung von CD-Rom, VCD, Datenbanken und Suchmaschinen im Internet (z. B. Google und andere) als Informationsquellen wird im folgenden Kapitel 3.2.4 „E-Marktforschung" eingegangen.

Kundenkartei

Die Kundenkartei als Informationsquelle

re. FRANKFURT, 29. November. Karteien sind oft Informationsgräber. Das gilt in hohem Maß auch für die Kundenkarteien. Wie viele Informationen aus der gut geführten Kundenkartei herausgeholt werden können, zeigt Lothar Kabierski, Betriebs- und Verkaufsorganisator in Jever, in den folgenden Anregungen:

- Bei der Auswertung der Kundenkartei ausgehen von der Verkaufs-Statistik, wie Monatszahlen, aufgelaufene Zahlen, Monats-Durchschnitten, durch grafische Darstellung auf Millimeterpapier überschaubar gemacht.
- Die Kundenkartei den weitergehenden Informationsbedürfnissen anpassen und entsprechend auswerten.
- Die Kundenzahl aufschlüsseln, etwa nach Kundenbranchen, Kundengrößen, Kundenarten, Kundensitzen, verlorenen Kunden, Erzeugnissen, Verkaufsgebieten, Auftragswerten, Rechnungswerten, verlorenen Aufträgen.
- Zum leichteren Auszählen die wichtigsten Aufschlüsselungsmerkmale durch verschiedenfarbige Reiter auf den Kundenkarten markieren oder gegebenenfalls die elektronische Datenverarbeitung einsetzen.
- Die Kunden notieren, welche seit längerer Zeit weniger als früher oder nichts mehr gekauft haben. Die Gründe, soweit unbekannt, näher erkunden.
- Die Zu- und Abnahme des durchschnittlichen Auftragswertes, etwa bezogen auf Kundenbranchen, -arten, Erzeugnisgruppen, laufend verfolgen.
- Die Ablehnungsgründe von Kunden und die besonderen Zustimmungsgründe anderer Kunden in einer Übersicht gegenüberstellen und diese, soweit geeignet, auch zur Verkaufsschulung verwenden.
- Die Anschriften möglicher Neukunden ermitteln und in die Kunden- oder Bearbeitungskartei aufnehmen.
- Für Aufträge unter dem rentablen Mindestauftragswert Einschränkungsmaßnahmen, aber auch deren mögliche Folgen bei den Kunden erwägen.
- Für die jeweils günstige oder ungünstige Entwicklung des Verkaufs etwa fehlende Erklärungen sachbezogen/kundenbezogen ermitteln.
- Alle sachlichen Erklärungen, und zwar a) für die günstige Entwicklung und b) für die ungünstige Entwicklung, in einer Liste gegenüberstellen, um zu neuen Erkenntnissen zu kommen.
- Prüfen, welche Maßnahmen geeignet wären, um die Situation zu verbessern.
- Erfolge und Misserfolge beobachten und, soweit zweckdienlich, für den Erfahrungsaustausch (in neutralisierter Weise) verwenden.

Kundenkartei als Quelle der Marktforschung

direkte Informationsquellen

Als **Quellen für Erhebungen** (direkte Informationsgewinnung) kommen Personen innerhalb und außerhalb des Unternehmens in Frage. Hierzu gehören z. B.

Erhebung

- eigene Mitarbeiter im Verkauf und Service (Kundendienst).
- Kunden, Kundenberater (Absatzhelfer) und Handel (Absatzmittler) in gegenwärtigen und künftigen Absatzmärkten im In- und Ausland.
- Lieferanten und deren Kenntnisse über Strukturen, Aktivitäten oder Veränderungen bei Mitbewerbern
- Experten, Gutachter, Sachverständige, die Informationen geben können über Gegebenheiten, Veränderungen und Trends in der Technik, der Branche oder bei künftigen Kundenwünschen und Kundenverhalten
- Mitbewerber und deren Werbeaussagen, Marktverhalten, Leistungsangebot, Schaufenster, Verkaufsladen, Warenpräsentation u.a.m.

Eigen- oder Fremderhebung

Bei der Marktforschung mit der Auswertung von Unterlagen und der Erhebung von Informationen mit Verfahren der Primärforschung stellt sich die Frage, ob eine **eigene oder fremde Datengewinnung** erfolgen soll. Besonders bei einer eigenen Erhebung von Marketinginformationen, z. B. durch Befragung, sind eine gewisse Erfahrung beim Einsatz der Marktforschungsverfahren und eine finanzieller und personeller Spielraum notwendig. Sonst besteht die Gefahr einer methodisch und umfangbezogen fehlerhaften Informationsgewinnung mit hohem Potenzial für Fehlentscheidungen.

Konkurrenzanalyse

Eigene Informationsgewinnung muss jedoch nicht immer sehr kostenintensiv sein. So können z. B. bei der Lieferung, bei der Endabnahme einer Leistung oder bei der Rechnungsübergabe eine Kunden-Kurzbefragung durchgeführt werden. Auch ein Messebesuch ist reale Marktforschung, wenn über Gespräche und Unterlagen (Prospekte, Preislisten, Angebote) von Lieferanten oder Mitbewerbern gezielt und systematisch Informationen gesammelt und ausgewertet werden. Dies dient als Informationsbasis für eine marketingorientierte **Konkurrenzanalyse.** Deren Teilbereiche zeigt die nachfolgende Abbildung.

Wettbewerbsanalyse

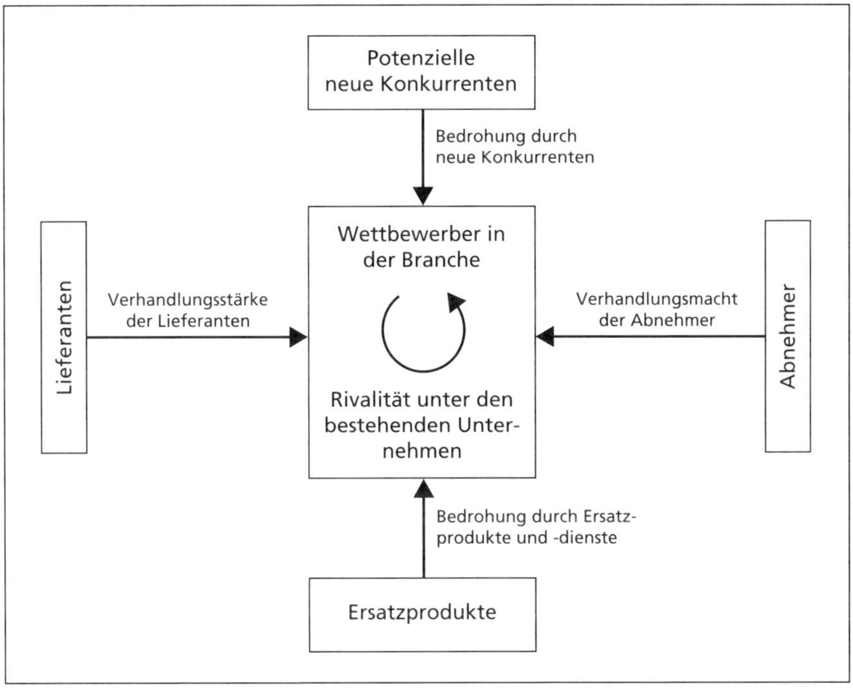

Teilbereiche der Wettbewerbsanalyse (nach Porter)

Marketing-Reaktionsprofil

Die beim Vorgehen nach obiger Abbildung gewonnenen Informationen sollen die Bedrohungen und Risiken für das Unternehmen aufzeigen. Damit lassen sich auch umfassende Informationen für ein **Marketing-Reaktionsprofil** des (Haupt-)Mitbewerbers erhalten:

Reaktionsprofil des Konkurrenten

Was den Konkurrenten motiviert

Wie sich der Konkurrent verhält und verhalten kann

Ziele für die Zukunft

(auf allen Managementebenen und für verschiedene Gebiete)

Gegenwärtige Strategie

(wie der Konkurrent zur Zeit den Wettbewerb führt)

Reaktionsprofil des Konkurrenten

- Ist der Konkurrent mit seiner gegenwärtigen Situation zufrieden?
- Welche voraussichtlichen Schritte oder strategischen Veränderungen wird der Konkurrent vornehmen?
- Wo ist der Konkurrent verwundbar?
- Was wird die größte und wirkungsvollste Reaktion des Konkurrenten hervorrufen?

Annahmen

(über sich selbst und über die Branche)

Fähigkeiten

(sowohl Stärken als auch Schwächen)

Informationen für ein Reaktionsprofil eines Mitbewerbers (Bruhn)

Kostengünstige Informationsgewinnung

Dieses Vorgehen soll helfen, die Verhaltensweise des Mitbewerbers als Reaktion auf eigene Marketingaktivitäten zu prognostizieren. Muss sich das Unternehmen jedoch mit Marktforschungsproblemen befassen, die zu umfangreich, zu schwierig oder personell nicht machbar sind, so können über Anfragen an Datenbankbetreiber, Wirtschaftspresse, Banken und Versicherungen oft kostengünstig Marketinginformationen gewonnen werden. Dies gilt auch, wenn im Rahmen der Zusammenarbeit mit einer Werbeagentur diese Marketingdaten beschafft werden, ohne (größere) Aufträge an Marktforschungsinstitute zu vergeben. Im Einzelfall können z. B. auch Industrie- und Handelskammern, Handwerkskammern, Fach- und Zentralverbände oder Forschungsstellen an Hochschulen und wissenschaftlichen Organisationen (z. B. Steinbeiss-Stiftung oder Fraunhofer-Institute) zur Datengewinnung herangezogen werden.

kooperative Marktforschung

Eine weitere Möglichkeit besteht in der Kooperation mit anderen Unternehmen, um eine **gemeinsame Marktuntersuchung** durchzuführen. Voraussetzung ist allerdings, dass es sich beim Untersuchungsgegenstand um ein Problem handelt, das für alle Beteiligten von Interesse ist, wie z. B. die Erforschung von Marktpotenzialen, Marktsättigung, Konkurrenzsituation o. Ä. (speziell in weit entfernten Märkten).

3.2.4 E-Marktforschung

E-Marktforschung

E-Marktforschung soll bedeuten, dass EDV-Technik nicht nur zur Kommunikation und Speicherung, sondern ganz gezielt zur Gewinnung von Marktinformationen eingesetzt wird. Dies gilt für Informationen aus eigenen E-Dateien (z. B. Kunden-, Angebots- und Auftragsdateien) und auch aus externen Dateien (z. B. Kataloge auf CD, VDC oder FIZ-Datenbanken der Fachinformationszentren im Internet). Gerade solche Online-Datenbanken gewinnen immer mehr als Informationsquellen an Bedeutung, da sie ortsunabhängig und fast jederzeit genutzt werden können. Außerdem sind sie kostenfrei oder gegen Gebühr öffentlich oder nur für bestimmte Benutzergruppen nutzbar. Dabei gilt wie bei jeder „Ware": Je exklusiver die Information bereitgestellt wird, desto höher ist der Wert für den Benutzer im Wettbewerb, und desto höher ist der für die Information zu zahlende Preis. Zur Nutzung der Vielzahl der zwischenzeitlich im Internet – national und international – verfügbaren Datenbanken haben die Informationsanbieter sog. „Suchmaschinen" eingerichtet (z. B. „Google"). Sie ermöglichen durch Eingabe von Suchbegriffen eine gezielte und systematische Informationsgewinnung aus Datenbanken, deren Inhalte mehr oder weniger aktuell sind.

Suchmaschinen

Im Markt für elektronische Informationsdienste, die für Marketinginformationen genutzt werden können, unterscheidet man:

- **Realtime-Informationssysteme**
  Dies sind meist geschlossene, nur für Berechtigte zugängliche Informationssysteme, u. a. Marktportale oder „Plattformen" zur aktuellen Information als Grundlage für anstehende Handlungen (Tun oder Unterlassen), z. B. Auslösen von Aufträgen, Lieferungen oder Serviceleistungen im Rahmen von bestehenden Rahmenverträgen.

Online-Datenbanken

- **Online-Datenbanken**
  Dies sind E-Dateien mit bibliografischen Nachweisen, Volltexten und Statistiken wie z. B. die FIZ-Datenbanken der Fachinformationszentren zu den verschiedensten Bereichen (u. a. Metallbe- und -verarbeitung, Verbrauchsgüter, Wirtschaft, Elektrotechnik, Feinwerktechnik, Kraftfahrzeugwesen, Maschinenbau oder Patente oder Technische Regelwerke).

E-Informationsdienste

- **Informationsdienste im Bildschirmtextsystem**
  Dies sind meist von Pressediensten, Verlagen (Zeitungen und Zeitschriften) im Internet oder von Radio- oder TV-Sendern im Fernsehen zum Abruf bereitgestellte Informationen.

Zur Informationsgewinnung kann sich das Unternehmen direkt wenden an:

- **einzelne Datenbankanbieter**
  Es handelt sich dabei häufig um die Produzenten der entsprechenden Datenbank, die sie selbst online vermarkten. Dem Vorteil von geringen Kosten steht der Nachteil gegenüber, dass zum Suchbegriff nur die Informationen dieser einen Datenbank zur Verfügung gestellt werden (z. B. Adressen von Schober, GfK-Verbraucherpanel).
- **Datenbanksystemanbieter („Host")**
  Hier liegt das Angebot eines thematischen Datenbanksystems vor, aus dem online mit einem Suchbegriff Informationen aus verschiedenen Datenbanken gewonnen werden. Diese kundenfreundliche Struktur hat dazu

geführt, dass bereits im Jahr 2000 weltweit 4.440 Datenbanken von 1.140 Hosts angeboten wurden (z. B. in Europa: DATA STAR, ESA-IRS oder in Deutschland GENIOS oder FIZ-TECHNIK).

Informationsbroker

- **Informationsbroker**
  Das äußerst komplexe Angebot an elektronisch verfügbarer Fachinformation mit sehr unterschiedlicher Qualität an Informationsinhalten und Aktualität macht es speziell den kleinen und mittelgroßen Unternehmen sehr schwer, eine E-Marktforschung durchzuführen. Hier bietet sich die Einschaltung sog. **Informationsbroker** an. Dies sind gewerbliche Informationsvermittler, die gegen Entgeld kundenspezifisch online Primär- und Sekundärinformationen beschaffen, aufbereiten und elektronisch bereitstellen.

3.3 Unternehmensanalyse

3.3.1 Aufgabengebiete

Unternehmensanalyse

Die externen 3 K-Informationen aus der Marktforschung werden mit internen Informationen aus der Unternehmensanalyse ergänzt, um ein abgerundetes und relativ „abgesichertes" Wissen für die anstehenden strategischen oder operativen Marketingentscheidungen zu haben. Marketingentscheidungen müssen die Möglichkeiten und Grenzen des Unternehmens berücksichtigen, um die derzeitigen und künftigen Bedingungen in der Unternehmensumwelt (Erkenntnisse der Marktforschung) als Chancen zu erkennen und bestmöglich zu nutzen sowie sich abzeichnende Risiken gezielt begrenzen zu können. Ohne Kenntnis der eigenen Stärken und Schwächen kann kein Unternehmen ein chancen- und risikenwirksames Marketing betreiben. Diese lassen sich über detaillierte Analysen und Prognosen folgender **„3 U-Informationen"** ermitteln:

Unternehmens-Ressourcen

- **Unternehmens-Ressourcen:**
  Hier geht es um Informationen über die gegenwärtige und künftige Ausstattung des Unternehmens mit Sachmitteln (Kapazitäten, Auslastung, fertigungstechnischer und elektronischer Standard), finanzielle Mittel (Eigen- und Fremdkapital, flüssige Mittel, kurz- und langfristige Kredite und Kreditlinie) sowie personelle Ressourcen (Quantität, Know-how und Auslastung der Mitarbeiter und Führungskräfte in allen Bereichen)

Unternehmens-Potenziale

- **Unternehmens-Potenziale:**
  Diese Informationen betreffen die Möglichkeiten, Fähigkeiten und wettbewerbswirksamen Besonderheiten des Unternehmens, auf erkennbare Chancen und Risiken im Markt strategisch und operativ zu reagieren. Welche Möglichkeiten hat das Unternehmen, zusätzliche Ressourcen zu schaffen oder effizienter zu nutzen, zusätzliches oder neues Technik-, Produkt- und Markt-Know-how zu gewinnen, um seine bisherige Marktstellung auszuweiten oder zu festigen? Dies ist auch zu erreichen durch Veränderung in der Unternehmensorganisation, speziell bei den Abläufen, den sog. Geschäftsprozessen. Sie besitzen ein hohes Potenzial zur Effizienzsteigerung im strategischen als auch operativen Marketing.

- **Unternehmens-Prozesse:**
  Diese Informationen betreffen die Gestaltung und die Wettbewerbswirksamkeit der Geschäftsprozesse (Abläufe) im Unternehmen und nach außen, speziell zu den Kunden und Absatzpartnern (z. B. den Absatzhelfern, Absatzmittlern und Absatzkooperationspartnern). Es geht um die Analyse und Anpassung aller betriebsinternen Abläufe an die Erwartungen der Kunden oder Kundengruppen; ebenso um die wettbewerbswirksame Umsetzung der Kundenorientierung! Mit kundengerechten Abläufen lassen sich Zeit-, Kosten-, Zuverlässigkeits- oder Bequemlichkeitsvorteile für die Kunden und damit auch positive Imagewirkungen bei den Kunden erreichen. In einer auf die Besonderheiten von Kunden oder Kundengruppen ausgerichteten Gestaltung der Marketingteilprozesse Auftragsgewinnung, Auftragsabwicklung, Beschwerdemanagement und Nach-Kauf-Betreuung (incl. technischer Kundendienst) liegen große Potenziale zum Ausbau von Marktposition und Gewinn.

Unternehmens-Prozesse

Marketing-prozesse

Die Aussagekraft dieser Informationen ist bei isolierter Betrachtung jedoch begrenzt. Erst durch **Informationsverknüpfung** dieser internen mit externen Informationen zeigt sich der „wahre" Informationswert für den Entscheidungsträger. Dies soll an einigen speziellen Instrumenten der Unternehmensanalyse aufgezeigt werden.

Informations-verknüpfung

3.3.2 Instrumente

Zur Gewinnung der 3 U-Informationen stehen mit den aus der Marktforschung bekannten Verfahren zur Analyse und Prognose geeignete Instrumente zur Verfügung (siehe Kapitel 3.2.2). Eine **Datenerhebung** erfolgt häufig durch Mitarbeiterbefragung oder Einsatz von Kreativitätstechniken (z. B. Brainstorming, Methode „635" oder morphologischer Kasten) in Prognose-Meetings. Überwiegend werden Unternehmensinformationen durch **Auswertung** von Aufzeichnungen des Rechnungswesens (z. B. Kosten- und Ertragsstrukturen, -Vergleiche, Ergebnisrechnungen und Statistiken) und den Einsatz mathematisch-statischer Verfahren gewonnen. Dabei spielen **Kennzahlen** als verdichtete Informationen für die Situationsbeurteilung und gleitende Durchschnittswerte zur Trendermittlung für Prognosen eine wichtige Rolle.

Kennzahlen

Situationsanalyse

Situationsanalyse im Marketing

Komponenten einer Situationsanalyse	Bezugspunkte	Wichtige Bestimmungsfaktoren
Markt	Gesamtmarkt (produktklassen-bezogen)	Entwicklung Wachstum Elastizität
	Branchenmarkt (produktgruppen-bezogen)	Entwicklungsstand Sättigungsgrad Marktaufteilung
	Teilmarkt (produktbezogen)	Bedürfnisstruktur Substitutionsgrad Produktstärke
Marktteilnehmer	Hersteller	Marktstellung Produkt- und Programm-orientierung Angebotsstärke
	Konkurrenz	Wettbewerbsstärke Differenzierungsgrad Programmstärke
	Absatzmittler	Funktionsleistung Sortimentsstruktur Marktabdeckung
	Absatzhelfer	Funktionsleistung
	Konsument	Bedürfnislage (Nutzenstiftung) Kaufkraft Einstellung
Instrumente	Produkt-Mix	Produkt- und Programmstärke Angebotsflexibilität
	Kommunikations-Mix	Bekanntheitsgrad und Eignung der Medien Werbestrategie
	Konditionen-Mix	Preisniveau Preisstreuung Rabattstruktur
	Distributions-Mix	Distributionsdichte Lieferfähigkeit Liefervorteile
Umwelt	Natur	Klima Infrastruktur
	Wirtschaft	ökonomische Größen Konjunktur Wachstum
	Gesellschaft	soziale Normen Lebensgewohnheiten
	Technologie	Wissenschaft technischer Fortschritt
	Recht und Politik	Rechtsnormen politische Institutionen

Informationen für eine Situationsanalyse im Marketing

Die Abbildung verdeutlicht, dass erst durch eine **kombinierte Betrachtung** von **„3 K- & 3 U-Informationen** eine sinnvolle **Situationsanalyse** (und Prognose) möglich ist. Deren Ausprägungen (Inhalte) geben – allerdings meist erst im Zeitvergleich (gestern, heute und morgen) – Anhaltspunkte für strategische und operative Maßnahmen. Werden solche „3 K- & 3 U-Informationen" für das gesamte Unternehmen verknüpft und im Zeitvergleich dargestellt, erhält man ein **Stärken-Schwächen-Profil (SSP)** des Unternehmens (gestern – heute – morgen). Weiter verbessert wird die Aussagekraft für strategische oder operative Aktivitäten, wenn die Gegebenheiten des eigenen Unternehmens im Vergleich mit dem (Haupt-)Mitbewerber oder mit Kundenerwartungen gesehen werden. Es liegt dann ein **konkurrenzorientiertes SSP** oder ein **kundenorientiertes SSP** vor. Letztere sind für das Marketing hochinteressant, aber in der Datengewinnung schwierig und kostenintensiv, da die erforderlichen Daten meist über umfangreiche und methodisch abgesicherte Befragungen (Primärerhebungen) gewonnen werden müssen.

Situationsanalyse

Stärken-Schwächen-Profil (SSP):
– Konkurrenzorientiert
– Kundenorientiert

Außerdem sind die Angaben häufig sehr stark vom Image und von aktuellen (negativen) Eindrücken geprägt, was den Informationswert verfälscht. Daher werden kundenorientierte SSP (noch) relativ selten erstellt. Die folgende Abbildung zeigt ein Beispiel für ein konkurrenzorientiertes SSP.

Stärken-Schwächen-Profil (SSP)

Stärken-Schwächen-Profil

Wettbewerbswirksame Faktoren	Der eigene Betrieb ist **im Verhältnis zum Hauptbewerber** sehr stark (++) sehr schwach (– –)					
	++	+	0	–	– –	Bemerkungen
Betriebsgröße			*			
Techn. Ausstattung		*				
Qualifikation der Mitarbeiter	*					
Flexibilität bei Kundenwünschen	*					
Breite des Leistungsangebotes				*		
Qualitätsniveau		*				
Erzielte Preise				*		
Kundendienst-Service		*				
Schnelligkeit (Lieferzeit)				*		
Werbung und Messebeteiligung					*	
Image bei den Kunden				*		
. . Solche Stärken-Schwächen-Profile lassen sich **auch für mehrere Wettbewerber** erstellen, doch ist es **dann zweckmäßiger,** den **eigenen Betrieb als Bezugsbasis** zu wählen.						

Stärken-Schwächen-Profil eines Unternehmens

SSP für strategische oder operative Marketingentscheidungen

Art, Anzahl und Inhalt (Genauigkeit) der Positionen einer Stärken-Schwächen-Analyse ist abhängig von branchenspezifischen und unternehmensbezogenen Gegebenheiten (z. B. oligopole oder polypole Wettbewerbsstruktur, Unternehmensgröße, Organisation (EDV-Struktur und -verknüpfung, Prozessorientierung?), Absatzmärkte u. a. Auch der Anlass, die spätere Verwendung der verknüpften „3 K- & plus 3 U- Informationen" für strategische oder operative Marketingentscheidungen spielt eine Rolle. So wird ein SSP als Grundlage für strategische Marketingentscheidungen (wie z. B. Wahl eines/mehrerer SGF oder Wahl der strategischen Ziele samt des „richtigen" Strategie-Mix) mehr generelle, marktbezogene Prognosewerte und verstärkt Informationen über Unternehmenspotenziale enthalten. Das SSP muss eher aktuell-analytisch und eher detailliert angelegt werden, wenn es Informationen für das operative Marketing, speziell den Einsatz der Marketing-Gestaltungsinstrumente liefern soll.

3.3.3 Erfolgsfaktoren

Das Ergebnis zahlreicher Unternehmens- und Stärken-Schwächen-Analysen hat ein als Experte ausgewiesener Unternehmensberater in den „10 Gebote für ein erfolgreiches Unternehmen" zusammengefasst:

Erfolgsfaktoren

„10 Gebote für ein erfolgreiches Unternehmen"	
1.	Sei kreativ!
2.	Biete echten Nutzen!
3.	Sei mutig!
4.	Unterscheide dich von den anderen!
5.	Investiere in die Zukunft!
6.	Sei konsequent!
7.	Verbessere dich ständig!
8.	Sei unkompliziert („einfach")!
9.	Stärke deine Stärken!
10.	Führe mit Werten!

Erfolgsfaktoren eines Unternehmens

Auf diese **Erfolgsfaktoren** müssen nicht nur die strategischen Marketingentscheidungen ausgerichtet sein. Dies gilt von allem für die Entscheidungen im operativen Marketing-Mix, mit denen die „10 Gebote für ein erfolgreiches Unternehmen" in die Praxis umgesetzt werden. Dies zeigt auch folgende Betrachtung der Marketing-Gestaltungsinstrumente.

Wiederholungsfragen zum 3. Kapitel

Nach den Fragen steht in Klammern der Verweis auf die entsprechende Seite im Buch.

21. Welche Arten von Marketing-Informationsinstrumenten kann man unterscheiden? (Seite 65)
22. Worin unterscheiden sich „neues Wissen“ und „altes Wissen“ und warum werden beide für Marketingentscheidungen benötigt? (Seite 65)
23. Welche 3 K-Informationen kennen Sie? (Seite 66, 69)
24. Welche Informationen gewinnt man mit einer Analyse? (Seite 66, 74)
25. Welche Informationen liefert eine Prognose? (Seite 66, 75)
26. Was versteht man unter Primär- und Sekundärforschung im Marketing? (Seite 67)
27. Über welche Bestimmungs- und Begrenzungsfaktoren sollte die Marktforschung Informationen gewinnen? (Seite 70)
28. Weshalb sind Wettbewerbsinformationen für das Marketing wichtig? (Seite 72)
29. Auf welchen Gebieten können Handwerk und Industrie kooperieren? (Seite 73)
30. Welche Verfahren werden bei der direkten Informationsgewinnung hauptsächlich eingesetzt? (Seite 76, 77)
31. Welche Informationen können aus einer gut geführten Kundenkartei gewonnen werden? (Seite 79)
32. Wo kann man kostengünstige Marktinformationen bekommen? (Seite 82)
33. Welche Hilfe kann das Internet bei der Gewinnung von Marktinformationen bieten? (Seite 83)
34. Warum ist eine Unternehmensanalyse wichtig für Marketingentscheidungen? (Seite 84)
35. Welche Inhalte sind bei den 3 U-Informationen angesprochen? (Seite 66, 84, 85)
36. Warum ist Informationsverknüpfung für die Entscheidungsfindung im Marketing so bedeutsam? (Seite 85)
37. Was versteht man unter einer Stärken-Schwächen-Analyse des Unternehmens? (Seite 87)
38. Welche Informationen können mit einem Stärken-Schwächen-Profil gewonnen werden? (Seite 88)
39. Aus welchen Gründen sollten auch kundenorientierte Stärken-Schwächen-Profile erststellt werden? (Seite 87)
40. Kennen Sie die „Zehn Gebote für ein erfolgreiches Unternehmen“? (Seite 89)

4. Gestaltungsinstrumente

(Coautorin: Christa Muschert)

4.1 Überblick

Nachdem die Wahl der SGF, der Marketingstrategien und der operativen Marketingziele getroffen wurde, ist nun über die Mittel und Maßnahmen zur Durchsetzung der Markt- und Ertragsziele zu entscheiden. Es geht um die Festlegung des kombinierten Einsatzes dieser Instrumente zur Gestaltung der aktiven Kundenbeeinflussung und Auftragsgewinnung. Diese Mischung wird auch als **Marketing-Mix** bezeichnet und setzt sich aus folgenden **Marketing-Gestaltungsinstrumenten** zusammen:

Marketing-Mix

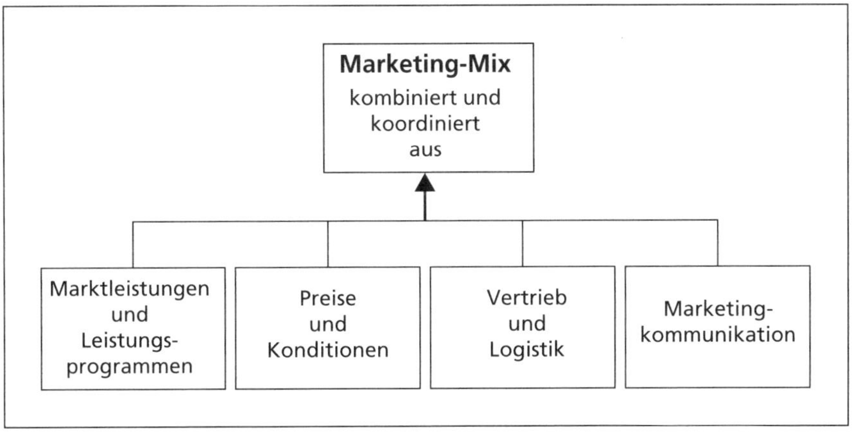

Marketing- Mix

Marketing-Submixes

Die Marketinginstrumente selbst sind Bündel aus verschiedenen Maßnahmen, die man auch als Marketing-Submixes bezeichnet. Um einen wirkungsoptimalen Einsatz der kombinierten Maßnahmen zu erreichen, sind auf der Basis von langfristigen Trends und kurzfristigen Marktsituationen fortlaufende Abstimmungsprozesse bei den Marketingaktivitäten erforderlich.

Marketingpraxis ist tägliche, aktive Kundenbeeinflussung zur Auftragsgewinnung.

Hier geht es um Entscheidungen, wie Marketing im Tagesgeschäft praktiziert werden soll. Hilfreich kann hierbei eine Checkliste wie etwa „7-W-Fragen zum optimalen Marketing-Mix“ sein:

7-W-Fragen zum optimalen Marketing-Mix

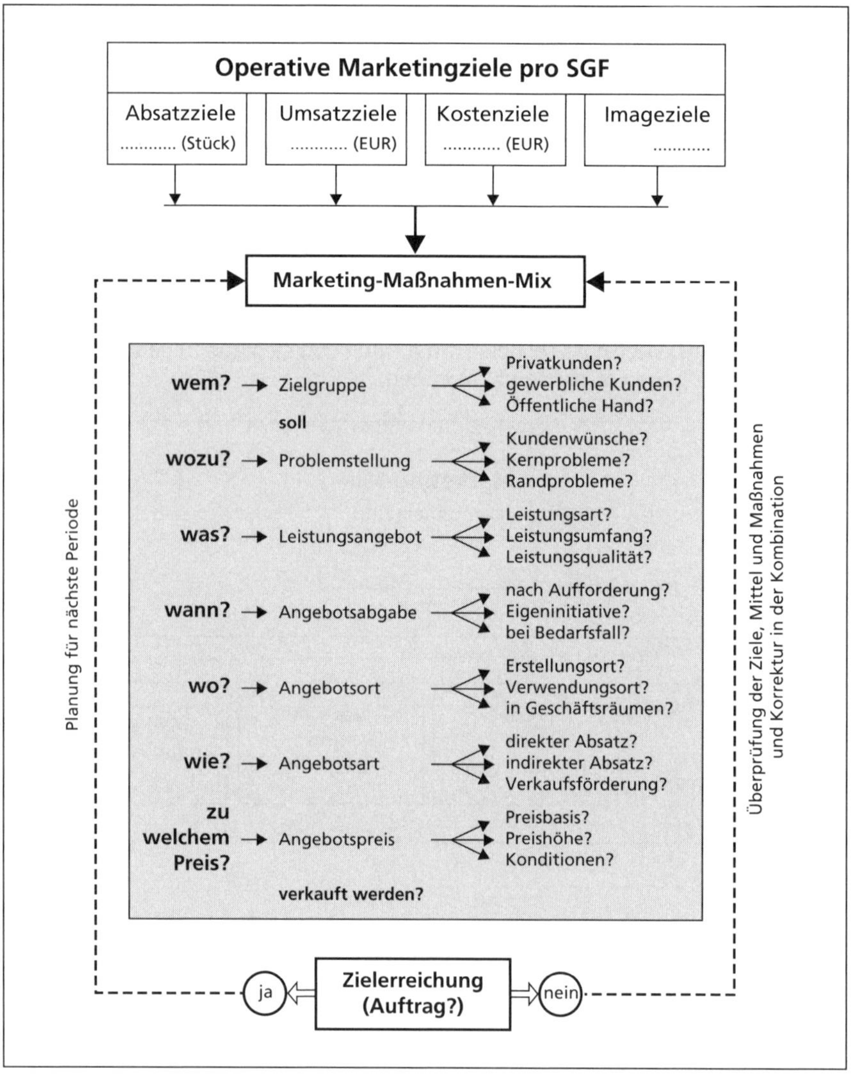

Checkliste „7-W-Fragen zum optimalen Marketing-Mix"

Bestimmungsfaktoren zur Gestaltung des Marketing-Mix

Mit diesen Fragen sind die zentralen Entscheidungen zur optimalen Auswahl der zu treffenden Marketingmaßnahmen angesprochen. Die Gestaltung dieser Aktivitäten wird ganz wesentlich von folgenden **Bestimmungsfaktoren** beeinflusst:

- Welche Art von Kunden (Privat- oder Geschäftskunden) soll auf Basis welcher Geschäftsbeziehungen gewonnen und bedient werden?
- In welcher Phase des Produktlebenszyklus befinden sich die einzelnen Marktleistungen des Unternehmens?

- Ist eine aktive oder eine aggressive Verhaltensweise gegenüber Kunden und Mitbewerbern generell oder nur im Einzelfall zielführend?
- In welcher Phase des Kaufprozesses und der Kaufbereitschaft befindet sich der Kunde?
- Welche Rolle spielen die an der Kaufentscheidung beteiligten Personen, und welches Entscheidungsgewicht haben sie?

Erst nach Klarheit in diesen Fragen sind die Voraussetzungen für die Einscheidungen zu einem koordinierten Einsatz aller als sinnvoll erachteten Marketingmaßnahmen gegeben. Diese Entscheidungen betreffen im Einzelnen folgende Marketing-Submixes:

(1) Marktleistungen und Leistungsprogramm:

Marktleistungen und Leistungsprogramm

Hier geht es um Entscheidungen zur kundengerechten Gestaltung der einzelnen Leistungen und deren Kombination zu einem wettbewerbwirksamen, für den Kunden attraktiven Leistungsprogramm. Sie sind die Antwort auf die Frage **„Wem soll was angeboten werden?"**. Zur Kundenbeeinflussung und Kundenaktivierung sind u. a. Entscheidungen zu treffen über

- Art, Umfang und Qualität der Haupt-, Zusatz- und Nebenleistungen (Marktleistungen)
- Programmbreite (Zahl der angebotenen Marktleistungen) und
- Programmtiefe (Zahl der Leistungsvarianten).

Leistungskombinationen, Leistungsbündel

Für den Kunden interessant sind dabei weniger die angebotenen Einzelleistungen als vielmehr Leistungskombinationen oder Leistungsbündel aus Haupt-, Zusatz- und Nebenleistungen. Diese gilt es kundengerecht zu (umfassenden) Problemlösungen zu kombinieren. Um für den Kunden ein attraktives Leistungsprogramm mit kaufwirksamen Wettbewerbsvorteilen zu erhalten und bestmögliche Gewinnbeiträge zu erzielen, ist bei den Marktleistungen eine Mischung zu gestalten und anzubieten aus

- neuen Leistungen (Innovationen oder Imitationen)
- angepassten Leistungen (modische Veränderung oder technischer Fortschritt)
- differenzierten Leistungen (Varianten nach Kundenerfordernissen).

Leistungsverzicht

Aber auch der Verzicht auf bisher angebotene Leistungen gehört hierher, denn diese Entscheidung verringert die Breite oder Tiefe des Leistungsprogramms und führt zu Umsatzrückgang, wenn noch Nachfrage vorhanden ist. Auslöser sind jedoch in der Regel die hier anfallenden Verluste infolge hoher Bereitstellungskosten; diese gilt es zu beseitigen. Die Kunden sind für andere oder neue Nachfolgeleistungen zu gewinnen.

Bei den Entscheidungen zur Gestaltung des Marktleistungsangebots in einem SGF sind nicht nur die oben genannten Bestimmungsfaktoren ausschlaggebend. Ganz wichtig sind neben den kurzfristig wirkenden Kaufreizen auch die langfristigen Image-Wirkungen bei den Kunden. Je attraktiver das Leistungsangebot gestaltet und weiter entwickelt wird, desto mehr verlieren die Mitbewerber bei Kunden an Einfluss auf die Kaufentscheidung. Dazu müssen die Maßnahmen bei den übrigen Marketinginstrumenten bestmöglich auf die Leistungspolitik abgestimmt und koordiniert eingesetzt werden.

(2) Preise und Konditionen:

Preise und Konditionen

Diese Entscheidungen werden auch mit dem Begriff „Preispolitik" bezeichnet. Dies ist ein zentraler Bestandteil im Marketing-Mix. Die Preispolitik umfasst alle Entscheidungen, die Einfluss auf die Höhe der Preise (Kalkulation) und die anschließende Durchsetzung am Markt haben. Es geht hier um die Frage, **„zu welchem Preis"** eine Leistung am Markt angeboten und verkauft werden kann. Als Alternativen für eine **Preisfindung** lassen sich

Preisfindung

- kostenorientierte Preisbildung,
- konkurrenzorientierte Preisbildung und
- kundenorientierte Preisbildung

nennen, die auf Voll- oder Teilkostenbasis durchgeführt werden können. Bei der Preisbildung sind stets die Kosten- und Beschäftigungssituation, die kurz- und langfristig zu erreichenden Gewinnziele, die Bedeutung des Kunden für das Unternehmen und die Zahlungsbereitschaft des Kunden ausschlaggebend.

Preisgestaltung

Bei der **Preisgestaltung** kommen folgende Maßnahmen in Betracht:
- Rabattgestaltung (Rabatte und Boni)
- Absatzfinanzierung (Kredite, Leasing)
- Vertragliche Regelungen (AGB, Liefer- und Zahlungsbedingungen)

Entscheidungen zu Preishöhe und Konditionengestaltung sind eng zu koppeln mit den Entscheidungen zur Gestaltung der Marktleistungen, denn

Leistungsdifferenzierung ermöglicht Preisdifferenzierung mit Gewinnsteigerungen.

Positive Effekte bei Konditionen müssen Kunden oftmals „vorgerechnet" werden, damit sie bei der Preisbewertung richtig berücksichtigt werden. Den Kunden ist oft nicht bewusst, dass „das Kleingedruckte" Regelungen über Kostenverteilungen zwischen Käufer und Verkäufer enthält.

Vertrieb und Logistik

(3) Vertrieb und Logistik:

Hier geht es darum, „wann und wo" eine Leistung zu verkaufen ist. Die zu treffenden Entscheidungen werden auch als „Distributionspolitik" bezeichnet. Sie umfasst alle Entscheidungen und Handlungen, die den Weg einer Leistung vom Hersteller bis zum Endverbraucher betreffen. Eine optimale Auswahl des Vertriebsweges liegt dann vor, wenn die räumliche und zeitliche Kundennähe des Angebots und der Leistungserbringung vom Kunden vorteilhafter wahrgenommen werden als das Angebot der Mitbewerber. Dies wird auch durch eine zielgerichtete Kommunikationspolitik entsprechend unterstützt. Die Gestaltung von direktem oder indirektem Vertrieb und der Vertriebslogistik mit Lieferung und Lagerhaltung fallen in diesen Entscheidungsbereich.

Marketing-Kommunikation

(4) Marketing-Kommunikation:

Im Mittelpunkt stehen die einseitige Information und die zweiseitige Kommunikation mit Kunden, um eine positive Kundenbeeinflussung zu erreichen. Es geht um die Frage:

„Mit welchen Informationsmitteln kann eine kaufauslösende Verhaltensänderung beim Kunden und anderen Zielgruppen des Unternehmens erreicht werden?"

„Preis-wert" und „Wert-voll"

Ziel ist es, Meinungen, Einstellungen, Erwartungen und Verhaltensweisen von Zielgruppen im Sinne der Unternehmensziele positiv zu beeinflussen und diese zu aktivieren. Dabei ist nicht nur das Angebot von vorteilhaften Leistungen zu einem akzeptablen Preis wichtig. Den Kunden muss vielmehr verdeutlicht werden, dass die Leistung „preiswert" im Sinne von „ihren Preis wert" ist. Art und Umfang der persönlichen Vorteile beim Erwerb der Leistung machen diese für ihn so wertvoll, dass der Preis nicht das dominante Entscheidungskriterium sein kann. Es sei denn, der Kunde legt auf Leistung (d. h. Qualität) keinen Wert – dann ist diese für ihn auch nicht „Wert-voll". Er begnügt sich mit Standardausführungen und will dafür einen Tiefpreis erhalten. Je nach Wettbewerbsstrategie muss sich das Unternehmen bei seinen qualitäts- oder preisbewussten Kunden als der in dieser Situation beste Problemlöser glaubwürdig und überzeugend präsentieren und profilieren.

Kommunikationsteilbereiche

In den Kommunikationsteilbereichen

- Werbung,
- Verkaufsförderung,
- persönlicher Verkauf und
- Öffentlichkeitsarbeit

steht eine sehr wirksame Auswahl von Mitteln und Maßnahmen zur Verfügung. Diese sind bei den Maßnahmen von Werbung und Öffentlichkeitsarbeit mehr auf einseitige Informationsweitergabe und Langfristwirkung ausgerichtet, bei der sich Streuverluste nicht vermieden lassen. Die Aktivitäten der Verkaufsförderung, der Direktwerbung und speziell beim persönlichen Verkauf sind auf den wechselseitigen Informationsaustausch, die Kommunikation, ausgerichtet. Hier dominiert das „Heute, jetzt, sofort". Die Maßnahmen sollen bei Kunden Kurzfristwirkungen im Hinblick auf eine möglichst rasche und unkomplizierte Auftragsgewinnung auslösen. Auch hier gilt es Kombinationen zu finden und einzusetzen, die kombiniert und koordiniert zu einem bestmöglichen Erreichen der lang- und kurzfristigen Marketingziele führen.

Das Zusammenwirken der Marketing-Gestaltungsinstrumente und ihrer Maßnahmenbündel (aus Mitteln und Maßnahmen) sowie deren Schwerpunkte hinsichtlich lang- und kurzfristiger Wirkung bei den Marktteilnehmern (speziell Kunden) verdeutlicht nachfolgende Abbildung:

Marketing-Mix, strategische und operative Bereiche

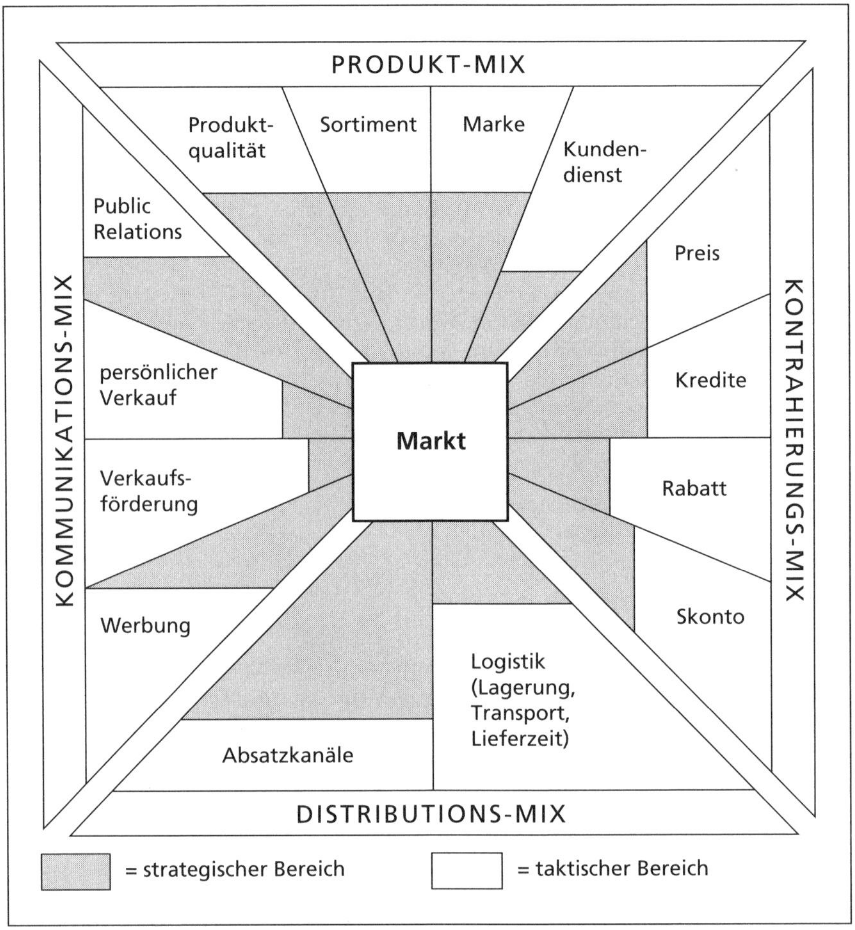

Gestaltungsmix des operativen Marketings mit strategischen und taktischen Wirkungsschwerpunkten der einzelnen Maßnahmenbündel (nach Meffert)

wettbewerbswirksame Profilierung

Ohne den inhaltlich, zeitlich und räumlich koordinierten Einsatz der einzelnen Instrumente und deren Maßnahmenbündel ergibt sich keine wettbewerbswirksame Profilierung bei den Kunden. Es sind vielmehr Wirkungsdefizite und damit zu hohe Marketingkosten vorprogrammiert. Das muss unbedingt vermieden werden, um **imagefördernde, kaufstimulierende** und **Kundenzufriedenheit** und **Kundenbindung** steigernde Effekte zu erzielen.

4.2 Marktleistungen

4.2.1 Leistungspolitik

4.2.1.1 Ziele und Aufgaben

Leistungspolitik

Die Marketingziele werden durch den Einsatz der Marketinginstrumente zu erreichen versucht. Ein zentrales Instrument hierzu ist die Leistungspolitik. Mit ihren Zielen und Maßnahmen wird das Leistungsprogramm des Unternehmens gestaltet. Dieses kann sich aus Produkten (Sachleistungen), Dienstleistungen und Kombinationen aus beiden Leistungsarten zusammensetzen.

Leistungsarten

Im Marktgeschehen werden sie zur Auftragsgewinnung als Haupt- und Nebenleistungen kombiniert eingesetzt. Dabei liefert das Leistungsprogramm einen wesentlichen Beitrag zum kurz- und langfristigen Erreichen beispielsweise folgender Marketingziele:

Marketingziele

- Wachstumssicherung
  - Umsatzwachstum
  - Gewinnwachstum
  - Kapitalwertwachstum
- Gewinnziele
  - Erreichen eines bestimmten Deckungsbeitrags
  - Erreichen einer bestimmten Kapitalrentabilität
- Steigerung des Goodwills
  - Marktführerschaft im Sinne technologischer Überlegenheit
  - Aufbau eines bestimmten Leistungs- oder Firmenimages
- Verbesserung der Wettbewerbsposition
  - Marktanteilssteigerung
  - Qualitätsführerschaft
- Risikostreuung und Sicherheitsstreben
  - Gewinnung eines breiteren Kundenkreises
  - Saisonaler und konjunktureller Beschäftigungsausgleich
- Auslastung überschüssiger Kapazitäten
  - Fertigungskapazität
  - „Marketingkapazität"
- Rationalisierung des Produktionsprozesses
  - Nutzung von Synergieeffekten (z. B. Baukastensystem bei Leistungen)

Leistungsprogramm

Die Leistungspolitik und damit die Zusammensetzung des Leistungsprogramms aus Haupt-, Zusatz- und Nebenleistungen richten sich nach

Bestimmungsgrößen

- den zu erreichenden Zielen,
- den Anforderungen der Kunden/Kundengruppen (Inland/Ausland),
- den SGF, in denen das Unternehmen tätig ist oder tätig werden will,
- der Stärke der Mitbewerber in diesen SGF und den Absatzmärkten,
- den internen Möglichkeiten und Grenzen bei Personal, Kapazität und Finanzen sowie
- den Kostenbelastungen und Ertragsaussichten.

Kosten und Erträge sind sehr stark von der jeweiligen Lebensphase (Nachfragesituation) der einzelnen SGF und den Leistungen des Unternehmens abhängig. Die Kenntnis des Produktlebenszyklus der einzelnen Leistungen ist daher von zentraler Bedeutung für die Leistungs- und Programmpolitik.

4.2.1.2 Einfluss des Produktlebenszyklus

Produktlebenszyklus

Produktlebenszyklusphasen

Entscheidungsverhalten und Leistungsangebot von Unternehmen sind ausgerichtet an Problemen, Wünschen und Erwartungen von Privat- und Geschäftskunden. Deren Nachfrageverhalten nach Leistungen ändert sich im Zeitablauf und führt dazu, dass man unterschiedliche Phasen von der „Geburt“ bis zum „Tod“ einer Leistung im Angebot feststellen kann. Erst gibt es wenig Nachfrage (Einführung einer neuen Leistung), dann möchten viele Kunden die Leistung erwerben (Wachstum). Danach tritt eine Beruhigung der Nachfrage infolge großer Marktdurchdringung ein (Sättigung). Am Ende bricht die Nachfrage fast vollständig weg; ein Verbleib der Leistung im Angebot ist wirtschaftlich nicht sinnvoll (Degeneration und Verzicht). Damit sind die wichtigsten Phasen im Leben einer Leistung angesprochen. Hierfür hat sich in der Praxis auch die Bezeichnung **„Produktlebenszyklus“** durchgesetzt. Er ist ein wichtiger Indikator zur gegenwärtigen Marktstellung einer Leistung und gibt klare Hinweise, wie das Unternehmen mit den Marketinginstrumenten agieren sollte.

Im Zeitablauf lassen sich fünf Lebensphasen einer Leistung unterscheiden:

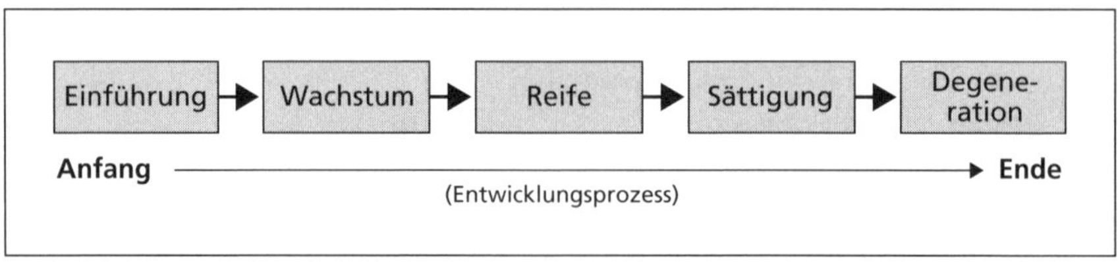

Phasen eines Produktlebenszyklus

Diese Phasen sind bei allen Marktleistungen feststellbar, doch ist die Dauer der einzelnen Phasen teilweise sehr lang oder so kurz, dass sie sich kaum abgrenzen lassen (siehe Saisonartikel).

Beispiele:

Produkte und Dienstleistungen in verschiedenen Lebensphasen findet man in allen Leistungsbereichen und Branchen:

- bei langlebigen Gebrauchs- und Investitionsgütern mit relativ langen Lebensphasen wie Kücheneinrichtungen im klassischen Design (Holz, Kunststoff) oder modernen Design (Metall und Kunststoff); Werkzeugmaschinen mit mechanischer, elektrischer oder digitaler Steuerung; PKW-Antriebe (Benzin-, Diesel-, Hybrid- oder Elektro-Motoren)
- bei kurzlebigen Verbrauchsgütern mit längeren Lebensphasen wie Nahrungsmittel (Tiefkühl-, Frische- oder Bio-Produkte) oder aber kurzlebige Verbrauchsgüter mit kurzen Lebensphasen wie typische Lifestile-Produkte (modische Bekleidung, Damenschuhe, Parfum) oder Saisonartikel (Gemüse, Weihnachtsdekoration)

Zyklusdauer

Die Dauer der einzelnen Phasen des Produktlebenszyklus ist u. a. abhängig von folgenden Faktoren:

- Art der Leistung (Konsum- oder Investitionsgut)
- Kundenverhalten (Kaufbereitschaft der Privat- und Geschäftskunden)
- Konkurrenzverhalten (aggressive Marketingpolitik, starke Leistungs- und Preisdifferenzierung) und nicht zuletzt
- eigene Marketingaktivitäten (speziell in der Leistungsentwicklung [Innovationsfreudigkeit], Preisgestaltung und der Kommunikationspolitik)

Lebenszykluskurve

Betrachtet man die Umsatz- und Gewinnentwicklung in den Phasen der vorhergehenden Abbildung, dann lässt sich im Allgemeinen der nachfolgend aufgezeigte Kurvenverlauf für den Lebenszyklus einer Marktleistung feststellen. Dies gilt für jede Leistung – unabhängig davon, ob es sich um Haupt-, Zusatz- oder Serviceleistungen handelt. Für die Positionsbestimmung im Lebenszyklus (in welcher Phase befindet sich die Leistung?) können die Zuwachsraten von Umsatz und Gewinn (pro Monat oder Jahr) als Maßstab herangezogen werden.

Altersstruktur eines Leistungsprogramms

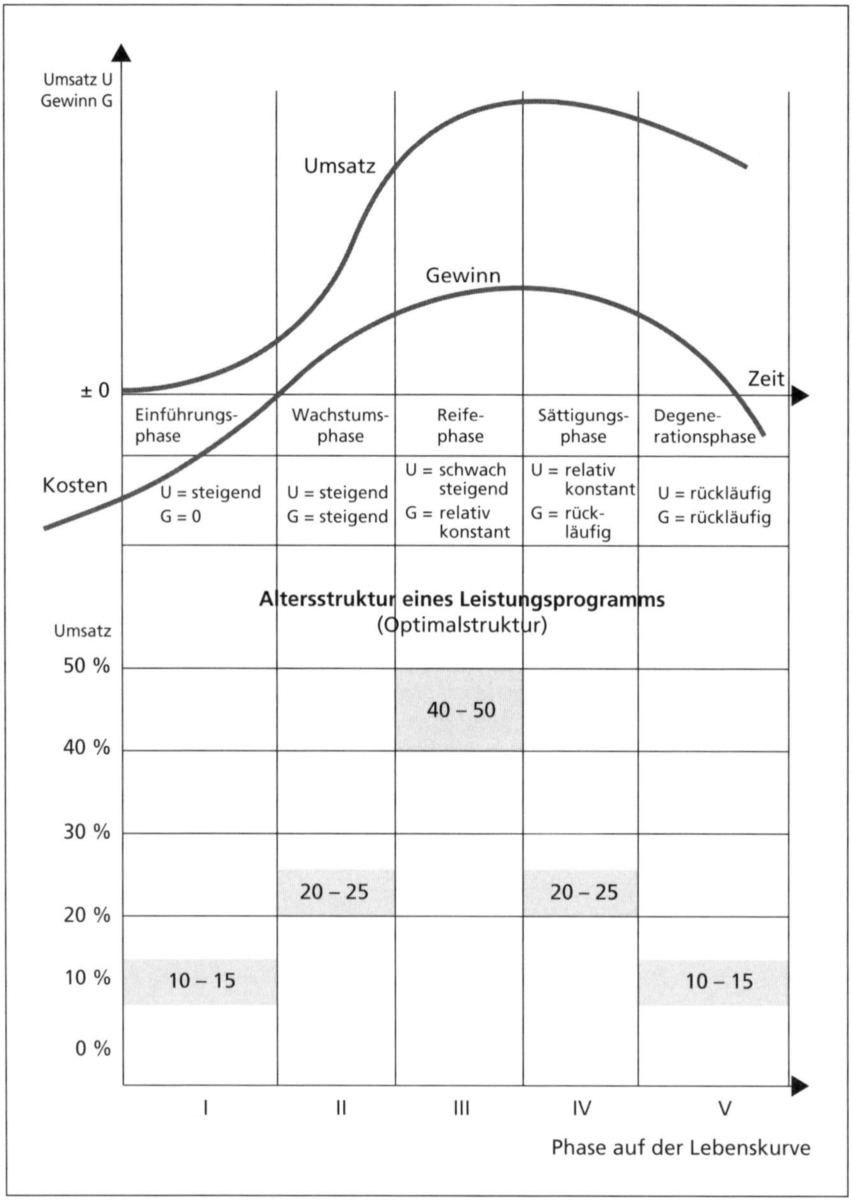

Produktlebenszyklus einer Leistung und optimale Altersstruktur des Gesamtumsatzes in den Lebensphasen

Ein Unternehmen ist dann gut „aufgestellt", wenn sein Gesamtumsatz der „Idealstruktur" sehr nahe kommt (in der unteren Hälfte der Abbildung dargestellt). Das würde bedeuten, dass sich das Leistungsprogramm aus Leistungen mit unterschiedlichen Positionen im Produktlebenszyklus zusammensetzt, die in unterschiedlichem Umfang zum Gesamtumsatz und Gewinn beitragen. Die einzelnen Leistungen haben insoweit für den derzeitigen und künftigen Erfolg des Unternehmens unterschiedliche Bedeutung. So sollten jeweils ca. 20 % des Umsatzes mit Leistungen erzielt werden, deren Märkte in einer Wachstums- oder Sättigungsphase sind. In sog. „reifen" Märkten sollten ca. 40-50 % des Gesamtumsatzes erzielt werden.

Beurteilt man die Marktleistungen unter den Gesichtspunkten „Attraktivität für die Kunden" und „Wettbewerbsstärke des Unternehmens" dann lassen sich die Einzelleistungen als „Fragezeichen", „Sterne", „Cash-Kühe" oder „arme Hunde" im Sortiment erkennen (siehe nachfolgende Abbildung).

Das Leistungsprogramm ist stets ein Produkt-Portfolio mit Leistungen aus verschiedenen Phasen eines Produktlebenszyklus.

Produktportfolio:
- Begriff
- Produktarten

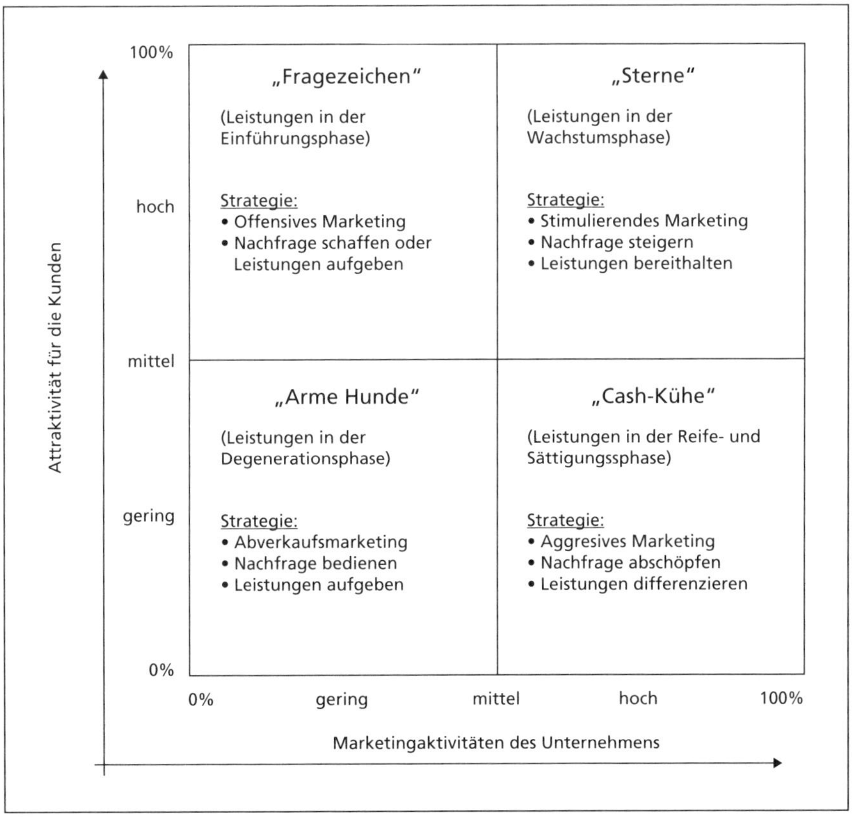

Bezeichnung der Leistungen in einzelnen Phasen des Produktlebenszyklus

Phasen des Produktionszyklus:
- Einführungsphase

Damit die Leistungen in der jeweiligen Lebensphase ihren optimalen Beitrag zum Markt- und Unternehmenserfolg leisten können, sollen die Besonderheiten und Aktivitäten in diesen Phasen näher betrachtet werden.

(1) Einführungsphase

Die Leistung wird am Markt eingeführt und hat mit Kaufwiderständen zu kämpfen. Handelt es sich um eine Marktneuheit, kann von einer monopolartigen **Marktstellung** ausgegangen werden. Es gibt keine oder wenige Mitbewerber mit ähnlichen Leistungen. Die Umsätze sind gering und wegen der Entwicklungs- und hohen Marktbearbeitungskosten ist mit Anlaufverlusten zu rechnen.

Das **Unternehmen** muss in dieser Phase risikofreudig und flexibel sein. Es muss sich durch offensives Marketing als innovativ und zukunftsorientiert präsentieren und Nachfrage schaffen. Andernfalls muss die neue Leistung wieder vom Markt genommen werden.

Bei den **Kunden** mit Nachfragebereitschaft für neue und innovative Leistungen handelt es sich meist um Avantgardisten, Konsum-Pioniere. Dies sind meist neugierige (modebewusste) Menschen, die eine besondere Stellung in ihrem Umfeld suchen. Oft gehören Stammkunden zu den Erstkunden des neuen Produkts, denn sie haben Vertrauen in die Leistungsfähigkeit des Unternehmens.

„Fragezeichen"

Die **Marketingstrategie** ist auf eine intensive Werbung „auf allen Kanälen" (vor allem bei Multiplikatoren) ausgerichtet, da die Leistung schnell und umfassend bekannt gemacht werden muss. Wirkungsvoll ist auch eine intensive Verkaufsförderung; Preis und Service haben relativ geringe Bedeutung. Oftmals wird (z. B. auch im Handwerksbereich) ein hoher Preis angesetzt, da bei neuen Leistungen meist die Vergleichbarkeit fehlt und damit auch ein Qualitätsimage verbunden wird. Bis die Leistung von den Kunden im gewünschten Umfang angenommen wird, bleibt sie für das Unternehmen ein **„Fragezeichen"**, das möglicherweise auch wieder aus dem Angebot genommen werden muss.

(2) Wachstumsphase

Wachstumsphase

Dies ist die Phase der Durchsetzung, wenn die Ziele der Einführung erreicht wurden. Die Leistung ist bekannt und wird mit großen Steigerungsraten zunehmend nachgefragt. Der Durchbruch der Leistung am Markt ist gelungen.

Die Vormachtstellung des Unternehmens als Innovator und Erstanbieter geht langsam verloren. Einige Mitbewerber bringen ihrerseits ähnliche Leistungen auf den Markt („Me-too-Leistungen"). Der Gewinn steigt überproportional und erreicht bereits gegen Ende der Wachstumsphase seinen Höhepunkt.

Die nun aktiven **Käufer,** sogenannte „Frühadapter", profitieren von den Erfahrungen und Erlebnissen der Erstkäufer, die sich eventuell mit „Kinderkrankheiten" einer neuen Leistung auseinandersetzen mussten. Sie sind von den Vorteilen der Leistung überzeugt und legen Wert auf gute, sichere Qualität – zu einem angemessenen (?) Preis. Sie müssen nicht mehr überzeugt, sondern vielmehr aktiviert werden.

„Stern"

Die **Marketingstrategie** ist weiterhin darauf ausgerichtet, den Kaufwunsch durch stimulierende Marketingkommunikation (viel Direktwerbung) zu aktivieren und die Absatzgebiete auszuweiten. Auf Grund der starken Nachfrage wird die Leistung zum **„Stern"** im Leistungsprogramm. Gegen Ende der Wachstumsphase ist über eine Leistungs- und Preisdifferenzierung nachzudenken, denn damit können zusätzliche Käufergruppen erschlossen werden. Im Vertrieb wird das Vertriebsnetz verdichtet, um mehr Kunden in den Zielgruppen zu erreichen.

(3) Reifephase

Reifephase

Die Reifephase ist nach der Wachstumsphase der wirtschaftlich interessanteste Lebensabschnitt der Marktleistung für das Unternehmen. Der Umsatz nimmt immer noch zu, erreicht aber in dieser Phase seinen Höhepunkt. Das Gewinnwachstum hat zwar den Höhepunkt bereits überschritten und geht zurück, aber der absolute Gewinn ist immer noch positiv.

Die **Marktstruktur** ist zwischenzeitlich durch Verdrängungswettbewerb mit ähnlichen Leistungen geprägt, was zu Preiswettbewerb mit sinkenden Preisen und sinkenden Margen führt.

In dieser Phase werden die meisten **Kunden** („die breite Masse") aktiv. Sie kennen nun die Leistung und deren Vorteile, die sie mit denen der Mitbewerber vergleichen. Sie suchen nach dem subjektiv besten Preis-Leistungs-Verhältnis, wobei der Preis immer mehr kaufentscheidend wird. Leistungs- und Preisdifferenzierung bringen zusätzlich Kaufanreize.

„Cash-Kuh"

Es ist eine **aggressive Marketingstrategie** erforderlich, um weiteres Umsatzwachstum zu erreichen. Die Leistung wird immer noch gut nachgefragt, aber es sind zusätzliche Kaufreize erforderlich. Die Leistung hat sich vom Wachstums-Stern zur **„Cash-Kuh"** gewandelt, mit der die Umsätze auf hohem Niveau gehalten werden sollen. Dies ist jedoch nicht gleichbedeutend mit weiterem Gewinnwachstum! Durch Segmentierung der Kundengruppen können zusätzliche Leistungsvarianten zu attraktiven Preisen angeboten und zusätzliche Gewinne erzielt werden. Das wirksamste Marketinginstrument ist in dieser Phase eine Preisgestaltung mit direkten, zeitlich begrenzten oder dauerhaften Preissenkungen; Leistungsverbesserungen bei Preiskonstanz sind eine Alternative mit geringerer Wirkung. Da die Nachfrage langsam zurückgeht, ist in der Produktpolitik jetzt eine neue Nachfolgeleistung (Folgeprodukt) zu entwickeln, damit diese am Ende der anschließenden Sättigungsphase am Markt eingeführt werden kann.

(4) Sättigungsphase

Sättigungsphase

In der Sättigungsphase ist der Nachfrageboom vorbei. Die rückläufige Nachfrage wird getragen durch Nachzügler („späte Mehrheit der Kunden") und ist Zeichen einer gewissen Marktsättigung mit Desinteresse der Kunden.

Das **Marktverhalten** der Mitbewerber ist geprägt durch harten, (tief-)preisorientierten Wettbewerb, was zu rasch sinkenden Gewinnen bei allen Anbietern im Markt führt. Wer kann, entzieht sich dem Wettbewerb durch das Angebot einer neuen Nachfolgeleistung.

Kunden sind, wie bereits in der Reifephase, sehr preisbewusst und preissensibel – auch bei den angebotenen Leistungsvarianten. Als Kaufkriterium ist weniger die Leistung als vielmehr die Preishöhe kaufentscheidend. Es dominiert „billig", nicht preiswert!

neue Leistungs- oder Verpackungsvarianten

Das **Marketing** sieht in der Leistung immer noch eine **„Cash-Kuh"**, die noch Umsatz und Gewinnbeiträge für das Unternehmen erzielt und weiterhin im Verkauf forciert werden soll. Jedoch genügt die bereits in der Reifephase begonnene Preisaggressivität als alleinige Kaufanregung nicht mehr. Es müssen zusätzliche Impulse durch preiswerte, „neue" Leistungs- oder Verpackungsvarianten hinzukommen. Dies ist durch starke Marketingkommunikation, speziell Direktmarketing, zu unterstützen. Durch Verbesserungen der „alten" Leistung (Anpassung an den technischen Fortschritt als „Produktpflege") kann die „Cash-Kuh" für die Kunden aufgewertet und ohne Preissenkungen wieder attraktiver werden. Das bedeutet nicht nur eine zeitliche Verlängerung der Sättigungsphase, sondern auch zusätzliche Umsatz- und Gewinnsteigerung. Ist dies nicht möglich oder nicht gewollt, wird die Leistung mehr oder weniger rasch aus dem Angebot gestrichen werden (müssen).

(5) Degenerationsphase

Degenerationsphase

„Armer Hund"

Diese Phase ist auch als Rückgangs- oder Verfallphase bekannt. Umsatz und Gewinne fallen sehr stark, denn in dieser Phase dominieren **Einzelkunden** mit Einzelnachfragen in Form von Ersatz- und Ersatzteilaufträgen. Ein Beibehalten der Leistung führt zu Verlusten infolge der hohen Bereitstellungskosten. Die Marktleistung ist ein **„Armer Hund"** geworden, der nichts mehr zur weiteren Entwicklung des Unternehmens beitragen kann.

Die Marktleistung wird entweder mit sofortiger Wirkung aus dem Angebot gestrichen oder mit aggressiven Preis-, Werbe- und Verkaufsförderungsmaßnahmen der Abverkauf der Restpositionen forciert (Abverkaufsmarketing). Spätestens in dieser Phase sollte auch die Markteinführung einer neuen oder Nachfolgeleistung erfolgen. Andernfalls sind Kundenverlust und starker Umsatzeinbruch mit gravierenden Folgen für das Unternehmen nicht auszuschließen.

Diese Betrachtungen zeigen, dass den Lebensphasen, d. h. den Umsatz- und Ertragsentwicklungen der einzelnen Leistungen im Gesamtprogramm, große Beachtung geschenkt werden muss. Eine Überwachung der Entwicklung des Gesamtumsatzes oder des Gesamtertrages genügt nicht. Dies kann zu bedrohlichen Fehleinschätzungen führen.

4.2.1.3 Leistungsprogramm

Leistungsprogramm

Grundlage aller Entscheidungen zum Leistungsprogramm sind die **Bedürfnisse** und die **verfügbare Kaufkraft** der Kunden in den jeweiligen Absatzmärkten. Bedürfnisse sind der Ausgangspunkt menschlichen Verhaltens, denn sie sind Ausdruck eines Mangels oder eines Problems, die als solche empfunden werden und die beseitigt werden sollen. Aber erst, wenn Kunden bereit sind, Geld dafür auszugeben, ist das Bedürfnis wirtschaftlich bedeutsam. Erst dann entsteht ein möglicher **Bedarf,** und erst dann kann sich eine **Nachfragebereitschaft** nach Leistungen des Unternehmens entwickeln. Dies kann z. B. durch Maßnahmen der Marketingkommunikation (Werbung und Verkaufsförderung) ausgelöst und unterstützt werden.

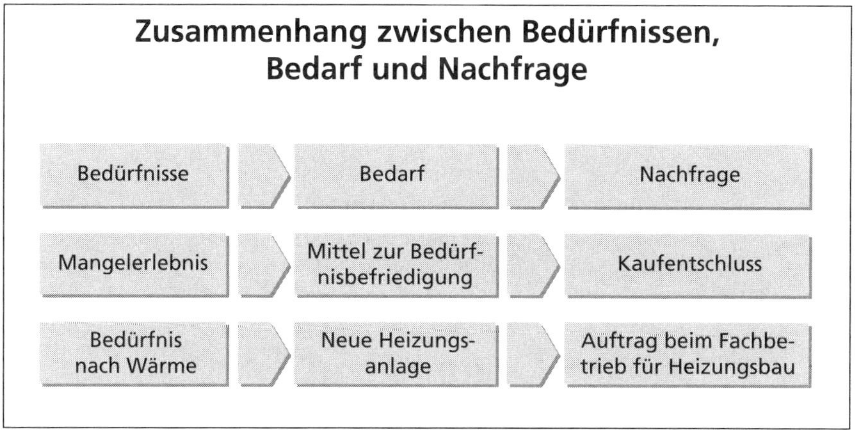

Bedürfnis – Bedarf – Nachfrage

Hauptleistung

Im Rahmen der Leistungspolitik wird entschieden, **„was"** dem Kunden als „Problemlösung" zur Erfüllung seiner Wünsche, Anforderungen und Erwartungen angeboten werden soll. Es geht um Entscheidungen über **Zusammensetzung und Entwicklung des Leistungsprogramms.** Hier legt das Unternehmen fest, welche Produkte, Dienstleistungen oder Kombinationen hiervon in welcher **Variantenvielfalt** für die einzelnen SGF als **Hauptleistungen** oder **Hauptumsatzträger** angeboten werden sollen. Diese Entscheidungen gilt es auch für das Angebot an Serviceleistungen zu treffen, die als **Nebenleistungen** verkaufsunterstützend eingesetzt werden müssen. Dies sind zentrale Entscheidungen zur Breite und Tiefe des Leistungsprogramms.

Nebenleistung

Programmbreite, Programmtiefe

Hierbei zeigt die **Programmbreite** die Zahl der angebotenen Leistungsarten, während man unter **Programmtiefe** die Zahl der Leistungsvarianten versteht. Ein Unternehmen, das sich im Markt als „Generalist" profilieren will, hat meist ein relativ breites, aber flaches Leistungsprogramm (viele Leistungsarten, jedoch geringe Variantenzahl). Der „Spezialist" dagegen zeichnet sich häufig durch ein schmales, aber dafür tiefes Leistungsprogramm aus (wenig Leistungsarten, aber große Variantenvielfalt).

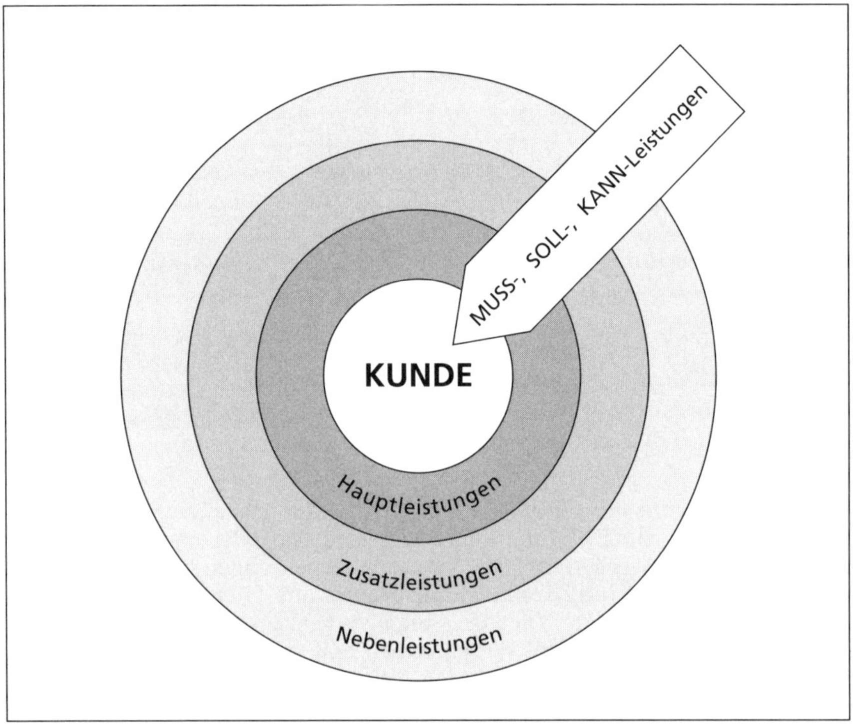

Aufbau einer Gesamtleistung aus Muss-, Soll- und Kann-Leistungen

Muss-, Soll- oder Kann-Leistungen

Die Abbildung zeigt, wie sich das Leistungsprogramm um die **Hauptleistungen** (Muss-Leistungen) herum aufbaut. Diese werden ergänzt um profilierende, attraktive **Zusatzleistungen** (Soll-Leistungen) und abgerundet mit **Nebenleistungen** (Kann-Leistungen), welche die Kundenzufriedenheit erhöhen. Auch bei Serviceleistungen ergibt sich die Unterscheidung nach **Muss-, Soll- oder Kann-Dienstleistungen** im Kaufprozess zum einen aus der Erwartungshaltung der Kunden und zum anderen aus den Aktivitäten der Mitbewerber, von denen sich das Unternehmen auch beim Service abheben möchte.

Haupt- und Nebenleistungen bilden das **Gesamtleistungsprogramm** des Unternehmens und **im Einzelfall das Angebot** an den einzelnen Kunden für seine Problemlösung bzw. Bedürfnisbefriedigung.

4.2.2 Hauptleistungen

Hauptleistung

Hauptleistungen sind Kombinationen aus Produkten oder Dienstleistungen. Produkte sind Objekte (Gegenstände), die zur Problemlösung genutzt, benutzt oder verbraucht werden. Dienstleistungen sind Handlungen, die eine Problemlösung beim Kunden bewirken oder dazu beitragen.

Bei Dienstleistungsunternehmen werden oft speziell ausgestaltete Dienstleistungskombinationen auch als „Produkte" mit eigenen Namen bezeichnet, um sich einerseits vom Mitbewerber zu unterscheiden und andererseits beim Kunden eine bestimmte Vorstellung und Identifikation mit dem Dienstleistungspaket zu ermöglichen.

Produktnamen erleichtern die Marketingkommunikation mit den Kunden, denn: „Wer einen Namen hat, hat ein Gesicht!"

Produktdesign

Den Kunden kann allerdings noch leichter ein Vorstellungsbild vom Produkt vermittelt werden, wenn die Sach- und Dienstleistungen ein nach den Wünschen und Erfordernissen der Kunden und zur Abhebung gegen Mitbewerber entwickeltes, gebautes oder zusammengefügtes eigenes „Produktdesign" aufweisen. **Produktdesign** bedeutet Gestaltung des Produkts nach funktionalen, bedienungsfreundlichen und optisch-sensorischen Gesichtspunkten, um ein „einzigartiges", unverwechselbares und ästhetisch ansprechendes Aussehen zu erhalten. Die wichtige Wechselwirkung zwischen Design und Kommunikation zum Kunden zeigt die nachfolgende Abbildung.

Designentwicklung

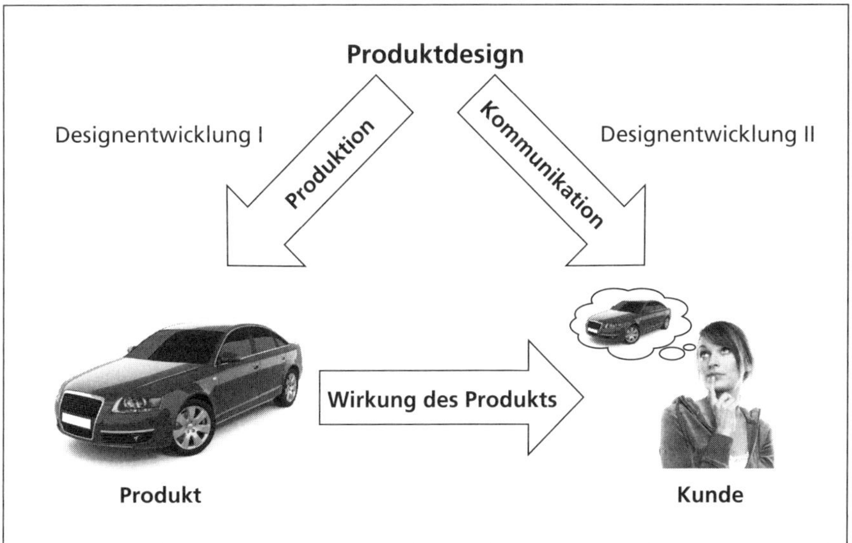

Doppelte Designentwicklung (Belz)

Erwartungshaltung

Designentwicklung I betrifft die kundenorientierte, reale Gestaltung der Marktleistung (Produktdesign). Designentwicklung II ist die Vermittlung von Vorstellungen und Vorteilen der Leistung an den Kunden (Erwartungshaltung aufbauen). Damit soll vermieden werden, dass die reale Leistung (Produkt) von den Erwartungen und Vorstellungen des Kunden abweicht und eine Zustimmung oder Begeisterung unterbleibt.

„Man kauft mit den 5 Sinnen:
Hören, Sehen, Fühlen, Riechen, Schmecken!"

Dies gilt nicht nur im Privatkundengeschäft. Auch im B2B-Bereich ist dies (als Signal von Fortschrittlichkeit und Innovationskraft) zunehmend wichtig. Das zeigt auch folgendes Beispiel aus dem Investitionsgüterbereich.

Beispiel:
Das neue Produktdesign des Werkzeugmaschinenherstellers Gildemeister AG, Bielefeld, wurde im Frühjahr 2008 mit einem Design-Preis ausgezeichnet, denn „... mit der neuen Gestaltung wurde Gildemeisters Image als Innovationsführer unterstrichen und die Marke Gildemeister einzigartig und unverwechselbar. Trotz der einheitlichen Gestaltung sämtlicher Maschinen differenzieren sich die Maschinen der einzelnen Technologiebereiche durch eigene Charakterzüge", berichtet der Vorstand für Technologie und Produktion. Gildemeister hat für die Kunden nun nicht nur hoch leistungsfähige Produkte, sondern vor allem „einen Namen und ein Gesicht". Und damit lassen sich bei Kunden leichter Präferenzen aufbauen als dies mit Imitationen oder Anlehnungen an bekannte Produktdesigns möglich ist.

Haupt- und Zusatzleistungen

Hauptumsatzträger, Kerngeschäft

Die **Hauptleistungen** bilden das zentrale Leistungsangebot des Unternehmens. **Zusatzleistungen** dienen der Ergänzung und Aufwertung der Hauptleistungen für eine in den Augen des Kunden „bessere" oder umfassendere Problemlösung bzw. Bedürfnisbefriedigung. Beim Handel spricht man vom Kern- und Ergänzungssortiment. Die Hauptleistungen für die einzelnen SGF bilden als **Hauptumsatzträger** das Kerngeschäft des Unternehmens.

Nicht die oft wenig profilierbaren Hauptleistungen, sondern erst die Kombination mit Zusatzleistungen steigern die Attraktivität und die Wirkung auf den Kunden.

Die Zusatzleistungen sind ein zentraler Baustein für ein **marktgerechtes Leistungsprogramm**. Mögliche Kombinationen aus Sach- und Dienstleistungen zur Gestaltung von Leistungsprogrammen oder Sortimenten zur Marktbearbeitung zeigt die nachfolgende Tabelle.

Leistungsprogramm, marktgerechtes

Ausgehend von einer Markt- und Ertragsanalyse von Kundengruppen und Absatzmärkten wird festgelegt, welche Leistungsarten, Leistungsvarianten und Zusatzleistungen angeboten werden sollen (siehe dazu Kapitel 4.2.2.3 „Leistungsdifferenzierung"). Dies ist keine einmalige Entscheidung, sondern erfordert eine permanente Überprüfung und Anpassung an veränderte Marktbedingungen (z. B. Wandel im Kundengeschmack, Modetrends), technischen Fortschritt oder Veränderungen im Verbraucherverhalten.

So können heutige Hauptleistungen durch technische Neu- oder Weiterentwicklungen ersetzt werden müssen oder in die Bedeutung von Zusatzleistungen zurückfallen. Andererseits können aufgrund veränderter Anforderungen und Einstellungen der Kunden heutige Zusatzleistungen morgen zu Hauptumsatzträgern werden. All dies zwingt zu einem permanenten Aufbau, Ausbau, Umbau und auch zu einem Verzicht bei Leistungen in einem SGF.

Leistungskombinationen

Hauptleistungen (HL) Zusatzleistungen (ZL)	Sachleistungen	Dienstleistungen
Dienstleistungen	Produkt-Dienstleistungs-Kombinationen: – Angebot von Hebebühnen (HL) und Reparaturdienst (ZL) – Metzgerei (HL) und Partyservice (ZL)	Dienstleistungs-Dienstleistungs-Kombinationen: – Angebot von Reparaturdienst (HL) und Abholservice (ZL) – Friseurleistungen (HL) und Nagelpflege (ZL)
Sachleistungen	Produkt–Produkt-Kombinationen: – Angebot von Gartengeräten (HL) und Pflanzenschutzmitteln (ZL) – Fahrräder und zugehörige Bekleidung (ZL)	Dienstleistungs–Produkt-Kombinationen: – Angebot von Reparaturdienst (HL) und Ersatzteilhandel (ZL) – Friseurleistungen (HL) und Haarpflegemittel (ZL)

Leistungskombinationen zur Marktbearbeitung

Das wichtigste Entscheidungskriterium für die Gestaltung des Leistungsprogramms ist nicht die Frage, was das Unternehmen kann, sondern was der Kunde will. Das Unternehmen muss nicht für alle – aus seiner Sicht – erfüllbare Kundenansprüche auch Problemlösungen anbieten, aber es braucht ein für die Kunden attraktives Leistungsprogramm. Und das zu attraktiven Preisen.

Der Kunde ist Ausgangspunkt und Ziel allen unternehmerischen Handelns.

Nur über ein im Preis-Leistungs-Verhältnis akzeptierbares Leistungsangebot können die Ertragskraft, die Betriebsentwicklung und die Existenzsicherung positiv beeinflusst werden. Dabei ist zu beachten:

Je wichtiger und wertvoller bestimmte Eigenschaften oder Vorteile einer Sach- oder Dienstleistung oder Leistungskombination für den Kunden sind, desto eher ist er bereit, den geforderten Preis zu bezahlen.

Preiswert persönlicher Nutzen

Die **Wertschätzung des persönlichen Nutzens** einer Leistung ist – neben Präferenzen – kaufentscheidend, denn subjektiv muss die Leistung ihren **„Preis wert"** sein. Dies gilt für qualitäts- und preisbewusste Kunden; beide Käufertypen versuchen, ein optimales Preis-Leistungs-Verhältnis zu erhalten. Folgendes Beilspiel soll dies verdeutlichen.

Beispiel:

Ein Kunde will sein Bad komplett renovieren und bespricht seine Vorstellungen mit einem Sanitärfachmann, der ein Angebot abgeben soll. Dabei wird deutlich, dass Zu- und Abfluss von Kalt- und Warmwasser sowie ein fachmännisch korrekter Einbau der Badewanne für den Kunden keinen großen Stellenwert für die Kaufentscheidung haben. Die Ausführung dieser Hauptleistungen ist für ihn Standard. Er legt vielmehr Wert auf ergänzende Leistungen wie Design der Armaturen und der Badkeramik, Farbgebung und Qualität der verwendeten Fliesen und Anstriche. Als wertvoll sieht er auch die Skizzen, Muster und Empfehlungen sowie die Schilderungen der künftigen persönlichen Vorteile durch den Verkäufer. Diese prägen den Eindruck von der Leistungsfähigkeit des Unternehmens beim Kunden. Je weniger die eigentliche Hauptleistung differenzierbar ist, desto mehr können diese Zusatz- und Service-Dienstleistungen das Angebot für den Kunden attraktiv und **„preiswert“** machen.

Je mehr die Gesamtleistungen auf die Wünsche, Anforderungen und Erwartungen ausgerichtet werden können**, desto größer** ist die Attraktivität des Unternehmens, **desto besser** wird das Preis-Leistungs-Verhältnis eingeschätzt und **desto stärker** steigt die Zahlungsbereitschaft für den geforderten Preis.

Kaufmotive

Das Beispiel zeigt, dass besonders beim **Privatkundengeschäft** die psychologischen Antriebsmomente als Kaufmotive eine zentrale Rolle spielen. Die Wissenschaft hat herausgefunden, dass kein Mensch irgendetwas unternimmt, ohne einen persönlichen Nutzen daraus zu erzielen. Das gilt auch für das Kaufverhalten. Insgesamt gibt es folgende **7 Grundbedürfnisse als Kaufmotive** (Motivatoren), die einen Bedarf an Leistungen auslösen können:

- Anerkennung und Prestige
- Gesundheit
- Sicherheit
- Bequemlichkeit
- Bereicherung
- Neugier und Entdeckung
- Soziales Engagement

Dies soll an einigen Beispielen mit entsprechender Argumentation seitens des Unternehmens verdeutlicht werden.

Beispiele:

Grundbedürfnisse

- **Anerkennung**
  - Leistung: Hochwertige, exklusive Innengestaltung
  - Argument: „Ihre Freunde werden begeistert sein, wenn alles fertig ist!“
- **Gesundheit**
  - Leistung: Wellness-Frisör
  - Argument: „Gönnen Sie sich Wohlbefinden für Kopf und Haare!“
- **Sicherheit**
  - Leistung: Barrierefreies Wohnen
  - Argument: „Dieses Bad hilft Ihnen, im Alter Ihre Selbstständigkeit zu bewahren!“
- **Bequemlichkeit**
  - Leistung: Renovierungsservice (Maler) während des Kundenurlaubs
  - Argument: „Wir übernehmen alles, Sie brauchen sich um nichts zu kümmern!“

- **Bereicherung**
  - Leistung: Neue Heizungsanlage
  - Argument: „Durch die neue Heizung sparen Sie ein Drittel der Energiekosten und erhalten dazu noch eine staatliche Förderung!"
- **Neugier und Entdeckung**
  - Leistung: Innovation in der Unterhaltungselektronik
  - Argument: „Damit gehören Sie zu den ersten Kunden, die diese neue Technik zu Ihrem persönlichen Vorteil nutzen!"
- **Soziales Engagement**
  - Leistung: Sozial-Sponsoring
  - Argument: „5,– Euro aus dem Verkauf jeder Brille stiften wir an ein Kinderheim!"

Bedürfnisbündel

In der Regel ist jedoch nicht ein Grundbedürfnis alleine handlungsauslösend, es wirken mehrere zusammen. Beim Kauf versucht der Kunde meist ein ganzes **Bündel von Bedürfnissen** unterschiedlicher Wichtigkeit zu befriedigen. Das zentrale Bedürfnis definiert die Hauptleistung, die übrigen Kaufmotive sind durch Zusatz- und Nebenleistungen abzudecken.

Beispiel:
Bei Senioren häufig anzutreffen sind die Motive „Sicherheit", „Komfort" und „Gesundheit", bei jungen Familien sind es „Sicherheit" und „Bereicherung". Doch was dominiert bei den Kunden? Welches zentrale Bedürfnis ist Grundlage für die Festlegung des SGF? Lassen sich unterschiedliche Kundengruppen finden für die Ausrichtung des Hauptleistungsprogramms?

Gruppennorm

Nicht nur die Bedürfnisbündel (z. B. bei Wohnen, Freizeit, Gesundheit oder Schönheit u. a. m.) sind entscheidend. Als besondere Einflussgröße ist das aktuelle **soziale Umfeld mit Gruppennorm** (z. B. Tragen von bestimmten Modemarken, Fahren bestimmter Automarken als Signal, „man" gehört dazu und kann sich das leisten) zu nennen. Hinzu kommen psychologische Faktoren wie individuelle Images, Stimmungen oder Lebensgefühle. Sie sind zeitbezogener (aktueller) Ausdruck der genannten Bedürfnisbündel und ändern sich im Zeitverlauf, sind aber hoch kaufwirksam. Die individuelle Erwartungshaltung einzelner Kunden hinsichtlich der Wirkung einer Leistung könnte auch umschrieben werden mit: „Jedenfalls ist es besser, ein eckiges Etwas zu sein, als ein rundes Nichts." (Christian Friedrich Hebbel).

individuelle Problemlösungen

Das bedeutet, Kunden erwarten in immer stärkerem Maße **individuelle Problemlösungen,** was zu einer Ausrichtung des Leistungsprogramms in Richtung umfassende Problemlösung für ganze Bedürfnisbündel führen muss. Dies bedingt eine Überprüfung der bisherigen Geschäftsidee und des bisherigen Leistungsangebots. Meist führt dies zu einer gewissen Neuorientierung, Umschichtung oder Erweiterung des Leistungsangebots, beispielsweise in Richtung „Renovierung – Alles aus einer Hand" oder „Die ganze Welt des Wohnens".

Das ist auch bei folgenden **Beispielen** gegeben:
- Wellness-Oasen statt Bäder
- Wohnwelt statt Möbel

- Mediterranes Feeling statt Wandanstrich und Farbe
- Vitamintheke statt Salatbuffet
- Wohnraumkonzepte statt Wohnungseinrichtungen.

Im Wettbewerb von heute und morgen werden vor allem Marketing- und Leistungskonzepte mit **erweiterten Hauptleistungsangeboten** erfolgreich sein.

Kunden müssen nicht nur zufrieden, sie sollen vielmehr von den erhaltenen Leistungen begeistert sein: „Begeisterte Kunden sind die besten!"

Begeisterte Kunden lassen sich leichter binden und empfehlen die Leistung und das Unternehmen weiter (siehe auch Ausführungen in Kapitel 4.2.3.4 „Kundenzufriedenheit").

Strategie der Einsparungen

Umfang und Qualitätsniveau des erweiterten Leistungsangebots bestimmen aber auch die Kosten, die neben den Gewinnerwartungen wesentlich für das Preisniveau verantwortlich sind. Lassen sich die Preisforderungen des Unternehmens auf längere Sicht im Wettbewerb um Kunden nicht durchsetzen, muss das Leistungsangebot geändert werden. Dies kann durch eine **Strategie der Einsparungen** erfolgen. Hierzu gehören:

- Reduktion in der Leistungsqualität (Verschlechterung statt Verbesserung)
- Verringerung der Zahl der angebotenen Leistungen (schmales statt breites Leistungsangebot) und
- Abbau der Variantenzahl bei einzelnen Leistungen (flaches statt differenziertes Leistungsangebot).

Strategie der Verbesserungen

Optimierung des Leistungsprogramms

Erfolgversprechender und langfristig ertragswirksamer ist die **Strategie der Verbesserungen** durch Neu- und Weiterentwicklungen bei Marktleistungen. Im Rahmen der Kundenorientierung, Profilierung im Wettbewerb und der Verbesserung der Ertragslage sind Haupt-, Zusatz- und Nebenleistungen stetig zu überprüfen, anzupassen, zu ersetzen oder zu ergänzen. Dies zeigt auch die folgende Abbildung, in der **Entscheidungen zur Optimierung des Leistungsprogramms** dargestellt sind.

Leistungsprogramm (Haupt-, Zusatz- und Nebenleistungen)					
Entwicklung von Leistungen (Innovation)		Veränderung von Leistungen (Variation)		Verzicht auf Leistungen (Elimination)	
Programmerweiterung	Diversifikation	Leistungsdifferenzierung	Leistungsanpassung	Verzicht auf einzelne Leistungen	Verzicht auf Leistungsbereiche

Entscheidungen zur Gestaltung des Leistungsprogramms

Die Vielfalt der Entscheidungen zum Leistungsprogramm und der Koordinationsaufwand zur Abstimmung mit den anderen Marketinginstrumenten lässt die Komplexität der marktbezogenen Unternehmensführung (Marketing) erkennen.

4.2.2.1 Leistungsentwicklung

Leistungsentwicklung

Die Entwicklung neuer Leistungen und deren erfolgreiche Einführung in den Markt stellen einen wichtigen Baustein im Marketing dar. Technischer Fortschritt, veränderte Kundenbedürfnisse, Aktivitäten der Wettbewerber u. v. m. machen eine kontinuierliche Leistungsneuentwicklung notwendig und sichern so das dauerhafte Überleben und Wachstum des Unternehmens im Wettbewerb.

Firmenneuheit

Marktneuheit

Unter neuen Leistungen des Unternehmens sind bisher noch nicht selbst erstellte bzw. angebotene Haupt-, Zusatz- und Nebenleistungen zu verstehen. Neue Leistungen sind grundsätzlich keine Veränderungen vorhandener Leistungen (z. B. durch Änderung des eingesetzten Materials), sondern stets Neuheiten im Angebot des Unternehmens. Dabei kann es sich um **Firmenneuheiten** (Imitationen) oder **Marktneuheiten** (Innovationen) handeln. Besonders die letztgenannten Neuheiten bieten gute Chancen zur Verbesserung der Wettbewerbsposition und angestrebten Gewinne. Gleichzeitig muss jedoch berücksichtigt werden, dass das Unternehmen speziell bei Marktneuheiten infolge mangelnder eigener Erfahrung bezüglich Fertigung, Nachfrageentwicklung und Kostenverläufen ein entsprechend großes Risiko eingeht. Leistungsinnovationen beinhalten also noch nicht automatisch eine Überlebens- und Erfolgsgarantie für das Unternehmen. Daher gilt es nicht nur Ideen für neue Leistungen zu finden oder zu entwickeln, sondern diese auch intensiv im Hinblick auf die Erfolgswirksamkeit zu überprüfen und Maßnahmen zur Minimierung des unternehmerischen Risikos beim Angebot dieser neuen Leistungen zu ergreifen.

Bei der **Innovation** von Leistungen bietet sich ein systematisches Vorgehen an, um Fehlentwicklungen zu vermeiden. Der komplette Entscheidungsprozess zur Entwicklung einer neuen Leistung zeigt die nachfolgende Abbildung. Die Aufgaben in den einzelnen Stufen werden im Anschluss erörtert.

Entscheidung für eine neue Marktleistung

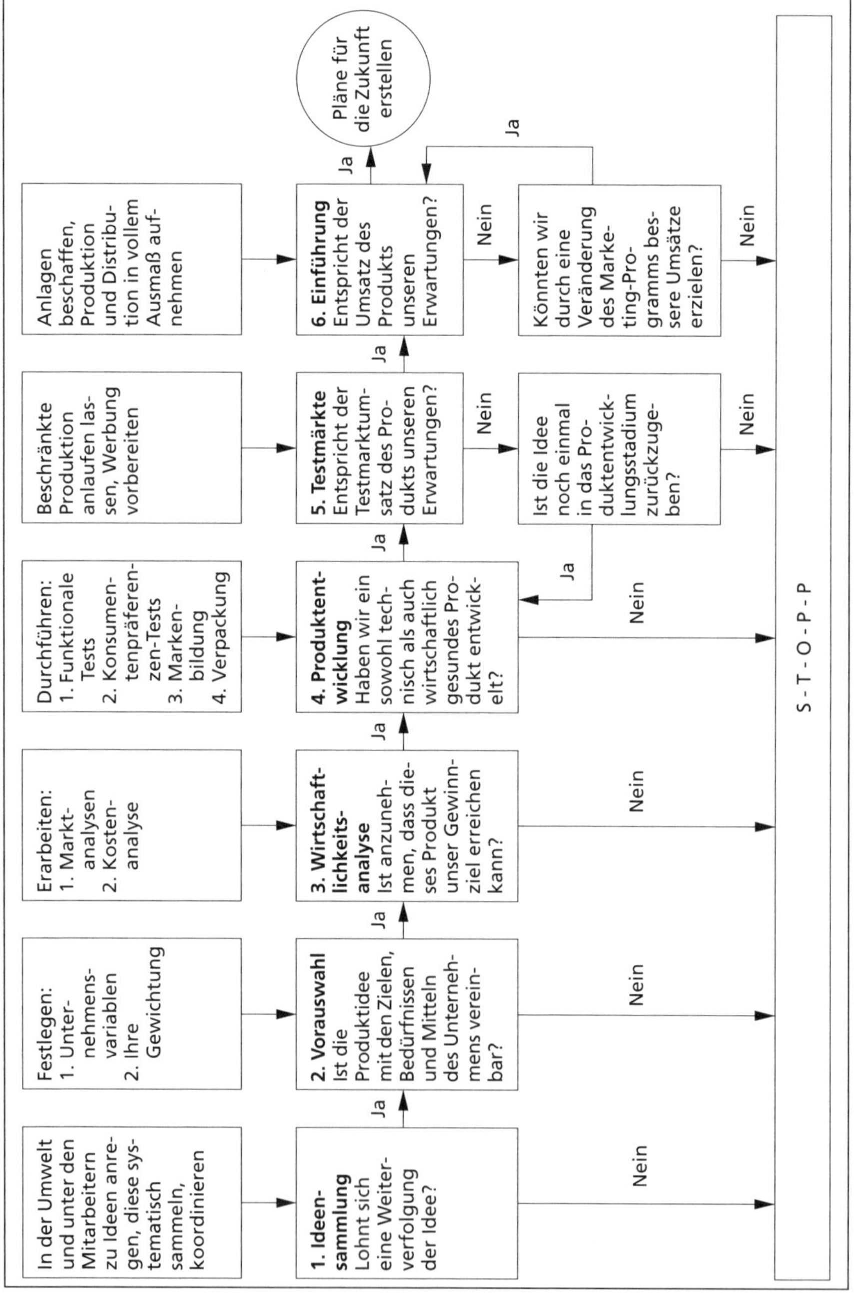

Entscheidungsprozess für eine neue Marktleistung (Kotler)

Die Aufgaben in den einzelnen Prozessphasen werden kurz erörtert.

Gewinnung von Produktideen

Phase 1: Gewinnung von Produktideen

Ideen für neue Leistungen ergeben sich im Unternehmen selbst (innerbetriebliches Vorschlagswesen, Wertanalyseteams u. a.) wie auch aus externen Quellen, z. B. durch:

- Kunden: Kritik, Wünsche, Verbesserungsvorschläge etc.
- Konkurrenten: zusätzliche oder geänderte Leistungen, Kataloge, Prospekte
- Hersteller von Komplementärprodukten: Anregungen für neue Anwendungsgebiete, Verbesserungsmethoden und neue Leistungskombinationen
- Lieferanten: neue Materialien oder wirtschaftlichere Verarbeitungsverfahren
- Marktneuheiten in anderen Branchen: frei programmierbare Steuerungssysteme mit Multitasking zur Automatisierung in Privathaushalten
- Forschungsinstitute: Veröffentlichungen oder Auftragsforschung durch Lieferanten, Verbände u. a. m.
- Kammern, Verbände, Ministerien: Mitteilungen, Hinweise, Förderung von bestimmten technologischen Entwicklungen oder Innovations-Beratungsstellen bei den zuständigen Kammern und Verbänden

Beispiel:

Die Firma JETTER AG, Ludwigsburg, führender Hersteller von frei programmierbaren Steuerungssystemen mit Multitasking für die Automatisierungstechnik, versucht im Bereich der Entwicklung neuer Produkte, den Kunden bei wichtigen Entscheidungen mit einzubinden. „Im Rahmen von Workshops bietet JETTER den Kunden Möglichkeiten, ihre Meinung und ihre Expertise einzubringen. In einem abgestuften Modell von Dienstleistungen haben die Kunden sogar die Möglichkeit, unsere Mitarbeiter für ihre Projekte unter eigener Leitung zu beschäftigen – auch Entwicklungsingenieure. So findet auf operativer Ebene eine sehr enge Verzahnung zwischen den Kunden und JETTER statt. Durch enge Zusammenarbeit wächst Vertrauen und damit auch die Bindungsbereitschaft der Kunden an unser Haus."

Die Informationsgewinnung für neue Leistungen des Unternehmens sollte systematisch erfolgen, denn nur so können Fehlentwicklungen bereits im Ansatz vermieden werden. Vorteilhaft ist eine aktive Ideensuche, bei der das Unternehmen selbst die Initiative ergreift und nicht etwa wartet, bis der Markt diese Idee bereits umgesetzt hat.

Ideensuche,
– marktorientiert
– leistungsorientiert

Bei der **marktorientierten Ideensuche** sollen reale oder potenzielle bislang vom Unternehmen noch nicht befriedigte Bedürfnisse ausgewählter Zielgruppen entdeckt und ein entsprechendes Leistungsangebot entwickelt werden (z. B. Konditoreiwaren für Diabetiker oder Wandfarben für Allergiker).

Bei der **leistungsorientierten Ideensuche** geht das Unternehmen von seinem bisherigen Leistungsprogramm und seinen personellen bzw. technischen Möglichkeiten aus und sucht nach sinnvollen Leistungsneuheiten zur Abrundung seines Leistungsangebots (z. B. Herstellung und Verkauf von Fertiggerichten in Dosen).

Ideensuche, distributionsorientiert

Bei der **distributionsorientierten Ideensuche** will das Unternehmen neue Leistungen durch Zukauf übernehmen oder selbst erstellen, die über den vorhandenen Vertriebsweg (z. B. Ladengeschäft) abgesetzt werden können. Beispielhaft hierfür ist der Raumausstatter, der Möbel in sein Angebot aufnimmt.

Meist treten diese Suchrichtungen nicht in diesen „reinen" Formen auf. Häufig werden mehrere Gesichtspunkte gleichzeitig verfolgt, die mit unterschiedlichem Gewicht berücksichtigt werden.

Brainstorming

Zur Gewinnung von Ideen können zahlreiche Methoden und Techniken eingesetzt werden. Zu den bekanntesten Verfahren zählen **Befragung** (z. B. Kunden, Lieferanten) und **Beobachtung** von Mitbewerbern. Bekannt ist auch das **Brainstorming**: In solch einer Sitzung nehmen wenige Personen teil, die etwa 15 bis 45 Minuten lang unbeschränkt Ideen sammeln und aufschreiben; Kritik an den Vorschlägen ist verboten. Auch **Funktions- und Wertanalysen** von eigenen oder Konkurrenzleistungen liefern Ideen und Anregungen.

Auswahl von Produktideen

Phase 2: Vorauswahl von Produktideen

Hier gilt es, unter den vorliegenden Ideen eine Vorauswahl im Hinblick auf die Tauglichkeit der Ideen für eine neue Marktleistung durchzuführen. Jetzt dürfen und müssen die vorher gesammelten Ideen **bewertet** werden. Dies kann nach folgendem Schema vorgenommen werden:

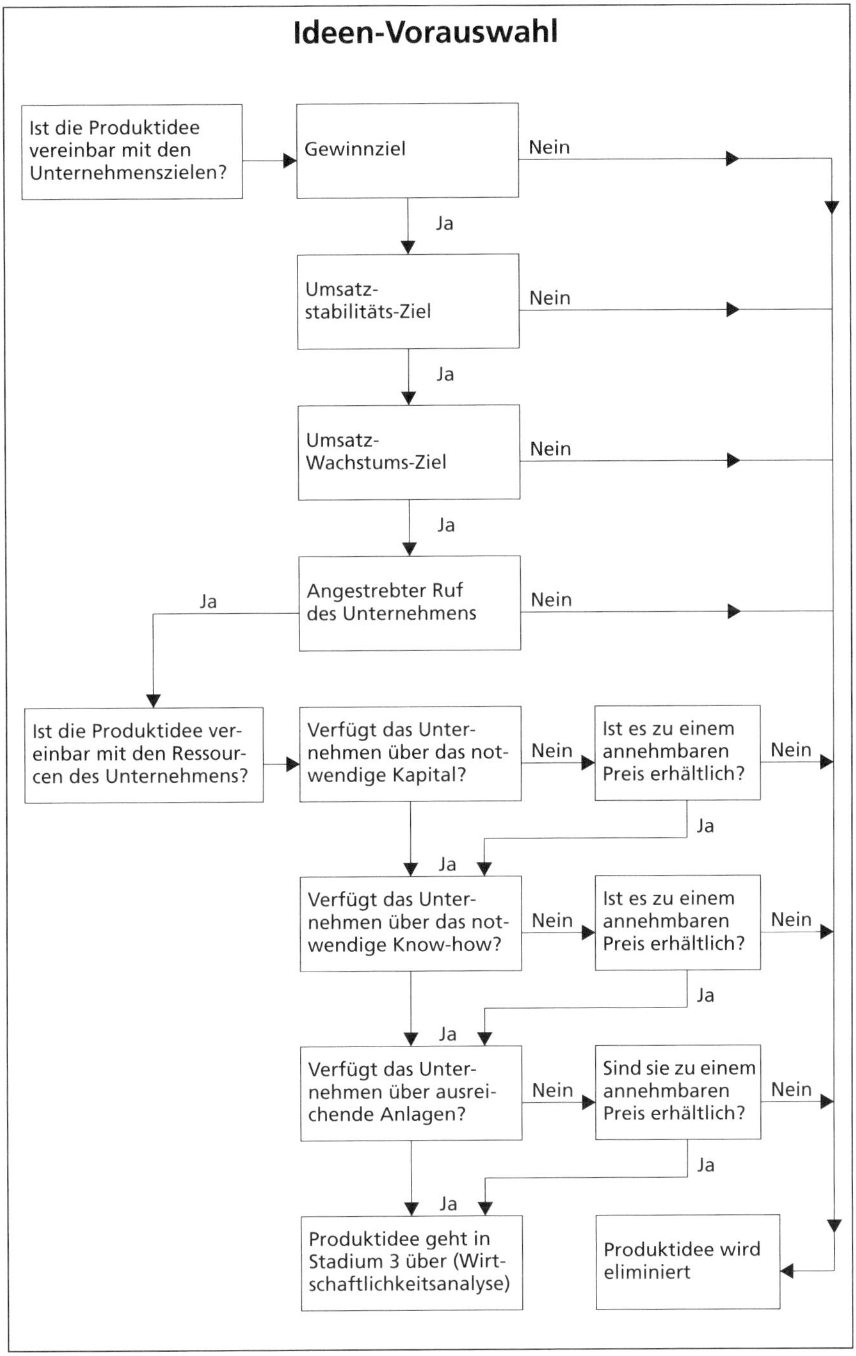

Phasenablauf einer Ideen-Vorauswahl

Diese qualitative Beurteilung ist eine Art Grobauswahl, da hier die Ideen an ganz bestimmten Kriterien, sog. „Muss-Zielen", gemessen werden. Entspricht eine Idee bereits einer dieser Anforderungen nicht, muss sie aufgegeben werden. Wird eine Idee positiv beurteilt, kann eine Feinauswahl im Hinblick auf Chancen und Risiken der neuen Leistung für das Unternehmen erfolgen.

Wirtschaftlichkeitsanalyse

Phase 3: Wirtschaftlichkeitsanalyse

Bei positiver Beurteilung der Idee für eine neue Marktleistung hat sich dann eine **wertmäßige** Beurteilung in Form von Wirtschaftlichkeitsrechnungen anzuschließen. Es sind die Personal- und Sachinvestitionen, die laufenden Kosten und die erwarteten Umsätze zu schätzen, um Anhaltspunkte für die voraussichtliche Rentabilität der neuen Leistung zu erhalten.

Bei Nichterreichen von Mindestvorstellungen des Unternehmens ist zu prüfen, ob durch Änderungsmaßnahmen wie z. B.

- Anpassen der neuen Leistung an die fertigungstechnischen Möglichkeiten,
- Einsatz anderer, kostengünstigerer Fertigungsverfahren oder Arbeitsabläufe,
- Entwickeln anderer Ausführungen für die neue Leistung,
- Suchen neuer bzw. anderer Verwendungsmöglichkeiten oder Kundengruppen

ein besserer Erfolgsbeitrag der neuen Leistung erreicht werden kann.

Aufnahme oder Verzicht

Die eigentliche Entscheidung über **Aufnahme oder Verzicht** der geplanten neuen Produkte oder Dienstleistungen ist dabei weniger an kurzfristigen Wirtschaftlichkeitsrechnungen auszurichten. Es sind vielmehr strategische, langfristige Gesichtspunkte dominierend, denn:

Die Kosten der neuen Marktleistungen von heute sichern dem Unternehmen die Gewinne von morgen.

Phasen 4 bis 6: Produktentwicklung, Testphase, Markteinführung

Auf Grund der getroffenen Auswahl und unter Berücksichtigung der Belange anderer Marketinginstrumente geht die ausgewählte neue Leistung (z. B. Multi-Brot geschnitten und verpackt) zur Probe in einen Produktions- und Markttest. Der Prototyp wird in einem Testmarkt (z. B. einer repräsentativen Filiale der Bäckerei) hinsichtlich seiner Nachfrage überprüft. Die gewonnenen Erkenntnisse können Anpassungen erforderlich machen, zur Einführung zu einem späteren Zeitpunkt oder gar zum Verzicht der Markteinführung führen.

Diversifikation

Einen Sonderfall der Entwicklung neuer Leistungen stellt die **Diversifikation** dar. Hierbei werden „neue" Leistungen ins Programm aufgenommen, die keine oder nur eine geringe Beziehung zum bisherigen Leistungsprogramm des Unternehmens haben. Dies ist z. B. der Fall, wenn ein Fahrradhändler sein Angebot um einen „Gleitschirmverleih" oder eine „Postannahmestelle" erweitert. Dies sind neue Leistungen für bereits bestehende Kundengruppen. Jedoch sollen dadurch auch neue, zusätzliche Kunden/Kundengruppen angesprochen und gewonnen werden. Diversifikation als „neue Leistungen für neue Kunden" ist sehr risikobehaftet, da oft keine Produkt-, Fertigungs- und Markterfahrungen vorliegen. Als Beispiel sei hier ein Malerbetrieb, der die Dienstleistung „Kälteisolierung" in sein Leistungsprogramm aufnimmt, genannt.

4.2.2.2 Leistungsänderung

Leistungs-änderung

Bei diesen Maßnahmen geht es darum,
- vorhandene Sach- oder Dienstleistungen an technische, wirtschaftliche oder soziale Veränderungen im Markt anpassen **(Leistungsanpassung)**
- Haupt-, Zusatz- und Nebenleistungen weiter zu entwickeln, um Wettbewerbsvorteile zu erzielen **(Leistungsverbesserung)** und
- Leistungsvarianten im Hinblick auf neue Kunden oder Anwendungsmöglichkeiten **(Leistungsdifferenzierung)** zu entwickeln.

Leistungs-anpassung

Die **Anpassung** vorhandener Leistungen ergibt sich aus der Notwendigkeit, dass diese den vom Kunden erwarteten Leistungsstandards entsprechen müssen. Dies bedingt eine fortlaufende Ausrichtung des Leistungsangebots an die Mindestnormen im Markt, ohne dass das Unternehmen damit Wettbewerbsvorteile erreicht.

Leistungs-verbesserung

Mit einer **Verbesserung** der Leistungen durch Nutzung des technischen Fortschritts will das Unternehmen kaufwirksame Wettbewerbsvorteile erreichen. Bisherige Haupt- und Zusatzleistungen werden durch das Prädikat „neu" für den Kunden (wieder) attraktiv und erhalten neue Kaufimpulse. Dies ist eine Daueraufgabe, da ansonsten technologisch veraltete Leistungen angeboten werden, was auf die Dauer existenzbedrohend werden kann.

Leistungsdiffe-renzierung

Bei der **Leistungsdifferenzierung** geht es um die Gestaltung der Haupt- und Zusatzleistungen nach den speziellen Erfordernissen ausgewählter Kunden oder Kundengruppen. Da dieses Vorgehen in Kombination mit der Leistungsverbesserung die stärksten Ertragseffekte hat, wird im Folgenden näher darauf eingegangen. In der nachfolgenden Tabelle sind die Aufgabenfelder der Entwicklung und Änderung von Leistungen nochmals kurz dargestellt.

Kunden / Problemlösungen	alt	neu
alt	Leistungsanpassung	Leistungsdifferenzierung
neu	Leistungsentwicklung	Leistungsinnovation/ Imitation

Entwicklung und Änderung von Leistungen

4.2.2.3 Leistungsdifferenzierung

Leistungs-varianten

Um dauerhaft im Markt erfolgreich zu sein, genügt es nicht, Leistungen nur anzupassen. Es muss eine gezielte **Leistungsdifferenzierung** hinzukommen, da sie das eigentliche Instrument zur Markt- und Ertragsbeeinflussung darstellt. Gemeint ist dabei die Entwicklung von **Leistungsvarianten** im Hinblick auf neue Kunden oder Anwendungsmöglichkeiten.

Nebenleistungen

Eine Differenzierung bei den Haupt- und Zusatzleistungen in Form von zielgruppenspezifischen Leistungsvarianten lässt sich durch **Änderungen im Nutzen** der angebotenen Leistungen oder Leistungspaketen (umfassende Problemlösungen) erreichen. Dies kann z. B. durch Abwandlungen bei Materialeinsatz, Verpackung, Farbe, Form, Größe, Leistungsfähigkeit, Qualität oder Design erfolgen. Durch unterschiedliche Nebenleistungen (z. B. Beratung, Garantiegewährung oder Kundendienst u. a.) kann die Gesamtleistung weiter differenziert und auf die Erwartungen der einzelnen Kundengruppen besser angepasst werden.

Differenzierungsfähigkeit der Marktleistungen

Eine große Differenzierungsfähigkeit der Marktleistungen sichert eine optimale Nutzung von Marktchancen und den Ausgleich von Marktrisiken. Jedoch ergeben sich durch die Leistungsvielfalt unter Umständen Nachteile auf der Kostenseite. Durch ein großes Wurstsortiment beim Metzger lassen sich Marktchancen nutzen, indem Spezialangebote für bestimmte Zielgruppen (z. B. magere Wurst für kalorienbewusste Menschen) gemacht werden. Marktrisiken lassen sich durch eine ständige Anpassung und Verbesserung des Leistungsprogramms minimieren.

Orientiert sich das Unternehmen bei seinen Entscheidungen zur Leistungsdifferenzierung an kundenbezogenen Marktsegmenten (z. B. Endverbraucher, Gewerbebetriebe und öffentliche Hand), dann kann sich dies positiv auf die Ertragsentwicklung des Unternehmens auswirken, wenn die Kundengruppen untereinander keinen starken Informationsaustausch haben. Hier besteht die Möglichkeit, für gleiche Preise unterschiedliche Leistungen anzubieten oder für kundenspezifische Leistungsvarianten unterschiedliche Preise zu erzielen. Grundsätzlich gilt:

Leistungsdifferenzierung ermöglicht Preisdifferenzierung.

Beispiel:

Bei Klima- und Kältetechnik sind folgende Leistungsvarianten denkbar:
- Kälte- und Klimatechnik in Wohngebäuden
- Kälte- und Klimatechnik in Fabrikgebäuden
- Kälte- und Klimatechnik in Krankenhäusern
- Kälte- und Klimatechnik in Hotels und Restaurants
- Kälte- und Klimatechnik in Lagerräumen
- Kälte- und Klimatechnik in Schulen

wettbewerbswirksame Differenzierung

Die für diese Kundengruppen erforderlichen Leistungsvarianten haben zwar vieles gemeinsam, doch unterscheiden sie sich in Umfang und Ausgestaltung der Haupt-, Zusatz- und Nebenleistungen voneinander. Diese Leistungsdifferenzierung erschwert die Vergleichbarkeit und erlaubt Preise mit unterschiedlichen Ertragsanteilen.

differenziertes Marketing

Will ein Unternehmen in seiner Leistungsfähigkeit und in der Marktbearbeitung durch wettbewerbswirksame Differenzierung bei den Kunden bevorzugt werden, dann muss es die Unterschiede in den Leistungsvarianten profilierend verdeutlichen. Eine Profilierung – im obigen Beispiel als „Spezialist für Kältetechnik" – mit kundengruppenspezifischen Leistungsvarianten (z. B. für die Markt- und Preissegmente „Hotels und Restaurants" und „Wohngebäude") erfordert auch einen differenzierten Einsatz der übrigen Marketinginstrumente **(differenziertes Marketing),** wenn die Ertragsmöglichkeiten optimal ausgeschöpft werden sollen.

4.2.2.4 Leistungsverzicht

Leistungsverzicht

Leistungsverzicht ist ein unternehmerisches Problem, das bei Leistungen entsteht, die selten nachgefragt werden, relativ geringe Wachstumschancen haben (z. B. infolge Marktsättigung oder Nachfrageänderungen), hohe Bereitstellungskosten an Kapital oder Fachpersonal erfordern und daher (oder aufgrund) starker Wettbewerbssituation geringe oder keine Deckungs- bzw. Gewinnbeiträge erzielen.

ertragsschwache Leistungen

Solche ertragsschwachen Produkte gilt es mit Hilfe der Absatzerfolgsrechnung (vgl. Kapitel 12) zu erkennen und auf die Notwendigkeit des Erfolgsbeitrags zum Angebot zu untersuchen. Anhaltspunkte für die Entscheidung **„Aufgeben oder Beibehalten"** kann das Unternehmen durch den Einsatz von Checklisten erhalten:

Checkliste: Verzicht auf eine Marktleistung

Wie ist der Marketingaufwand heute?	normal	hoch	übertrieben
Wie viel Verkaufszeit ist erforderlich?	normal	viel	zu viel
Wie viel Innendienstzeit wird gebraucht?	normal	viel	zu viel
Sind Kunden auf das Produkt angewiesen?	ja	bedingt	nein
Wie ist der Branchentrend?	steigend	eben	fallend
Beeinflusst das Produkt unser Image?	positiv	nicht	negativ
Ist das Produkt zu verbessern?	leicht	vielleicht	nicht
Wäre eine Preissenkung erfolgreich?	sicher	fraglich	nicht
Kann der Ertrag normalisiert werden?	ja	vielleicht	nein
Werden durch Streichung Mittel frei?	nein	vielleicht	ja
Sind sie anderweitig besser anzulegen?	nein	vielleicht	ja
Kann ein neues Produkt den Platz übernehmen?	nein	vielleicht	ja

Checkliste zur Entscheidung über Aufgabe einer Marktleistung (Auszug)

Sind qualitativ oder ertragsmäßig schwache Haupt-, Zusatz- und Nebenleistungen festgestellt, so ist zunächst zu prüfen, ob man die Markt- und Gewinnchancen verbessern könnte.

(1) Beibehalten ertragsschwacher Leistungen

Verbesserung ertragsschwacher Leistungen

Folgende Maßnahmen könnte das Unternehmen ergreifen, um **ertragsschwache Leistungen zu verbessern:**

- Äußere oder leistungsmäßige Verbesserungen der Leistungen mit dem Ziel, die Nachfrage anzuregen oder höhere Preise zu erreichen.
- Kosteneinsparung durch äußere oder leistungsmäßige Vereinfachung (möglichst ohne Beeinflussung der Zusatznutzenstruktur für den Kunden).
- Normung oder Typisierung einer Leistungsart zur Senkung von Herstell-, Lager- und Verkaufskosten.
- Anpassung von Qualität, Form oder Umfang der Leistung an andere Abnehmergruppen und andere Verwendungszwecke (Variationen bei Grund- und Zusatznutzen).
- Verstärkung oder Änderung der Werbung, der Verkaufsmethode oder der Verkaufsargumentation.
- Anpassung der Preisgestaltung und Konditionen an die geänderte Nachfragesituation (z. B. Einführung von Werbe- oder Kampfpreisen).
- Beschränkung auf die Erstellung eines Teilsortiments und Ergänzung des eigenen Leistungsangebots durch Kollegenlieferungen (Kooperationsüberlegungen).

Programmbereinigung

Programmverkleinerung

Gelingt die angestrebte Verbesserung des Gewinnbeitrags nicht, muss vor der Entscheidung zur Aufgabe einer Leistung geprüft werden, ob Gründe für den Verbleib im Angebot des Unternehmens sprechen. Hierzu gehören Leistungen, die als „Lockartikel" die Funktion eines „Marktöffners" haben. Auch verschiedene Nebenleistungen können, da allgemeiner Standard, nicht problemlos unterbleiben. Sie werden vom Kunden als „Muss" erwartet und würden bei der Elimination große Nachteile für das Unternehmen bringen. Daher müssen Programmbereinigung und Programmverkleinerung wegen ihrer Wirkung auf das künftige Kaufverhalten der Kunden sehr kritisch bewertet werden.

(2) Verzicht auf ertragsschwache Leistungen

sofortiger Leistungsverzicht oder Auslaufenlassen

Entschließt sich das Unternehmen, bestimmte Haupt-, Zusatz oder Nebenleistungen nicht mehr anzubieten, so ist zu entscheiden, wie die **Sortimentsbereinigung** zu erfolgen hat. Dies kann durch **sofortige Aufgabe** (Aufträge für die jeweilige Leistung werden ab sofort nicht mehr angenommen) oder durch mehr oder weniger rasches **Auslaufenlassen** (systematischer Abbau der Aufträge über einen bestimmten Zeitraum bis zur endgültigen Ablehnung solcher Aufträge) geschehen.

Für welche Art der Bereinigung des Leistungsprogramms sich das Unternehmen entscheidet, ist abhängig von

- der Art der Leistung (Sach- oder Dienstleistung),
- den wirtschaftlichen und technischen Gegebenheiten (finanzielle, personelle und sachliche Anforderungen in Bezug auf Ersatzleistungen),
- der Frage, ob und in welcher Höhe Restbestände bei Rohstoffen und halbfertigen Erzeugnissen vorliegen und wie diese anderweitig verwendet werden können,

- inwieweit die Kunden noch Ersatzteile, Wartungs- oder Reparaturleistungen erwarten bzw. das Unternehmen solche durch Vertrag erbringen muss und nicht auf andere verlagern kann.

Die beiden letztgenannten Entscheidungskriterien können z. B. durch Verkauf der Restbestände oder Zusammenarbeit mit einem anderen Unternehmen dann vorteilhaft gelöst werden, wenn Bereitschaft besteht, sich in Bezug auf diese Leistungsart von seinen „alten" Kunden zu trennen. Dabei ist zu prüfen, inwieweit die „alten" Kunden in Bezug auf andere Leistungen dem Unternehmen treu bleiben oder auch mit dieser Nachfrage zum anderen („neuen") Vertragspartner überwechseln. Gerade bei der Aufgabe von Serviceleistungen darf der Kunde nicht überrascht, sondern muss durch frühzeitige Information darauf vorbereitet werden. Wird dies mit Kundenbindungsaktivitäten verknüpft, lässt sich meist eine Abwanderung vermeiden, zumindest aber psychologisch erschweren.

4.2.3 Nebenleistungen

Neben-leistungen

4.2.3.1 Profilierende Servicepolitik

Service-leistungen

Im Rahmen der Zusammenstellung des optimalen Leistungsangebots muss das Unternehmen auch **Serviceleistungen (= Kundendienstleistungen)** anbieten und einsetzen. Unter „Servicepolitik" versteht man alle Nebenleistungen, die dem Kunden angeboten werden, um den Absatz der Hauptleistungen zu verbessern und zu erhöhen.

Kundendienst

Durch den **Kundendienst als „Nebenleistung"** soll eine

- Profilierung gegenüber Mitbewerbern
- höhere Kundenzufriedenheit hinsichtlich des subjektiv empfundenen Preis-Leistungs-Verhältnisses und
- bessere Kundenbindung

erreicht werden.

In manchen Branchen hat dies infolge einer extremen Zunahme der Variantenzahl bei den Haupt- und Zusatzleistungen (Folge der verstärkten Differenzierungsbemühungen gegenüber Mitbewerbern) zu einem unübersichtlichen, wenig strukturierten Angebot an Service-Dienstleistungen der Unternehmen geführt. Dies zeigt auch folgende Darstellung angebotener Dienstleistungen „von A bis Z".

Serviceleistungen „A bis Z"

Absatzgarantien Absatzhilfen (mehrstufiges Marketing) Alt-Maschinen-Instandstellung Anpassung an bestehende Anlagen (Upgrading) Antriebsdimensionierung Arbeitsvorbereitung Auftragsforschung **B**edienerschulung Beratungen Beschaffungshilfen-Betriebsmittel Beratung **D**okumentation **E**ngineering Ersatzteildienst 24 h Ersatzteilverträge Ersatzteillisten auf Disketten Einsatz- bzw. fertigungssynchrone Anlieferung (JIT) **F**achbeiträge in Zeitschriften Feasibility-Studien Finanzierungshilfen/Financial Engineering **G**arantieleistungen Gebrauchtmaschinenvermittlung (z. B. West/Ost) Generalunternehmer **H**erstellung von Kundenprodukten, Beweis an Werkstücken **I**nspektion **J**oint Venture **K**alkulationsunterstützung Kompensationsgeschäfte Konsignations-Ersatzteile Kundendemos Kulanzleistungen Know-how-Verträge	**M**anagementverträge Miet- und Leihmaschinen Mikrofilm (Ersatzteile/Zeichnungen) Montageleistungen Monteureinsatz innerhalb 24 h **N**C-Programmerstellung Nullserie-Fertigung **O**ccasionseintausch **P**atent- und Lizenzverträge Personalvermittlung/Leihmaschinisten Produktions-Engpass-Überbrückung Produktionsoptimierung Projektierung **R**ecycling/Verschrottung Risikountersuchungen Rücknahme von Verpackung **S**eminare und Fachvorträge für Kunden Software-Anpassungen Spezialentwicklungen **T**echnologietests Telefonische Verknüpfung Maschine/Hersteller Telefon-Ratgeber/Hotline (Trouble shooting) Transport-Organisation Transportversicherung **Ü**bersetzung der Betriebsanleitungen Umstrukturierungshilfen für den Betrieb Umwelt – Verpackung Umweltverträglichkeitsprüfungen Universitätsunterstützung/Forschungsaufträge Unterhalt im Vertrag **W**erkzeugberatung Wertanalysen **Z**eitstudien

Serviceleistungen „von A bis Z" für Investitionsgüter (Belz)

differenzierte Servicepakete

„Dienstleistungs-Dschungel"

Für Kunden kann hier leicht der Eindruck eines „Dienstleistungs-Dschungels" entstehen. Aus diesen Einzelleistungen müssen **differenzierte Servicepakete** gebildet werden, wenn Service kauffördernd wirken soll. Marktstandard der Serviceleistungen, Art und Umfang von Serviceerwartungen und Servicepräferenzen sowie die Zahlungsbereitschaft der Kunden sind neben den eigenen Marketingzielen und Möglichkeiten dabei die wesentlichen Entscheidungskriterien.

Mangelnde Übersicht und Undurchsichtigkeit des Leistungsangebots bewirkt bei Kunden Verwirrung, Verunsicherung und Kaufzurückhaltung.

Der Kunde bevorzugt und erwartet klare Strukturen
- **bei den Ansprechpartnern** (in Marketing, Verkauf und Service)
- **beim Angebot der Hauptleistungen** (erweiterte Problemlösungen)
- **beim Serviceangebot** (einzeln oder als Servicepakete)

bei der Argumentation gegenüber dem Kunden.

Dies bewirkt Differenzierung und Abhebung gegenüber Mitbewerbern und schafft Profilierung und Präferenzen beim Kunden.

Bedeutung von Serviceleistungen

Da Servicemaßnahmen wesentlich zur Bildung von Dauerkunden beitragen, müssen sie langfristig angelegt und beurteilt werden. Eine kurzfristige Kostenbetrachtung führt hier – ähnlich wie bei Werbung und Verkaufsförderung – nahezu zwangsläufig zu Fehlentscheidungen. Welche Bedeutung solchen Serviceleistungen im Vergleich mit anderen kaufbeeinflussenden Faktoren von Kunden und Interessenten beim Kauf eines technischen Gebrauchsgutes zugemessen wird, zeigt die folgende Abbildung. Die Werte aus der Befragung beim Kauf einer technisch und qualitativ hochwertigen Leistung zeigen, dass die direkt kundenbezogenen Marketingaktivitäten (im Beispiel Verkäufer und Service mit insgesamt 76 %) dominieren:

Kaufentscheidende Faktoren

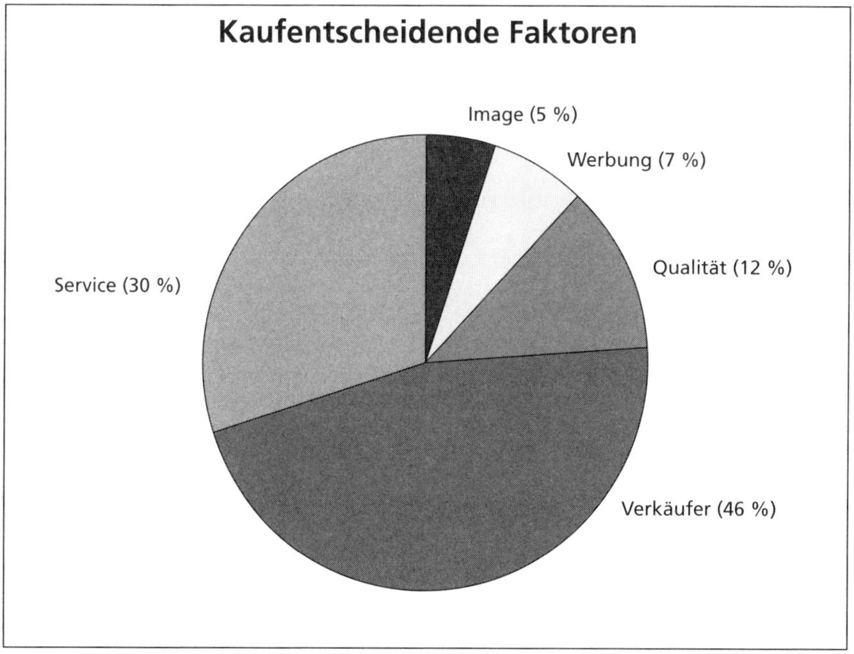

Beispiel für kaufentscheidende Faktoren

Serviceleistungen im Kaufprozess

Serviceleistung und Zeitpunkt des Kaufprozesses

	Zeitpunkt und Art der Leistungserstellung					
	Zeitpunkt				Art der Leistung	
Leistung einer Kundendienstorganisation	vor dem Kauf der Hauptleistung	beim Kauf der Hauptleistung	nach dem Kauf der Hauptleistung	unabhängig vom Kauf der Hauptleistung	technisch	kaufmännisch
Muss-Leistung						
– Gewährleistung[1]			×		×	× (bei Dienstleistungen)
Soll-Leistung						
– Sicherheitsprüfungen			×	×	×	
– Installation[2]			×		×	
– Bereitschaftsdienst/Notdienst			×	×	×	×
– Technische Beratung	×		×	×		×
Kann-Leistung						
– Kundendienstvertrag (Inspektion bis Full-Service)			×	×	×	
– Entsorgung			×	×	×	
– Zubehörverkauf			×	×		×[4]
– Verbrauchsmittelverkauf			×	×		×[4]
– Telefonunterstützung			×			×
– Kundenschulung			×	×[3]		×
– Ersatzteildienst			×	×[3]	×	
– Umtauschrecht			×			×
– Zustellung			×			×
– Testlieferung	×				×	
– Bestelldienst	×					×
– Verpackung		×				×
– Unterweisung im Gebrauch		×			×	

[1] Häufig auch als Garantie bezeichnet.
[2] Bei höherwertigen Anlagen meist eine „Muss-Leistung".
[3] Sehr stark abhängig von der Kompetenz.
[4] Häufig auch als technische Leistung eingestuft.

Formen von Serviceleistungen zum Zeitpunkt eines Kaufprozesses (Bruhn)

Die Ergebnisse gelten im Grundsatz für alle Unternehmen, die anspruchsvolle Sach- und Dienstleistungen anbieten. Hier erwartet der Kunde einfach die **Beratung und Betreuung** durch den Fachmann. Je mehr diese den Erwartungen des Kunden entsprechen, desto eher werden sich bei ihm Zufriedenheit mit dem **Gesamtangebot** oder Zufriedenheit mit der gelieferten **Einzelleistung** einstellen (näheres siehe Abschnitt 4.2.3.4 „Kundenzufriedenheit“).

Beratung und Betreuung

Damit wird deutlich: Unternehmen erbringen ihre Serviceleistungen **vor**, **während** oder **nach** dem Absatz ihrer Hauptleistungen (Hauptumsatzträger). Die Wirkungen der Serviceleistungen sind demnach bei der Verkaufsanbahnung, dem eigentlichen Verkauf und in der Nachkaufphase zu sehen.

Serviceleistungen erleichtern den Abschluss, den Einsatz der Leistungen und die Gewinnung von Kundenzufriedenheit und Kundenbindung.

Die Ausgestaltung (Umfang und Inhalt der Maßnahmen), die Intensität (Häufigkeit und Dauer der Maßnahmen) und der zeitliche Einsatz von Serviceleistungen richten sich u. a. nach der Zielgruppe, den Marketingzielen, der Wettbewerbssituation und nicht zuletzt nach der finanziellen, personellen und organisatorischen Leistungsfähigkeit des einzelnen Unternehmens. Dies soll auch folgendes Beispiel verdeutlichen.

Beispiel:

Die FESTO AG & Co KG, Esslingen, weltweit führender Hersteller in pneumatischen Produkten und Steuerungen, sieht **Service und direkten Kundenkontakt als die zentralen Elemente für Kundenbindung:** „Persönlicher Kontakt findet bei FESTO nicht nur während der kontinuierlichen Kundenbetreuung statt, sondern auch im Rahmen das Angebots an Training & Consulting. Darüber hinaus stellt ein länderspezifisches Messe- und Veranstaltungsprogramm – bestehend aus Messen, themenbezogenen Fachtagungen und Kundenworkshops – eine effektive Art der Kundenbinddung sicher. „Wir versuchen unsere Kunden an den entscheidenden Kontaktpunkten mit unserem Produkt- und Serviceangebot zu begeistern – über die Begeisterung an den sogenannten ‚Moments of Truth‘ – den Momenten der Wahrheit – erreichen wir die langfristige Kundenbindung.“

Kundenkontakt und Kundenbindung

4.2.3.2 Abschlussbezogener Service

Die abschlussbezogenen Serviceleistungen werden **vor** und **während** des Prozesses der Kaufentscheidung bei potenziellen Kunden eingesetzt. Aus der Sicht der Adressaten der abschlussbezogenen Serviceleistungen – das können mögliche Kunden oder Absatzhelfer (z. B. Architekten) sein – haben diese Nebenleistungen den Charakter von Entscheidungshilfen. Aus der Sicht des Unternehmens sind es Anbahnungs- und Verkaufsförderungshilfen für den Absatz der Hauptleistungen. Die Maßnahmen selbst lassen sich in technische und kaufmännische Serviceleistungen gliedern.

abschlussbezogene Serviceleistungen

Service-leistungen,

- kaufmännisch

Im **kaufmännischen** Bereich sind folgende Maßnahmen zur Erhöhung der Kaufbereitschaft besonders geeignet:

- Beratung
- Gestaltungs- und Einrichtungsvorschläge sowie fertigungstechnische Beratung
- Entgegenkommen und Zugeständnisse an den Kunden, z. B. bei Lieferbedingungen, Finanzierungsberatung, Kreditvermittlung, Kostenvoranschlägen, Zustelldienst, Wirtschaftlichkeitsberechnungen
- Bereitstellung von Parkplätzen, Anrechnung von Parkhausgebühren
- Lieferung nach Hause und Aufbau
- Mitgabe von Waren zur Auswahl zu Hause
- Bezahlung mit Bank- und Kreditkarten

- technische

Im **technischen** Bereich sind es insbesondere Maßnahmen, die sich auf technische Fragen und auf die Ausführung beziehen wie z. B.

- technische Informationen
- die Einsatz- und Verwendungsberatung
- Garantiezusagen, Lieferservice mit Lieferpünktlichkeit
- Liefergenauigkeit und Sauberkeit bei der Ausführung der Arbeit
- Probelieferungen und Ausführung von Sonder-, Eil- oder Kleinaufträgen

Service-Paket

Abschlussbezogene Serviceleistungen werden in aller Regel nicht isoliert angewandt. Sie müssen vielmehr in **Kombination** und als ein auf den Kunden individuell ausgerichtetes **„Service-Paket"** zum Einsatz kommen. Nur so kann das einzelne Unternehmen die vom Kunden erwartete, optimale Problemlösung anbieten und macht sich damit in seiner Leistung unvergleichbar zum Wettbewerber.

Einzigartigkeit der Leistung

Die Einzigartigkeit der Leistung ist die Summe der im Einzelfall zweckmäßigen Haupt- und Nebenleistungen. Dadurch kann der Kunde oft nur noch erschwert vergleichen.

In diesem Angebot müssen aber auch jene verwendungsbezogene Serviceleistungen erwähnt sein, die erst während oder nach der Leistungserbringung zum Einsatz gelangen, vom Kunden aber bewusst in die Leistungsbeurteilung vor Vertragsabschluss einbezogen werden.

4.2.3.3 Einsatzbezogener Service

einsatzbezogene Serviceleistungen

Diese Serviceleistungen umfassen ebenfalls technische und kaufmännische Maßnahmen, die einzeln oder als „Paket" eingesetzt werden, wobei aber die technischen Serviceleistungen wie z. B. Installation und Probelauf dominieren, meist ergänzt durch schriftliche oder persönliche Anwendungsberatung, Anleitung und Schulung. Dies ist speziell bei sehr anspruchsvollen, erklärungsbedürftigen Marktleistungen erforderlich.

Weitere wichtige Kundendienstleistungen betreffen Inspektion, Wartung, Reparatur, Austausch- und Ersatzteildienst, wobei Fragen der

- Geschwindigkeit (z. B. Eil-, Not- oder Normalabwicklung),
- Organisation (z. B. eigener oder fremder Reparaturdienst)
- Berechnung (z. B. pauschal oder nach Aufwand)
- Kaufentscheidung (z. B. Spontankauf oder Angebotsvergleiche)

den Gesamteindruck beim Kunden prägen und die spätere Zufriedenheit des Kunden wesentlich mit beeinflussen.

verwendungbezogene Serviceleistungen

Verwendungsbezogene Nebenleistungen werden teilweise berechnet und teilweise unentgeltlich erbracht (z. B. während der Garantiefrist oder bei Kulanzverhalten), während abschlussbezogene Serviceleistungen für den Kunden überwiegend kostenlos sind. Damit ergibt sich für das Unternehmen die Frage, welche Nebenleistungen es in welchem Umfang kostenlos oder gegen Berechnung erbringen soll. Aus Gründen der Kosten- und Leistungskontrolle sollte das Unternehmen verwendungsbezogenen Service (z. B. Notdienst, Ersatzteile u. a.) außerhalb Garantie und Kulanz grundsätzlich berechnen.

Eine aufgeschlüsselte Rechnungslegung für Haupt- und Nebenleistungen ist durch die Preis- und Kostentransparenz für den Kunden eine echte Serviceleistung. Gleichzeitig dient dies der Offenlegung der Leistungsfähigkeit bezüglich der wirtschaftlich-technischen Problemlösung im Vergleich mit seinen Konkurrenten.

Ausweichstrategie

Bei einem starken Preis- oder Werbewettbewerb, in dem sich die Bemühungen der Mitbewerber häufig gegenseitig aufheben und wirkungslos verpuffen, versuchen Unternehmen, eine Ausweichstrategie zu verfolgen. Dies ist durch besonders attraktive Kundendienstleistungen möglich. So können sie sich z. B. durch eine 3D-Einrichtungsplanung am Computer oder einen Reparatur-Eildienst, Reparaturanleitungen im Internet oder spezielle Dienstleistungspakete wirkungsvoll von Mitbewerbern abheben und Marktvorteile erlangen. Hierzu kann auch das Internet gewinnbringend beitragen. Die Zeit- und Informationsvorteile (wie z. B. Schnelligkeit/Aktualität und hohe Problemlösungskompetenz) für den Kunden wie auch für die eigenen Verkaufs- und Servicemitarbeiter kommen hier voll zur Wirkung.

profilierende Servicepolitik

Abschließend soll die **Notwendigkeit einer profilierenden Servicepolitik** nochmals mit folgenden Ausführungen eines Marketingpraktikers verstärkt hervorgehoben werden:

> **Kundendienst schafft Vertrauen und den Wert des Unternehmens. Durch gezielten Dienst am Kunden lassen sich zufriedene Dauerkunden gewinnen, die den guten Ruf des Unternehmens festigen und die Attraktivität des Unternehmens für potenzielle Kunden steigern: Zufriedene Kunden danken es Ihnen.**

4.2.3.4 Kundenzufriedenheit und Kundenbindung

Beides sind sehr wichtige operative Marketingziele, denn sie erleichtern die Gewinnung von Folge- und Zusatzaufträgen und bringen – zumindest im Privatkundengeschäft – durch Empfehlungen neue Kunden. Da die zum Erreichen dieser Ziele einsetzbaren Instrumente auch Marktleistungen des Unternehmens sind, werden sie hier besprochen.

(1) Kundenzufriedenheit

Kundenzufriedenheit

Kundenbegeisterung

Sie ist das Ergebnis eines Soll-Ist-Vergleichs von subjektiven Kundenerwartungen und tatsächlich erhaltenen und erlebten Leistungen des Unternehmens. **Kundenzufriedenheit** liegt dann vor, wenn beide Größen übereinstimmen. Werden die Erwartungen übertroffen, liegt hohe Zufriedenheit vor, die sich bis zu einer **Kundenbegeisterung** steigern kann. Letzteres sollte das Ziel aller Verkaufsbemühungen sein! Bei Nichterreichen der Erwartungen kommt es zur **Kundenunzufriedenheit.** Dies kann zu Beschwerden, Reklamationen oder sogar Schadenersatzforderungen führen. Die damit verbunden Negativwirkungen (kein Wiederkauf, Negativwerbung, Imageschaden) gilt es durch persönliches **Beschwerdemanagement** zu vermeiden. Dessen Ziel ist es, den Frust bei unzufriedenen Kunden abzubauen, diese zu besänftigen und zu beruhigen. Die Kunden sollen motiviert werden, trotz der „Panne" positiv über das Unternehmen und seine Leistungen zu denken und zu handeln (Wiederkauf, keine Negativwerbung usw.).

Beschwerdemanagement

Zufriedenheitsbeurteilung

Die Zufriedenheitsbeurteilung bezieht sich normalerweise auf die gesamte Geschäftsbeziehung mit dem Kunden. Dabei spielen die Marketingprozesse Auftragsgewinnung und Auftragsabwicklung sowie die Wirkung der daran beteiligten Personen (Verkäufer, Monteure und Service-Mitarbeiter) eine zentrale Rolle. Die Teilbereiche Leistungsermittlung, Leistungserbringung und Leistungseinsatz stehen im Zentrum der Kundenzufriedenheitsmessung.

Kundenzufriedenheit bringt Folgeaufträge und neue Kunden.

So haben Untersuchungen über alle Branchen und Betriebsgrößen folgendes ergeben:

Zufriedene Kunden ...

- ... **kaufen** häufiger und in größeren Mengen,
- ... **reagieren** auf Preiserhöhungen weniger sensibel,
- ... **können** leichter für Zusatzkäufe anderer Leistungen gewonnen werden,
- ... **zeigen** Begeisterungsfähigkeit für das Unternehmen,
- ... **wirken** als positive Imageträger,
- ... **lassen** sich für Empfehlungsmarketing motivieren,
- ... **erschweren** Mitbewerbern den Marktzutritt und das Wachstum,
- ... **verursachen** weniger Aufwand bei der Auftragsgewinnung,
- ... **reduzieren** die (hohen) Kosten der Neukundengewinnung und
- ... **signalisieren** langfristig ein hohes Markt- und Gewinnpotenzial für angepasste Unternehmensleistungen.

Ermittlung der Kundenzufriedenheit

Die **Ermittlung der Kundenzufriedenheit** kann durch **persönliche, telefonische oder schriftliche Befragung** per Post oder über Internet erfolgen. Offene und ehrliche, emotional geprägte Meinungen des Kunden erfährt man am besten direkt nach der Auftragsabwicklung, z. B. bei Abschluss, Übergabe oder Einsatz der Leistung im persönlichen Gespräch, hilfsweise auch am Telefon. Eine schriftliche Erfragung der Kundenzufriedenheit per Post oder Internet ist problematisch, da hier die Initiative zur Beantwortung allein beim Kunden liegt. Ihn durch Nachfassen dazu zu bewegen, kann sehr aufwändig (Zeit und Kosten!) und dennoch erfolglos sein. Bei diesem Vorgehen und auch bei zeitlich späteren persönliche Befragungen können Vergessen, geringes Interesse oder rational begründete Antworten zu verfälschten Angaben führen.

Kundenzufriedenheitsmessungen sollten, um brauchbare Informationen für spätere Maßnahmen zu erhalten,

- **systematisch** (nicht zufällig spontane Befragung, sondern als Pflichtbestandteil der Steuerung und Kontrolle)
- **regelmäßig** (nicht einmalig, denn es sollen Veränderungen ermittelt werden)
- **inhaltlich umfassend** (nicht einzelne Bereiche, sondern der Eindruck von allen wesentlichen Leistungsbereichen ist gefragt)
- **differenziert nach Marktsegmenten** (Auswertung nicht für alle insgesamt, sondern z. B. nach Kundengruppen, Regionen o. Ä.)
- **bei Geschäftskunden differenziert nach Funktionen** (nicht nur Einkäfer, sondern z. B. zusätzlich Entwickler, Qualitätsbeauftragter oder Produktionsleiter – soweit stark kaufbeeinflussend)
- **mit Angabe der Bedeutung** (sehr wichtig, wichtig, weniger wichtig) des befragten Sachverhalts (z. B. Sauberkeit bei der Leistungserbringung) für den Befragten,

vorgenommen werden.

Eine einfache Checkliste zur Ermittlung der Kundenzufriedenheit bei Privatkunden zeigt nachfolgende Abbildung:

Kundenzufriedenheit, Checkliste

7 Fragen zur Kundenzufriedenheit				
Dies interessiert uns: (bitte ankreuzen!)	☺ Sehr zufrieden	😐 zufrieden	😐 weniger zufrieden	☹ Gar nicht zufrieden
– Sie waren mit der Beratung vor der Auftragsvergabe …				
– Sie waren mit der Zeitdauer bis zum Angebotserhalt …				
– Sie waren mit der Qualität (Ergebnis) der erbrachten Leistung …				
– Sie waren mit der Sauberkeit und Pünktlichkeit bei der Leistungserbringung …				
– Sie waren mit der Betreuung (z.B. Information bei Terminproblemen) …				
– Sie sind mit unseren Leistungen insgesamt …				
– Was sollten wir verbessern? Vielen Dank für Ihre Unterstützung! ☺				

Ermittlung von Kundenzufriedenheit bei Privatkunden

Die Ergebnisse von **Kundenzufriedenheitsmessungen** können dann zu generellen oder gegliederten
- Kundenzufriedenheitskennziffern
- Kundenzufriedenheitsindex oder -indices
- Kundenzufriedenheitsprofil

zusammengefasst werden.

Kundenzufriedenheitsprofil

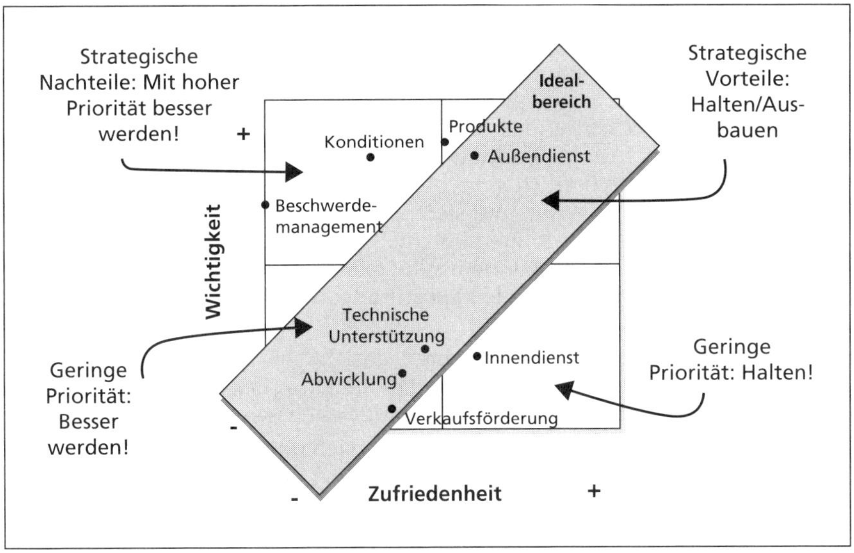

Kundenzufriedenheitsprofil eines Baustoffherstellers

Verbesserungsmaßnahmen

Entscheidend ist, dass geringe Kundenzufriedenheit mit Unternehmensleistungen entsprechende Verbesserungsmaßnahmen auslöst; große Kundenzufriedenheit dagegen Maßnahmen zur Sicherung dieser Stärke auf hohem Niveau erfordert. Dies verdeutlicht auch folgendes Beispiel.

Beispiel:

Kundenzufriedenheit und Handlungsbedarf

Im vorliegenden Fall ist in der oben stehenden Abbildung das Kundenzufriedenheitsprofil eines Baustoffherstellers dargestellt. Die akzeptablen Werte ergeben eine von unten links nach oben rechts verlaufende Bandbreite. Im Idealfall sollten die Ergebnisse für die wichtigen Teilleistungen dem Feld oben rechts zuzuordnen sein. Da dies nicht der Fall ist, sind Verbesserungen notwendig, die je nach Wichtigkeit für den Kunden schnell und sofort wirksam erfolgen müssen (hohe Priorität) oder im Lauf der Zeit geändert werden können (geringe Priorität). Im Beispiel ist die Unzufriedenheit mit dem Beschwerdemanagement auffällig. Hier herrscht sofortiger Handlungsbedarf, da dies für die Kunden sehr wichtig ist. Die Verhaltensempfehlungen für die anderen Leistungen des Unternehmens ergeben sich aus deren Wichtigkeit für die Kunden.

Zufriedene Kunden sind nicht nur aus den oben genannten Gründen wichtig. Sie sind vielmehr auch eine wesentliche Voraussetzung zur strategisch wichtigen

- **Senkung der Kundenabwanderung** (Einmalkunden) und
- **Steigerung der Kundenbindung** (Stammkunden).

Dies ist jedoch nur möglich, wenn die Erwartungen des Kunden beim Kauf **und** beim Einsatz der Leistung immer voll erfüllt oder sogar übertroffen werden.

(2) Kundenbindung

Kunden- bindung

Die Kosten der Neukundengewinnung können wesentlich gesenkt werden, wenn es gelingt, die bisherigen Kunden zu halten und zu Folge- oder Zusatzkäufen zu bewegen. Da die zur Kundenbindung erforderlichen Maßnahmen ebenfalls mit Kosten verbunden sind, sollte man sich nicht um alle Kunden und auch nicht um Kundenbindung „um jeden Preis" bemühen. Dies ist nur für jene Kunden wirtschaftlich sinnvoll, die langfristig ein interessantes Auftragsvolumen erkennen lassen und sich insofern der Aufbau einer vertrauensvollen Geschäftsbeziehung lohnen könnte. Dies dürfte speziell bei A- und B-Kunden der Fall sein. Diese Kunden sollte man zu Stammkunden entwickeln, da sie im Gegensatz zu Erstkunden bei auftretenden Fehlern und Verzögerungen toleranter sind.

Einmal- und Stammkunden

Treue Kunden sind bei Reklamationen nachsichtiger und verzeihen leichter. In dieser Geschäftbeziehung ist man auch offener in der gegenseitigen Information. Man vertraut sich, weil dies für beide Seiten wertvolle Vorteile bringt.

Instrumente zur Kunden- bindung

Als **Instrumente zur Kundenbindung** lassen sich unterscheiden:
- Maßnahmen zur Sicherung der Kundenzufriedenheit
- Maßnahmen für wertvolle Kundenvorteile (sog. „Mehrwert-Services")
- Maßnahmen zur Festigung von persönlich geprägten Geschäftsbeziehungen
- Maßnahmen zur Schaffung wirtschaftlicher und sozialer Vorteile für treue Kunden
- Maßnahmen zum Aufbau von Wechselbarrieren für Kunden.

Die folgende Abbildung zeigt beispielhaft Maßnahmen zur Kundenbindung:

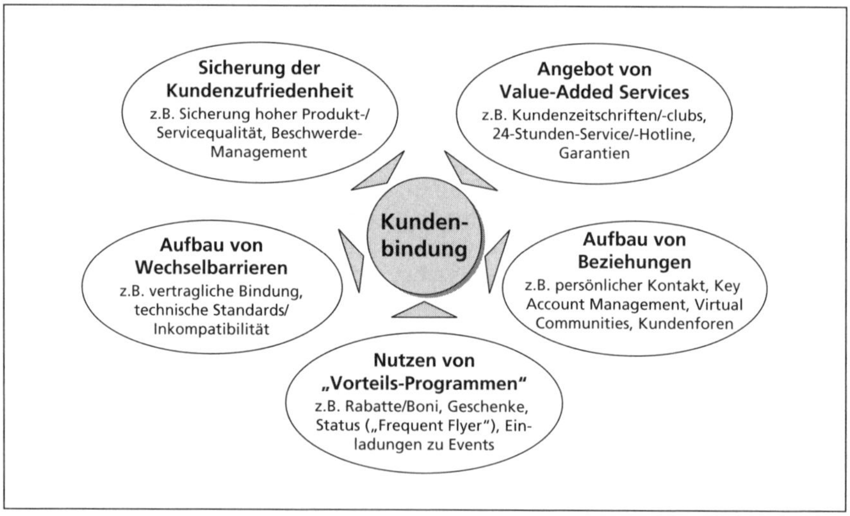

Maßnahmen zum Erreichen von Kundenbindung

Ziele der Kundenbindung

Diese Instrumente müssen geeignet sein, folgende drei Ziele zu erfüllen:
(1) Gewährleistung eines permanenten Kontakts zum Unternehmen
(2) Steigerung der Identifikation des Kunden mit dem Unternehmen und dessen Leistungen
(3) Steigerung der Kundenmotivation zu fortdauernden Wieder-, Ersatz- und Zusatzkäufen.

Aus der Vielzahl der möglichen Maßnahmen zur Kundenbindung werden folgende Instrumente als besonders wirksam eingesetzt:

Kundenzeitschriften

- **Kundenzeitschriften:**
  Sie dienen auch der Öffentlichkeitsarbeit und Imagebildung. Durch spezielle Informationen über neue Leistungen, neue oder verbesserte Einsatzmöglichkeiten und Trendinformationen über die Branche sind sie für den Kunden leistungsbezogen wertvoll. Dies gilt besonders, wenn die Fachbeiträge mit Anfragekarten, Kontaktadressen, Hotline-Nummern oder E-Mail-Adressen versehen sind, die dem Kunden eine direkte Interaktion mit dem Experten ermöglichen. Diesen Vorteilen stehen die hohen Kosten und das Risiko großer Streuverluste durch Nichtlesen gegenüber.

Kundenkarten

- **Kundenkarten:**
  Kundenkarten sind im Privatkundengeschäft sehr verbreitet und bieten den Kunden einen hohen „Mehrwert-Service". Dieses Instrument ist durch seine Anreizfunktion als **Zahlungsinstrument** (Bank- oder Kreditkarte), als **Rabatt- oder Bonuskarte** (Preisnachlass- oder Rabattsammelkarte) oder als **Berechtigungskarte** (Mitgliedskarte) für den Kunden bequem, wirtschaftlich und sozial vorteilhaft wie auch wertvoll.

Kundenklubs – Privatkunden

- **Kundenklubs:**
  Hierbei handelt es sich um eine ganz spezielle, aber sehr wirksame Kundenbindungsmaßnahme im **Privatkundengeschäft.** Es wird durch die Zugehörigkeit zu einem ausgewählten Kreis von Kunden als Klubmitglied eine sehr persönliche Bindung zum Unternehmen aufgebaut. Man kann auch sagen, der Kunde gibt sich als „Fan" des Unternehmens zu erkennen, für den die emotionalen und ökonomischen Vorteile aus dieser Geschäftsbeziehung sehr wertvoll sind.

– Geschäftskunden

Solche Kundenklubs werden auch zunehmend für ausgewählte **Geschäftskunden** eingerichtet, um eine Plattform für die Diskussion künftiger technischer Entwicklungen und Anwendungen zu schaffen. Diese Klubmitglieder sind in aller Regel auch die Erstkäufer von Innovationen, da sie eingebunden waren in die Entstehung und von der Leistungsfähigkeit des Geschäftspartners überzeugt sind. Klubmitglieder sind begeisterte Kunden, die sich durch hohe Identifikation mit dem Unternehmen und dessen Leistungen auszeichnen. Diese Exklusivität erhöht den sozialen Status der Klubmitglieder und ist auch daher sehr wertvoll für den Kunden.

4.3 Preise und Konditionen

4.3.1 Zielorientierte Preispolitik

4.3.1.1 Grundlagen

Preisbildung

Preise entstehen beim Ausgleich von Angebot und Nachfrage nach einer Leistung. Diese **Preisbildung** im Rahmen des Kaufprozesses bedeutet, dass die Preisforderung des Unternehmens und die Zahlungsbereitschaft des Kunden – meist durch Verhandlungen – zur Übereinstimmung gebracht wurden. Ein akzeptierter Preis bedeutet jedoch nicht, dass somit auch die Vorstellungen der beiden Parteien über den Wert der (Gesamt-)Leistung des Unternehmens übereinstimmen müssen. Entscheidend ist vielmehr, dass der Kunde glaubt, für den zu zahlenden Preis einen **Mehrwert** gegenüber einem Angebot des Mitbewerbers zu erhalten.

Mehrwert

Der Kunde entscheidet sich für das subjektiv günstigste Preis-Leistungs-Verhältnis.

Dabei kann einmal „die Leistung" als Summe aller Leistungen des Unternehmens und im anderen Fall „der Preis" der Beurteilungsmaßstab sein. Dies ist kunden- und situationsabhängig.

Ziele der Preispolitik

Der Eindruck eines fairen oder guten, in den Augen des Kunden vorteilhaften Preis-Leistungs-Verhältnisses ist – neben persönlichen Präferenzen für das Unternehmen oder den Verkäufer – kaufentscheidend. Daran ist die **Preispolitik** mit ihren Entscheidungen zur Gestaltung kaufauslösender Preise und Konditionen auszurichten.

Durch eine bewusste, d.h. gezielte Preispolitik für die Haupt-, Zusatz- und Nebenleistungen kann ein Unternehmen

- seine Marktleistungen für die potenziellen Kunden attraktiv machen (Image eines vorteilhaften Preis-Leistungs-Verhältnisses),
- Nachteile bei anderen Marketingmaßnahmen gegenüber Mitbewerbern (z. B. geringerer Qualitätsstandard, weniger Werbung, eingeschränkter Kundendienst o. Ä.) ausgleichen,
- seine strategischen und operativen Marketingziele besser erreichen und
- seine Gesamtkosten und seinen Gewinn einer Periode „verdienen".

Das Ziel der Preispolitik müssen stets Preise mit Gewinn oder hohen Deckungsbeiträgen sein!

Von diesem Ziel der Preisbildung kann für kurze Zeit auch abgewichen werden, wenn umgehend auf strategisch bedrohliche Konkurrenzaktivitäten reagiert, die Nachfrage zur Kapazitätsauslastung angeregt oder eine neue Kundengruppe gewonnen werden muss.

Innerhalb des Marketing-Mix ist die Preispolitik dafür verantwortlich, dass durch die erzielten Preise zum einen Liquidität geschaffen und zum anderen nach Abdeckung der Kosten Gewinn erzielt wird. Sortiments- und Leistungsgestaltung, Werbung, Vertrieb und Verkauf verursachen operativ Kosten, wirken sich aber langfristig doch vorteilhaft auf die Preisbildung aus.

Das einem Unternehmen zur Verfügung stehende Instrumentarium der Preispolitik zeigt nachfolgende Abbildung.

Instrumente der Preispolitik

Preispolitik

Aktionsebene / Instrumentegruppen	Strategische Ebene	Taktische Ebene
AKTIONS-INSTRUMENTE		
Einzelpreisbestimmung	z. B. Preispositionierung	z. B. Fabrikabgabepreis, empfohlener EVP
Preisdifferenzierung	z. B. Zweitmarkenpolitik	z. B. Mengenrabatte
Preisvariation	z. B. Preisstellung im Lebenszyklus	z. B. Sonderangebote
Preislinienpolitik	z. B. Preislagenbesetzung	z. B. Unter-Einstandspreis-Angebote
Preisdurchsetzung	z. B. Vertragshändlersystem	z. B. Preisauszeichnung
INFORMATIONS-INSTRUMENTE		
Preisforschung	z. B. Scannersysteme	z. B. Preistests

Das Instrumentarium der Preispolitik (Diller)

Der Preis ist im Gegensatz zu anderen Marketinginstrumenten das flexibelste, denn es kann kurzfristig an veränderte Marktsituationen angepasst werden und zeigt sofortige Wirkung. Das wird beim Kaufverhalten von kaufkraftschwachen Kunden oder „Sparfüchsen“, die sofort auf Preisänderungen reagieren (siehe Niedrigpreispolitik der Discounter und deren Preis-Werbung), besonders deutlich.

Preistransparenz

Auch das Internet schafft immer größere Preistransparenz für Kunden und beeinflusst damit deren Kaufverhalten entsprechend. Im Einzelfall kann dies zur Kaufzurückhaltung, zum verstärkten Verhandeln und u. U. zum Konsumverzicht führen. Die Kaufkraft geht dann an Mitbewerber, verlagert sich in andere Absatzgebiete oder wird für Leistungen anderer Branchen ausgegeben. Unternehmen müssen darauf mit einer durchdachten, kaufanregenden Kombination von Leistungs- und Preispolitik reagieren. Leider fehlt dies häufig oder ist nur ansatzweise – manchmal für einzelne Hauptleistungen – vorhanden.

Koppelung von Leistungs und Preispolitik

Preis- und Leistungspolitik müssen eng miteinander gekoppelt sein!

Preis-Leistungs-Verhältnis

Top- oder Spitzenleistungen erlauben in den Augen der Kunden hohe Preisforderungen (siehe Luxusgüter). Standardleistungen lassen lediglich wettbewerbsfähige Preise zu – es sei denn, man unterscheidet sich in den Leistungen von vergleichbaren Mitbewerbern. Preis und Leistung sieht der Kunde in enger Beziehung.

Bei auftretenden Markt- und Auftragsgewinnungsproblemen werden die Preise meist zu schnell nach unten korrigiert. Es wird nicht oder mit zu wenig Nachdruck versucht, den Kunden vom Wert der Leistung und der Angemessenheit des Preises zu überzeugen. Außerdem werden die internen und externen Grundlagen für die Höhe der geforderten Preise im Zeitablauf zu wenig auf Veränderungen überprüft und bei der Preisbildung berücksichtigt. Die Preispolitik muss zusätzlich die Möglichkeiten der Kundenbeeinflussung durch die anderen Instrumente des Marketing-Mix berücksichtigen. So kann es gelingen, einem langsamen „Abrutschen" der Preise – und damit der Deckungsbeiträge – entgegenzuwirken. Denn:

Je wertvoller eine Leistung vom Kunden eingeschätzt wird, desto größer ist seine Zahlungsbereitschaft für den geforderten Preis.

Dies gilt für Hochpreis- als auch für Niedrigpreis-Strategien; beide müssen mit einem guten Preis-Leistungs-Verhältnis den Wünschen und Erwartungen der Kunden entsprechen.

4.3.1.2 Interne Einflussgrößen

interne Einflussgrößen der Preispolitik

Hierzu gehören insbesondere Unternehmens- und Marketingziele (1), Kostenstruktur und Beschäftigungslage (2) sowie organisatorische Rahmenbedingungen (3). Diese werden nachfolgend kurz erörtert.

(1) Unternehmens- und Marketingziele

Als langfristig-strategisch und kurzfristig-operativ zu erreichende Ergebnisse sind sie zentrale Bestimmungsgrößen für die Preispolitik mit ihren Entscheidungen zu Preisniveau und Preishöhe. Besonders wichtige strategische Ziele, die die Preispolitik in den einzelnen SGF beeinflussen, sind dabei Unternehmenssicherung, Unternehmenswachstum und die Durchsetzung der gewählten Wettbewerbsstrategie.

Preisuntergrenze

Um in schwierigen Situationen das Überleben zu sichern, kann ein Unternehmen kurzfristig den Preis bis zur Preisuntergrenze senken, bei der nur noch die variablen Kosten gedeckt sind. Die Gewinnerzielung tritt solange in den Hintergrund. Hier muss die Nachfrage zur Kapazitätsauslastung angeregt oder das Leistungsprogramm kurzfristig radikal eingeschränkt werden. Diese Art taktischer Preisbildung kann jedoch nur kurzfristig beibehalten werden, denn sie ist verlustintensiv. Mittel- bis langfristig muss das Unternehmen aber Wege finden, um den Preis wieder anzuheben.

niedriges Preisniveau oder befristete Preissenkung

Unternehmenswachstum kann ebenfalls durch ein im Vergleich zu den Mitbewerbern niedrigeres Preisniveau oder zeitlich befristete Preissenkungen (z. B. Aktionspreise) unterstützt werden, um zusätzliche Marktanteile zu gewinnen. Sind die angestrebten Ziele erreicht oder der Aktionszeitraum beendet, gilt es die Preise wieder auf Normalniveau (mit entsprechendem Gewinnbeitrag) anzuheben.

Beispiel:
Als die japanischen Autohersteller versuchten, sich auf dem europäischen Markt zu etablieren, haben sie hierzu eine Niedrigpreisstrategie eingesetzt. Dies hat sich negativ auf das Qualitätsimage ausgewirkt, und die Fahrzeuge wurden im Vergleich zu den europäischen nicht gleichwertig eingeschätzt. Das hat sich erst geändert, als die Preise angehoben wurden. Heute sind in den einzelnen Leistungsklassen zwar immer noch Preisunterschiede vorzufinden, aber sie sind nicht mehr so gravierend. Japanische Hersteller haben ihre Marketingstrategie dahin geändert, dass sie jetzt mit einem „Ausstattungswettbewerb" versuchen, ihre Wachstums- und Marktanteilsziele zu erreichen.

Preispolitik und ...

... Qualitätsorientierung

Auch die Ziele einer qualitäts- oder kostenorientierten Wettbewerbsstrategie wirken auf die Preisgestaltung. Bei der **Qualitätsorientierung** erfolgt die Profilierung gegenüber den Mitbewerbern durch hervorragende Leistungen in Technik und Design. Einzigartige Leistungen, sog. Luxus- oder Premiumprodukte, verursachen auch häufig außerordentliche Kosten, die samt Gewinnbeiträgen über einzigartige Preise von exklusiven, leistungs- und präferenzgeprägten Kunden bezahlt werden **(Hochpreispolitik)**. Bei der Würdigung des Preis-Leistungs-Verhältnisses dominiert bei diesen Kunden die Leistung als Beurteilungsmaßstab (vgl. Edelmarken der Auto- und Modebranche).

... Kostenorientierung

Bei einer **Kostenorientierung,** das heißt einer an niedrigen Kosten ausgerichteten Wettbewerbsstrategie soll mit Hilfe von Vereinfachung, Rationalisierung und Standardisierung in der Leistungserstellung und der Vermarktung eine nachfragewirksame **Tiefpreispolitik** ermöglicht werden. Dies muss nicht zu Lasten des Gewinns gehen, wenn die zugrunde gelegten Absatzmengen erreicht werden. Hier werden die eher preisbewussten Kunden/Kundengruppen angesprochen, die auf niedrige Preise Wert legen und meist mit Standardleistungen zufrieden sind. Dies ist das Geschäftsmodell der Discounter, im Gegensatz zu den Fachgeschäften und Boutiquen.

Mit jeder dieser Preis-Leistungs-Strategien kann sich ein Unternehmen bei seinen Kunden positionieren. Jedoch lässt sich mit einer Mischung aus Hoch- und Tiefpreispolitik in den einzelnen SGF kein einheitliches, profilierendes Image weder bei Kunden noch Mitarbeitern noch in der Öffentlichkeit aufbauen. Diese Unternehmen, die im Sinne von „Bestes Preis-Leistungs-Verhältnis für den Kunden" arbeiten und anbieten, haben in den Augen der Kunden keine Preis- und keine Leistungskompetenz („Spitzenleistung"). Die damit verbundene Unsicherheit bei Kunden erschwert die Kaufentscheidung und geht meistens zu Lasten des erzielten Preises.

(2) Kostenstruktur und Beschäftigungslage

... Beschäftigungslage

Sie sind ebenfalls preisbestimmende Faktoren. Unter- als auch Überbeschäftigung sind Kostentreiber, die zu erhöhten Preisen führen müssen, wenn es nicht zu Lasten des Gewinns gehen soll. Die Kostenstruktur hängt wesentlich von der Betriebsgröße (Zahl der Beschäftigten), der gewählten Wettbewerbsstrategie, der Art der Leistungserbringung (Industrie, Manufaktur oder Einzelfertigung), der Breite des Leistungsprogramms (Variantenzahl) und der Fertigungstiefe (Umfang des Zukaufs von Teilen und Baugruppen) ab. Dies bestimmt die Anteile von fixen und variablen Kosten in der Preiskalkulation. Dabei ist zu beachten:

Je höher die variablen Kosten, desto höher ist die Preisuntergrenze, denn variable Kosten sind ausgabenwirksam und müssen daher stets erwirtschaftet werden.

Es sind die fixen Kosten (nicht ausgabenwirksam!), die es dem Unternehmen erlauben, zur Gewinnung spezieller Kunden oder Aufträge kurzzeitig und in Ausnahmefällen auf die Erstattung von (Fix-)Kostenanteilen und Gewinnbeiträgen zu verzichten. Aber auch zur kurzfristigen Sicherung der Beschäftigung sind ebenfalls häufig niedrigere Preise erforderlich. Aber auch diese müssen relativ schnell wieder in die Gewinnzone gebracht werden.

(3) Organisatorische Rahmenbedingungen

Verantwortung für Preiskalkulation

Innerhalb des Unternehmens muss es eine klare Aufgabenzuweisung geben, wer für die Preisbildung verantwortlich ist. Sonst bleibt „Preispolitik" nur als guter Vorsatz im Tagesgeschäft stecken. Niemand kontrolliert die Preiskalkulationen und die erzielten Preise. Wichtig ist zu wissen, ob die festgelegten Preisforderungen und die erzielten Preise kostendeckend sind, wie hoch der erzielte Gewinnbeitrag ist und ob die Preise der aktuellen Markt-, Unternehmens- und Wirtschaftssituation angepasst sind.

In großen Unternehmen gibt es hierfür spezielle Abteilungen, die sich ausschließlich mit der Preisfestsetzung und -kontrolle beschäftigen. In kleineren Unternehmen nimmt dies oftmals der Betriebsinhaber selbst vor, der von einem „Kalkulator" in der Arbeitsvorbereitung unterstützt werden sollte.

4.3.1.3 Externe Einflussgrößen

externe Einflussgrößen der Preispolitik

Hier sind besonders die Nachfrage- und Wettbewerbssituation sowie die wirtschaftlichen Rahmenbedingungen zu nennen.

(1) Nachfrage- und Wettbewerbssituation

Für die Preisfestlegung ist es zunächst wichtig festzustellen, in welcher Lebensphase sich der Markt befindet und wie Kunden auf Preishöhe und Preisänderungen in ihrem Nachfrageverhalten reagieren. Es gilt zu klären, wie preisempfindlich die Nachfrage ist. Es gilt eine Antwort auf folgende Frage zu finden: Um wie viel Prozentpunkte steigt oder sinkt die Nachfrage nach der angebotenen Leistung, wenn der Preis um x % erhöht oder gesenkt wird? Dies ist jedoch nicht allein von den Einstellungen und dem Verhalten der Kunden abhängig. Auch die Kostenstruktur, Qualität, Ausstattung, Design der Wettbewerbsleistungen und die Preispolitik der Mitbewerber sowie deren Wirkung auf die Zahlungsbereitschaft der Kunden beeinflussen deren Reaktionen. Weiterhin ist zu beachten, dass Entscheidungen zur Preisfindung nach strategisch-langfristigen und unter operativ-kurzfristigen Wirkungen zu treffen sind.

Strategische Preisentscheidungen: Festlegen des Preisniveaus

Bei **strategischen Preisentscheidungen** geht es mehr um die Ermittlung und Festlegung des künftigen **Preisniveaus** für das Leistungsprogramm des Unternehmens. Hierbei sind es vor allem

- die Erwartungen oder Prognosen bezüglich der konjunkturellen, gesamtwirtschaftlichen und branchenwirtschaftlichen Entwicklungen,

- Annahmen über Veränderungen der Lebens- und Verbrauchsgewohnheiten bei den einzelnen Zielgruppen,
- die Kaufkraftverteilung und Kaufkraftverwendung bei den derzeitigen und potenziellen Kundengruppen,

welche die Entscheidungen des Unternehmens über das anzustrebende Preisniveau wesentlich mitbestimmen.

operative Preisentscheidungen: Festlegen der Preishöhe

Bei **operativen Preisentscheidungen** geht es mehr um die Festlegung der sofort nachfragewirksamen **Preishöhe.** Diese wird wesentlich beeinflusst durch

- die reale Wettbewerbssituation
- die vorliegende Marktform und
- die Annahmen des Unternehmens über Art und Umfang der voraussichtlichen Kunden- und Konkurrenzreaktionen bezüglich der eigenen Preismaßnahmen.

Hochpreispolitik

Tiefpreispolitik

Weiterhin ist bei den Preisentscheidungen Folgendes zu beachten: Eine **Hochpreispolitik mit hohen Gewinnmargen** kann Mitbewerber ermutigen, in dieses SGF einzusteigen und ebenfalls eine hochwertige Leistungspalette anzubieten. Andererseits kann eine moderate und flexible Preispolitik auf „mittlerem Preisniveau" oder gar eine **Tiefpreispolitik mit geringen Gewinnmargen** manchen Mitbewerber davon abhalten, in ein SGF einzudringen. Hier wird die Preispolitik zur Konkurrenzabwehr eingesetzt und wirksam. Dies ist jedoch nur bei einem Massengeschäft angeraten und mit Aussicht auf Erfolg möglich (siehe Discounter). Geht man davon aus, dass in der Regel die **Entscheidungen zur kurzfristig wirksamen Preisbildung** überwiegen, so lassen sich folgende zwei Entscheidungssituationen unterscheiden:

A: Das Unternehmen rechnet damit, dass der Absatz seiner Leistungen nur von eigenen preispolitischen Maßnahmen und dem Verhalten der Käufer abhängt, nicht dagegen vom Verhalten der Konkurrenten. Man spricht von einer monopolistischen Verhaltensweise.

Konkurrenzorientierte Preisbildung

B: Der Absatz der eigenen Leistungen wird nicht nur von den eigenen, sondern auch von den Preis- und Marketingaktivitäten der Mitbewerber bestimmt, welche das Käuferverhalten beeinflussen. Hier wird von einer konkurrenzorientierten Verhaltensweise ausgegangen.

Welche Verhaltensweise das einzelne Unternehmen seiner Preispolitik zugrunde legt, ist weitgehend davon abhängig, wie undurchsichtig (unvollkommen) der jeweilige Absatzmarkt ist, auf dem das Unternehmen Leistungen anbietet. Für das Unternehmen ist entscheidend, in welchem Umfang es Informationen über die jeweiligen Marktstrukturen, Konkurrenten und Zielgruppen besitzt oder erhalten kann.

Das Unternehmen wird umso stärker eine monopolistische Verhaltensweise wählen, je mehr seine Teilmärkte durch eine polypole Marktstruktur gekennzeichnet sind. Dies dürfte besonders bei Klein- und Mittelbetreiben sehr häufig zutreffen. Dann können diese bei ihren Marketing- und Preisentscheidungen ausgehen von:

- **Marktintransparenz** (mangelnde Information über Anbieter, Kunden und Preise sowie Unklarheit und Unsicherheit über die voraussichtliche Verhaltensweise der übrigen Marktpartner)
- **Heterogenität der Leistungen** (Unterschiede im Leistungsangebot der Wettbewerber erschweren dem Kunden „echte" Vergleiche im Preis-Leistungs-Verhältnis der Mitbewerber)

image- oder präferenz-orientierte Preisbildung

- **Nicht-Rationalität des Handelns** (die Beteiligten entscheiden nicht rational im Sinne von Nutzenmaximierung, sondern auch nach Präferenzen emotional und nach persönlichen Zufriedenheitsaspekten).

Diese Bedingungen verhindern eher eine rein kosten- oder konkurrenzbezogene Preisfindung; sie begünstigen eher eine image- bzw. präferenzbezogene Preisbildung durch das Unternehmen. Durch das Internet haben sich die Rahmenbedingungen allerdings in vielen Dingen geändert. Internetplattformen, -foren und -börsen bescheren manchen Branchen fast schon einen vollkommenen Markt.

Beispiel:

Internet und Preisbildung

Das Internet als Informationsmedium für den Gebrauchtfahrzeugmarkt. Durch nationale und internationale „virtuelle" Marktplätze haben Anbieter und Nachfrager eine sehr hohe Leistungs- und Preistransparenz. Hier herrschen konkurrenzgebundene Verhaltensweisen, bei denen der erzielbare Preis sich aus stark rationalen Verhandlungen ergibt.

„bestmöglicher Preis"

In der Regel wird die Entscheidung über den **„bestmöglichen Preis"** nicht (allein) dem Kunden überlassen. Mittels der weiteren Marketingbausteine wie Leistungsvarianten, Design, Werbung, Verpackung, Verkaufsaktionen oder sonstige Maßnahmen der Verkaufsförderung und Kundenbindung versuchen die Anbieter, den persönlichen Wert der Vorteile einer Leistung oder einer Geschäftsbeziehung zu erhöhen. Im Hinblick auf das Ziel, höhere Preise mit höheren Gewinnmargen zu erzielen, sollten die Unternehmen die gewünschten und kundengerechten Leistungsvarianten in den Vordergrund stellen und die Preisforderung danach festlegen, wie persönlich wertvoll die gebotenen Leistungsvorteile für den Kunden sind. Die Kenntnis **„Auf was legt der Kunde größten Wert?"** bestimmt die Gestaltung der kundengerechten Leistungsvarianten und gibt Raum für die Preisgestaltung nach oben. Entscheidend ist:

In den Augen des Kunden muss die Leistung für ihn persönlich „Preiswert" sein.

Vorteils- und Wertargumentation

Das bedeutet, dass – unabhängig von der Preispolitik des Unternehmens – der Kunde vor, während und nach seiner Kaufentscheidung stets mit einer persönlichen Vorteils- und Wertargumentation bezüglich der gewünschten oder gewählten Leistung unterstützt und bestätigt werden muss.

In der Argumentation sollte stets die Leistung und nicht der Preis dominieren!

Damit lassen sich leichter und effizienter
- beim Kunden Präferenzen bilden,
- Kunden in ihrem Verhalten bestätigen,
- Missverständnisse vorbeugen,
- ungerechtfertigte Preisnachlässe vermeiden,
- geforderte Preise mit Argumenten durchsetzen und
- das Vertriebsergebnis bzw. die Ertragslage verbessern.

(2) Wirtschaftliche Rahmenbedingungen

Einfluss von Kostenstruktur und Kunden-Wertestruktur auf die Preisbildung

Sie können einen starken Einfluss auf die Preisbildung von Unternehmen haben. Die nationalen und internationalen Wirtschaftssysteme beeinflussen die Kostenstruktur der Unternehmen wie auch die Wertestruktur der Käufer zur Beurteilung der geforderten Preise. Inflation, Zinssätze und wirtschaftliche Sorgen sowie Staat, Regierung und Gesetze sind weitere Rahmenbedingungen der Preisbildung. Auch soziale Überlegungen wie gesellschaftliche Verantwortung bilden Bestimmungsgrößen des Preises. Die derzeit weit verbreitete Preisempfindlichkeit infolge erhöhter Inflation erfordert, dass jedes Unternehmen den Fragen nach Preisniveau und Preishöhe sowie den Konditionen (Lieferungs- und Zahlungsbedingungen, Rabatte, Kreditgewährung u. a.) große Beachtung schenken muss. In Zeiten knappen Geldes gewinnt in manchen Branchen (z. B. bei technologisch geprägten Massenwaren) mit sehr hartem Wettbewerb die Preisargumentation wieder an Gewicht.

4.3.2 Arten der Preisbildung

Aus Kundensicht – speziell der Endverbraucher – wird der Preis häufig als dominantes, wenn nicht sogar als alleiniges Merkmal zur Beurteilung der Qualität einer Leistung herangezogen. Die Preisbestimmung richtet sich zum einen nach den bereits genannten internen und externen Einflussgrößen. Zum anderen orientiert sie sich an den zentralen wirtschaftlichen Erfolgsfaktoren Kosten, Kunden und Konkurrenz. Daher lassen sich grundsätzlich
- kostenorientierte,
- kundenorientierte,
- konkurrenzorientierte Preisbildung

unterscheiden, die in der Praxis meist kombiniert mit einer Schwerpunktorientierung angewandt werden. Ihre Besonderheiten werden im Folgenden dargestellt.

4.3.2.1 Kostenorientierte Preisbildung

kostenorientierte Preisbildung, mit Vollkosten oder mit Teilkosten?

Die kostenorientierte Preisbildung basiert auf der Grundüberlegung, dass der Preis schwerpunktmäßig von den Kosten bestimmt wird, die eine Leistung an Einzel- und Gemeinkosten verursacht. Von Bedeutung ist hier, welche Kostenarten und Kostenanteile zur Preisbildung herangezogen werden. **Preisbestimmungen** (Kalkulationen) sind **mit Vollkosten oder mit Teilkosten** möglich.

kostenorientierte Preisuntergrenze

Deckungsbetragsrechnung

Dies wirkt sich nicht nur auf die Preis- und Gewinnhöhe aus, sondern entscheidet auch über die Höhe der Preisuntergrenze bei den einzelnen Leistungen. So kann es für kurzfristig erforderliche Absatzerfolge von entscheidender Bedeutung sein, wenn bei Preisverhandlungen entschieden werden muss, bis zu welcher Höhe der Preis gesenkt werden kann, ohne dass dies kurzfristig gefährlich wird. Als Verfahren zur kostenorientierten Preisbildung haben sich gerade unter den letztgenannten Gesichtspunkten der Preisuntergrenzen die **Break-even-Analyse** und die **Deckungsbeitragsrechnung** als besonders geeignet erwiesen.

Beispiel:

Break-even-Analyse

Die Break-even-Analyse als Instrument der kostenorientierten Preisbildung wird hier an einem Dienstleistungsunternehmen beispielhaft dargestellt, um die Stundenverrechnungssätze zu ermitteln.

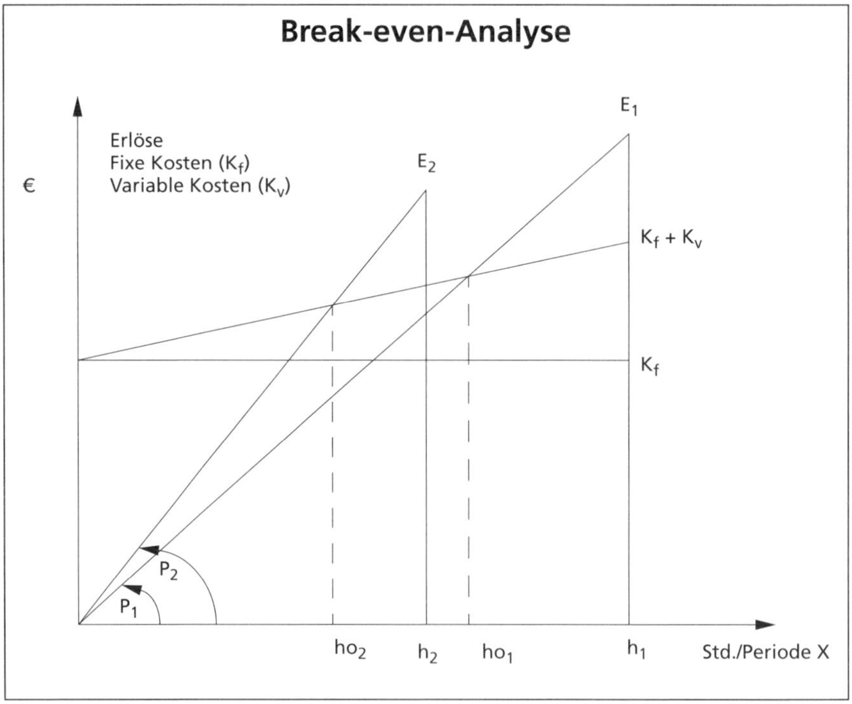

Break-even-Analyse

Dazu wird von den „produktiven" verrechnungsfähigen Stunden der verschiedenen Mitarbeiter je Planperiode ausgegangen. Diese müssen in der Planperiode abgesetzt werden, um die anfallenden Fixkosten (z. B. Miete, Abschreibungen, Versicherungen etc.), die variablen Kosten (z. B. Stundenlöhne der Mitarbeiter) und einen Gewinn zu erwirtschaften (Kostenzuschlagskalkulation). Kosten plus Gewinn ergeben den erforderlichen Erlös, aus dem sich durch Division mit den Planstunden (h_1) der Stundenverrechnungssatz (P_1) errechnet. Dabei führen die Fixkosten dazu, dass bei sinkender Beschäftigung (= Rückgang der produktiven, verrechnungsfähigen Stunden) die Verrechnungssätze steigen müssen, wenn auch dann noch Gewinn erreicht werden soll. Dies führt z. B. bei den produktiven Stunden h_2 zu einem Verrechnungssatz P_2.

Gelingt es dem Unternehmen in der Periode X (Jahr, Halbjahr, Quartal oder Monat) nicht, so viele Stunden (h_1 oder h_2) wie geplant zu verkaufen (= verrechnen), dann macht das Unternehmen bei Absinken unter h_{01} oder h_{02} verrechnete Stunden realen Verlust. Die Gesamtkosten sind dann höher als die Summe der erzielten Umsätze (= Summe der zu P_1 oder P_2 verrechneten, d. h. verkauften Stunden). Dieses Vorgehen der Preisbildung auf Gesamtkostenbasis ist nicht unproblematisch. Häufig können Markt- und Beschäftigungschancen nicht genutzt werden, da „der Markt" nicht in jedem Fall und für jede Leistung des Unternehmens einen Preis zulässt, der auf kalkulierten Vollkosten beruht.

Teilkostenrechnung, Deckungsbeitragsrechnung

Werden lediglich Kostenteile zur Preisbildung herangezogen, spricht man von einer **Teilkostenrechnung.** Die bekannteste Form ist die **Deckungsbeitragsrechnung**. Sie geht davon aus, dass der zu erzielende Preis mindestens die variablen Kosten (Grenzkosten) decken muss. Jeder darüber hinausgehende Erlös wird als Deckungsbeitrag bezeichnet, da er zur Abdeckung der Fixkosten und zur Gewinnerzielung beiträgt. Der zu erzielende Mindestpreis und der ggf. erwirtschaftete Deckungsbeitrag lassen sich etwa nach folgendem Schema ermitteln:

Beispiel:

Fertigungsmaterialverbrauch	20,– €
Fertigungslöhne	10,– €
Einzelkosten (leistungsabhängig)	30,– €
Leistungsabhängige Gemeinkosten	15,– €
Mindestpreis (Grenzkosten)	45,– €
Erzielbarer Verkaufspreis	80,– €
Deckungsbeitrag pro Leistungseinheit	35,– €

Eine Preisbildung auf Teilkostenbasis (hier z. B. 45,– €) kann nur eine zeitlich begrenzte Maßnahme sein. Da hierbei weder Fixkostenanteile „verdient", noch Gewinnbeiträge erwirtschaftet werden, ist auf längere Sicht die reale Kapitalerhaltung, d. h. die Erhaltung von Betriebsgröße und Leistungsbereitschaft, nicht gewährleistet. Es sei denn, das Unternehmen hat bei anderen Marktleistungen und Aufträgen so hohe Deckungsbeiträge erzielt, dass bei Gesamtbetrachtung sämtliche Kosten gedeckt und die angestrebte Rentabilität erzielt werden konnte. Auf jeden Fall sollte mit einer Umsatz- und Sortimentsanalyse geklärt werden, ob das Unternehmen diese Leistung beibehalten muss oder aufgeben kann (vgl. Kapitel 4.2.2.4, Abschnitt „Leistungsverzicht").

4.3.2.2 Kundenorientierte Preisbildung

Kundenorientierte Preisbildung

Bei der **kundenorientierten Preisbildung** wird angestrebt, bei bisherigen oder neuen Kundengruppen einen bestimmten Marktanteil oder Umsatzanteil zu erreichen und zu sichern. Dies kann durch **Preissenkungen**, **Preiskonstanz** oder durch **Preiserhöhungen** erfolgen. Letzteres wäre beispielsweise denkbar bei Leistungen, die einen hohen Prestigewert oder Exklusivcharakter haben und die jeder „Trendsetter" sofort haben will. Dann liegt in den Augen des Kunden ein „neues Produkt mit neuem Preis" vor. Die unmittelbare Vergleichsmöglichkeit zwischen dem bisherigen und dem neuen Preis-Leistungs-Verhältnis ist dann nicht mehr unbedingt gegeben. Außerdem können hiermit gezielt Präferenzen des Kunden für Preis- und Ertragsziele des Unternehmens ausgenutzt werden, ohne dass es offensichtlich ist.

Preisdifferenzierung

Häufig wird auch die Form der **Preisdifferenzierung** angewandt. Diese preispolitische Strategie ist ein geeignetes Instrument differenzierter Marktbearbeitung. Hier versucht das Unternehmen, für gleiche oder ähnliche Leistungen in unterschiedlichen Marktsegmenten (Teilmärkten) unterschiedliche Preise zu realisieren.

Marktsegmente sind Preissegmente!

Bei der Preisdifferenzierung lassen sich unterscheiden:

Arten der Preisdifferenzierung

- räumliche Preisdifferenzierung (z. B. Stadt/Land, Inland/Ausland)
- zeitliche Preisdifferenzierung (z. B. Jahreszeit: Urlaubsreisen, Tag/Nacht)
- verwendungsbezogene Preisdifferenzierung (z. B. Industrie- und Haushaltsstrom)
- personelle Preisdifferenzierungen (z. B. Schüler, Studenten, Rentner)
- mengenmäßige Preisdifferenzierung (z. B. Groß- und Kleinpackungen).

Kombinierte Produkt- und Preisdifferenzierung

Werden diese Kriterien kombiniert angewendet, erschwert dies die Markt- und Preisübersicht für Kunden und Mitbewerber erheblich. Dies wird noch weiter verstärkt, wenn die Preisdifferenzierung auf einer nach gleichen Kriterien erfolgten Produktdifferenzierung aufbauen kann. So lassen sich relativ leicht Preise mit unterschiedlichen Gewinnbeiträgen zur Verbesserung der Ertragslage des Unternehmens bilden.

Produktdifferenzierung ermöglicht Preisdifferenzierung!

Dieses Vorgehen ist ein richtiger Schritt, dem reinen Preiswettbewerb auszuweichen.

4.3.2.3 Konkurrenzorientierte Preisbildung

Konkurrenzorientierte Preisbildung

Als weitere Möglichkeit der Preisfindung ist die **konkurrenzorientierte Preisbildung** zu nennen. Bei diesem Vorgehen versucht das Unternehmen seine Preise so festzulegen, dass sie denen der Konkurrenz entsprechen oder unter den Konkurrenzpreisen liegen. Diese Maßnahme zur Veränderung oder Stabilisierung der Wettbewerbssituation wird meist dann vom Unternehmen ergriffen, wenn mengenmäßige Absatzsteigerungen angestrebt werden (z. B. bei Neugründung eines Unternehmens oder zur besseren Auslastung der Kapazität).

Die Preise können aber auch höher sein als die der Mitbewerber. Hat das Unternehmen bei seinen Kunden ein gutes Image und herrscht in der Branche allgemein eine gute Beschäftigungslage mit Leistungs- und Lieferengpässen, dann wirken höhere Preise auf die Nachfrage nicht nachteilig. Der Kunde darf jedoch nicht das Gefühl bekommen, die geforderten Preise seien überhöht. Dann könnten langfristige Negativwirkungen entstehen, die später zu einem Abwandern zum Mitbewerber führen können. Auch in Zeiten der Überbeschäftigung muss Kunden der Eindruck eines fairen Preis-Leistungs-Verhältnisses vermittelt werden. Hier ist eine Argumentation mit Mehrkosten durch Überstundenzuschläge und Materialpreissteigerungen oft hilfreich.

Konkurrenzorientiertes Preis-Leistungs-Verhältnis

Durch konkurrenzorientierte Gestaltung des Preis-Leistungs-Verhältnisses wird kurzfristig nicht nur die Ertragslage beeinflusst, sondern auch die Weichen für Art und Preisniveau des späteren Leistungsangebots gestellt. Oftmals ist es für ein Unternehmen, das mit niedrigen Preisen im Markt agiert oder Tiefpreise zu stark forciert und damit seinen Ruf „ruiniert" hat, schwierig, wieder auf ein höheres Preisniveau zu kommen. Dies geht meist nur über Produktdifferenzierung, falls das die Leistungen zulassen.

Ausschreibungen

Besondere Bedeutung hat die konkurrenzorientierte Preisbildung bei solchen Unternehmen (z. B. Handwerksbetrieben), die über **Ausschreibungen** ihre Aufträge erhalten. Dabei kann durch Berücksichtigung von Erfahrungswerten und subjektiven Wahrscheinlichkeiten bezüglich des Preisbildungsverhaltens der Hauptmitbewerber eine wesentliche Verbesserung der eigenen Preisfindung erreicht werden. Voraussetzung ist hier jedoch – wie bei allen Entscheidungen – gute, ausreichende Informationen über die internen Bedingungen und Entwicklungen der Hauptmitbewerber (z. B. Größe, Auftragslage, Beschäftigung, Suche nach Arbeitskräften u.a.m.), die Beschäftigungslage in der Branche und das Nachfrageverhalten der ausschreibenden Stellen.

4.3.3 Anlässe der Preisbildung

Für das Unternehmen gibt es im Prinzip drei Situationen, in denen es sich mit der Preisbildung und Preisgestaltung befassen muss:
- erstmalige Preisfindung durch das Unternehmen
- Preisänderung durch das Unternehmen
- Preisänderung durch die Mitbewerber.

4.3.3.1 Preisfindung

Preisfindung

Das Unternehmen ist neu am Markt oder ermittelt einen Preis für eine Leistung, die neu ins Programm aufgenommen wurde. Dabei kann – je nach Zielgruppe, Marktsegmentierung oder Neuheitsgrad der Leistung – eine Niedrigpreis- oder Hochpreisstrategie zur Anwendung kommen.

Hochpreis-strategie, Abschöpfungs-strategie

Die **Hochpreisstrategie** in der Einführungsphase eines Produkts oder einer Leistung hat zum Ziel, zunächst sehr kaufkraftstarke Käufer zu gewinnen, die mit dem Einsatz der Leistung einen Prestigeeffekt verbinden. In späteren Zeitabschnitten wird der Preis reduziert, um weitere Käuferschichten zu gewinnen. Dieses Vorgehen wird in der Fachsprache auch **„Abschöpfungsstrategie"** genannt.

Niedrigpreis-strategie, Penetrations-strategie

Mit der **Niedrigpreisstrategie** (z. B. auf Teilkostenbasis) versucht das Unternehmen sofort größere oder mehrere Aufträge, also letztlich Marktanteile zu erreichen. Das Hauptargument sieht das Unternehmen in einer äußerst attraktiven Preisgestaltung. Dabei hofft es, dass sich dies bei qualitativ ansprechender Leistung positiv auf sein Image und seine spätere Auftragslage auswirkt. Daher wird diese Strategie auch gerne bei Existenzgründungen und jungen Unternehmen mit dem Ziel der Marktgewinnung eingesetzt. Hier spricht man von einer **„Penetrationsstrategie"**, mit der Leistungen in die Märkte „gedrückt" werden sollen (Push-Strategie).

4.3.3.2 Preisänderung

Preisänderung Preisgestaltung

Preis-bündelung

Das Unternehmen versucht durch bewusste **Gestaltung des Preisniveaus** (z. B. Preiskonstanz über einen längeren Zeitraum) oder durch situative **Preisgestaltung** (z. B. Angebote zu Pauschal- anstelle von Einzelpreisen) eine Verhaltensänderung bei den Kunden (z. B. mehr Nachfrage nach Qualität) oder Reaktionen bei den Mitbewerbern (z. B. Erhöhung der Preise und Konditionen) auszulösen. Auch die **Preisbündelung** gehört dazu. Hier wird versucht, durch Änderung von mindestens zwei Preisen eine Ertragssteigerung zu erreichen. Dies kann in Kombination mit einer Leistungsbündelung, z. B. bei Sonderverkäufen, geschickt genutzt werden. Ziel ist die maximale Abschöpfung der Zahlungsbereitschaft der Kunden für unterschiedliche Leistungen.

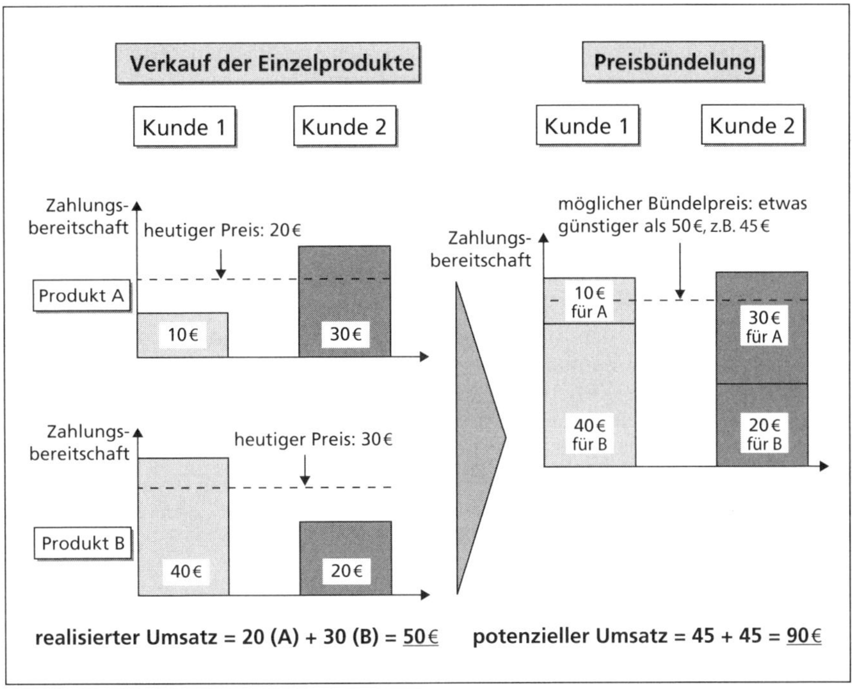

Wirkung einer Preisbündelung (Homburg)

Beispiel:

Obige Abbildung zeigt einen Mobilfunkanbieter, der ein Handy zum Preis von 20,– € und einen Vertrag „Spezialservice" für 30,– € anbietet (undifferenzierte Marktbearbeitung). Durch Kundenbefragung wurde herausgefunden, dass die Leistungen für verschiedene Kunden unterschiedlich wertvoll sind und eine unterschiedliche Zahlungsbereitschaft hierfür besteht. Wird der Bündelungspreis günstiger als die Summe der jeweiligen Einzelpreise gesetzt, könnte eine Umsatzsteigerung von insgesamt 40,– € gegenüber dem derzeitigen Umsatz von 50,– € erzielt werden.

Dieses Vorgehen einer **Leistungs- und Preisbündelung** wird in Industrie, Handel und Handwerk als „Paketverkauf" oder „Systemgeschäft" mit Haupt-, Zusatz- und Serviceleistungen mit gutem Erfolg eingesetzt.

Leistungs- und Preisbündelung

Die Initiative zur aktiven Preisgestaltung geht vom Unternehmen aus, doch ist der Erfolg abhängig vom „Preisbewusstsein" der Kunden, deren Präferenzen, der Transparenz des Marktes und der Differenzierungsfähigkeit der Leistungen. Außerdem haben Imagevorstellungen auf der Angebots- und Nachfrageseite einen sehr wesentlichen Einfluss auf die Preisbestimmung.

4.3.3.3 Konkurrenzpreisänderung

Konkurrenzpreisänderung

Hierbei muss das Unternehmen versuchen, den spezifischen Zweck der Konkurrenzmaßnahme zu erkennen, z. B. Erhöhung, Senkung oder Differenzierung von Preisen als Maßnahme zur Marktsegmentierung, besseren Marktnutzung, besseren Kapazitätsauslastung, Ausschaltung von Wettbewerbern o. Ä. Außerdem ist die voraussichtliche Dauer der Maßnahme zu ermitteln, z. B. kurzfristige (taktische) oder langfristige (strategische) Preisänderungen, um Konsequenzen für das Marketingverhalten des eigenen Betriebs abschätzen zu können. Es gilt, Anhaltspunkte für die eigene Reaktion zu gewinnen, wobei das folgende Schaubild einige Hinweise für die Überlegungen des Unternehmens in einer solchen Situation geben kann.

Dabei wird deutlich, nicht unbedingt mit Preismaßnahmen reagieren zu müssen. Es ist sinnvoller, zuerst andere Marketingaktionen zu überlegen und auf ihre Wirkungen hinsichtlich Kunden, Mitbewerber und Gewinnsituation zu prüfen. Außerdem sind preisliche Änderungen, speziell konkurrenzorientierte Preissenkungen, stets liquiditätswirksam und können damit z. B. für junge Unternehmen leicht existenzbedrohend werden.

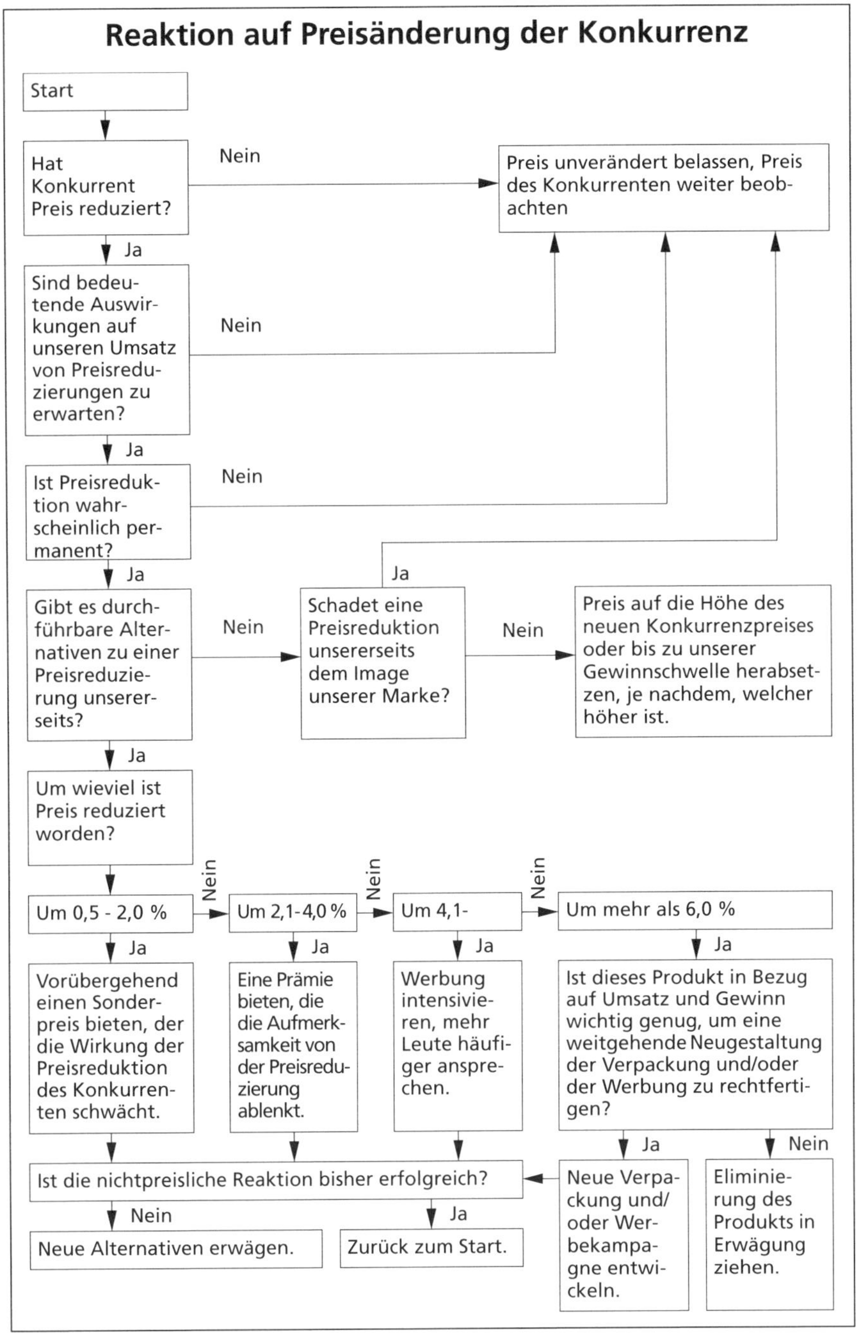

Entscheidungsprogramm für die Reaktion auf eine Preissenkung der Mitbewerber (Kotler)

4.3.4 Instrumente der Preisgestaltung

Sonderformen der Preisbildung

Um vom „reinen“ Preis als dem alleinigen Entscheidungskriterium des Kunden abzurücken, bieten sich die Instrumente der Preisgestaltung an. Unter Preisgestaltung sind alle Maßnahmen zu verstehen, mit denen die Preisform beeinflusst bzw. festgelegt wird. Diese Entscheidungen werden häufig auch als **„Sonderformen der Preisbildung“** bezeichnet und betreffen die Ausprägung von Rabatten, Konditionen und Kreditgewährung.

Instrumente der Preisgestaltung

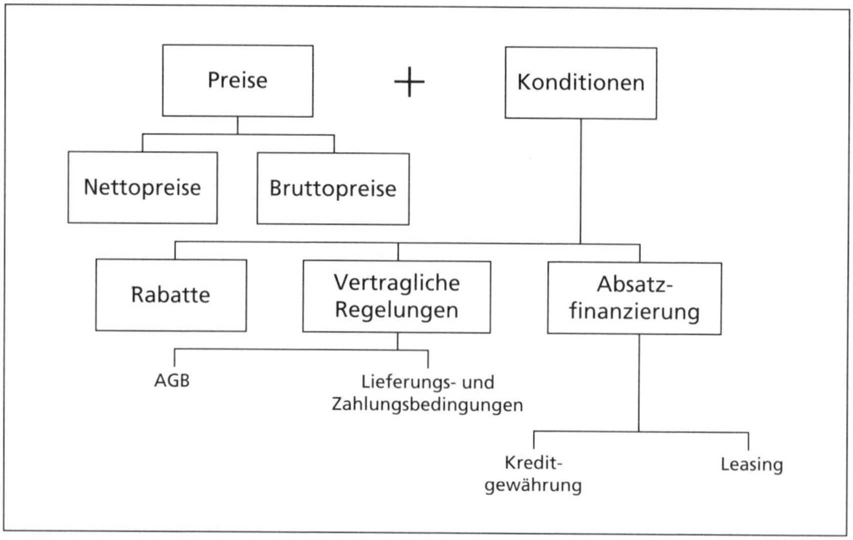

Instrumente der Preisgestaltung

4.3.4.1 Rabatte

Rabatte als Instrument der Kundenbindung

Rabatte sind **Preisnachlässe,** die in Form von Preisabschlägen (Nominalrabatt) oder Mengenzugaben (Naturalrabatt) an Abnehmer gewährt werden. Die Rabattgewährung spielt vor allem in den Geschäftsbeziehungen zwischen der Industrie als Hersteller sowie Handel und Handwerk auf der anderen Seite eine wichtige Rolle. Mit dem Wegfall des Rabattgesetzes im Sommer 2001 ergeben sich für die Unternehmen vielfältige rabattpolitische Gestaltungsmöglichkeiten gegenüber Endverbrauchern. So wurden in den letzten Jahren eine Menge von Rabattsystemen als Instrument der **Kundenbindung** entwickelt. Diese haben das Ziel, eine Abwanderung von Kunden zu Mitbewerbern zu erschweren. Beispielhaft seien hier die Bonussysteme im Nahrungsmittelhandwerk oder auch das „Payback-System“ genannt. Eine der vielfältigen Möglichkeiten der Rabatt- und Bonusgewährung für ein technisches Gebrauchsgut zeigt nachfolgende Abbildung.

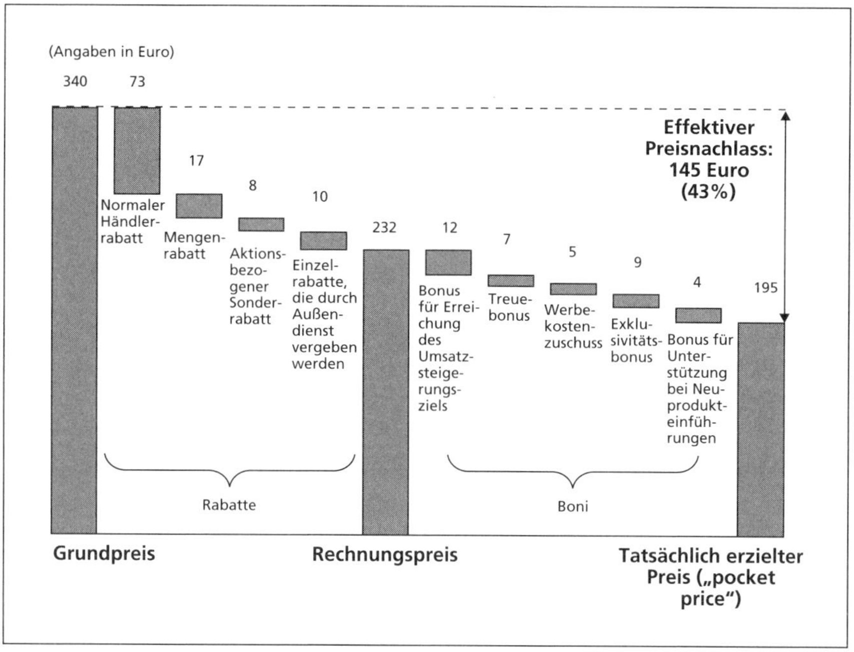

Beispiel einer Preisgestaltung mit Rabatten und Boni (Homburg)

Rabattarten

Die bekanntesten und wirkungsvollsten Rabattarten sind:

- **Funktionsrabatt:** Entgelt für Übernahme von Leistungen, z. B. Lagerhaltung, Kundendienst etc.
- **Mengenrabatt und Bonus:** Rabattstaffeln belohnen die Abnahme größerer Mengen; der Bonus bezieht sich auf die gesamte Jahresbestellmenge.
- **Treuerabatt:** Vergütung für den Bezug von Waren bei einer langfristigen und intensiven Zusammenarbeit mit dem Rabatt gewährenden Unternehmen.
- **Einführungsrabatt:** Zusätzlicher Preisnachlass, um erstmals ins Geschäft zu kommen, bzw. um ein neues Produkt besser in den Markt zu bringen. Anwendung meist in Kombination mit Funktions- und Mengenrabatten.
- **Verbraucherrabatt:** Preisnachlässe, die als reine Kaufanreize für den Konsumenten gedacht sind, kommen z. B. in Form von Treuerabattsystemen (Payback-System, Lufthansa Miles & More-Programm) zum Einsatz.
- **Barzahlungsrabatt:** Stellt als Skonto eine Vergütung für die sofortige Bezahlung einer Leistung dar.

Rabatte und Boni werden in der Praxis selten isoliert, sondern fallweise kombiniert eingesetzt.

4.3.4.2 Absatzfinanzierung

Zur Absatzfinanzierung gehören alle Aktivitäten, die ein Unternehmen ergreift, um Kunden durch die Gewährung oder Vermittlung von Krediten zum Kauf zu veranlassen, den sie ohne Kredit nicht getätigt hätten. Zielsetzung ist es, den Kauf einer Leistung zu einem früheren Zeitpunkt zu ermöglichen oder potenziell kaufwillige Kunden zum Kauf zu bewegen, obwohl es ihnen gerade an der notwendigen Kaufkraft mangelt. Nahezu alle Möbel- und Versandhäuser bieten heutzutage Ratenzahlungen bereits für kleinste Kaufsummen an.

Absatzfinanzierung

Kreditgewährung

Die **Absatzfinanzierung** kann durch das Unternehmen selbst erfolgen. Zur Finanzierung können Eigenmittel, Lieferanten- oder Kontokorrentkredite eingesetzt werden. Aber auch das Einschalten von Kreditinstituten zur Vermittlung einer Finanzierung ist möglich und heute allgemein üblich. Beispiele für Kreditgewährung sind:

- Gewähren eines Zahlungsziels
- Ratenkauf
- Kundenkarte oder
- Monatsrechnung

Vermietung, Leasing

Je nach Art der Leistung kann anstelle des Verkaufs auch eine **Vermietung** treten, was aus der Sicht des Unternehmens ebenfalls eine Art Kreditgewährung an den Kunden darstellt. Dies gilt auch für **Leasing** als spezielle Erscheinungsform der Vermietung von Gebrauchs- und Investitionsgütern, wobei häufig zusätzliche Dienstleistungen (z. B. Inspektion, Wartung und Reparaturdienst) mit verkauft werden. Die Frage, ob Leasing als Kaufalternative vom Unternehmen angeboten werden soll, basiert zum einen auf einer Marketing-Grundsatzentscheidung und zum anderen auf einer Kosten- bzw. Ertragsvergleichsrechnung, die es mit den angestrebten Absatzzielen und den Marktgegebenheiten zu gewichten gilt. Es darf hierbei nicht übersehen werden, dass durch eine solche Maßnahme zusätzliche Umsätze im Hobby- bzw. Do-it-yourself-Markt erreicht werden können (Vermietung von Werkzeugen, Geräten oder Maschinen, z. B. für Gartenarbeiten, Hausrenovierungen u. Ä.).

Konditionen

4.3.4.3 Konditionen

Allgemeine Geschäftsbedingungen (AGB)

Hier geht es um die rechtliche Gestaltung der Rechte und Pflichten der Vertragspartner in einer Geschäftsbeziehung. Es geht um die Konditionen, zu denen neben den Liefer- und Zahlungsbedingungen auch die Allgemeinen Geschäftsbedingungen (AGB) gehören. Die Ausgestaltung der Konditionen ist dabei abhängig von

- den Vertragspartnern (direkter oder indirekter Vertrieb)
- der Dauer und Intensität der Zusammenarbeit (einmalige, gelegentliche oder dauernde Geschäftsbeziehung, z. B. Kooperation oder Franchisesystem)
- der Kundengruppe (Gewerbebetriebe oder Privatkunden),
- der Marktregion (geografisch naher oder ferner Markt) sowie
- der Größe des Auftrags und des Kunden (Klein- oder Großkunden),

um einige wichtige Entscheidungskriterien zu nennen. So werden bei Kunden mit geringem Auftragsvolumen i. d. R. wohl die AGB dem Vertrag zugrunde gelegt, während bei Großkunden andere Vereinbarungen erforderlich sind, um den Auftrag zu erhalten (z. B. Haftungsübernahme nach BGB statt VOB).

Es ist vom einzelnen Unternehmen grundsätzlich und im Einzelfall zu entscheiden, welche Bedeutung **vertragliche Regelungen** als Basis für die Gestaltung der einzelnen Geschäftsbeziehung haben sollen. So ist eine Geschäftsbeziehung bei Leistungserwerb durch eine Privatperson vertraglich einfacher zu regeln als beispielsweise ein Franchisevertrag mit einem Franchise-Geber, wie dies bei herstellergebundenen Vertragswerkstätten oder Montagefirmen der Fall ist. Doch dürfen die mit einem „lockeren Vorgehen" bei der Vertragsgestaltung verbundenen Kosten- und Ertragsrisiken nicht unterschätzt werden (vgl. z. B. Konsequenzen für die Produkthaftung).

vertragliche Regelungen

Zahlungsbedingungen umfassen Regelungen zu

- Zahlungsweise und Abwicklung der Zahlung (einschließlich Verzugszinsen)
- Inzahlungnahme gebrauchter Waren
- Zahlungsfristen und Gewährung von Skonti.

Zahlungsbedingungen

Dabei gilt das Skonto als das effizienteste Instrument der Preisgestaltung und der Steuerung des Geldeinganges. Es wird vom Kunden als „echter" Preisnachlass empfunden und gibt nicht selten den Ausschlag zum Vertragsabschluss. Man spricht daher auch von der Anreizfunktion des Skonto. Die Höhe der Abschläge richtet sich nach der angetragenen bzw. vereinbarten Zahlungsweise, z. B. Vorauszahlung, Anzahlung, Zahlung bei Lieferung oder innerhalb einer bestimmten Frist danach.

Lieferbedingungen werden vom Kunden oftmals nicht als direkt preiswirksam erkannt, obwohl hier Kostenverteilungen zwischen Käufer und Verkäufer geregelt werden, wie z. B.:

- Ort und Zeit der Warenübergabe und des Gefahrenübergangs
- Vereinbarungen über die Transportrisiken und Versicherungskosten (Wer kommt dafür auf?)
- Konventionalstrafen bei verspäteter oder ganz ausgefallener Lieferung oder Leistung
- Umtauschrecht.

Lieferbedingungen

Dazu gehören Vereinbarungen über Leistungsgenauigkeit, Leistungsgarantie nach Qualität, Menge und Termin sowie Kundendienstleistungen wie Montage, Umtauschrecht u.a.m. Auch Angaben zur Übernahme von Verpackungs-, Fracht- oder Versicherungskosten sind hier aufzuführen, um einige Beispiele für lieferungsspezifische Kosten zu nennen. Außerdem kann das Unternehmen durch seine Bereitschaft zur Inzahlungnahme von Altgeräten oder zum Abschluss von Gegengeschäften (Gegenlieferungen) seinen Angebotspreis entsprechend gestalten.

Inzahlungnahme von Altgeräten

Gegengeschäfte

Konditionen und Absatzfinanzierung beeinflussen über ihre Kostenwirkungen direkt und indirekt die Höhe des Preises.

Rabatte, Konditionen und Absatzfinanzierung sind jedoch nur dann als zusätzliches Marketinginstrument anzusehen, wenn sie sich von denen der Mitbewerber unterscheiden und auch gezielt als attraktive Neben-Dienstleistungen eingesetzt werden.

4.4 Kommunikation

4.4.1 Kommunikation als Informationsprozess

Erfolgreiche Unternehmen bieten mehr als nur gute Leistungen zu attraktiven Preisen. Sie informieren reale und potenzielle Kunden über Nutzen der Leistung und verankern dies im Bewusstsein der Angesprochenen.

Phasen des Kaufprozesses

Marketingkommunikation wird als dauerhafter Informationsaustausch verstanden. Es ist ein Informationsprozess zur Begleitung und Beeinflussung des Käuferverhaltens während aller **Phasen des Kaufprozesses** (siehe auch nachfolgende Abbildung). Der Kunde soll gezielt beeinflusst werden bei der Vorbereitung des Kaufs, dem eigentlichen Kauf, der Nutzung und Verwendung der Leistung und in seinem Verhalten nach dem Kauf (z. B. positive Mund-zu-Mund-Werbung).

Kaufprozess

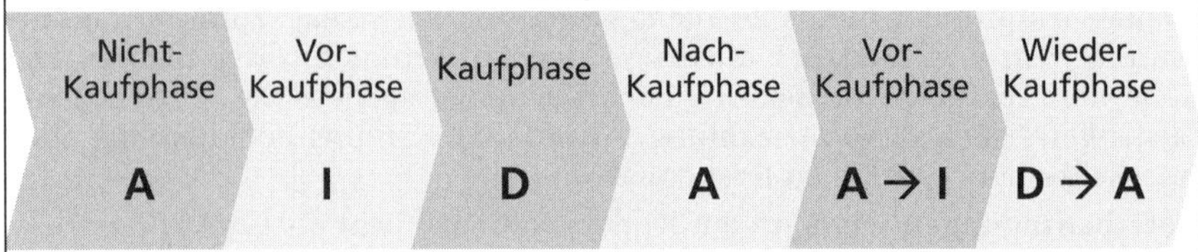

Kommunikationsaufgaben

Präferenz aufbauen, Präsenz zeigen	Interesse, Aufmerksamkeit, Kaufwunsch wecken	Kaufwunsch intensivieren, Kauf auslösen	Kaufrichtigkeit bestätigen, Kundenbindung erzeugen

AIDA im Kaufprozess

Grundaufgaben der Marketingkommunikation

Kundenbeeinflussung durch AIDA

Aus der Abbildung sind die **Grundaufgaben der Marketingkommunikation** zur Handlungsauslösung in den einzelnen Phasen eines Kaufprozesses klar beschrieben. Dabei zeigt es sich, dass die Informationsversorgung im Kaufprozess letztlich auf eine **AIDA-gesteuerte Beeinflussung des Kundenverhaltens** ausgerichtet ist. Dabei bedeutet AIDA:

A	–	Attention	→	Aufmerksamkeit
I	–	Interest	→	Interesse
D	–	Desire	→	Dringlichkeit (Kaufwunsch)
A	–	Action	→	Aktion/Kauf

Mit Hilfe dieses Modells kann jede Marketingbotschaft auf einzelne Zielgruppen (Einzelpersonen oder Personengruppen beim Kauf von Konsum- oder Investitionsgütern) ausgerichtet und auf die erzielte Wirkung in den einzelnen Phasen des Kaufprozesses überprüft werden.

Kommunikation nach AIDA:

Im Einzelnen bedeutet ein **Vorgehen nach AIDA:** Zunächst muss eine Botschaft, eine Aussage gefunden werden, die bei der Zielgruppe eine gewisse **Aufmerksamkeit (Attention)** erregt und Interesse weckt. Eine **rationale** Aufmerksamkeit wird z. B. durch die Aussage (Slogan) des Auto-Herstellers Audi AG „Vorsprung durch Technik" oder Deutsche Bank AG „Leistung durch Leidenschaft" erreicht. Über solche Aussagen versucht man **emotionale** Aufmerksamkeit und positive Empfindungen zu erreichen sowie eine persönliche Kaufmotivation auszulösen. Hierzu werden in Anzeigen, in Werbespots im Fernsehen und im Internet meist Menschen in Situationen und Handlungen gezeigt, die positive Signale senden und Sympathie, Freude, Humor und Erfolg ausstrahlen.

– Aufmerksamkeit

Beispiele:

Für Sympathie in der Werbung seien beispielhaft die Fernsehspots des Süßwarenherstellers Ferrero für das Produkt „Raffaelo" angeführt. Fröhliche, entspannte, hübsche, ganz in Weiß gekleidete junge Frauen genießen unter südlicher Sonne „Raffaelo – die weiße Praline". Die Werbeaussage lautet dabei: „Genuss in Weiß – ganz ohne Schokolade!"

Ein erfolgreiches Beispiel für Humor in der Werbung sind die Fernsehspots „Altbausanierung" und „Gartenhaus", in denen Mike Krüger sympathisch-humorvoll für Produkte der Baumarktkette Hagebau wirbt.

– Interesse

– Dringlichkeit des Kaufwunsches

– Auslösen der Kaufentscheidung

Aufmerksamkeit erzielen ist der erste Schritt in der Marketingkommunikation. Im zweiten Schritt muss **Interesse (Interest)** geweckt werden durch spezielle Informationen und Anreize, die Assoziationen auslösen, die zu einer **Dringlichkeit des Kaufwunsches (Desire)** führen. Wird dieser Wunsch vom Anbieter nachhaltig unterstützt und verstärkt, führt das beim potenziellen Kunden zum bewussten oder unbewussten Überschreiten seiner psychologischen (Kauf-)Hemmschwelle. Der anschließende **Kauf oder Erwerb (Action)** muss vom Verkäufer mit handlungsbestätigenden Vorteilsargumenten bestätigt werden. Der Kunde braucht für seine Kaufentscheidung gegenüber sich selbst wie auch gegenüber seinem sozialen Umfeld Argumente für die Richtigkeit seines Handelns. Schlechte Begründungen lassen ihn als „Verlierer" erscheinen, was er dem Unternehmen anlastet. Dieser Kunde wird kein zufriedener Kunde sein und auch kein positiver Werbeträger und Image-Multiplikator werden.

Kommunikationsmodell der Werbung

Die Grundstruktur einer Kommunikation zeigt das nachfolgend dargestellte „Kommunikationsmodell der Werbung". Es handelt sich hierbei um die sog. „Lasswell-Formel". Sie basiert auf den Fragestellungen: **„Wer** (Sender) sagt **was** (Botschaft) über **welchen** Kanal (Medien/Informationsträger) zu **wem** (Empfänger/Zielgruppe) **mit welchem Effekt** (Erfolg/Reaktion)?"

Marketing-Kommunikation

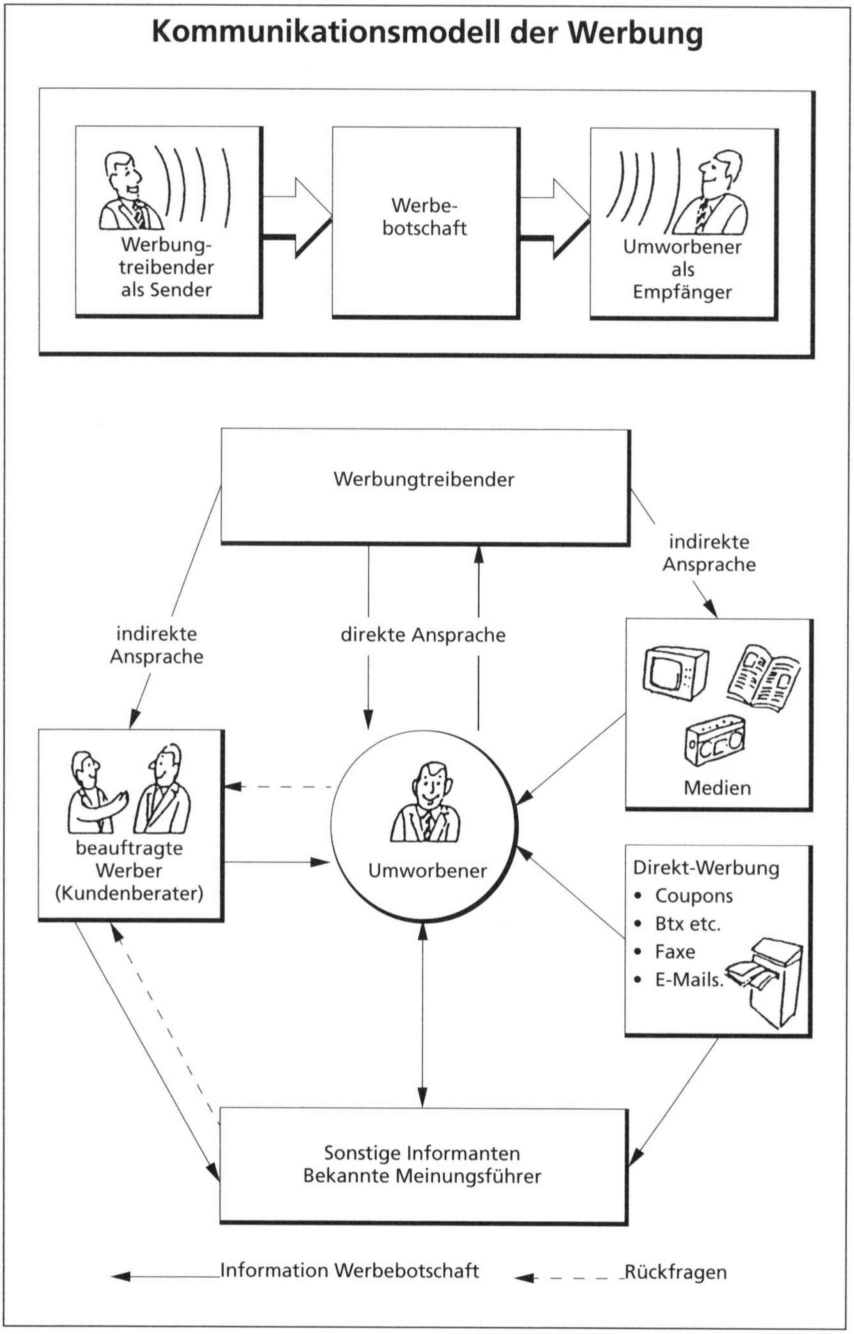

Modell der Marketing-Kommunikation

Die Abbildung unterscheidet nach der Art der Beziehung, die zwischen dem Unternehmen (Sender) und dem Empfänger herrscht, in direkte Kommunikation (einstufig) und indirekte Kommunikation (mehrstufig).

indirekte Kommunikation

Bei der **indirekten Kommunikation** sind die ersten beiden Phasen von AIDA angesprochen, denn hier gehr es vor allem um

- **A** – Aufmerksamkeit erreichen (Attention)
- **I** – Interesse wecken (Interest).

Hierzu sind am besten Werbung und Öffentlichkeitsarbeit geeignet. Das Unternehmen richtet sich nicht unmittelbar an den eigentlichen Empfänger. Er bedient sich zwischengeschalteter Medien. Dies können Print- oder Non-Print-Medien, Organisationen (Verbände) oder Personen (Meinungsbildner) sein, die die Werbebotschaft zu den realen oder potenziellen Kunden bringen.

Beispiele:
Hier sind Anzeigen oder Beilagen in Zeitungen und Zeitschriften oder redaktionelle Informationen in Verbandsmittelungen (z. B. ADAC oder Kammernachrichten) zu nennen. Bei Konsumartikel, speziell modischen und Luxus-Produkten, spielt der Einsatz von Meinungsbildnern wie Stars und Prominente aus Film und Fernsehen eine wichtige Rolle. Diese tragen privat (gesponsert oder gekauft) täglich oder zu besonderen Anlässen häufig Produkte führender oder modisch aktueller Hersteller. Darüber wird in Zeitungen, Zeitschriften oder speziellen TV-Magazinen o. Ä. berichtet, die von den potenziellen Kunden, gelesen und gesehen werden. Bei dieser Art der Marketingkommunikation wird der werbende Effekt verschleiert, wirkt aber bei der Zielgruppe emotional umso mehr.

direkte Kommunikation

Bei der **direkten Kommunikation** geht es um die letzten beiden Phasen von AIDA, es geht um

- **D** – Dringlichkeit, Kaufwunsch wecken (Desire) und
- **A** – Auslösen von Kauf oder Erwerb (Action).

Dies geschieht am wirkungsvollsten durch den Einsatz von **Verkaufsförderung** und **persönlichem Verkauf.** Hier richtet sich das Unternehmen mit seiner Botschaft unmittelbar an den Empfänger der Botschaft und möchte damit eine Reaktion, z. B. positive Berichterstattung, Empfehlung oder Erwerb einer Leistung erreichen.

Beispiele:
Hier sind neben dem Verkaufsgespräch vor allem personenbezogene Werbebriefe oder Verkaufsförderungsmaßnahmen an Absatzmittler (Händler), Absatzhelfer (Verbrauchs- oder Ernährungsberater, Testinstitute, Verbraucherverbände, Architekten o. Ä.), an alle Haushalte oder ausgewählte Kunden oder Kundengruppen zu nennen. Auch Kundentagungen, Hausmessen, Beratungs- und Verkaufsgespräche sowie Befragungen zur Kundenzufriedenheit gehören hierzu.

einseitige Kommunikation

Der Kommunikationsprozess kann mit oder ohne Rückmeldung durch den Empfänger gestaltet werden. Es liegt eine **einseitige Kommunikation** vor, wenn der Empfänger keine Möglichkeit zur Antwort hat. Dies ist z. B. bei einer Anzeige in Druckmedien, einem TV-Spot oder einem einfachen Produktkatalog im Internet der Fall. Die Reaktionsmöglichkeit des Empfängers besteht hier in der Erinnerung oder dem Vergessen bzw. dem Kauf oder Nichtkauf der Leistung.

zweiseitige Kommunikation

Eine **zweiseitige Kommunikation,** ein Informationsaustausch, liegt vor, wenn der Empfänger mit dem Sender in Kontakt treten kann. Hier legt der Sender speziellen Wert auf die Rückmeldung, das Feedback des Empfängers. Dieser soll zu einer unmittelbaren Reaktion auf diese Kommunikationsmaßnahme gebracht werden. Die Aktion liegt beim Empfänger; der Sender kann diesen nicht zusätzlich beeinflussen.

Beispiele:

Hierzu zählen u. a. persönliche Beratung und Verkauf, Anzeigen mit Antwortcoupons, Gutscheine, Preisausschreiben, Produktkataloge im Internet mit Frage- und Bestellmöglichkeiten oder der Informationsaustausch auf Internet-Plattformen oder „Freunde werben Freunde" u.a.m.

Informationsprozesses

Welche Fragen im Rahmen des Informationsprozesses zu beantworten sind, ist beispielhaft in den **7 W-Fragen der Werbung** dargestellt.

Die 7 W-Fragen der Werbung

• **Warum** soll geworben werden?	→	Werbeziele
• **Wer** soll angesprochen werden?	→	Zielgruppen
• **Was** wird übermittelt?	→	Informationsgehalt der Werbebotschaft
• **Wann** wird die Werbebotschaft übermittelt?	→	zeitlicher Einsatz, Koordination
• **Wo** wird übermittelt?	→	räumlicher Einsatz, Koordination
• **Womit** wird übermittelt?	→	Werbemittel, Werbeträger
• **Wie** wird übermittelt?	→	Form, Stil und Präsentation

Diese Fragen sind zielgruppenspezifisch zu beantworten!

Die 7 W-Fragen der Marketingkommunikation

Diese 7 W-Fragen sind zielgruppenspezifisch zu beantworten. So erwarten Kunden eine andere Ansprache als Absatzmittler und Absatzhelfer. Bei diesen Zielgruppen werden andere Marketingziele verfolgt, die meist andere Marketingkommunikations- und Werbeaktivitäten erforderlich machen.

Direktwerbung

Da die Formen des direkten Informationsaustauschs, um „mit dem Kunden im Gespräch" zu bleiben, wesentlich **wirkungsvoller** sind als die Maßnahmen der indirekten Kommunikation, setzen immer mehr Unternehmen auf **direkte Kunden- und Zielgruppenbeeinflussung (Direktwerbung)**. Dies gilt nicht nur bei differenzierter Marktbearbeitung und individuellen Problemlösungen; auch bei Massenmärkten wird dies versucht.

4.4.2 Marketingkommunikation – ein Mix

4.4.2.1 Konzeption

Teilbereiche der Marketingkommunikation

Durch ein klar strukturiertes, abgestimmtes **Marketingkommunikationskonzept** soll das Erreichen der Marketingziele sichergestellt werden. Dieses Konzept umfasst die Teilbereiche

- Werbung
- Öffentlichkeitsarbeit (Public Relations)
- Verkaufsförderung (Sales Promotion) und
- persönlichen Verkauf (Personal Selling).

Die Maßnahmen in diesen Teilbereichen sind zu einem inhaltlich und zeitlich koordinierten, zielgerechten Kommunikationsmix zusammenzufügen. Geschieht dies nicht oder nicht umfassend, muss mit „Kommunikationsbrüchen" und Wirkungsverlusten bei den Zielgruppen gerechnet werden. Angestrebte Einstellungs- und Verhaltensänderungen bei den Angesprochenen und ein positives Gesamtimage am Markt werden dann nicht oder nur teilweise erreicht. Dies kann nur durch ein inhaltlich abgestimmtes Konzept verhindert werden, das situativ anpassungsfähig sein muss, um sofort auf Veränderungen im Markt reagieren zu können.

Marketingkommunikation will kaufwirksame Kundenbeeinflussung!

Aktivitäten zur Entwicklung einer Werbekonzeption:

Die Konzeption einer Marketingkommunikation ist stets ein Kompromiss zwischen Marketingerfordernissen und finanzieller Realisierbarkeit, in deren Mittelpunkt die werblichen Aktivitäten stehen. Stellvertretend für die gesamte Marketingkommunikation sollen daher die erforderlichen Schritte am Beispiel der **Phasen und Aktivitäten zur Entwicklung einer Werbekonzeption** und der dazugehörigen Werbeplanung dargestellt werden. Hier lassen sich folgende Phasen und Aufgaben unterscheiden: • = I

- **Briefing** — **- Briefing**
  Zusammenstellung sämtlicher für die Entwicklung der Werbekonzeption wichtigen Unternehmens- und Marktinformationen.
- **Entwicklung der Werbekonzeption** — **- Konzept**
  Auf Basis der spezifischen Wettbewerbsvorteile und der „einzigartigen Verkaufsidee" sind die Werbeziele und Werbestrategien für das Unternehmen zu suchen und zu bestimmen sowie die „unterstützende Beweisführung" und das zu „erreichende Leistungs- oder Firmenimage" zu ermitteln.
- **Festlegung des Werbeetats** — **- Werbeetat**
  Verfügbare Mittel entsprechend der gewünschten Werbekonzeption ermitteln und bereitstellen. Oftmals ist auch die Werbekonzeption an die verfügbaren Mittel anzupassen.
- **Gestaltung der Werbemittel** — **- Werbemittel**
  Hier geht es um die textliche und graphische Umsetzung der Werbekonzeption in ein Layout (Gestalt) der einzelnen Werbemittel und deren inhaltliche und gestalterische Koordination. Wichtig ist, dass die Werbestrategie „aus einem Guss" ist.

- Medienplan

- **Erstellung des Medienplans**
  Die Entscheidungen über Art und Umfang der Werbeträger (Medien) erfolgt bereits bei den Entscheidungen über die einzusetzenden Werbemittel. Hier geht es um die Festlegung des Zeitplans und der Einsatztermine der Werbemittel und Werbeträger.

- Erfolgskontrolle

- **Werbeerfolgskontrolle**
  Vergleich von Werbezielen und realisierten Effekten der Werbemaßnahmen (z. B. Ermittlung der Aufmerksamkeitswirkung oder Steigerung des Bekanntheitsgrades) während und nach Abschluss einer Werbekampagne, um Steuerungsinformationen für spätere Werbeaktivitäten zu erhalten.

Neben den Entscheidungen zur Werbekonzeption sind auch noch die werbenden Maßnahmen von Verkaufsförderung und Öffentlichkeitsarbeit zu berücksichtigen und in die Werbeplanung mit einzubeziehen.

Kommunikationsstrategie

Ein Marketingkommunikationskonzept ist das Ergebnis der Verknüpfung der geplanten Aktivitäten im Rahmen der Kommunikationsstrategie und den im Kommunikationsbudget zur Verfügung gestellten finanziellen Mittel. Daher ist jedes Kommunikationskonzept häufig ein sich mehrfach wiederholender Abstimmungsprozess zwischen Maßnahmen und verfügbaren finanziellen Mitteln.

Werbekonstanten

Darunter darf die Zielbezogenheit und die Koordination der Maßnahmen nach dem Inhalt der Aussagen und dem zeitlichen Einsatz der Instrumente nicht leiden. Nur so kann erreicht werden, dass bei den Zielgruppen durch den Einsatz verschiedener Kommunikationsmaßnahmen gleiche oder ähnliche Vorstellungen und Einstellungen hervorgerufen bzw. gefestigt werden. Auch der Einsatz sog. „Werbekonstanten" wirkt in diese Richtung. Dies sind einheitliche, gleich bleibende Werbeelemente, wie z. B. Schriftzug des Firmennamens, Firmenlogo, Firmenfarben, Erkennungssymbole, Marken u.a., die in einer fest definierten Gestaltung von allen Informationsträgern des Unternehmens verwendet werden. Sie sind die „Klammern", die Einzelmaßnahmen im Marketingkommunikationsmix zusammenhalten und bei den Zielgruppen einen abgestimmten Gesamteindruck bewirken. Solche Werbekonstanten erfüllen beim einzelnen Mitglied der Zielgruppen eine integrierende Erkennungs- und Zuordnungsfunktion. Sie sind für die Zielgruppen der erforderliche Wiedererkennungsfaktor im Kommunikationsmix.

optimaler Marketingkommunikationsmix im Produktlebenszyklus

Bei der Festlegung ihres optimalen Marketingkommunikationsmix müssen Unternehmen jedoch noch weitere grundsätzliche Einflussgrößen berücksichtigen. Dazu gehören insbesondere die Stellung der Leistung im Produktlebenszyklus, die Art der Käufer, das Vorgehen bei der Marktbearbeitung und nicht zuletzt die Rolle der kaufbeeinflussenden Personen beim potenziellen Käufer.

Erinnerungswerbung

Die Zusammensetzung des Kommunikationsmix wird auch durch die **Phase des Produktlebenszyklus** beeinflusst, in dem sich die Leistung gerade befindet. In der **Einführungsphase** eignen sich z. B. Werbung und Öffentlichkeitsarbeit, um Aufmerksamkeit und Interesse zu bewirken. Durch Verkaufsförderung mit Proben, Mustern, Demonstrationen oder Einführungsangeboten können Kaufwunsch und Kaufhandlung stimuliert werden. In der **Wachstumsphase** sind Werbung und Öffentlichkeitsarbeit weiterhin wichtig. In der Verkaufsförderung werden vermehrt Maßnahmen zur indirekten Zielgruppenbeeinflussung eingesetzt werden, wie z. B. schriftliche Informationen zu Einsatz, Wartung und Instandhaltung der Produkte. In der **Reifephase** kommt überwiegend Werbung als Erinnerungswerbung zum Einsatz. Während in der **Verfallphase** die Werbung unterbleibt, versucht man mit Verkaufsförderungsmassnahmen eventuelle Lagerbestände an Fertigerzeugnissen und Ersatzteilen abzubauen.

Einfluss der Käuferarten auf den Kommunikationsmix

Die **Art der Käufer** (Privatkunden oder Gewerbekunden) spielt eine weitere wichtige Rolle bei der Optimierung des Kommunikationsmix. Bei Marketing für die Zielgruppe **Privatkunden** („Business-to-Consumer"- oder „B2C"-Marketing) sind bei großer Kundenzahl (Massenmarkt) Werbung und Öffentlichkeitsarbeit zur Information und anreizstarke Verkaufsförderung (z. B. Sonderangebote, Aktionen) wichtig. Bei Dienstleistungen und individuellen Problemlösungen für Privatkunden ist der persönliche Verkauf und Mund-zu-Mund-Werbung in den Zielgruppen entscheidend. Beim Marketing für die Zielgruppe **Geschäftskunden** („Business-to-Business"- oder „B2B"-Marketing") ist bei individuellen Problemlösungen der persönliche Verkauf am wichtigsten, gefolgt von Verkaufsförderung, Werbung und Öffentlichkeitsarbeit. In der folgenden Abbildung werden die Unterschiede beim Einsatz des Marketingkommunikationsmix nochmals verdeutlicht.

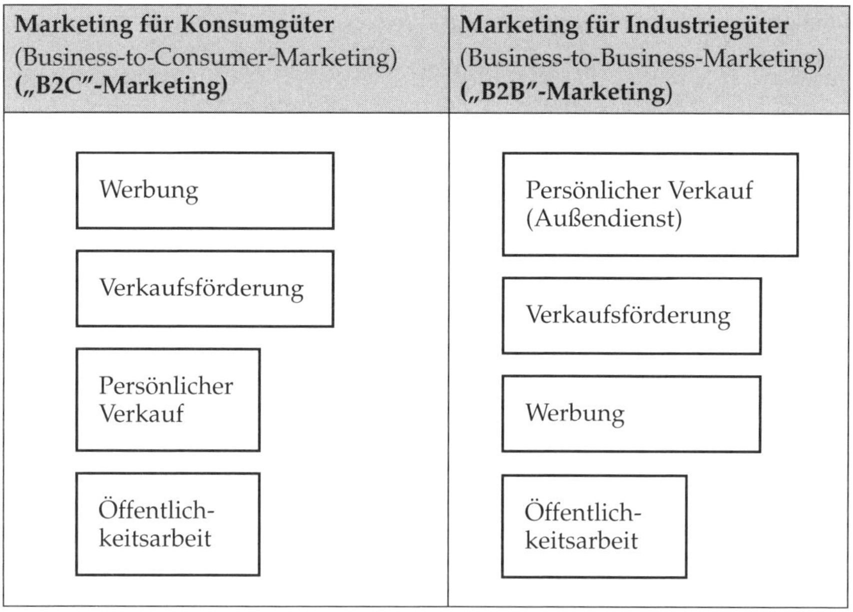

Unterschiede im Einsatz im Marketingkommunikations-Mix. Die Länge der Balken entspricht der Gewichtung der Kommunikationsinstrumente bei den Marketingtypen

Kommunikationsmix bei Push- und Pull-Strategien

Eine aktive oder eine mehr aggressive Vorgehensweise bei der Markbearbeitung führt zu den bekannten Push- und Pull-Strategien in den Teilmärkten des Unternehmens (siehe auch Kapitel 2.5.4). Danach muss auch der Marketingkommunikationsmix ausgerichtet werden, wenn die Ziele der Marktbear-

Push-Strategie

beitung erreicht werden sollen. So kommen bei der **Push-Strategie** verstärkt Marketingmaßnahmen mit starken Reizen zur Verhaltensänderung (Neukauf, Wiederkauf oder Empfehlung) bei den Zielgruppen Absatzmittler, Absatzhelfer und Kunden zum Einsatz.

Pull-Strategie

Besonders Direktmarketing (personenbezogene Direktwerbung) und persönlicher Verkauf sind hier sehr wirkungsvolle Instrumente, um die Leistung „in den Markt zu drücken" oder „an den Mann" zu bringen. Bei der **Pull-Strategie** ist der Kommunikationsmix bewusst und verstärkt auf eine AIDA-gesteuerte Verhaltensbeeinflussung bei den Zielgruppen ausgerichtet. Ein gezielter Einsatz von Werbung sowie informative und stimulierende Direktmarketingmaßnahmen – speziell bei den Endverbrauchern – bewirken, dass hier für die Leistungen ein „Nachfragesog" erzeugt und diese „in den Markt gezogen" werden.

Kommunikationsmix in den Phasen des Kaufprozesses

Die **Phase im Kaufprozess,** in der sich der Kunde befindet, ist eine weitere Bestimmungsgröße für die Struktur des Kommunikationsmix. In der Informationsphase (Nicht-Kaufphase und Vor-Kaufphase) ist Werbung, ergänzt durch Öffentlichkeitsarbeit, das wichtigste Instrument, um Aufmerksamkeit und Wissen zu vermitteln. Sie sind hier viel wirkungsvoller als Besuche von Mitarbeitern oder sog. „Kaltakquise" mittels Telefonanrufen. In der Prüf- und Entscheidungsphase eines Angebots (Vor-Kaufphase und Kaufphase) können Präferenzen und Überzeugungen leichter durch Verkaufsförderung sowie persönliche Beratungs- und Verkaufsgespräche erreicht oder beeinflusst werden. Auch in der Nutzungsphase (Nach-Kaufphase) muss der Kunde kommunikativ begleitet werden, z. B. durch Zufriedenheitsbefragungen, Besuche beim Kunden, Einladung des Kunden zu speziellen Anlässen des Unternehmens o. Ä. Das kann die Kundenbindung erhöhen und die Wiederkaufrate steigern.

Rolle der kaufbestimmenden Personen

Eine weitere wichtige Bestimmungsgröße für eine erfolgreiche Marketingkommunikation ist die **Zahl und der Einfluss, d. h. die „Rolle" der kaufbestimmenden Personen,** die an einem Kaufprozess beteiligt sind. Bei Alleinentscheidungen ist der gesamte Kommunikations- und Kaufprozess auf eine Person auszurichten. Ein positives „Erleben" der Kommunikation führt zum Kauf, negative Eindrücke führen zum Mitbewerber! Bei Teamentscheidungen sind mehrere Personen am Zustandekommen einer Kauf- oder Nichtkauf-Entscheidung beteiligt. Dies ist vor allem bei der Gestaltung des Marketingkommunikationsmix für **Investitionsgüter** zu beachten. Hierbei lassen sich folgende „Rollen" als Einflussnahme im Kaufprozess unterscheiden:

Initiator

- **Initiator:** Er ist Impulsgeber und Auslöser für einen Kauf. Diese Rolle können z. B. Lieferanten, Techniker aus Forschung und Entwicklung, der spätere Verwender, das Rechnungswesen mit Kosten-Nutzen-Analysen für Ersatz- und Rationalisierungsinvestitionen oder eine Messebesuch des Geschäftsführers sein.

Beeinflusser

- **Beeinflusser:** Diese haben oft keine formale Entscheidungsbefugnis, aber auf ihr Urteil wird großen Wert gelegt. Dies sind sehr häufig die technischen Abteilungen/Bereiche, denn sie definieren Anforderungen und Schnittstellen; sie erstellen die angebotsentscheidenden Pflichten- und Lastenhefte, oder sie geben Qualitäten und Normen vor. Aber auch Assistenten der Geschäftsleitung oder Sekretärinnen sind wirkungsvolle Beeinflusser der anderen beteiligten Personen.

- **Verwender:** Diese Person oder Personengruppe nimmt Einfluss über ihre Erwartungen und Anforderungen an die zu beschaffende Leistung und über ihre Nach-Kauferfahrungen beim Verhalten des Verkäufers oder des Servicepersonals bei Einsatz, Wartung und Reparatur der Produkte. **Verwender**
- **Einkäufer:** Er hat die Kompetenz zur formale Auftragsvergabe und zeichnet für den erzielten Kaupreis samt Konditionen verantwortlich. Im Einzelfall kann er auch gleichzeitig Entscheider über Kauf oder Nichtkauf sein. **Einkäufer**
- **Entscheider:** Sie treffen auf Grund ihrer formalen Fachkompetenz die eigentliche Sachentscheidung für oder gegen eine angebotene Problemlösung (Angebot) eines Lieferanten. So wird z. B. bei technischen Problemen bereits in Gesprächen mit den Technikern des Kunden oftmals gemeinsam mit dem anbietenden Unternehmen eine Problemlösung erarbeitet und dem Einkäufer „vorgegeben". Dieses Vorgehen entspricht nicht dem Teamdenken des Einkäufers und kann daher die Preisverhandlungen sehr belasten. Es liegt daher im Interesse des Anbieters, den Einkäufer über die Gespräche mit dem/den Entscheidern zu informieren. **Entscheider**

Die hier dargestellten Einflussgrößen sind auch bei höherwertigen Anschaffungen bei Privatpersonen oder Privathaushalten mit mehreren Personen feststellbar. Die als „Käufer" auftretenden Personen sind nicht immer mit dem „Entscheider" identisch. Und beide unterliegen unterschiedlichen Einflüssen durch Gruppenmitglieder. Daher ist für die Marketingkommunikation für **Konsumgüter** wichtig, welche „Rolle spielen" Freunde, Bekannte, Kinder, Verbrauchsberater oder Testergebnisse bei der Kaufentscheidung, denn dies bestimmt deren Informationsbedarf und den Kommunikations-Mix.

Marketingkommunikationsbudget

Im Marketingkommunikationskonzept werden die gesamten Maßnahmen des Kommunikationsmix inhaltlich und zeitlich abgestimmt und im Hinblick auf eine bestmögliche Realisierung der Marketingziele optimiert. Diese Optimierung muss auch die Kosten für die Aktivitäten in den Kommunikationsteilbereichen einbeziehen. Das Zusammenführen und Abstimmen der gesamten Kommunikationskosten erfolgt im **Marketingkommunikationsbudget.** Hier müssen Kommunikationswünsche, Finanzbedarf und reale Finanzierbarkeit unter Liquiditätsgesichtspunkten zum Ausgleich gebracht werden. Dies kann zu mehrfachen Umschichtungen in den Teilbereichen des Kommunikationskonzepts und im Kommunikationsbudget führen – sowohl bei der ersten Erstellung wie auch bei später notwendigen Anpassungen infolge von internen oder externen Veränderungen.

4.4.2.2 Budgetermittlung

Bereits bei der Festlegung der strategischen (langfristigen), spätestens jedoch bei der Bestimmung der operativen (kurzfristigen) Kommunikationsziele muss das Unternehmen über die Höhe des **Marketingkommunikationsbudgets** entscheiden. Es ist die Höhe der in einer Periode für Marketingkommunikation verfügbaren finanziellen Mittel. Die Praxis spricht hier oft auch vom **„Werbeetat"**, doch muss dieser die Aufwendungen für **alle** kundenbeeinflussenden Maßnahmen aus Werbung, Öffentlichkeitsarbeit, Verkaufsförderung und persönlichem Verkauf enthalten. Dies ist auch in nachfolgender Abbildung dargestellt.

Werbeetat

Marketingkommunikation ist mehr als nur Werbung!

Aufbau eines Werbeetats

WERBEETAT

Insertion	Anzahl	Spalten	Höhe	mm-Preis	Brutto-Kosten	Rabatt	Netto-Kosten	Werk-Anteil	Eigen-kosten

Direktwerbung	Anzahl	Stück-zahl	Werksleistung	Stück-Kosten	Werk-Anteil	Eigen-kosten
Brief			Papier/Druck/Postfertigung			
Kundenzeitung			Streifband/Adressendruck			
Prospekte/Flugblätter						

Veranstaltungen	Anzahl	Stück-zahl			
Vorführungen					
Ausstellungen					
Maschinen-/Leistungs-schau					
Kundentage					

Sonstiges	Anzahl	Stück-zahl			
Kalender					
Werbegeschenke					
Leuchtwerbung					
Prospektständer					

Nettoumsatz	Marktanteil	Werbeetat % des Umsatzes

Aufbau eines Werbeetats (Marketingkommunikationsbudget)

Die Ermittlung der Höhe des verfügbaren Budgets für Marketingkommunikation ist nach vier in der Praxis angewandten Methoden möglich:

Methoden zur Budgetbestimmung

(1) Restbetragsmethode

– Restbetragsmethode

Hier geht man davon aus, dass zunächst die Ausgabeplanungen der anderen Funktionsbereiche (z. B. Materialaufwand, Löhne, Zins- und Tilgungsbeträge) berücksichtigt werden. Dann werden nur diejenigen finanziellen Mittel zur Marketingkommunikation zur Verfügung bereitgestellt, die „man sich leisten kann", also noch übrig sind. Aus dieser Vorgehensweise resultiert die Bezeichnung „Restbetragsmethode". Der Nachteil dieser Methode liegt insbesondere darin, dass z. B. vorhandene Chancen durch verstärkte Marketingkommunikation vollkommen außer Acht gelassen werden. Langfristige Werbeinvestitionen sind nahezu unmöglich. Die Aufteilung des Kommunikationsbudgets auf Leistungen und Verkaufsgebiete erfolgt nicht geplant, sondern eher „situativ-zweckmäßig".

(2) Prozent-vom-Umsatz-Methode

– Prozent-vom-Umsatz-Methode

Hier wird ein bestimmter Prozentsatz, meist zwei bis vier Prozent des geplanten oder des gegenwärtigen Jahresumsatzes, als Kommunikationsbudget bereitgestellt. Dem Vorteil einer starken Umsatzbezogenheit und einfachen Ermittlung steht als äußerst wirksamer Nachteil die Starrheit der Budgetermittlung gegenüber. Es ist wenig Raum für die Berücksichtigung von Besonderheiten in bestimmten Absatzgebieten oder Kundengruppen oder für z. B. verstärkte Verkaufsförderungsmaßnahmen bei Umsatzrückgang infolge aggressiven Mitbewerberverhaltens am Markt.

(3) Wettbewerbs-Paritäts-Methode

– Wettbewerbs-Paritäts-Methode

Bei dieser Form geht es um eine konkurrenzorientierte Ermittlung des Kommunikationsbudgets. Das Unternehmen plant sein Budget nach Erfahrungen mit früheren Aktivitäten des Haupt-Mitbewerbers, um eine Art „Wettbewerbsparität" aufrechtzuerhalten. Hier liegt ein typisches Anpassungsverhalten vor, das nicht geeignet ist, der einzelnen Unternehmung Vorteile zu bringen. Folgendes bleibt dabei unbeachtet: Ziele, Image, Ressourcen, Stärken und Schwächen des Konkurrenten sind meist so verschieden, dass seine Marketingaktivitäten keine Richtgröße, sondern nur Information sein können.

(4) Ziel-Mittel-Methode

– Ziel-Mittel-Methode

Gingen die bisherigen Methoden davon aus, zunächst die Höhe des gesamten Kommunikationsbudgets zu bestimmen, so werden bei dieser Methode zuerst leistungsspezifische und gebietsbezogene Ziele für die Teilbereiche der Marketingkommunikation festgelegt. Dann werden die zur Zielerreichung eingesetzten Maßnahmen bestimmt und die hierfür erforderlichen Kosten ermittelt. Die Summe aller Kosten in den Teilbereichen pro Periode ergibt das erforderliche Kommunikationsbudget, das in die Finanz- und Ausgabenplanung eingebracht wird. Diese zukunftsbezogene, dynamische Methode ist gekennzeichnet durch die Schwierigkeiten der Bestimmung und Ergebniskontrolle der einzelnen Kommunikationsziele. Gleichzeitig ist es nicht möglich, den Beitrag von operationalen Kommunikationszielen zu übergeordneten Unternehmenszielen (z. B. Gewinn, Umsatz) nachzuweisen. Besteht das Werbeziel beispielsweise in der Erhöhung des Bekanntheitsgrades um 30 Prozent innerhalb der nächsten 12 Monate, dann könnten die hierzu erforderlichen Werbeaufwendungen u. U. in keinem wirtschaftlich sinnvollen Verhältnis stehen zum wahrscheinlichen Beitrag dieses Werbeziels zum übergeordneten Ziel einer Gewinnerhöhung des Unternehmens um x Prozent in 2 Jahren.

Werbeaktivitätenrechnung als Budgetsteuerung

Zur Überwachung und Steuerung der Maßnahmen und Kosten der Marketingkommunikation sollte daher eine **„umfassende Werbeaktivitätenrechnung"** eingesetzt werden:

Werbeaktivitätenrechnung

Etat: €	Projekt: Titel/Zeitraum					
Leistungsart →	**Werbevorbereitung**	**Werbeleistung**	Insgesamt			
↓ Werbemittelart/ Kostenart	(Planung, Konzeption, Umsetzung) €	(Produktion, Media, Streuung) €	„Ist" €	disponierte Kosten €	Plan (Schätzkosten) €	noch verfügbarer Etat €
Anzeigen Direktwerbung Werbedruckschriften Verkaufsförderung Film, Funk, Fernsehen Produktausstattung Messen Allg. Aufwand z. B. – Tests, Schulungen – Umlagekosten						
Total Ist Plan						
Kennziffer % Ist/Plan	% / %				100 %	

Budgetsteuerung der Marketingkommunikation (Quelle: BASF)

Streuverluste bei direkter und indirekter Kommunikation

Noch immer stellt die klassische Werbung mit Printmedien (Anzeigen, Prospekte etc.) das mit Abstand wichtigste Kommunikationsinstrument dar. Aber auch andere Aktivitäten der indirekten Kommunikation gewinnen an Bedeutung, wie z. B. Sponsoring und Eventmarketing. Da hier jedoch auch die Streuverluste relativ hoch sind, verlagern viele Unternehmen ihr Werbebudget auf direkt personenbezogene Werbeaktivitäten, die sog. Direktwerbung (z. B. persönliche Werbebriefe), Verkaufsförderung und persönlichen Verkauf.

Die insgesamt anfallenden Kosten sind abhängig von den Maßnahmen in den Kommunikationsteilbereichen Werbung, Öffentlichkeitsarbeit, Verkaufsförderung und persönlicher Verkauf. Diese gilt es nun näher zu betrachten.

4.4.3 Werbung

4.4.3.1 Aufgaben und Ziele

Werbung

Werbung ist eine bewusste und zwangsfreie Einflussnahme auf Menschen mit Hilfe spezieller Kommunikationsmittel, um verkaufspolitische Ziele zu erreichen. Zur Werbung gehören alle von einem Auftraggeber bezahlten Informationen, Darstellungen und Präsentationen der Leistungen eines Unternehmens unter Einsatz von Medien als Informations- oder Werbeträger.

Unternehmen machen Werbung, um bei den Zielgruppen eine bestimmte Reaktion auszulösen. Zum einen kann das ein bestimmtes Verhalten sein, zum anderen aber ebenso eine Meinungsänderung. Konsumenten sollen sich so verhalten, dass sie bestimmte Leistungen kaufen oder ihren Verbrauch dieser Leistungen erhöhen. Oder der Umworbene soll seine Einstellung gegenüber dem Unternehmen ändern. Damit wird deutlich, dass Werbung primär nicht nur ankündigende oder erinnernde Informationen gibt, sondern bewusst der Imagebildung und der Imagepflege bei den Kunden dient, um so kurz- und langfristig die Marketingziele des Unternehmens durchsetzen zu können. **Hauptziele** der Werbung sind:

Hauptziele der Werbung

- Auf das Unternehmen und seine Leistungen aufmerksam machen
- Information über Leistungen und Leistungsfähigkeit des Unternehmens
- Anregung der Kunden zum Kauf der Leistungen
- Versorgung der Kunden mit Argumenten zur Begründung von Kaufentscheidungen

Werbeziele

Die Werbung ist eines der wichtigsten absatzpolitischen Instrumente, um die eigenen Leistungen beim Kunden bekannt und attraktiv zu machen und die Kaufwahrscheinlichkeit zu steigern. Dies ist nur mit einer klaren Vorgabe von Werbezielen möglich. Dabei ist ein Werbeziel ein exakt definiertes Kommunikationsergebnis, das bei einer bestimmten Zielgruppe nach einem festgelegten Zeitraum (Werbedauer) vorliegen soll. Werbeziele sind aus den Marketingzielen und den Einstellungen und Erwartungen der Angesprochenen zu entwickeln. Welche dieser psychologischen Größen in welchem Umfang verändert werden sollen, wird bei der Wahl der Werbeziele bestimmt.

Werbewirkungen

Es lassen sich folgende **Werbeziele und Werbewirkungen** (Reaktionen der Umworbenen) unterscheiden:

- **Kontaktwirkung:** Ausgesandte Werbebotschaften sollen die ausgewählten Zielgruppen möglichst ohne Streuverlust erreichen. Streuverluste entstehen durch Werbekontakte mit Nichtzielpersonen (Personen, die weder als Käufer oder Verwender noch als Absatzhelfer in Frage kommen). Dies führt zu wirkungslosen Werbeausgaben. Bei Nutzung von Medien (z. B. Zeitungen, Zeitschriften o. Ä.) lässt sich dies zwar nicht vermeiden, aber durch bewusste Medienauswahl (Mediaselektion) minimieren.
- **Aufmerksamkeitswirkung:** Die Werbebotschaft soll den unbewussten Wahrnehmungsfilter des Umworbenen durchdringen. Jeder Mensch hat eine so genannte „selektive Wahrnehmung", die dafür sorgt, dass er von den auf ihn einstürmenden Informationen des täglichen Lebens nicht überflutet wird. Der Filter sorgt dafür, dass nur die Informationen wahrgenommen werden, die für den Betreffenden interessant sind. Dabei spielen persönliche Präferenzen und Einstellungen eine Rolle. Die in der Werbebotschaft enthaltenen Informationen sollen aufgrund der speziellen Aufmerksamkeitswirkung bewusst aufgenommen werden.
- **Gefühlswirkung:** Die aufgenommene Werbebotschaft soll auf das individuelle Empfinden des Umworbenen wirken, Emotionen erwecken und Handlungen auslösen oder das Image des Unternehmens positiv beeinflussen. Man spricht daher auch von „Suggestivwerbung", da emotionale Reaktionen bei der Zielgruppe gewünscht werden. Die Stärke dieser Wir-

Suggestivwerbung

kungen lässt sich bis zu einem gewissen Grad an den Reaktionen des Angesprochenen messen. Dies betrifft z. B. Einstellungsänderungen beim Image, Zufriedenheit oder Enttäuschung über eine reale oder empfundene Differenz zwischen zugesagter und erhaltener Leistung.

- **Positive Hinstimmung:** Die Werbebotschaft soll unbewusste Bedürfnisse konkretisieren und bewusst machen: Sie soll den Wunsch wecken, die Marktleistung zu erwerben. Dabei soll dieser Wunsch gerechtfertigt sowie die Überzeugung entwickelt werden, dass die durch die Werbung angepriesene Leistung dem Kunden nach allen Gesichtspunkten den größten Nutzen stiftet und die Kaufentscheidung richtig war.

Zur **Kontrolle,** ob die angestrebten Werbewirkungen auch erreicht wurden, müssen Unternehmen möglichst für jedes Marktsegment und für jede Leistung operative, d. h. möglichst exakte und messbare Werbeziele entwickeln. Erst wenn die Werbeziele in der genannten Form bestimmt sind, kann über die situationsbezogen zweckmäßige **Werbeart** und die marketing-zielführende Werbebotschaft (Werbeaussagen) sinnvoll entschieden werden.

4.4.3.2 Werbearten und Werbebotschaft

Werbearten

Nach den inhaltlichen Schwerpunkten „Informieren, Überzeugen, Erinnern" lassen sich folgende **Werbearten** unterscheiden:

informierende Werbung

(1) Informierende Werbung

Sie wird vor allem bei neuen Leistungen eingesetzt, um Kunden darüber zu informieren und Nachfrage nach den neuen Leistungen zu erzeugen. Potenzielle Kunden werden informiert, die Verwendung der Leistung wird vorgeschlagen, und die Funktionsweise der Leistung wird erklärt. Informierende Werbung ist besonders geeignet, das Leistungsangebot eines Unternehmens kauffördernd darzustellen (z. B. durch Kataloge, Prospekte o. Ä.). Mit informierender Werbung lässt sich auch ein Unternehmensimage aufbauen und unrichtigen Meinungen über das Unternehmen entgegenwirken.

überzeugende Werbung

(2) Überzeugende Werbung

Überzeugende Werbung wird betrieben, wenn eine grundsätzliche Nachfrage nach der Leistung am Markt besteht, die Leistung also schon bekannt ist. Diese Art der Werbung soll das Interesse auf die Marktleistung des eigenen Unternehmens lenken. Bei den Umworbenen soll eine Bereitschaft ausgelöst werden, sich aktiv mit der Leistung auseinanderzusetzen und diese letztendlich zu erwerben. Ziel der werbenden Unternehmen ist es, die Kunden davon zu überzeugen, dass das eigene Angebot besser ist als das der Mitbewerber. Neben einem Neukauf kann auch der Wiederholungskauf im Mittelpunkt einer Überzeugungswerbung stehen. Der Umworbene soll von den Mitbewerbern weg und zur eigenen Marktleistung wechseln bzw. dem Unternehmen treu bleiben. Diese Werbung soll den Kunden aktivieren, das Kaufverhalten steigern sowie die Kundenbindung sichern oder erhöhen.

erinnernde Werbung

(3) Erinnernde Werbung

Diese Art der Werbung ist wichtig bei Leistungen, die schon lange auf dem Markt sind und im Produktlebenszyklus als „Cash-Kühe" bezeichnet werden. Kunden sollen die Leistung weiterhin kaufen oder wieder daran interessiert werden. Mit der Erinnerungswerbung wird Kunden verdeutlicht, dass eine

Kaufhandlung noch nicht erfolgt, eine Ersatz- oder Vorratsbeschaffung angeraten oder eine Zusatzleistung zu Sonderkonditionen zu erwerben ist. Durch dieses Vorgehen wird der Bekanntheitsgrad von Unternehmen und Leistung gesteigert. Mehr oder weniger große Teile der durch die Werbung vermittelten Sach- und Imageinformationen sollen im Gedächtnis gespeichert bleiben (z. B. das Firmenzeichen [Logo], der Unternehmensleitsatz [Slogan], die Marke oder die Hausfarbe [Corporate Identity]).

Diese Werbeaktivitäten können auch **inhaltlich kombinierbar** durchgeführt werden:

Einzel- oder Massenwerbung

- **Einzelwerbung** oder **Massenwerbung**
  Einzelwerbung ist personenbezogene Kommunikation mit realen oder potenziellen Kunden, z. B. in Form von Direktwerbung mit persönlichen Werbebriefen, Einladungen oder speziellen Verkaufsförderungsmaßnahmen. Bei der Massenwerbung werden mögliche Kundengruppen ohne persönliche Ansprache umworben, durch Einschaltung von unpersönlichen Werbemitteln, z. B. Handzetteln, Anzeigen in Tageszeitungen oder Fachzeitschriften, aber auch Firmen- und Produktpräsentationen im Internet.

Allein- oder Kollektivwerbung

- **Alleinwerbung** oder **Kollektivwerbung**
  Alleinwerbung geht vom einzelnen Unternehmen aus und betrifft dessen Leistungen und Leistungsfähigkeit. Bei der Kollektivwerbung werden Werbemaßnahmen von mehreren Unternehmen getragen. Sie können sich auf einzelne Leistungen/Produkte, auf Leistungsarten oder auf die Leistungsfähigkeit der beteiligten Werbepartner beziehen. Kollektive Werbeaktionen werden häufig aus Kostengründen und mangelnder Finanzkraft der einzelnen Unternehmen durchgeführt. Dabei lassen sich vier Formen der Kollektivwerbung unterscheiden:
  - Huckepackwerbung: Mindestens zwei weitgehend komplementäre Produkte werden gemeinsam beworben, z. B. Plakat mit „Bacardi und Coca Cola" oder Vertragswerkstätte wirbt mit Industriemarke („Bosch-Kaiser").
  - Gemeinschaftswerbung: Einige Firmen treten werbemäßig kollektiv auf, ohne eine der Firmen namentlich zu nennen. Bekannt sind gemeinschaftliche Messeauftritte/Messestände oder Anzeigen wie etwa „Kenner trinken Württemberger".
  - Sammelwerbung: Im Gegensatz zur Gemeinschaftswerbung werden alle beteiligten Firmen namentlich genannt (z. B. Anzeige in der Tageszeitung für den verkaufsoffenen Sonntag mit Angeboten aller beteiligten Unternehmen des Ortes).
  - Verbundwerbung: Hersteller und (Einzel-)Händler werben gemeinsam, um die jeweiligen Stärken zu nutzen (z. B. Know-how, Marktnähe, Budget etc.). Beispielhaft dafür ist die Kollektivwerbung der Hersteller von Badezimmerkeramik mit Handwerksbetrieben „Das schöne Bad" oder „Der festliche Tisch" oder Werbung für regionale Handwerkerzentren.

Leistungs- oder Firmenwerbung

- **Leistungswerbung** oder **Firmenwerbung**
  Bei Leistungswerbung beziehen sich die Werbemaßnahmen auf einzelne Leistungen oder aber das gesamte Leistungsprogramm. Diese werden zur besseren Positionierung und Profilierung gegenüber Mitbewerbern häufig mit Marken versehen oder als „Linien" (Premium-, Standard- oder Econo-

mie-Linie") herausgestellt. Werbemaßnahmen der **Firmenwerbung** betreffen das Unternehmen an sich. Durch Herausstellen des Firmennamens als „Marke" sollen bei den Zielgruppen positive Imagevorstellungen für das eigene Unternehmen geschaffen werden (z. B. BOSCH oder Nestlé als sog. „Dachmarken").

Werbekombinationen

Die genannten Werbealternativen treten nicht isoliert auf. Sie werden meist in Form von **Werbekombinationen** eingesetzt. So kann Kollektivwerbung als indirekte, einseitige (ohne Reaktionsmöglichkeit der Adressaten) oder indirekte, zweiseitige Massenwerbung (mit Reaktionsmöglichkeit) durchgeführt werden. Einzelwerbung ist dagegen als direkte, zweiseitige Kommunikation (z. B. als personenbezogene Direktwerbung) viel wirksamer.

Werbebotschaft

Die genannten Werbearten haben eine **Werbebotschaft** zu transportieren. Sie beschreibt in werbewirksamer Form den Inhalt *der* Werbeaussagen, mit denen die Zielgruppe vertraut gemacht werden soll. Zweck der Werbebotschaft ist es, die Verbraucher zu einer bestimmten Meinung oder Reaktion in Bezug auf die angebotene Leistung oder das Unternehmen zu bringen.

Wer Werbeaussagen entwickelt, der muss sich zuerst mit der Zielgruppe und ihren Eigenschaften befassen. Hilfreich dabei sind Beobachtungen oder Erfahrungen, die die Zielgruppen beim **„Erleben der Leistung"** bereits hatten, vor allem beim Kauf und der Verwendung. Hilfreich ist hierbei, sich mit Verkäufern, Fachleuten oder auch Mitbewerbern zu unterhalten. Dabei wird man feststellen, dass der Inhalt der Werbeaussagen sich häufig nicht aus der realen Qualität des Unternehmens und seiner Leistungen ergibt, sondern aus den von den Kunden subjektiv empfundenen Vorteilen, die sie als Verbraucher oder Verwender einer Leistung des Unternehmens erreichen könnten. Diese Vorstellungen über zu erwartende Vorteile sind letztlich die **Kaufmotive der Kunden**, die es mit entsprechenden Aussagen in der Werbung anzusprechen und auszulösen gilt. Hierzu gehören beispielsweise Werbeaussagen über die Verwendungsmöglichkeit und objektive Beschaffenheit der Leistung (Zusammensetzung, Qualitätsniveau, Wirtschaftlichkeit, Wirkungsweise und Umweltverträglichkeit). Weitere Aussagen betreffen die Erfüllung subjektiver Kundenwünsche. Bei Privatkunden sind dies z. B. Aussagen über den Beitrag zur Befriedigung von Bedürfnissen nach Sicherheit, Bequemlichkeit, Gesundheit oder die Möglichkeit der Selbstdarstellung durch den Besitz bzw. die Verwendung eines Produktes. Außerdem bestimmen Art und Intensität der Werbemaßnahmen der Mitbewerber sowie gesetzliche Bestimmungen (z. B. das Gesetz gegen unlauteren Wettbewerb) den Inhalt und die Art der Werbung eines Unternehmens.

Kaufmotive der Kunden

Folgende **drei Eigenschaften einer Werbebotschaft** sind für die Wirkung bei Kunden entscheidend:

Eigenschaften einer Werbebotschaft

- Die Werbbotschaft muss den **spezifischen Nutzen der Leistung** für den Kunden verdeutlichen („Klasse statt Masse").
- Die Werbebotschaft muss die **Unterschiede und Vorteile der eigenen Leistung** gegenüber dem Mitbewerber deutlich aufzeigen und besonders hervorheben.
- Die Werbebotschaft muss **glaubhaft** sein.

Ein Unternehmen sollte jede Werbeaussage auf ihre Glaubwürdigkeit hin überprüfen. Wie eine Studie herausgefunden hat, glaubt ein Drittel der befragten Verbraucher nicht den Anzeigen mit Allgemeinaussagen wie „... wäscht weißer", „... hält länger", „... schmeckt besser" oder „... ist gesünder". Deshalb sollte bei der Entwicklung einer Werbebotschaft auf **begründete, glaubhafte und aufrichtige (ehrliche) Information** besonderer Wert gelegt werden. Dabei zeigt es sich, dass die Wirkung der Werbebotschaft davon abhängt, wie die Information dem Umworbenen vermittelt wird. Als **Wirkungsverstärker** können folgende Darstellungstechniken eingesetzt werden:

Wirkungsverstärker

- **Verwendung von Stimmungen:**
  Die Leistung wird mit einem Bild oder einer Stimmung verbunden, beispielsweise Natur, Schönheit oder Liebe, die dann unterschwellig eine Aussage über die Leistung macht.
- **Musikalische Untermalung:**
  Hier verbindet man die Leistung mit einem bekannten Lied bzw. Musik und damit die durch die Musik hervorgerufenen Emotionen mit der Leistung.
- **Technik des wissenschaftlichen Beweises:**
  Bei diesem Wirkungsverstärker wirbt man mit Ergebnissen aus Tests oder Umfragen, um die Verbraucher von der Überlegenheit einer bestimmten Leistung zu überzeugen.
- **„Slice-of-life"-Technik:**
  Sie zeigt eine Situation aus dem Alltagsleben, in der die Leistung in ihrem normalen Umfeld genutzt wird.
- **„Lifestyle"-Technik:**
  Bei diesem Verstärker wird die Leistung in einem speziellen Umfeld mit bestimmten Personen dargestellt, die bei Kunden einen bestimmten Lebensstil repräsentieren.

Damit sind Fragen nach der Wahl der Werbemittel und deren Gestaltung angesprochen.

4.4.3.3 Werbestrategie und Werbemittel

Werbebotschaft, Werbemittel und Werbeträger

Hierbei muss entschieden werden, mit Hilfe von welchen Werbemitteln und Werbeträgern (Medien) die Werbebotschaft an die Zielgruppe(n) vermittelt werden soll. So ist zu klären, ob z. B. eine Anzeige in der regionalen Tageszeitung, die Aufmerksamkeit und Interesse weckt, wirkungsvoller ist als ein Werbebrief an die Haushalte eines Teilmarktes. Eine beispielhafte Zusammenstellung von Werbemitteln und Werbeträgern zeigt die nachfolgende Abbildung:

Werbemittel und Werbeträger

Werbemittel	Werbeträger
Inserate	Tages- und Wochenzeitungen, Anzeigenblätter, Illustrierte, Fachzeitschriften, Veranstaltungsprogramme
Außen- und Innenplakate	Anschlagflächen an Verkehrswegen, Bauzäune, öffentliche Verkehrseinrichtungen (Bahnhöfe, U-Bahnhöfe, Züge, Straßenbahnen usw.), Veranstaltungszentren (Sportstadien), Ladengeschäfte, Messen und Ausstellungen
Permanente Außen- und Innenwerbung mittels Leuchtschriften, Signeten, Dauerplakaten	private und öffentliche Gebäude, Veranstaltungszentren, Verkehrsmittel, Ladengeschäfte, Messen und Ausstellungen
Prospekte und Kataloge	Postversand, Hausverteilungsorganisationen, Verteilung auf der Straße, an Veranstaltungen, Messen, Ausstellungen, durch Außendienstpersonal, als Beilage zum Schriftverkehr der Firma, in Produktpackungen, in Detailgeschäften
Individuell zu tragende Abzeichen und Signete, Abziehbilder und Kleber, Kleidungsstücke, Startnummern usw.	Firmenangehöriges Personal, Käufer und Verwender, irgendwelche Dritte, Fahrzeuge, Teilnehmer an Sportveranstaltungen
Einpackpapier, Tragtaschen	Käufer und Besucher von Detailgeschäften, Veranstaltungen usw.
Werbegeschenke wie Taschen- und Wandkalender, Arbeitstabellen, Werkzeuge, Taschenrechner, Fachbücher, Etuis usw.	Käufer und Verwender der Produkte, Händler und Absatzhelfer
Diapositive und Werbefilme	Kinos, Theater, Veranstaltungen
Fernsehspots	verschiedene Fernsehanstalten, evtl. auch verbilligte Abgabe von Fernsehkassetten für Unterrichtszwecke
Gesprochene und vertonte Werbetexte	Radiosender, Sport- und Unterhaltungsveranstaltungen, Detailgeschäfte, Autos mit Lautsprechereinrichtung
elektronische Werbebotschaften mit/ohne Produktabbildungen	Internetauftritt des Unternehmens, Handys
Inserate	Tages- und Wochenzeitungen, Anzeigenblätter, Illustrierte, Fachzeitschriften, Veranstaltungsprogramme

Werbemittel und Werbeträger (Auszug)

Entscheidungen über einzusetzende Werbemittel und Werbeträger betreffen **Reichweite und Häufigkeit.** Zunächst werden Hauptwerbemittel und Werbeträger bestimmt. Anschließend erfolgt die Auswahl und Platzierung in den einzelnen Werbeträgern sowie die Terminierung des Werbemittel- und Medieneinsatzes. Die **Reichweite** beschreibt den Prozentsatz der Personen im beworbenen Teilmarkt, die während eines bestimmten Zeitraums die Werbeaktion wahrnehmen können. Die **Kontakthäufigkeit** (Frequenz) beschreibt, wie oft eine Person der Zielgruppe im Durchschnitt während eines Zeitraums mit der Werbebotschaft angesprochen werden soll (Ziel) oder Kontakt hat (Ergebnis). Generell muss das Werbebudget umso höher sein, je größer die Reichweite, Frequenz und Wirkung der Werbung sein sollen.

Reichweite

Kontakthäufigkeit

Auch die Entscheidung über die zeitliche Dauer und den Zeitpunkt der Werbung sind wichtig für den Erfolg von Werbemaßnahmen. Bezüglich des zeitlichen Einsatzes der Werbemittel muss zwischen lang- und kurzfristiger Einsatzplanung unterschieden werden. Im **langfristigen Werbeplan** (ein bis zwei Jahre) müssen neben Konjunktur- und Saisoneinflüssen auch Annahmen über die Phase im Produktlebenszyklus der in Frage stehenden Sach- oder Dienstleistungen (z. B. Einführungs- oder Sättigungsphase mit unterschiedlichen Zuwachsraten) stehen. Auch der Zeitpunkt und die Zeitstruktur der Werbewirkung (70 Prozent sofort und je 10 Prozent in den folgenden 3 Monaten) müssen berücksichtigt werden. Dies führt zu einer unterschiedlichen Werbeverteilung.

Werbeplan, langfristig

Entsprechendes gilt auch für die **kurzfristige Werbeeinsatzplanung** (z. B. Halbjahr, Quartal und Monat). Sie wird wesentlich bestimmt durch die Art der Leistung, das Kauf- und Konsumverhalten sowie die Kommunikationsgewohnheiten der Umworbenen. Intensität und Häufigkeit der Nutzung von Werbemedien bedingen bestimmte **zeitliche Verteilungen der Werbemaßnahmen,** wenn sie erfolgreich sein sollen. Dabei sind beispielsweise zwölf „Zeitmuster" möglich (nach Kotler).

Werbeeinsatzplanung, kurzfristig

Zeitliche Verteilung von Werbemaßnahmen

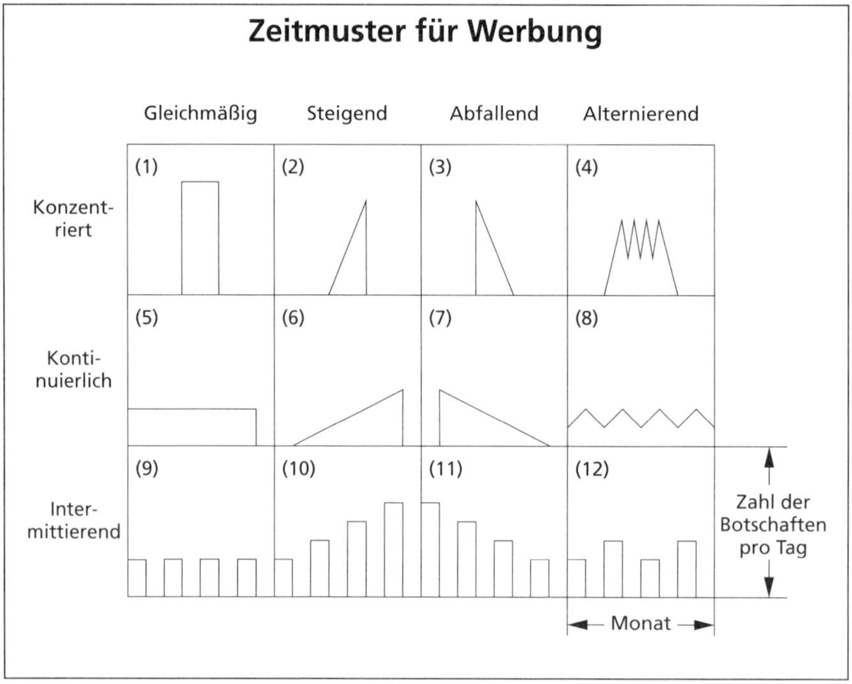

Beispiele von Zeitmustern für die Werbung

Je nach Zeitmuster haben die Umworbenen unterschiedlich intensiv und häufig Kontakt mit den Werbebotschaften des Unternehmens. Kontrollen während oder nach Ablauf der Werbemaßnahmen werden zeigen, ob mit den gewählten Werbeaussagen, Werbemedien und Werbezeiten die angestrebten Werbeziele, also die erwarteten Einstellungs- und Verhaltensänderungen der Umworbenen, erreicht werden konnten.

Werbestrategie

Im Rahmen der **Werbestrategien** werden die **Werbeziele** und die **inhaltliche und zeitliche Gestaltung** der geplanten Werbeaktivitäten eines Unternehmens zusammengeführt und endgültig festgelegt. Hierzu gehören auch die Maßnahmen zur Verkaufsförderung und Öffentlichkeitsarbeit. Die Werbestrategie betrifft die Entscheidungen über das werbliche Vorgehen in einer Periode in einem konkreten Teilmarkt, um dort das Erreichen der Marketingziele zu unterstützen. Ein Hilfsmittel zur Ermittlung möglicher **Werbestrategien** stellt der sog. „Morphologische Kasten" dar (siehe nachfolgende Abbildung). Hier werden zunächst die Elemente einer Werbemaßnahme festgelegt und in vertikaler Richtung geordnet. Für die einzelnen Elemente gilt es dann unterschiedliche Gestaltungsmöglichkeiten festzulegen. Hinweise für unternehmensspezifische Werbestrategien erhält man durch ziel-, kosten- und situationsgerechte Kombination der gefundenen Gestaltungsalternativen.

Entwicklung von Werbestrategien

Werbestrategien

Elemente	Lösungsmöglichkeiten			
Werbeziele	„XY als Spezialist für …"	Imageverbesserung „Zuverlässigkeit"	Ausweitung des Reparaturgeschäftes	Erhöhung des Marktanteils bei Erstausstattung
Zielgruppe	öffentliche Auftraggeber	Gewerbebetriebe	Freie Berufe	Privathaushalte
Werbestil	aggressiv	informativ	humorvoll	suggestiv
Werbemittel	Anzeigen	Plakat	Wurfsendungen	Direktwerbung
Werbeträger	Zeitschriften	Zeitungen	Kraftfahrzeuge	Laden
Werbefrequenz	täglich (während VKF-Aktionen)	14-tägig (insgesamt 3 Monate)	wöchentlich (insgesamt 6 Monate)	3-mal pro Monat (insgesamt 1. Quartal und 4. Quartal)

●——● Werbestrategie für Zielgruppe „Freie Berufe"
● - - - ● Werbestrategie für Zielgruppe „Privathaushalte"

Aufbau von unternehmensspezifischen Werbestrategien unter Einsatz der Lösungshilfe „Morphologischer Kasten"

Anforderungen an Gestaltung und Einsatz der Werbemittel

Die obige Darstellung zeigt, dass das Unternehmen sich z. B. bei der Zielgruppe „Freie Berufe" für eine geschlossene Werbestrategie unter Medieneinsatz entscheidet. Bei der Zielgruppe „Privathaushalte" hat es sich im Beispiel für eine kombinierte Werbestrategie entschlossen. Dabei handelt es sich allerdings um Vorentscheidungen, die es mit den verfügbaren finanziellen Mitteln, dem Werbeetat, abzustimmen gilt. Insofern ist jede Werbemaßnahme eine Kompromissentscheidung zwischen Marketingerfordernissen und finanzieller Realisierbarkeit.

Wegen der Vielfalt der Werbeappelle auf dem Markt sowie des unterschiedlichen Kommunikationsverhaltens der Mitbewerber und der ausgesuchten Zielgruppen müssen **Gestaltung und Einsatz der Werbemittel** geprägt sein durch

- Originalität,
- Aktualität,
- Verständlichkeit,
- Glaubwürdigkeit,
- Übersichtlichkeit sowie
- Prägnanz.

Werbung im Internet

Diese Anforderungen gelten in ganz besonderem Maße, wenn das Unternehmen eine **Internetwerbung** plant. Dabei sollten eine strenge Kosten-Nutzen-Analyse sowie eine intensive Beratung mit Internet-erfahrenen Werbeberatern die Entscheidungsgrundlage sein. Nicht immer ist es wirtschaftlich sinnvoll, einem „Trend" zu folgen.

Checkliste zur Gestaltung von Werbemitteln

Anhaltspunkte zur Überprüfung der genannten Anforderungen bei der **Gestaltung von Werbemitteln** kann folgender Fragenkatalog geben:

- Wie ist die Grundstimmung in der Werbung? Ist sie positiv? (Glück, Erfolg oder Spaß sind in der Werbung wirkungsvoller als negative Stimmungen wie Angst, Bedrohung, Gefahr oder Not).
- Sind Formulierungen in der Botschaft enthalten, die Aufmerksamkeit und Erinnerung bei der Zielgruppe bewirken?
- Welche Gestaltungselemente wurden gewählt? (Das Bild ist das Erste, was der Leser wahrnimmt. Die Schlagzeile muss neugierig auf die komplette Werbung machen. Der Textblock sollte knapp, aber präzise formuliert sein.)

Beispiel:

Gestaltung einer Betriebsanleitung

Für die Gestaltung einer Betriebsanleitung können folgende Fragen hilfreich sein:

- Ist die textliche und bildliche Gestaltung ganz auf das Niveau des Verwenders abgestimmt?
- Hat die Bedienungsanleitung auch eine werbliche Ausstrahlung für ihre saubere und klar gegliederte Gestaltung?
- Liegt sie gestalterisch im Firmenstil?
- Sind die leeren Seiten oder Rückseiten werblich so genutzt, dass sie durch die Firma und ihr weiteres Lieferprogramm etwas aussagen?
- Ist die Anzahl der Seiten so gewählt, dass sie die volle Druckform ausnutzen?
- Ist schon daran gedacht worden, wo ein Einhefter mit einer Antwortkarte eingebaut werden kann, der über das weitere Programm oder über Ergänzungsleistungen, Zusatzgeräte oder Ersatzteile informiert?

Bei allen bis hierher getroffenen werbewirksamen Entscheidungen handelt es sich allerdings um Vorentscheidungen, die es mit den verfügbaren finanziellen Mitteln, dem Werbeetat, abzustimmen gilt.

Gefahren der Ineffizienz

Die Entscheidungen und Aufgaben in der Werbung werden – abhängig von der Unternehmensgröße – entweder in eigenen Abteilungen oder aber in kleineren Unternehmen von einem Verantwortlichen (häufig der Inhaber selbst) erledigt. Wird Werbung nicht kontinuierlich oder nur „nebenher" erledigt, besteht die berechtigte Gefahr des Wirkungsverlusts (Ineffizienz) und langfristig die Gefahr der Verdrängung durch die Mitbewerber.

4.4.4 Verkaufsförderung

4.4.4.1 Ziele und Auslöser

Verkaufsförderung (Sales promotion)

Unter Verkaufsförderung (Sales Promotion) sind alle Entscheidungen und Maßnahmen zu verstehen, die dazu dienen, dem Absatz kurzfristig starke Impulse zu geben. **Ziel** ist es,

- einen Kaufwunsch auszulösen oder zu bestärken und
- dem Kunden die Kaufentscheidung zu erleichtern und herbeizuführen.

Im Gegensatz zur Langfristwirkung der Werbung geht es bei der Verkaufsförderung primär um Sofortwirkungen zur Realisierung der in einer Periode in einem bestimmten Teilmarkt angestrebten Absatz- oder Umsatzziele. Es sollen bei den Zielgruppen schnelle, oft spontane Reaktionen ausgelöst werden. Zielt die Werbung direkt auf „Kaufen Sie unsere Leistung" ab, so heißt dies bei der Verkaufsförderung „Kaufen Sie unsere Leistung jetzt!". Durch diese unterschiedliche Zielsetzung ergänzen sich beide Marketinginstrumente hervorragend für eine intensive Marktbearbeitung.

Gründe für Verkaufsförderung:

Die Gründe oder auch Auslöser für Verkaufsförderungsaktivitäten liegen in den Erfahrungswerten über die Wirkung von „Information" und „direktem Erleben" beim Menschen bezüglich:

– Wissenserwerb

- **Wissenserwerb:**
  - 78 % durch das Auge (visuell)
  - 13 % durch das Ohr (auditiv)
  - 3 % durch Geruchs-, Geschmacks- und Tastsinn.

– Behaltenswerte

- **Behaltenswerte:**
  - 10 % von dem, was man liest
  - 20 % von dem, was man hört
  - 30 % von dem, was man sieht
  - 50 % von dem, was man audiovisuell aufnimmt (gehört und gesehen)
  - 70 % von dem, was man selbst spricht
  - 90 % von dem, was man selbst ausführt

– Schwundwerte

- **Schwundwerte:**

Man vergisst nach:	3 Stunden	3 Tagen
• Gehörtes	30 %	90 %
• Gesehenes	28 %	80 %
• Audiovisuell Aufgenommenes, gesehen und gehört	15 %	35 %

Auch wenn es sich dabei lediglich um Anhaltspunkte handeln kann, wird speziell für erklärungsbedürftige Leistungen deutlich, dass hier die direkten, optisch-sensorisch wirkenden Maßnahmen der Verkaufsförderung überwiegen sollten.

4.4.4.2 Maßnahmen

Zielgruppen der Verkaufsförderung

Bei der Verkaufsförderung geht es um das Auslösen kurzfristiger, die Kaufentscheidung oder Kaufempfehlung stimulierender Wirkungen bei den relevanten Zielgruppen. Diese **Zielgruppen** sind
- bisherige und potenzielle Kunden
- bisherige und potenzielle Absatzhelfer
- bisherige und potenzielle Vertriebspartner, sofern sie für den Verkauf der Leistungen erforderlich sind.

Dabei zeichnen sich Maßnahmen zur Verkaufsförderung durch folgende **Eigenschaften für die Zielgruppe** aus:
- hoher Aufmerksamkeitswert
- großer Informations- und Mehrwert
- starke Reize für spontane Aktivitäten.

Dies trifft in besonderem Maße für alle Serviceleistungen vor, während und nach dem Kauf zu, welche die Kunden bei ihrer Kauf- oder Wiederkaufentscheidung positiv beeinflussen, sofern sie nicht Branchenstandard oder konkurrenzgleich sind.

Serviceleistungen sind Verkaufsförderung direkt beim Kunden.

Maßnahmen zur Verkaufsförderung

Daneben gibt es die unterschiedlichsten Maßnahmen, mit denen beim Kunden kurzfristig wirksame (Kauf-)Handlungen ausgelöst werden können. Beispiele für solche Maßnahmen zur Beeinflussung der Zielgruppen sind:
- Gutscheine, Warenproben oder Muster
- Preisnachlässe, Einführungspreise oder Sonderpreise (Aktionspreise)
- Vorführungen am Einsatzort, in Ausstellungsräumen oder in Verkaufsräumen (Hausmessen)
- Überlassen von Testgeräten
- Durchführung von Kosten- und Ertragsvergleichen
- Einsatz von kleineren Preisausschreiben
- Abgabe von Werbegeschenken
- zeitlich befristete Spezialangebote (z. B. spezielle Leistungen mit zeitlich begrenzten, saisonalen Sonderpreisen)
- „Geld-zurück"-Angebote
- Verpackungen mit Zusatznutzen (z. B. als Spielzeug oder Dekoration)
- Serviceeinrichtungen (z. B. Beratungsdienst, Lieferservice oder Finanzierungshilfen)

Daneben sind besonders wirkungsvolle Maßnahmen:
- Schulung bzw. Unterweisung von Mitarbeitern (z. B. über Einsatz, Anwendung, Wartung und Reparatur von Sachleistungen)
- Übermittlung von Produkt- und Marktinformationen (z. B. Handbücher, technische Datenblätter oder Testergebnisse etc.)

- Bereitstellung von Investitionshilfen oder Ausstattungsteilen (z. B. Lager- und Verkaufshilfen wie Regale, Ständer, Boxen etc.).

Grundsätzlich sollten Maßnahmen der Verkaufsförderung auch das Verhältnis zum Kunden ausbauen und pflegen. Zahlreiche Verkaufsförderungsaktivitäten eignen sich nicht nur für eine kurzfristige Absatzsteigerung. Sie sind auf Grund ihrer spezifischen und langfristig wirkenden Vorteile auch geeignet, Kundenbindung zu erreichen und zu festigen. Nachfolgend ist eine Auswahl von Maßnahmen zur Verkaufsförderung beispielhaft aufgelistet.

Mittel der Verkaufsförderung

- **Schriftliche Mittel**
  - Verkaufs-, Informations- und Werbebriefe
  - Handzettel für Aussendungen
  - Sonderdrucke aus Besprechungen und Tests in Fachzeitschriften
  - Argumentensammlung für Absatzhelfer und Absatzmittler
  - Beihefter und Beilagen in Korrespondenz, Rechnungen o. Ä.
  - Merk-, Werbe- und Datenblätter (z. B. für die Verteilung auf Messen, Tagungen und Vortragsveranstaltungen)
  - Kurzbeschreibungen von speziellen Marktleistungen
  - Handbücher, technische Hilfsbücher
  - Forschungs- und Laborberichte, wissenschaftliche Gutachten
  - Verfahrensbeschreibungen, Verfahrens- und Kostenvergleiche
  - Wirtschaftlichkeitsberechnungen
  - Referenzlisten
  - Gebrauchs-, Bedienungs- und Montageanleitungen
  - Diagramme, Zeichnungen, grafische Darstellungen
  - statistische Auswertungen für Kunden, Meinungsbildner, Absatzhelfer etc.
  - Musterbriefe und Formbriefe zum Einsatz bei Absatzhelfern (z. B. Architekten)
- **Demonstrative Mittel**
  - Messen und Ausstellungen
  - Demonstrationen im eigenen Haus, bei Absatzhelfern, Absatzmittlern oder bei Kunden am späteren Einsatzort
  - Vorführungen in Zusammenarbeit mit anderen Unternehmen oder Lieferanten
  - Proben und Muster
  - Modelle und Schnittmodelle
  - Attrappen
  - Filme, Präsentationshilfen (Displaymaterial), Dias, Tonbildschauen
  - Tonkassetten in Kombination mit Muster
- **Sonstige Mittel mit tendenziell allgemeiner Ansprache**
  - Hauszeitschriften
  - eigene Fachschriften oder Broschüren
  - redaktionelle Artikel

- Pressekonferenzen
- Informationsdienste (Informationsreihen) mit technischem und wirtschaftlichem Inhalt.

Messen und Ausstellungen

Verkaufseinrichtungen

Als besonders verkaufsfördernd gilt der Einsatz von **Messen** als überbetriebliche Einrichtung (Fach- oder Publikumsmesse) oder als **unternehmenseigene Verkaufsveranstaltung** (Hausmesse oder Ausstellungen). Die Entscheidung des Unternehmens zur Teilnahme an oder zur Durchführung von eigenen Messeveranstaltungen kann nicht nur unter Kosten- und Ertragsgesichtspunkten erfolgen. Dies gilt auch für Verkaufsbüros, Niederlassungen oder Filialen als Verkaufseinrichtungen bei dezentralem Vertrieb (näheres siehe Kapitel 2.2.3 „Strategie der Kundennähe"). Es gilt vielmehr die **werbenden, imageprägenden und verkaufsfördernden Effekte** zu gewichten und zu berücksichtigen. Dazu zählen vor allem die vom Kunden als sehr hilfreich empfundenen und für künftige Gespräche sehr wichtigen direkten Kontakte mit den Repräsentanten des Unternehmens aus Verkauf, Technik und Geschäftsführung. Auch Demonstrationen, Verkaufsschulungen (mit Argumentationsbeispielen), Anwendungsbeispiele, Vorführungen und Tests sowie technische Unterweisungen gewinnen wegen ihrer direkten Wirkung auf Kunden, Absatzhelfer und Absatzmittler zunehmend an Bedeutung. Hier werden sie durch den direkten Kontakt mit der tatsächlichen Leistung oder mit Produkt-Modellen in hohem Masse motiviert und aktiviert.

Verkaufsförderungsbudget

Da die vorgesehenen Verkaufsförderungsmaßnahmen mit z.T. nicht unerheblichen Kosten verbunden sind, muss ein entsprechendes **Verkaufsförderungsbudget** bereitgestellt werden. Dieses ist liquiditätswirksam und daher nach Art, Umfang und zeitlichem Einsatz der Maßnahmen zu gliedern, mit dem Werbebudget abzustimmen oder in dieses zu integrieren.

4.4.5 Persönlicher Verkauf

4.4.5.1 Typische Verkaufssituationen

Absatzhelfer

Persönliche Kundennähe bedingt persönlichen Verkauf der Leistungen durch **eigene Personen** (Inhaber und Mitarbeiter). Diese können dabei durch **fremde Personen,** die auf den Kunden beratend oder empfehlend Einfluss nehmen, unterstützt werden. Die Besonderheit dieser als **Absatzhelfer** bekannten Personen liegt in ihrem direkten Einfluss auf die Kunden. Durch ihre Beratungen und Empfehlungen trägt diese Personengruppe (z. B. Architekten, beratende Ingenieure, Ärzte, Einrichtungs-, Ernährungs- oder Finanzierungsberater) dazu bei, dass die Entscheidung beim Kunden für oder gegen eine Leistung oder ein Unternehmen wesentlich vereinfacht wird. Diese Absatzhelfer sind nicht direkt für die Auftragsgewinnung aktiv, aber ohne sie geht in manchen Branchen nichts (vgl. Rolle der Architekten in der Baubranche).

Beraterpflege

Daher müssen diese Absatzhelfer durch werbliche und persönliche Aktivitäten als **Meinungsbildner beim Kunden** gewonnen werden. Die „Pflege" der Absatzhelfer kann für das Unternehmen wichtiger werden als die Kundenpflege selbst (vgl. Besuch bei Ärzten durch Außendienst der Pharmaindustrie oder Besuch der Architekten durch Mitarbeiter von Bau-Zulieferunternehmen).

Beim persönlichen Verkauf hat die **Gestaltung des persönlichen Kontakts** auf die Kaufwilligkeit und Abschlussbereitschaft des Kunden entscheidenden Einfluss. Daher wird auf diesen Faktor im Absatzverhalten des Unternehmens hier etwas näher eingegangen.

Bestimmungsfaktoren für die Art der Verkaufssituation

Welche Art von **Verkaufssituation** der Verkäufer beim Kundenkontakt vorfindet, wird wesentlich von zwei Faktoren bestimmt:

(1) Erwartungen des Kunden und des Verkäufers
Kunden erwarten bei einem Routinekauf oder Wiederkauf keine Informations- oder Beratungsleistungen vom Verkäufer. Er wird nur als Auftragsempfänger gesehen, der lediglich Anregungen für Zusatzleistungen beisteuern kann. Bei einem komplexen Problem erwartet der Kunde allerdings umfassende Informationen und hohe fachliche Beratungskompetenz.

(2) Art der Beziehungen zwischen Kunde und Verkäufer
Hier liegt die Spanne von keinen bisherigen Kontakten zum potenziellen Kunden („Man kennt sich nicht"), über relativ geringen Kontakten („Man kennt sich") bis hin zum intensiven Kontakt aus einer längeren Geschäftsbeziehung, die auf persönlichem Vertrauen basiert („Man kennt sich sehr gut").

typische Verkaufssituationen

Kombiniert man diese Gegebenheiten im Verkauf, dann lassen sich (nach Dannenberg/Zupancic) folgende **vier typische Verkaufssituationen** unterscheiden:

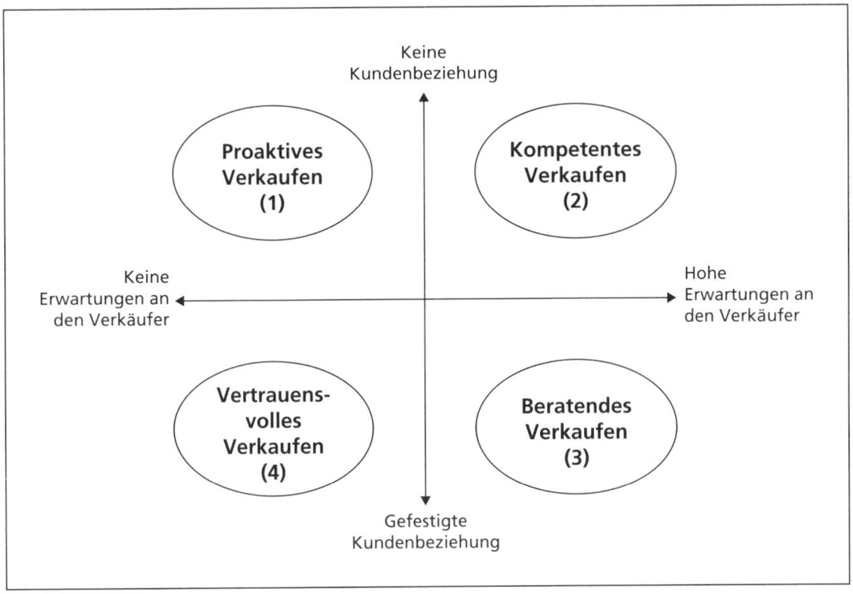

Typische Verkaufssituationen

Diese Verkaufssituationen zeichnen sich durch folgende Besonderheiten aus:

Proaktives Verkaufen

1. **Proaktives Verkaufen:** Verkäufer treffen auf Kunden, die keinen Bedarf an Leistungen erkennen lassen. Die Gesprächspartner kennen sich nicht oder nicht gut. Für den Verkäufer ist problematisch, dass ohne Bedarf auch keine Beratung oder Empfehlung benötigt wird. Hier geht es um das Herstellen des Kontakts, den Versuch, einen Bedarf beim Kunden zu erkennen, einen Kaufwunsch zu aktivieren und anschließend den Kunden durch eine kundengerechte Vorteilsargumentation zum Abschluss zu bewegen. Eine typische proaktive Verkaufssituation, die vom Verkäufer viel persönliche Ausstrahlungskraft, Argumentations- und Durchsetzungsvermögen erfordert.

Kompetentes Verkaufen

2. **Kompetentes Verkaufen:** Der Kunde hat einen Bedarf nach einer Problemlösung oder einer Leistung und ist an alternativen Angeboten interessiert. Eine Geschäftsbeziehung besteht nicht. Eine klassische Verkaufssituation, zu der auch das Geschäft mit Ausschreibungen gehört. Hier sind Verkäufer mit hoher technischer Problemlösungskompetenz und bester Kenntnis der technisch-kaufmännischen Möglichkeiten und Grenzen des eigenen Unternehmens gefragt. Nur so können sie den Bedarf des Kunden verstehen und passgenaue Lösungen anbieten.

Beratendes Verkaufen

3. **Beratendes Verkaufen:** Im B2B- und auch vermehrt im B2C-Geschäft sind Kunden immer häufiger nicht nur auf die Leistungen, sondern verstärkt auf das Know-how ihrer Lieferanten angewiesen. Kunden möchten Vorteile durch kundenspezifische Lösungen. Daher werden Lieferanten heute und künftig noch mehr verstärkt und sehr frühzeitig in die Leistungsentwicklung beim Kunden eingebunden. Oftmals liegt weder ein konkreter Bedarf noch eine Spezifikation für die spätere Leistung vor. Eine solche Entwicklungspartnerschaft kann auch der Lieferant anstreben und sich als Wertschöpfungspartner profilieren und etablieren. Durch diese wechselseitige Einbindung erzielt er Wissensvorsprung vor Mitbewerbern, was sich auf die Auftragsgewinnung und die spätere Preisfindung positiv auswirken dürfte. Hier muss der Verkäufer neben sehr gutem technischem Wissen über die Leistungsfähigkeit seines Unternehmens auch über fundiertes Wissen über die Entwicklungen und Probleme der Branche und der Mitbewerber des Kunden verfügen. Auch die technischen und kaufmännischen Entscheidungsprozesse und die Rollen der beteiligten Personen sollte er genau kennen. Nur so kann er bei der Bedarfsfestlegung konzeptionell beratend und unterstützend mitwirken und die gewünschten Leistungen auch verkaufen.

Vertrauensvolles Verkaufen

4. **Vertrauensvolles Verkaufen:** Hier muss keine Geschäftsbeziehung aufgebaut werden. Diese liegt aus früheren Geschäften bereits vor. Es handelt sich meist um Aufträge (Bestellungen), die nicht neu zu verhandeln sind. Es geht nicht um den Verkauf einzelner Leistungen, sondern um die Pflege der bestehenden Beziehung zum Kunden. Die Verkäufer müssen sich in diesem Fall durch große zwischenmenschliche und soziale Fähigkeiten auszeichnen. Hier stehen die subjektive Zufriedenheit und das Wohlgefühl des Kunden im Vordergrund der Verkäuferbemühungen. Es soll über den Aufbau und die Pflege gegenseitigen Vertrauens ein günstiges Klima für Folgegeschäfte geschaffen und der Kunde an das Unternehmen gebunden werden.

Sehr häufig treten die Situationen (2) und (3) als beratendes und kompetentes Verkaufen im Privatkundengeschäft gleichzeitig auf; eine typische Verkaufssituation im Handwerk. Als Anregung für das eigene Verkaufsverhalten hat eine Studie „Spitzenleistungen im Vertrieb" folgende Erkenntnis geliefert: „Erfolgreiche Unternehmen konzentrieren sich offensichtlich stärker auf potenzielle Kunden, die noch keinen speziellen Bedarf artikuliert haben. Zusätzlich verstehen sie sich häufiger als Wertschöpfungspartner, die ihre Kunden beraten und sich in Kundenstrategien hineindenken können, anstatt nur geforderte Leistungen zu liefern."

Verkaufsverhalten für Spitzenleistungen im Betrieb

4.4.5.2 Gesprächsvorbereitung

Der Verkauf am Ende des Kaufprozesses ist das Ergebnis von gegenseitiger Beeinflussung und Willensbildung in einem oder mehreren Gesprächen. Für den angestrebten Gesprächserfolg und eine Minimierung der Verkaufskosten ist daher in allen Verkaufssituationen eine geplante, intensive Gesprächsvorbereitung unerlässlich. Für den Besuch bei einem potenziellen Kunden können folgende Fragen der nachfolgenden Checkliste von besonderem Nutzen sein.

Gesprächsvorbereitung

Checkliste zur Gesprächsvorbereitung

- Habe ich eine klare Vorstellung über mein **Besuchsziel?** Was will – und kann – ich erreichen? Welches sind allfällige Alternativziele oder Variationsziele?
- Bin ich im Außendienst der **richtige Mann,** um dieses Besuchsziel zu erreichen? Soll ich Rücksprache mit einem Kollegen, einem vorgesetzten oder untergeordneten Außendienstmitarbeiter aufnehmen? Muss ich mich von jemandem beraten lassen? Kann mir ein Mitarbeiter im Außendienst konkrete Empfehlungen geben, um ein – vielleicht etwas heikel gelagertes – Besuchsziel zu erreichen?
- **Wen** muss ich bei meinem Kunden **ansprechen,** um mein Besuchsziel zu erreichen? Ist es der Unternehmer selbst, der Einkaufschef, ein Einkäufer, ein Kollegium, eine technische Instanz, der Sekretär, der Werkmeister, der Finanzchef, der Betriebsleiter, die Hausfrau usw.?
- Welche Vorarbeiten und **Vorbereitungen** treffe ich für den Besuch? Mit welchen visuellen Hilfsmitteln arbeite ich, wie zeige ich etwas grafisch, statistisch? Welches sind die mutmaßlichen Probleme des Interessenten, und wie bereite ich Problemlösungen vor?
- Welche Vorarbeiten kann ich anlässlich meines jetzigen Besuchs in die Wege leiten, um meinen **nächsten Besuch** – falls er erforderlich wird – erfolgreich zu gestalten?

Checkliste zur Vorbereitung auf ein Verkaufsgespräch

4.4.5.3 Gesprächsgestaltung

Eine erfolgreiche Gestaltung des Kaufprozesses und des Verkaufsgesprächs erfordert eine möglichst genaue Kenntnis der Leistungen, der Bedingungen, unter denen die Kaufprozesse ablaufen, und nicht zuletzt der Einstellungen und Erwartungen des potenziellen Kunden. Nach Meinung eines bekannten Verkaufstrainers (Rottmann) gilt es zunächst die Schwerpunkte prägnant herauszuarbeiten, die bei den verschiedenen Kundengruppen entscheidend sein können: „Welches sind die für den Kunden persönlich wertvollen Vorteile?"

Überlegungen zur Gesprächsgestaltung

Dann gilt es zu klären, „welche spezifischen Appelle und Argumente, Beispiele und Hilfsmittel für die einzelnen Kunden oder Kundentypen am besten geeignet sind".

Ansatzpunkte zur Bildung von Kundentypen

Darauf aufbauend ist das Beratungs- oder Verkaufsgespräch im Unternehmen oder beim Kundenbesuch zu gestalten. Dies setzt allerdings voraus, dass die Unterschiede bei den Kunden oder Kundengruppen (Marktsegmente) erkannt und deren Umfang und Bedeutung für das Unternehmen bekannt sind. Erst dann lassen sich **Kundentypen** für die Gestaltung von Verkaufsgesprächen bilden. Hierzu eignen sich nach Rottmann:

- Unterschiede im Kaufverhalten nach **Geschlecht und Alter?**
- Unterschiede im Kaufverhalten nach **Auftragsgrößen** (wie denken Kunden, die Kleinaufträge tätigen; wie denken, verhalten und urteilen Kunden, die üblicherweise Großaufträge vergeben)?
- Unterschiede im Entscheidungs- und Kaufverhalten zwischen Einkäufern in der **Privatwirtschaft** und einkaufenden Instanzen der **öffentlichen Hand** (Behörden)?
- Unterschiede im Kaufverhalten je nach **Konsumentenhabitus?** (Beispiel Handel: Denkt und urteilt ein Ehegatte alleine anders als in Begleitung seiner Ehefrau?)
- Unterschiede im Kaufverhalten zwischen **Wiederverkäufern und Letztverbrauchern?**
- Unterschiede in der **Denk- und Urteilsweise** des Käufers oder Interessenten je nach Alter, Bildungsgang (technisch oder wirtschaftlich), Branchenzugehörigkeit, Nationalität usw.?
- Unterschiede in der Entscheidungsbildung und im **Kaufverhalten** je nach dem zu lösenden Problem? Typische unterschiedliche Denkschwerpunkte bei der Lösung eines bestimmten Problems in den verschiedenen Branchen? Reihenfolge der ausschlaggebenden Kriterien beispielsweise in der Privatwirtschaft, bei den Behörden?
- Unterschiede in der Entscheidungsbildung je nach **Stellung des Partners** im Kaufprozess in Bezug auf das abzusetzende Produkt (Käufer, Verwender, Geldgeber, Besitzer usw.)?
- Unterschiede im Kaufverhalten je nach **Erscheinungsbild** des Käufers? (Beispiel Detailhandelsgeschäft Herrenbekleidung: Ausrichtung der Argumentation je nach dem „vermuteten Typ"; Gesprächsführung in der dem Kunden eigenen Wortwahl.)

Gewinnung von verhaltensbezogenen Kundentypen/ Kundengruppen

Gelingt es, solche verhaltensbezogene Kundentypen mit optischen oder im Gespräch feststellbaren Erkennungsmerkmalen herauszuarbeiten, können sie mit persönlich wertvoller Direktwerbung angesprochen und für das Unternehmen gewonnen werden.

Beispiel:

Bei einer Kundenbefragung in einem Bekleidungshaus wurden fünf kaufauslösende Kundenvorteile herausgefunden: Sortiment, Service, Ambiente, Beratung und Preis. Da diese für die einzelnen Kundengruppen unterschiedlich wertvoll waren, wurden fünf Kundengruppen identifiziert. Deren Verteilung zeigt die nachfolgende Abbildung.

Kaufauslösende Kundenvorteile

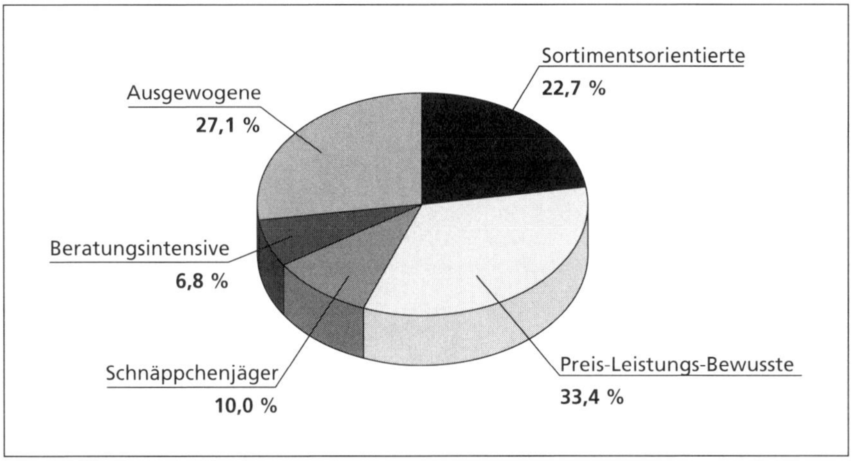

Kundentypen in einem Bekleidungshaus

Diese Kundenklassen finden sich bei Privatkunden in fast allen Branchen und Unternehmen. Sie können marketingtechnisch genutzt werden.

Wer den Kunden nicht kennt, kann keine wertvollen und gewinnbringenden Verkaufsgespräche führen.

Fragen und Zuhören

Der Erfolg der Beratungs- und Verkaufsgespräche hängt wesentlich davon ab, wie die sprachliche und nicht-sprachliche Kommunikation auf den jeweiligen Gesprächspartner abgestimmt ist. Die folgende Abbildung zeigt die Gestaltungselemente für Verkaufsgespräche. Dabei sind **„Fragen"** und **„Zuhören"** zentrale Erfolgsgrößen.

Nur wer fragt, führt das Gespräch. Nur wer zuhören kann, kann den wahren Kundenwunsch erkennen.

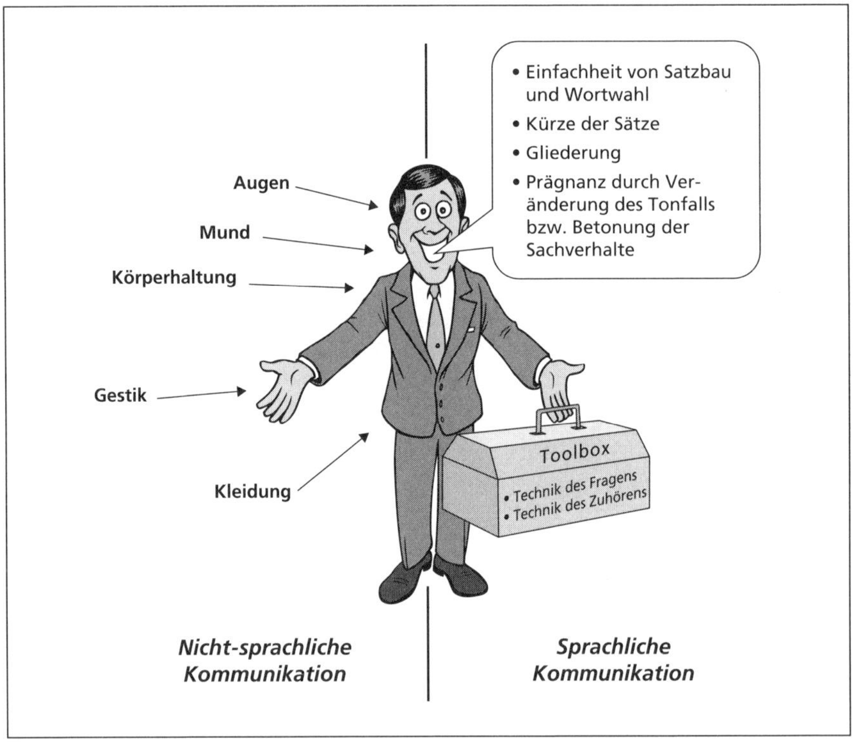

Gestaltungselemente für Verkaufsgespräche

individuell gestaltete Verkaufsgespräche

Die vom Kunden ungeliebten standardisierten Verkaufsgespräche müssen ersetzt werden durch individuelle, auf die speziellen Erwartungen des Kunden ausgerichtete Gespräche.

Die Erfolgsaussichten sind umso größer, je besser man die Eigenarten im Denken und Handeln der jeweiligen Personen in ihren Rollen im Kaufprozess erkennt und abschlussorientiert einsetzt.

4.4.6 Öffentlichkeitsarbeit

Image des Unternehmens

Öffentlichkeitsarbeit

Die Überlegungen und Maßnahmen zur Werbung und Verkaufsförderung müssen auch noch in ihrer Wirkung auf den **Ruf des Unternehmens** in der Öffentlichkeit, also auf das Image des Unternehmens, betrachtet werden. Öffentlichkeitsarbeit konzentriert sich darauf, gute Beziehungen zu den Gruppen aufzubauen, die Interesse am Unternehmen haben. Sie kann zu einem wichtigen Bestandteil im Marketing-Mix werden. Das bewusste Gewinnen von Vertrauen und positiven Meinungen ist Aufgabe der Öffentlichkeitsarbeit (Public Relations), die unter dem Leitsatz „Tue Gutes und rede darüber!" stehen sollte. Öffentlichkeitsarbeit steigert den Bekanntheitsgrad des Unternehmens kostengünstig. Dies kann durch gezielte Kommunikation mit Medien, Meinungsbildnern in Politik, Wirtschaft, Wissenschaft und Gesellschaft erfolgen. Mit schriftlich oder multimedial aufgebauten Informationen oder über die Website des Unternehmens werden Neuigkeiten aus dem Unternehmen, spezielle Aktivitäten oder Auszeichnungen von Führungskräften und Mitarbeitern oder besondere Events (z. B. Sommerfest im örtlichen Heim für Behinderte o. Ä.) öffentlichkeitswirksam publiziert. Damit baut ein Unternehmen bewusst und gezielt ein positives Image in der Öffentlichkeit auf. Da der Ruf eines Unternehmens werbliche Nebeneffekte hat, gilt es das Image bewusst, mit positiver Wirkung für das Unternehmen stetig zu formen, zu pflegen und zu verbessern.

Für die Planung von Maßnahmen zur positiven Gestaltung des Firmenrufes, d. h. des Ansehens des Unternehmens und seiner Leistungen in der Öffentlichkeit, kann von drei Ansatzpunkten ausgegangen werden:

Gestaltung der Öffentlichkeitsarbeit

- Wer sind die Adressaten der imagebildenden Maßnahmen?
- Welche Aussagen (Informationen) können zur Imagebildung benutzt werden?
- Wer kann als Träger der Imagebildung und der Öffentlichkeitsarbeit eingesetzt werden?

Profilierung

In jedem dieser Bereiche sind Zielvorstellungen zu entwickeln, und es ist festzulegen, was in bestimmten Zeiträumen im Hinblick auf das Firmenimage erreicht werden soll. Diese Ziel- und Maßnahmenüberlegungen, die auf den Grundsätzen **Offenheit, Wahrhaftigkeit und Informationsbereitschaft** basieren, müssen auf die Zielgruppen abgestimmt und untereinander koordiniert und kombiniert eingesetzt werden. Nur so sind einheitlich ausgerichtete Strategien der Imagebildung und der Öffentlichkeitsarbeit zu erhalten (vgl. Kapitel 2.3 „Profilierungsstrategie"). Die im Folgenden dargestellte Abbildung zeigt beispielhaft Ansatzpunkte und Kombinationsmöglichkeiten zur Gestaltung zielgruppenspezifischer Teil-Images. In der Darstellung ist aufgezeigt, dass bei der Ziel- oder Adressatengruppe „Kunden" der Aussageschwerpunkt zur Imagebildung bei „Problemlösung mit Pfiff" liegen könnte, während bei „Interessenten" mehr Gewicht auf das Image „nichts ist unmöglich" gelegt wird. Die Träger (Medien) zur Imagegestaltung könnten in beiden Fällen „Produkte" und „Verpackung" sein.

Beispiele für Imagebildung

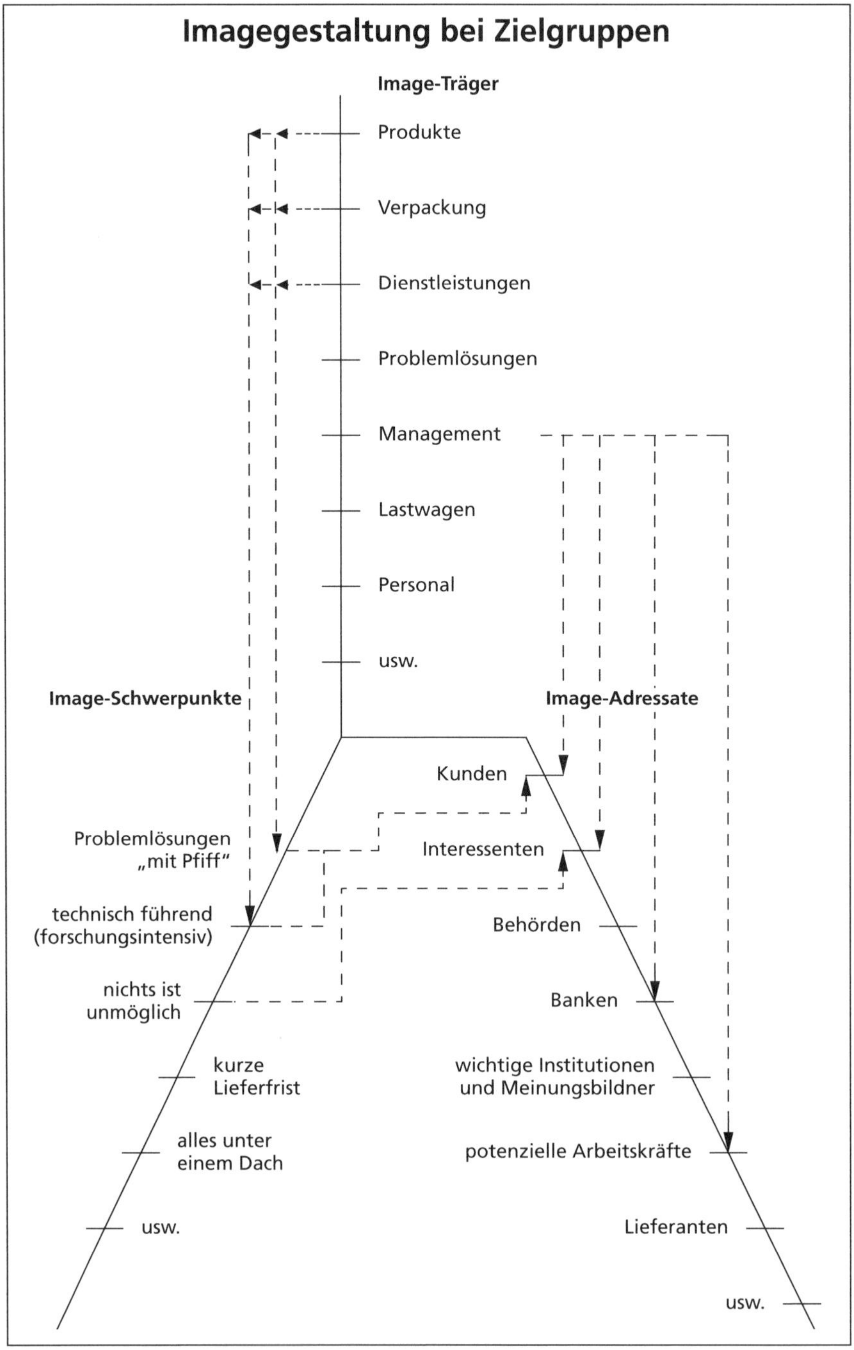

Elemente zur Imagegestaltung eines Unternehmens.

Da ein Unternehmen in aller Regel jedoch sowohl **leistungsbezogene als auch unternehmensbezogene Imagebildung** zum Ziel hat, bedeutet dies, Adressatenkreise und Image gestaltende Aussagen festzulegen, mögliche Maßnahmen unter finanziellen Gesichtspunkten zu definieren und letztlich eine klare Aufgabenverteilung für die Imageträger (Marktleistungen, Management, Mitarbeiter) zu finden. Damit ist gleichzeitig der Rahmen für die Öffentlichkeitsarbeit eines Unternehmens umschrieben.

leistungsbezogene und unternehmensbezogene Imagebildung

Als **Maßnahmen der Öffentlichkeitsarbeit,** die beispielsweise einen minimalen finanziellen Aufwand erfordern, muss eine Mitarbeit in kulturellen, kirchlichen, sozialen oder politischen Gremien, Vereinen oder Verbänden angesehen werden. Ebenso finanzielle und praktische Beteiligungen bei gesellschaftlichen Maßnahmen wie Bau von Sportstätten, Kindergärten, Altenwohnheimen, Tagesstätten für Behinderte, Unterstützung bei Vereinsfeiern, Sportfesten, Musik- oder Liederabenden und ähnlichen Veranstaltungen mit speziell lokaler und regionaler Bedeutung (Sponsoring).

Maßnahmen und Instrumente

Weitere Instrumente sind Einladungen und Mitteilungen an die lokale oder regionale Presse, Fachzeitschriften, Wirtschaftsverbände, Kammern, Vereine, Schulen etc., um (positiv) über Gegebenheiten und Entwicklungen des Unternehmens zu informieren, soweit diese für die Umwelt oder Umgebung des Betriebs interessant sein könnten (z. B. Arbeitsplatzsicherung, Ausbildungsmöglichkeit o. Ä.). Auch Betriebsbesichtigungen, „Tag der offenen Tür" und Firmenjubiläum sind sehr meinungsbildend. Dabei sind es gerade die bei solchen Anlässen gesammelten unmittelbaren Eindrücke und die im Unternehmen selbst geführten Gespräche, mit denen relativ leicht die Imagevorstellungen der verschiedenen Zielgruppen in der Öffentlichkeit verändert oder gefestigt werden können.

Alle genannten Teilbereiche der Marketingkommunikation und deren Maßnahmen müssen als Kommunikations-Mix inhaltlich, zeitlich und u. U. auch räumlich abgestimmt und im Hinblick auf eine bestmögliche Erreichung der Marketingziele optimiert werden.

4.5 Vertrieb und Logistik

Vertriebliche und logistische Entscheidungen sind Entscheidungen über die Art und Weise des Absatzes von Sach- und Dienstleistungen des Unternehmens an private, gewerbliche und öffentliche Auftraggeber.

Grundsätzlich sind drei vertriebspolitische Entscheidungen zu treffen:

vertriebspolitische Entscheidungen

1. Wahl zwischen direktem und indirektem Vertrieb (Vertriebswege)
2. Wahl zwischen eigenen und fremden Vertriebsorganen (räumliche Kundennähe)
3. Gestaltung von Lagerhaltung und Transport (Vertriebslogistik)

4.5.1 Wahl der Vertriebswege

Vertriebswege

Soweit nach Art der Marktleistung überhaupt eine Wahlmöglichkeit gegeben ist, hat jedes produzierende Unternehmen über den Vertriebsweg zu entscheiden. Es hat die Wahl, ob es seine Leistungen direkt an die Kunden absetzen will oder indirekt über Absatzmittler wie z. B. Großhändler, Einzelhändler, Handelsvertreter, Handwerk oder andere produzierende Unternehmen, welche die Leistungen zur Sortimentsabrundung erwerben (Vertriebskooperation). Die in der nachfolgenden Abbildung dargestellten Grundtypen von Vertriebswegen bilden dabei die Entscheidungsalternativen.

Vertriebs-kooperation

Vertriebswege, Absatzwege

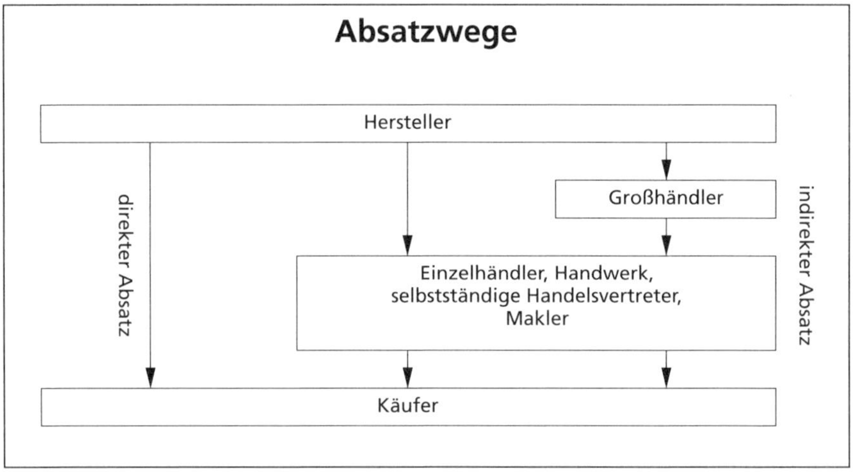

Grundtypen von Vertriebswegen

Das Schaubild macht deutlich: Der Vertriebsweg für eine Marktleistung ist durch die Anordnung (einstufig/mehrstufig) sowie die Aufgaben der eingeschalteten Absatzmittler gekennzeichnet.

Funktionen bei direktem Vertrieb

Beim **direkten Vertrieb,** also ohne Einschalten von Absatzmittlern, muss das Unternehmen folgende Funktionen selbst erfüllen:

- **Leistungs- und Sortimentsfunktion:**
  Entwicklung, Erstellung und Weiterentwicklung der Haupt- und Nebenleistungen und deren Varianten für unterschiedliche Kundengruppen.
- **Markterschließungsfunktion:**
  Werbung, Präsentation und Erklärung der Leistung, Überzeugung des Käufers und Verkaufsabschluss.
- **Preisfunktion:**
  Festsetzen von Preisen, Liefer- und Zahlungsbedingungen, evtl. auch differenziert nach Kundengruppen.
- **Lagerhaltungs- und Raumüberbrückungsfunktion:**
  Bereithaltung und Lieferung der Ware.

- **Kreditfunktion:**
  Absatzfinanzierung, Teilzahlung, Inzahlungnahme von Altgeräten und Inkasso.
- **Service- und Garantiefunktion:**
  Serviceleistungen wie Beratung, Installation, Umtausch, Reparatur und Unterhalt der Leistungen.

Funktionen bei indirektem Vertrieb

Beim **indirekten Vertrieb** werden zum Teil mehrere Absatzmittler eingeschaltet. Diese übernehmen für das Unternehmen verschiedene Funktionen, wie z. B.:

- **Sortimentsfunktion:**
  Bildung eines eigenen Angebots durch Kombination verschiedener Leistungen unterschiedlicher Unternehmen für private, gewerbliche oder öffentliche Verbraucher.
- **Qualitätsfunktion:**
  Qualitative Ausrichtung des Sortiments auf die Kundenerwartungen.
- **Quantitätsfunktion:**
  Angebot der vom Käufer erwarteten Mengenstruktur.
- **Zeitfunktion:**
  Bereithaltung, Verkauf und Lieferung der Leistung zu den vom Kunden erwarteten Terminen.

Die Sortimentsfunktion von zwischengeschalteten Absatzmittlern ist für ein im Schwerpunkt auf Produktion und Lieferung ausgerichtetes Unternehmen im Allgemeinen mit höheren Kosten verbunden als der Direktabsatz. Andererseits ermöglicht der **indirekte Vertrieb** u. U. eine verstärkte Spezialisierung, eine kostengünstigere Produktion und eine gewinn- oder wettbewerbswirksame Preisgestaltung. Dabei ist jedoch zu beachten, dass die übrigen Marketingmaßnahmen des Unternehmens, speziell Werbung und Verkaufsförderung, auf die Anforderungen der Absatzmittler und deren Verkaufspersonal auszurichten sind.

Im Einzelfall kann es zusätzlich erforderlich werden, die möglichen Kunden über Werbemaßnahmen oder Maßnahmen der Verkaufsförderung zum Kauf bei den Absatzmittlern zu aktivieren. Es geht um Direktmarketing unter Einschaltung aller oder ausgewählter Vertriebspartner. Ob und in welchem Umfang dies vom Unternehmen durchgeführt werden kann, ist eine Frage der Größe, d. h. der Finanzkraft und der personellen Kapazität.

persönliche Kundennähe

Insgesamt ist festzustellen, dass der **Direktvertrieb** zwar arbeits-, zeit- und kostenintensiver ist als der indirekte Vertrieb. Aber er hat den wesentlichen Vorteil der **persönlichen Kundennähe** und des ungefilterten Kundenkontaktes. Dies ist bei kundenspezifischen Sach- und Dienstleistungen so entscheidend, dass es – besonders bei einem überregionalen Kundenkreis – einer sehr strengen Prüfung bedarf, ob und mit welchen Händlern bzw. anderen Produzenten als Vertriebspartner bei welchen Leistungen zusammengearbeitet werden kann.

Formen der Zusammenarbeit im Vertrieb

Neben der Frage, welches Qualitäts- oder Leistungsniveau die Vertriebspartner aufweisen sollten, gilt es zu klären, auf welcher Basis die Zusammenarbeit erfolgen soll, etwa durch Zukauf, Kooperation oder Lizenzvergabe. Weiterhin gilt es über die Zahl der künftigen Vertriebspartner zu entscheiden. So kann pro Absatzgebiet z. B. nur mit einem Partner gearbeitet werden (exklusiver

Vertrieb) oder es werden einige ausgesuchte Betriebe zum Verkauf oder zur Herstellung und zum Verkauf berechtigt (selektiver Vertrieb).

Speziell bei regional oder lokal exklusiver Zusammenarbeit kann auf der Basis von Produkt- und Präsentationslizenzen beispielsweise ein mit einem einheitlichen Erscheinungsbild am Markt operierendes Franchise-System aufgebaut werden (vgl. z. B. die Verpflegungskette „McDonald“ oder die Tierprodukte-Kette „Fressnapf“). Wie bereits in Kapitel 2.4.6 „Wachstumsformen“ festgestellt, hängt der Erfolg solcher Vertriebssysteme in hohem Maße von der fachlichen Qualifikation und der Motivation der Franchisepartner ab.

Bestimmungsfaktoren für Wahl der Vertriebswege und Vertriebspartner

Die Wahl des Vertriebsweges und die Wahl der Vertriebspartner in einem Absatzgebiet (z. B. Inland oder Ausland; Region „Nord“ oder „Süd“) kann nicht durch einen reinen Kosten-Ertrags-Vergleich ermittelt werden. Die Entscheidung wird wesentlich bestimmt durch:

- Art der Leistung (einfache, selbsterklärende oder beratungsintensive, komplexe Sach- oder Dienstleistungen)
- angestrebte Marktpräsenz (Vertriebsdichte in regionalen, nationalen oder internationalen Absatzgebieten)
- reale und potenzielle Zielgruppen (Grad der Marktsättigung in alten und neuen Märkten)
- unternehmerische Zielsetzungen (Gewinnziele, Marktanteilsziele)
- Anforderungen an Partner (Standort, Qualifikation, Größe)
- Wettbewerbssituation (Preis- oder Leistungswettbewerb)
- Image-Gesichtspunkte (Produkt-Image und Image des Partners) u.a.m.

Export

Diese Überlegungen gelten auch für den Export, wo besondere Risiken zu beachten sind. Diese können durch relativ einfache Verhaltensregeln reduziert werden, wie nachfolgende Abbildung zeigt.

Minimierung der Exportkosten

Fragen zur Risikominimierung bei Exportaktivitäten von kleinen und mittelgroßen Unternehmen

Information

- Sammeln Sie alle Informationen aus den verschiedensten Quellen: Bereisen Sie Ihr Zielland! Reden Sie mit Wettbewerbern, Händlern und möglichen Kunden!
- Nehmen Sie sich Zeit und Ruhe, die gesammelten Informationen auszuwerten. Achten Sie darauf, ob sie ein vollständiges Bild ergeben: lokalisieren Sie die Lücken, um sie sofort zu schließen!

Strategie

- Sie haben mehr Erfolg, wenn Sie Ihr Auslandsgeschäft systematisch aufbauen: nach einer Strategie aufgrund von Marktanalysen, woraus Sie jeden Ihrer Schritte herleiten.
- Nehmen Sie sich für Ihren Einstieg einen Berater aus dem Zielland! Das ist umso wichtiger, je mehr sich das Zielland von Deutschland unterscheidet.

Marketing

- Beobachten Sie den Markt: Welcher Bedarf besteht wo und wann? Dann wissen Sie, wo und wann Sie mit Ihrem Marketing ansetzen müssen.
- Prüfen Sie Ihr Produkt, ehe Sie damit nach draußen gehen: zum Beispiel durch Messebesuche und Gespräche mit potenziellen Kunden; vereinbaren Sie eine Probelieferung, installieren Sie es bei einem Testkunden.

Personal

- Bereiten Sie motivierte, qualifizierte und flexible Mitarbeiter frühzeitig auf Auslandsaufgaben vor. Wenn sie auch eine Fremdsprache lernen müssen, kann das über ein Jahr dauern.
- Investieren Sie viel Zeit in die Mitarbeitersuche; lassen Sie sich von Ortskundigen (vielleicht von befreundeten Unternehmern) beraten.

Finanzierung

- Stellen Sie einen präzisen Exportfinanzplan auf, aber lassen Sie Spielraum für Unvorhergesehenes; dann bekommen Sie eine realistische Kostenschätzung. Stellen Sie sicher, dass unerwartete Zusatzkosten Ihre Liquidität nicht gefährden.
- Regeln Sie die Finanzierung mit der Bank, bevor Sie das Projekt verabschieden – und vergessen Sie die Sicherheitsreserve nicht (Zahlungsverzögerungen).

Kooperationen

- Informieren Sie sich über potenzielle Partner genau: Fragen Sie einen Berater oder Geschäftsfreunde.
- Überlegen Sie vorher, welche Meinungsverschiedenheiten es geben könnte: Dann können Sie den Vertrag entsprechend formulieren.

Checkliste zur Risikominimierung im Export

4.5.2 Vertriebslogistik

Vertriebslogistik

Bei der Vertriebslogistik geht es um Gestaltungsentscheidungen zur **Verbesserung des Warenflusses**, insbesondere um eine möglichst kostengünstige und schnelle Lieferung der Leistungen an den Abnehmer. Dabei hat das Unternehmen speziell bei Sachleistungen die Entscheidung, welcher **Servicegrad** (Umfang der Lieferfähigkeit) mit welchem **Lagerumfang** an Bezugsteilen und Halbzeugen erreicht werden soll. Dabei sind Kosten- und Ertragsgesichtspunkte gegeneinander abzuwägen.

Servicegrad

Die Kosten der höheren Lagerhaltung und der damit erreichbaren kürzeren Lieferzeit müssen (zumindest langfristig) geringer sein als die erzielbaren Preis- und Imagevorteile. Da diese Ertragskomponenten häufig nur mit großen Schwierigkeiten errechnet werden können, greift man auf Betrachtungen der Kostenwirtschaftlichkeit zurück.

Lager- und Transport

In diesem Zusammenhang, in dem meist über die Ausdehnung der **Lager- und/oder Transportkapazität** entschieden werden muss, kommt die Frage nach Fremd- oder Eigenlager bzw. Miet- oder Eigenfahrzeugen auf. Die nachfolgende Grafik zeigt beispielhaft für eine Lagerhaltung, wie mit einer Breakeven-Analyse die „kritische Lagergröße (K)“ für die wirtschaftliche Eigenlagerung ermittelt werden kann. Während für die Eigenlagerung ein relativ hoher Fixkostenblock anfällt, sind die Lagerkosten für den Mieter praktisch nur variable Kosten. Kostenmäßig ist daher die Errichtung eines eigenen Lagers erst als sinnvoll anzusehen, wenn dessen durchschnittliche Auslastung dauerhaft über dem vorgenannten Punkt „K“ liegt.

Eigen- oder Fremdlager

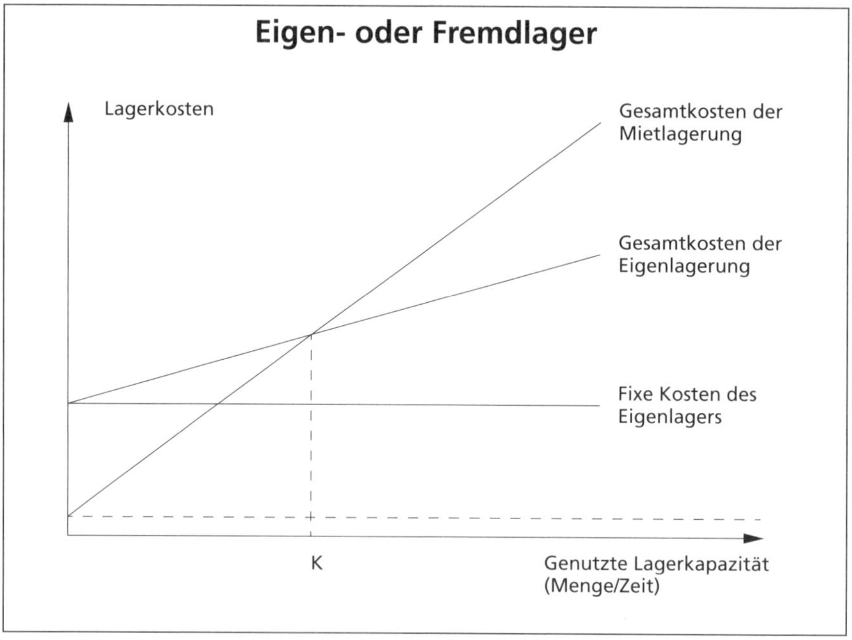

Entscheidung zwischen Eigen- und Fremdlager unter Kostengesichtspunkten

Entscheidungen über **eigene oder gemietete Fahrzeuge** sind – auch in Bezug auf Unabhängigkeit und Flexibilität des Unternehmens – gleichrangig wie Lagerentscheidungen zu behandeln und zu beurteilen. Sind Entscheidungen über Lager- und Transportkapazitäten getroffen bzw. nicht erforderlich, dann sind es die täglich wiederkehrenden Dispositionsprobleme über Liefermengen, Kapazitätsauslastung und Transport(Routen-)planung, denen das Unternehmen seine Aufmerksamkeit widmen muss. Störungen in diesem Bereich sind nicht nur für den Kunden ärgerlich und mit Kosten verbunden; auch beim Unternehmen selbst führen sie meist zu Kostensteigerungen.

eigene oder gemietete Fahrzeuge

Die Bedeutung der Vertriebslogistik für den Kunden lässt sich wie folgt umschreiben:

Bedeutung der Vertriebslogistik für den Kunden

- Lieferpünktlichkeit ist wie Leistungsgenauigkeit ein entscheidender Beurteilungsfaktor für die Qualität der Gesamtleistung des Unternehmens.
- Nachlässigkeit bei Liefergenauigkeit und Lieferpünktlichkeit wirken auf jeden Fall psychologisch negativ beim Kunden.
- Der Kunde hat ein Recht auf und das Unternehmen eine Pflicht zur Pünktlichkeit und Termineinhaltung!
- Der Kunde muss nicht unbedingt Verständnis für betriebsinterne Planungs-, Ausfall- oder Koordinationsprobleme haben. Durch frühzeitige Information lassen sich beim Kunden Ärgernisse und Imageschäden vermeiden oder in Grenzen halten.

4.6 E-Business

4.6.1 Grundlagen

Wie bereits in Kapitel 1.2.2 „Marketing im Internet-Zeitalter", angesprochen, ist **E-Business** gleichbedeutend mit **„elektronischem Verkauf im Internet"**. Es ist die Weiterentwicklung von Homepage und elektronischem Produktkatalog, die überwiegend der allgemeinen Information von Interessenten, Kunden und Lieferanten über das Unternehmen und sein Leistungsangebot dienen.

E-Business, elektronischer Verkauf im Internet

Beim elektronischen Verkauf geht es nicht um die Unterstützung des persönlichen Verkaufs durch den Einsatz elektronischer Hilfsmittel wie PC, Laptop, Notebook oder ähnlicher Produkte. Beim E-Business geht es vielmehr um die Nutzung des Internets als Vertriebsweg. Hierbei wird über das Internet eine direkte Geschäftbeziehung zwischen Anbieter/Verkäufer und Interessent/Kunde ohne Einschaltung von Personen hergestellt und durch Aktionen des Kunden ein Kaufprozess ausgelöst.

Ob dies in einem Kauf oder Nichtkauf endet, ist ebenfalls weitgehend vom Kunden abhängig. **Beim E-Business agiert der Kunde:**

- Der Kunde sucht den Kontakt übers Internet, ohne zunächst sich oder seinen realen Bedarf dem Anbieter bekannt zu geben.
- Der Kunde urteilt und wählt nach eigenem Ermessen aus dem vorliegenden Leistungsangebot.
- Der Kunde entscheidet (meist ohne Beratung) über Kauf oder Nichtkauf.

Eine echte Interaktion wie beim persönlichen Verkauf ist hier selten gegeben und zum Teil auch von keinem der Geschäftspartner gewünscht.

Der Anbieter im elektronischen Verkauf beschränkt seine Aktivitäten in der Vor-Kaufphase meist auf die Präsentation seines Leistungsprogramms und den dazugehörenden Preisen und Konditionen. Nach dem Kauf ist der Anbieter noch für die logistische Abwicklung zuständig, die er häufig auch durch ein anderes Unternehmen, meist einen Spediteur, durchführen lässt. Daher wird der elektronische Verkauf im Internet meist als „Online-Shop" und als eigenes SGF organisiert. Dies erleichtert Planung und Kontrolle sowie die Kosten- und Ertragsüberwachung wesentlich.

Online-Shop

E-Business:

– mit Privatkunden

Am bekanntesten sind im **E-Business mit Privatkunden**

- Online-Aktionsplattformen (z. B. eBay.de, My-Hammer.de oder Immobilien-Scout24.de/Handwerker)
- Online-Preisvergleichsportale (z. B. AutoScout24.de oder kelkoo.de) und
- Online-Produktsuchmaschinen (z. B. Google.de oder webtrados.de).

– mit Geschäftskunden

direkte Datenverknüpfung

Im **E-Business mit Geschäftskunden** werden sog. „elektronische Marktplätze" mit freiem oder begrenztem Zugang eingerichtet, auf denen Leistungen dann elektronisch angeboten oder gesucht werden. Geschützt durch Passwörter als Zugriffssperre für Nichtbefugte können auf geschlossenen Marktplätzen spezifische, für Mitbewerber nicht zugängliche Leistungsangebote abgegeben oder Leistungsnachfragen von Kunden oder Lieferanten gezielt platziert werden. Dazu gehören z. B. auch Ausschreibungen mit ihren technischen Spezifikationen, Leistungsbeschreibungen und Preisangaben. Auch Kooperationswünsche und -bedingungen für Interessenten können hier bereitgestellt werden. Durch direkte Datenverknüpfung mit vorliegenden CAD-, CAM- und CAQ-Systemen in der eigenen EDV lassen sich in kurzer Zeit – ohne Einsatz von Verkaufspersonal – oftmals maßgeschneiderte Angebote erstellen. Diese weisen häufig sehr wettbewerbswirksame Kostenvorteile für beide Geschäftspartner auf.

4.6.2 Leistungsfähigkeit

Leistungsfähigkeit von E-Business

Die Leistungsfähigkeit von e-Business-Aktivitäten für ein Unternehmen lässt sich daran feststellen, wie man die generellen **Vor- und Nachteile beim elektronischen Verkauf** unternehmensbezogen analysiert und kundenfreundlich gestaltet hat bzw. gestalten wird. Diese Vor- und Nachteile sind in der nachfolgenden Abbildung dargestellt.

Vor- und Nachteile bei E-Business

Vorteile/Chancen:

- erhebliche Ausweitung der geografischen Reichweite (größere räumliche und zeitliche Kundennähe),
- Permanente Erreichbarkeit und Verfügbarkeit des Angebots,
- größere Schnelligkeit bei der Kommunikation mit Interessenten, Kunden und Lieferanten, bei der Produktspezifikation, der Auftragserfassung und Auftragsbearbeitung/Auslieferung,
- Individualisierung des Angebots und der Angebotskalkulation ohne Einsatz von persönlichem Verkauf und den entsprechenden Kosten,
- Chance einer stärkeren, kauffördernden Motivation des Kunden durch Farb-, Schrift-, Wort und Ton-unterlegte Kommunikation mit bewegten Bildern (z. T. drei-dimensional), was fachliche Kompetenz signalisiert und Technik-Faszination beim Kunden fördert,
- Verbesserung des Unternehmensimage in Richtung kundenah, fortschrittlich, modern, effektiv und innovativ,
- Angebot maximalen Informations- und Bestellkomforts durch die direkte Kommunikation zu Hause oder am Arbeitsplatz zu der vom Kunden gewünschten Zeit,
- schnellere und bessere, detaillierte Kenntnis der Kundenwünsche durch Auswertung der dokumentierten Kundenanfragen und Aufträge, der per Internet angebotenen neuen Leistungen oder Leistungskombinationen und deren Resonanz bei den Zielgruppen,
- vielfältige Kostenvorteile durch Wegfall von personell bedingten Auftragsgewinnungskosten (z. B. Kosten für Personal, Reisen und mehrfach angepassten Angeboten) sowie
- Vermeidung von Streuverlusten infolge ,,Gießkannenwerbung",
- u.a.

Nachteile/Risiken:

- Schwellenängste bei der Nutzung des Mediums Internet und den dortigen Angeboten (vor allem bei älteren Privatkunden; aber Tendenz rückläufig!!),
- Sicherheitsbedenken vieler Privatkunden hinsichtlich Datenschutz, Rechtssicherheit, elektronischer Zahlungsverkehr,
- Generelles Problem der Information und „Aktivierung" potenzieller Kunden für das Internetangebot (welche Botschaft hat die größte handlungsauslösende Motivationskraft?),
- Risiken der „Überfrachtung" mit geballter Information und „Überforderung" der Kunden beim Umgang mit der Präsentation und Handhabung des E-Business-Angebots (Gestaltungsempfehlung : KISS -„Keep it simple and stupid!"),
- Verunsicherung oder Verärgerung eventueller Vertriebspartner mit der Gefahr des Verlusts erfolgreicher Vertriebspartner, ohne dass E-Business als erfolgreicher Vertriebsweg bereits etabliert ist,
- Personalprobleme infolge Umstrukturierungen in den Betriebsprozessen und bei den Arbeitsplätzen (Verlagerung, Wegfall oder Anreicherung durch zusätzliche Aufgaben) und den damit zusammenhängenden Entlohnungsfragen,
- u.a.

Vor- und Nachteile bei E-Business

Gelingt es dem Unternehmen die Vorteile zu kundenwirksamen Stärken auszubauen und für die Kunden „Wert-voll" zu gestalten, dann kann E-Business
- eine **sinnvolle Ergänzung zum persönlichen Verkauf** werden oder
- sich als **ein eigenes SGF für das Unternehmen** entwickeln, falls die Leistungen keinen beratungsintensiven Verkauf oder Service erfordern.

E-Business als eigenes SGF

Allerdings müssen hierzu auch die Risiken beim elektronischen Verkauf durch geeignete Maßnahmen reduziert werden. Dies ist den Kunden so zu vermitteln, dass über vertrauensbildende Information die Akzeptanzbarrieren abgebaut und kundenseitig ein zustimmendes Verhalten erreicht wird.

Je einfacher der elektronische Kauf für den Kunden zu vollziehen ist (Benutzerfreundlichkeit), desto schneller und ausgiebiger wird er ihn nutzen!

Interessenten und Kunden müssen von der Seriosität und Vorteilhaftigkeit des E-Business überzeugt sein oder verkaufsfördernd überzeugt werden. Dies ist eine wichtige Aufgabe der Marketingkommunikation – auch unter Einsatz der traditionellen Medien, wenn man den Zufall beim elektronischen Verkauf ausschalten will.

4.6.3 Entscheidungskriterien

Die Entscheidung pro oder contra E-Business stellt sich heute für die meisten Unternehmen nicht mehr. Der Verkauf über das Internet ist heute nahezu ein Muss, sowohl bei Privat- als auch bei Geschäftskunden. Hier werden durch Funktionsverlagerungen auf den Kunden Zeit- und Kostenvorteile realisiert, die mit der Personal- und Kostenintensität des traditionellen Verkaufs nicht möglich und auch nicht gewollt sind. Zur unternehmensbezogen **optimalen Gestaltung des E-Business** sollten detaillierte, positive Antworten auf folgende Fragen gefunden werden:

Optimale Gestaltung des E-Business

- **Kundennutzen?** (Welchen „Mehrwert" in Form von Preis-, Kosten- oder Leistungsvorteilen kann das Unternehmen seinen Kunden über E-Business bieten?)
- **Kundenanalyse?** (Wie und in welchem Umfang stehen Informationen über mögliche Kundengruppen für E-Business-Angebote zur Verfügung? Woher können diese beschafft werden?)
- **Integrationsfähigkeit?** (Wie und in welchem Umfang kann E-Business in die bisherigen Geschäftsprozesse eingebunden werden, ohne dass es zu gravierenden Störungen im Betriebsablauf kommt?)
- **Gestaltungsfähigkeit?** (Wie einfach lässt sich E-Business gestalten und handhaben?)
- **Zukunftssicherheit?** (Wie zukunftssicher oder konjunkturabhängig sind die Investitionen in E-Business, die umfassender sind als nur Softwareprogramme und logistische Versorgungssicherung?)
- **Rentabilität?** (Welcher Gewinnbeitrag wird vom E-Business erwartet? Mit welcher Kosten-Ertrag-Relation ist nach wie langer Anlaufphase zu rechnen?)

Benutzerfreundlichkeit

Mit Klärung dieser Fragen wird auch über die **Benutzerfreundlichkeit** der angebotenen E-Business-Lösung entscheiden. Dies ist insoweit wichtig, als die vom Kunden empfundene Sicherheit beim elektronischen Verkauf umso größer wird, je häufiger er das Internet als Einkaufsmedium nutzt. Diese Wirkung wird verstärkt, wenn beim elektronischen Verkauf stets eine Kontaktadresse (meist E-Mail-Adresse) für Rückfragen etc. angegeben ist. Dies mindert in den Augen des Kunden auch die empfundene Anonymität des Angebots. Auch ein Gütesiegel einer neutralen Überwachungsstelle (z. B. TÜV Rheinland) für den Internetauftritt und veröffentlichte Bewertungen der Kundenzufriedenheit mit den E-Business-Leistungen wirken vertrauensbildend. Sie stärken das subjektive Sicherheitsgefühl beim Kunden und senken die Akzeptanzbarrieren für die Nutzung des E-Business.

Wiederholungsfragen zum 4. Kapitel

Nach den Fragen steht in Klammern der Verweis auf die entsprechende Seite im Buch.

1. Aus welchen Sub-Mixes (Gestaltungsinstrumenten) setzt sich ein Marketing-Mix zusammen? (Seite 91)
2. Welche W-Fragen sind zur Gestaltung eines Marketing-Mix zu beantworten? (Seite 92)
3. Welche Entscheidungen sind zur Gestaltung eines Leistungsprogramms zu treffen? (Seite 93)
4. Welche Arten von Preisbildung kennen Sie? (Seite 94)
5. Welche Teilbereiche lassen sich bei der Marketingkommunikation unterscheiden? (Seite 95)
6. Warum gewinnt Verkaufsförderung immer mehr an Bedeutung? (Seite 95)
7. Gibt es einen Zusammenhang zwischen Bedürfnis, Bedarf und Nachfrage? (Seite 105)
8. Beschreiben Sie die Phasen eines Produktlebenszyklus! (Seite 98)
9. Wie sollte sich eine optimale Umsatzstruktur des Leistungsprogramms nach den Phasen des Produktlebenszyklus zusammensetzen? (Seite 100)
10. Was ist ein Produktportfolio? (Seite 101)
11. Beschreiben Sie die Marketingaktivitäten in den einzelnen Phasen eines Produktlebenszyklus! (Seite 102–104)
12. Weshalb ist Leistungsdifferenzierung wichtig? (Seite 119, 120)
13. Welche Überlegungen sind vor einem Leistungsverzicht zu beachten? (Seite 121)
14. Welche Arten von Kundendienst als Nebenleistungen lassen sich unterscheiden? (Seite 123, 125–127)
15. Wieso sind Kundenzufriedenheit und Kundenbindung zentrale Marketingziele und Aufgaben? (Seite 129, 130)
16. Warum hat die Preispolitik eine zentrale Bedeutung für das Unternehmen? (Seite 136)
17. Wann kann eine Hochpreis- und Tiefpreispolitik angewendet werden? (Seite 137, 139, 141)
18. Welche Preisuntergrenzen lassen sich unterscheiden? (Seite 143–146)
19. Welche Möglichkeiten zur Preisdifferenzierung sind Ihnen bekannt? (Seite 146)
20. Wann ist eine Leistungs- und Preisbündelung interessant? (Seite 148)
21. Welches sind die Instrumente der Preisgestaltung? (Seite 152)
22. Welche Rabattarten sind Ihnen bekannt und ist ihre Anwendung sinnvoll? (Seite 153)

23. Welche Gestaltungsmöglichkeiten gibt es bei der Kreditgewährung? (Seite 154)
24. Was bedeutet Kundenbeeinflussung nach der AIDA-Formel im Kaufprozess? (Seite 156)
25. Welche Teilbereiche der Marketingkommunikation kann man unterscheiden? (Seite 161)
26. Welches sind die wichtigsten Schritte zur Entwicklung einer Werbekonzeption? (Seite 161, 162)
27. Welche „Rollen" zur Einflussnahme auf eine Kaufentscheidung sind Ihnen bekannt? (Seite 164, 165)
28. Nach welchen Verfahren (mit Vor- und Nachteilen) kann ein Werbebudget festgelegt werden? (Seite 167, 168)
29. Worin unterscheiden sich Werbe- und Verkaufsförderungsmaßnahmen? (Seite 179, 180)
30. Was spielt bei der Gestaltung von Verkaufsgesprächen eine wichtige Rolle? (Seite 187, 188)
31. Welche Ansatzpunkte für erfolgreiche Öffentlichkeitsarbeit sind Ihnen bekannt? (Seite 188, 189)
32. Welche Grundtypen von Absatzwegen kann man unterscheiden? (Seite 192)
33. Welche Vor- und Nachteile sehen Sie bei einem direkten Vertrieb? (Seite 193, 194)
34. Welche Funktionen muss das Unternehmen bei direktem Vertrieb selbst erfüllen? (Seite 192)
35. Welche Funktionen können bei indirektem Vertrieb ausgelagert werden? (Seite 193)
36. In welchen Formen kann die Zusammenarbeit bei indirektem Vertrieb erfolgen? (Seite 193)
37. Auf was legt der Kunde bei der Vertriebslogistik besonderen Wert? (Seite 196)
38. Was ist bei der Entscheidung über ein Eigen- oder Fremdlager zu achten? (Seite 196)
39. Was versteht man unter Onlineshop? (Seite 198)
40. Was bedeutet „Beim E-Business agiert der Kunde"? (Seite 197, 198)

5. Steuerungsinstrumente

5.1 Überblick

Die Ausrichtung der Marketingentscheidungen auf die Ziele, die inhaltliche und zeitliche Koordination der zielführenden Mittel und Maßnahmen und deren Überwachung hinsichtlich des erbrachten Erfolgs ist ohne den Einsatz der Steuerungsinstrumente „Planung" und „Kontrolle" nicht möglich.

Marketingplanung

Marketingplanung: Was soll erreicht werden, und welche Mittel und Maßnahmen sollen eingesetzt werden?

Daher ist Marketingplanung stets Ziel- und Maßnahmenplanung. An diesen Soll-Größen werden nach Ablauf der Planungsperiode die erzielten Ergebnisse gemessen. Die Feststellung der erzielten Ist-Ergebnisse, deren Abweichung gegenüber den Soll-Werten und die Ursachen hierfür herauszufinden, ist Aufgabe der Marketingkontrolle.

Marketingkontrolle

Marketingkontrolle: Was ist erreicht worden, wie groß ist die Abweichung vom Soll, und was sind die Ursachen hierfür?

Die Marketingkontrolle setzt sich aus einer Vielzahl von Soll-Ist-Vergleichen zusammen, die am Ende einer Planungs- und Wirtschaftsperiode durchgeführt werden sollten. Dabei lassen sich Struktur- und Erfolgskontrollen unterscheiden.

Strukturkontrolle

Strukturkontrollen vergleichen, analysieren und bewerten Gegebenheiten im Unternehmen und im Markt (z. B. Umsatz-, Auftragsgrößen- oder Kundenstruktur insgesamt oder nach Absatzgebieten), um nachteilige Veränderungen zu erkennen. Werden diese Kontrollen regelmäßig durchgeführt, lassen sich mit den gewonnenen Informationen bei Bedarf entsprechende Gegenmaßnahmen ergreifen. Zur Informationsgewinnung und Bewertung werden hier meist Kennzahlen im Zeit-, Betriebs- und Branchenvergleich eingesetzt.

Erfolgskontrollen

Erfolgskontrollen sind darauf ausgerichtet, das Vertriebsergebnis als Ausdruck des wirtschaftlichen Erfolgs der Marketingaktivitäten zu ermitteln und zu bewerten. Hier geht es vor allem um eine Analyse und Bewertung der erzielten Umsätze und deren Gewinnbeiträge. Gegliedert nach Leistungsarten, Absatzgebieten, Vertriebswegen, Filialen oder Verkaufskräften können im Zeit-, Betriebs- oder Branchenvergleich wichtige Informationen zur Bewertung der erzielten Ergebnisse gewonnen werden. Informationen für erforderliche Änderungen im Marketing-Mix, um künftig bessere Ergebnisse zu erzielen, erhält man bei festgestellten Unterschieden nur aus Ursachenanalysen. Dabei sind die Ergebniswirkungen der Entscheidungen oder Defiziten bei den Instrumenten Leistungsprogramm, Preise und Konditionen sowie Vertriebswege und Verkaufsförderungsmaßnahmen besondere Beachtung zu schenken. Hier fallen die meisten Marketingkosten und Erlösschmälerungen an, die nur dann gerechtfertigt sind, wenn sie zu mehr Erträgen führen, als sie kosten.

Ohne Planung fehlt den Marketingaktivitäten die Ausrichtung, sie sind von Zufall und Intuition geprägt. Ohne Planung fehlen die Ziele, die es zu erreichen gilt. Ohne Planung herrscht die Strategie des „Durchwurschtelns"! Man macht, aber man weiß nicht, wohin dies führt. Es gibt keine Messlatte. So bleibt am Ende einer Periode nur die subjektive Zufriedenheit als Beurteilungskriterium, und man weiß immer noch nicht, in welche Richtung und auf welches Ziel man hinarbeiten soll.

„Durchwurschteln"

Ohne Kontrolle gibt es keine Anhaltspunkte zur Überprüfung der Wirkungen der Marketingaktivitäten in der abgelaufenen Periode. Die Ergebnisse, das **Ist,** kann nicht überprüft und bewertet werden. Man weiß nicht, ob diese „gut" oder „schlecht" sind, denn die Messlatte, das **Soll,** fehlt. Ohne Kontrolle erhält man keine Informationen, ob angestrebte Ziele erreicht wurden und welchem Umfang ein Nichterreichen oder eine Überschreitung hat.

Planung und Kontrolle sind die zentralen Steuerungsgrößen für die Zielsetzungen und den Einsatz der zielführenden Maßnahmen im Unternehmen, speziell im Marketing. Gerade im Marketing, im Wettbewerb um die Auftragsgewinnung bei den verschiedenen Kundengruppen, ist nur geplantes, zielbezogenes Handeln erfolgversprechend. Dabei sind neben den Marktinformationen („3 K-Informationen") die Soll-Ist-Vergleiche mit ihren aus Abweichungsanalysen gewonnenen Informationen („Warum wurde das Soll nicht erreicht?") besonders wichtig. Es genügt nicht zu wissen, ob ein Ziel erreicht wurde. Aufschlussreicher für das weitere Vorgehen ist zu wissen, welche Gründe zu dem vorliegenden Ergebnis geführt haben. Kann das bisherige Vorgehen beibehalten werden oder ist eine Änderung erforderlich? Diese Frage kann am Ende einer Periode gestellt werden, dann liegen Endkontrollen vor, mit denen Informationen für Entscheidungen für die nächste Periode gewonnen werden.

Soll-Ist-Vergleiche

Abweichungsanalysen

Um schneller und gezielter auf kurzfristig aufgetretene Veränderungen am Markt (z. B. Auftreten zusätzlicher, aggressiver Mitbewerber oder Verhaltensänderungen der Kunden) reagieren zu können, ist es sinnvoll, solche Kontrollen auch während einer Periode durchzuführen. Man spricht dann von Zwischenkontrollen. Hier zeigen Soll-Ist-Vergleiche, ob mit den bisherigen Marketingmaßnahmen die gesteckten Ziele am Ende der Periode erreicht werden können oder nicht. Diese Zwischenkontrollen dienen zur (kurzfristigen) Steuerung der Marketingaktivitäten, die auch als **Marketing-Controlling** bezeichnet wird. Hierzu müssen die Periodenziele, z. B. Jahresziele, in Halbjahres- und Quartals- oder sogar Monatsziele aufgeteilt werden. Die mit Soll-Ist-Vergleichen ermittelten Über- oder Unterschreitungen der Teilziele werden als Signal für das Erreichen des Periodenziels gesehen; notfalls müssen Änderungen im Einsatz der Marketingaktivitäten erfolgen, um die Zielerreichung nicht zu gefährden. In sehr dynamischen und stark wettbewerbsgeprägten Märkten kann folgende Aussage durchaus ihre Berechtigung haben:

Marketing-Controlling

> **Marketing-Controlling ist nicht alles – aber ohne Marketing-Controlling ist alles nichts!**

Diese kurzfristig orientierten Planungen und Kontrollen mit ihren Analysen der Abweichungsgründe im Rahmen der Soll-Ist-Vergleiche geben den Marketingverantwortlichen jene Informationen, die sie für kurzfristige Reaktionsentscheidungen benötigen. Marketing-Controlling hält das Unternehmen in schwierigen und turbulenten Märkten sicher auf Erfolgskurs – wenn Ziele als messbare und damit kontrollierbare Größe vorgegeben wurden.

5.2 Marketingplanung

5.2.1 Zur Planung in Klein- und Mittelbetrieben

Umfang der Unternehmensplanung

Planung oder Improvisation

Eine vor einigen Jahren durchgeführte Untersuchung der Industrie- und Handelskammer Koblenz „Zum Rechnen zu klein?" hat gezeigt, dass zwischen Klein- und Mittelbetrieben ein großes **Planungsgefälle** besteht. Erfahrungen und Untersuchungen in größeren Betrieben haben jedoch gezeigt, dass bereits ein Mindestmaß an formaler Planung die Betriebsentscheidungen von situationsbezogenen oder spontanen unternehmerischen Augenblicksentscheidungen loslösen.

Planung als Ausdruck von bewussten, rationalen und später kontrollierbaren Entscheidungen über künftiges Verhalten soll die mehr situationsorientierten Improvisationsentscheidungen ersetzen.

Die auf subjektiven Einschätzungen basierende, meist gegenwartsbezogene und auf eine unmittelbare Erreichung bestimmter Markt- und Unternehmungsziele ausgerichtete **Improvisation** kann nicht die Basis für langfristig wirkende Unternehmungsentscheidungen sein. Diese Basis kann nur die Planung bilden, denn hier werden Ziele als „künftig in Betrieb und Markt zu erreichende Zustände" festgelegt sowie grundlegende Entscheidungen über Mittel und Maßnahmen zur Erreichung dieser Ziele getroffen.

Indem mit der **Planung** festgelegt wird, **„was sein soll"** (Zielentscheidungen) und **„wie das erreicht werden soll"** (Mittel- und Maßnahmenentscheidungen), hat sie sowohl für die künftige Entwicklung des Betriebs als Ganzes als auch für dessen einzelne Teilbereiche reale Gestaltungsfunktion.

Das bedeutet, dass auch in Klein- und Mittelbetrieben **ohne Planung keine Unternehmenspolitik** und damit z. B. auch keine gezielte Investitionspolitik und keine Marketingpolitik möglich sind. Daher bedarf jedes Unternehmen, das wettbewerbs- und gewinnwirksames Marketing betreiben will, der Planung, speziell der **Marketingplanung.**

5.2.2 Ziele und Aufgaben

Ziele der Marketingplanung

Unter **Marketingplanung** sollen alle gedanklichen Überlegungen und Entscheidungen über die realisierbaren Marketingziele sowie über die zu wählenden Mittel und Wege (Marketingstrategie) zur Zielerreichung verstanden werden. Dies heißt für das einzelne Unternehmen, zunächst Vorstellungen zu entwickeln über die am Markt zu erreichenden Ziele. Es gilt für kurz- und längerfristige Zeiträume möglichst rechen- und damit kontrollierbare qualitative, mengenmäßige, preisliche, werbe- und imagebezogene Vorgaben (Ziele) zu formulieren. Für das Unternehmen mit überwiegender Auftragsfertigung von Sach- und Dienstleistungen ist dies nicht immer in der geforderten exakten Form möglich; es mangelt häufig an Informationen oder Erfahrungen über die künftigen Aufträge. Durch Einsatz der Marketingplanung kann das Unternehmen jedoch Vorstellungen über sein grundsätzliches Verhalten im Markt entwickeln und somit wichtige Anhaltspunkte für künftige Marketingentscheidungen erhalten.

Aufgaben der Marketingplanung

Es lassen sich fünf Funktionen oder **Hauptaufgaben der Marketingplanung** unterscheiden.

Komplexitätsreduktion

- **Komplexitätsreduktion**
  Hier sollen mit Hilfe der Marketingplanung die für das Unternehmen und sein Marktverhalten bedeutsamen Einflussfaktoren der Umwelt erkannt werden. Ziel der Planungsüberlegungen ist es, dem Unternehmen bewusst zu machen, wie die Konkurrenz- und Nachfragesituation ist, wie sie sich entwickelt und welche rechtlichen, sozialen, kulturellen und technologischen Einflüsse in welchem Umfang bei den Entscheidungen des Unternehmens zu berücksichtigen sind. Kommt das Unternehmen zu der Erkenntnis, dass z. B. kulturelle Bedingungen oder Wandlungen ohne größeren Einfluss auf sein Marketingverhalten sind, können diese Faktoren bei künftigen Ziel- und Maßnahmenentscheidungen unberücksichtigt bleiben. Damit wird ein Abbau der Entscheidungskomplexität erreicht.

Risikominderung

- **Risikominderung**
  Durch bewusstes, rationales Vorgehen bei der Ermittlung von Zielen und Maßnahmen sollen Fehlentscheidungen vermieden werden. Dazu trägt die systematische Informationsverarbeitung bei der Planung bei; sie bewirkt eine wesentliche Reduzierung der Marketingrisiken als potenzielle Verlustquellen für das Unternehmen.

Zielsuche

- **Zielsuche**
  Diese Funktion der Planung ergibt sich aus der Erkenntnis, dass Planen gleichbedeutend ist mit Zielesetzen. Je genauer (operationaler) ein Unternehmen seine Marketingziele (z. B. Umsatzziele, Mengenziele, Bekanntheitsziele) für festgelegte Zeitpunkte oder Zeiträume bestimmt bzw. umschreibt, desto mehr kann es sein Marketingverhalten, seine Maßnahmen und falls erforderlich auch seinen Gesamtbetrieb auf diese Ziele ausrichten. Ziele als künftige Soll-Größen sind unabdingbare Voraussetzungen
  - für bewusste (geplante) Entscheidungen über Mittel und Maßnahmen zur Erreichung dieser Ziele,
  - für die Kontrolle der Zielerreichung (Soll-Ist-Vergleiche) und
  - für erforderliche Korrekturentscheidungen (z. B. Änderung des Angebotsverhaltens, der Werbung oder der Preisbildung), um die Ziele dennoch zu erreichen.

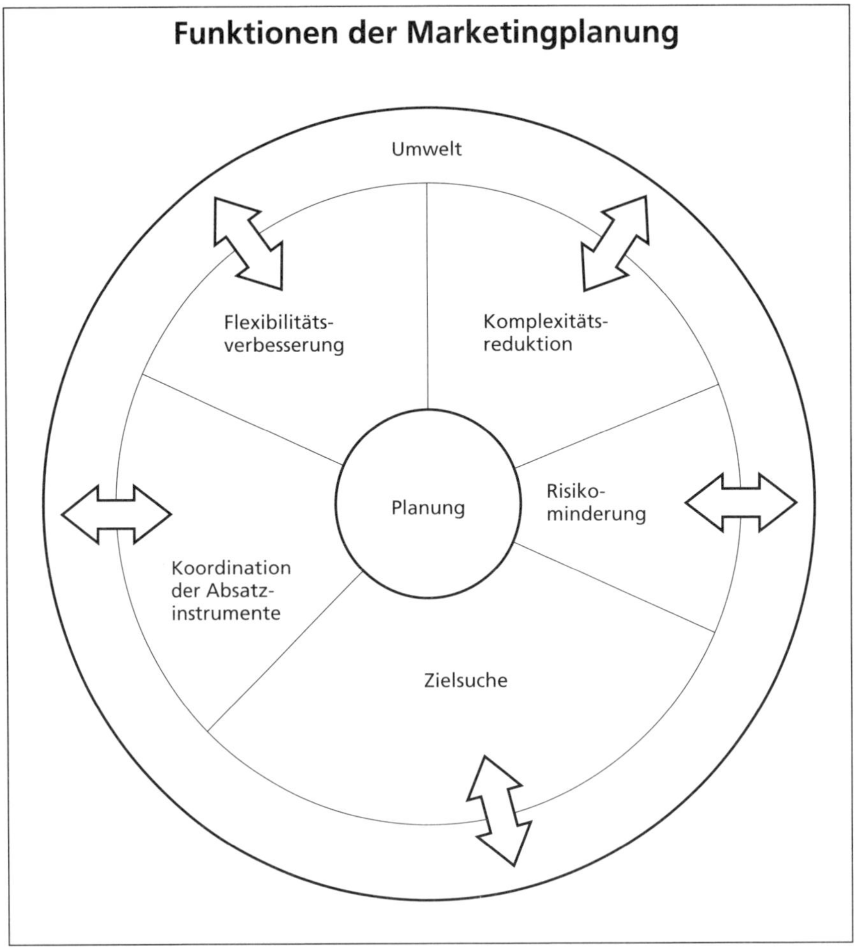

Funktionen der Marketingplanung

Koordinierung

– **Koordinierung**
Die Aufgabenstellung der Planung heißt hier, eine Abstimmung der lang- und kurzfristig angestrebten Marketingziele und -maßnahmen miteinander und untereinander herbeizuführen. Mit der Marketingplanung soll zum einen Klarheit über die Rangfolge der Marketingziele erreicht werden, und zum anderen gilt es nicht Einzelmaßnahmen, sondern abgestimmte Marketing-Maßnahmenbündel (Marketing-Aktionen) nach Inhalt, Umfang und Aktionszeitraum festzulegen. Dadurch kann vermieden werden, dass vom Unternehmen – meist unbewusst – gleichzeitig oder kurz nacheinander marktwirksame Einzelmaßnahmen mit gegenläufigen Wirkungen (z. B. Werbung für qualitativ hochwertige Leistungen und gleichzeitiges Anbieten einer weniger qualifizierten Leistung als Sonderangebot) geplant und

später auch durchgeführt werden. Die Maßnahmenbündel sollten vielmehr unter dem Gesichtspunkt einer Wirkungsmultiplikation geplant werden, wie z. B. Werbung für qualitativ hochwertige Leistung, Herausstellen einer Leistungsverbesserung und Bekanntgabe einer Preissenkung aufgrund günstiger Entwicklung der Nachfrage.

- **Flexibilitätsverbesserung**

  Durch die Verarbeitung von Zukunftsinformationen (Prognosen) beim Festlegen der geplanten Ziele und Maßnahmen versucht das Unternehmen, sich auf angenommene oder zu erwartende Entwicklungen innerhalb und außerhalb seines Betriebs einzustellen. Das Unternehmen muss verhindern, dass es Umweltveränderungen (z. B. Nachfragerückgang, ruinöser Preiswettbewerb o. Ä.) unvorbereitet treffen und ihm Anpassungsentscheidungen unter Zeitdruck aufzwingen. Durch bewusstes Berücksichtigen von künftigen Veränderungen und Wandlungen bei der Erstellung seines Marketingplanes und einer systematischen (z. B. viertel- oder halbjährlichen) Überprüfung der Noch-Richtigkeit der früheren Annahmen und Erwartungen kann das Unternehmen sein Marketingverhalten und ggf. seinen Gesamtbetrieb auf die neuen Bedingungen und Entwicklungen einstellen.

Flexibilitätsverbesserung

Ein planendes Unternehmen reagiert in der Gegenwart, handelt jedoch für die Zukunft.

5.2.3 Aufbau und Gestaltung

Betrachtet man die Marketingplanung als einen Prozess der Informationsverarbeitung, so lässt sich in Anlehnung an die zu lösenden Aufgaben folgender 5-Phasen-Aufbau feststellen:

Phasen der Marketingplanung

1. Planungsphase:

   Erstellen einer Diagnose

   Zu Beginn jeder Planung sollten möglichst exakt die für den Erfolg wichtigen Zustände im Unternehmen und im Markt (z. B. Umsätze, abgesetzte Mengen, Bekanntheitsgrad oder Image differenziert nach Leistungen, Kundengruppen, Absatzgebieten o.Ä.) und die Einflussfaktoren erfasst und untersucht werden. Diese Analyse des Ist-Zustands ist die Basis für das weitere Vorgehen.

   Diagnose

2. Planungsphase:

   Erarbeiten einer Prognose

   Ausgehend von Gegenwarts-, Vergangenheits- und Zukunftsinformationen über Situationen und Entwicklungen im Unternehmen, seinen Märkten und deren Einflussfaktoren muss das Unternehmen zu ermitteln versuchen, auf welche künftigen Bedingungen in Betrieb und Markt es seine Leistungen und sein Marketingverhalten auszurichten hat. Eine solche Vorhersage soll aufzeigen, was sich in unmittelbarer und naher Zukunft ändern könnte und mit welchen Gegebenheiten dann zu rechnen ist. Hierzu und für die Festlegung seiner späteren Handlungsziele sollte das Unternehmen aufgrund seiner Erfahrungen und gewonnenen Erkennt-

   Prognose

nisse dann Prognosen erstellen. Diese betreffen die voraussichtliche Entwicklung des Branchen- und des eigenen Umsatzes, der Kosten und der erforderlichen Investitionen, um bestimmten Marktentwicklungen gerecht zu werden.

3. Planungsphase:

Bestimmen der Marketingziele

Zielbestimmung

Hier gilt es, aus den Diagnose- und Prognoseinformationen die marktbezogenen Ziele zu bestimmen. Es sind dies zum einen Vorgaben von Veränderungen oder Situationen im Markt (z. B. neue Zielgruppen, zusätzliche Absatzgebiete o. Ä.), auf die sich das Unternehmen langfristig einstellen will. Dies kann z. B. durch Umstellungen bei Betriebsgröße, Betriebsstruktur, Leistungsprogramm, Angebots- und Kundendienstverhalten u.a. erfolgen. Die Festlegung und Formulierung solcher Langfristziele werden von einem großen Teil der kleineren Unternehmen in ihrer Bedeutung für die künftige Entwicklung unterschätzt und daher oft unterlassen. Dies bedeutet, dass in diesen Fällen langfristig wirkende Investitionsentscheidungen nach Vergangenheits- und Gegenwartsbedingungen getroffen werden. Dies kann später nicht nur zur Gewinn-, sondern gar zur Existenzbedrohung führen. Die langfristigen Überlegungen und Ziele werden ergänzt von kurzfristigen Zielen, die es unmittelbar in der nächsten Planungsperiode zu erreichen gilt. Hier handelt es sich um relativ konkrete (operationale) Vorgaben, die als Handlungsziele (Sollwerte) gleichzeitig den späteren Maßstab für die Erfolgsmessung beim Soll-Ist-Vergleich bilden. Besondere Bedeutung hat diese Zielbestimmung für das Marketingverhalten in den nächsten Wirtschaftsperioden (z. B. Halbjahr, Quartal oder Monat). Dies zeigt auch die enge Verknüpfung mit der Bestimmung von Umsatz-, Kosten-, Absatzmengen- und Auslastungszielen für das Unternehmen in diesen Perioden.

4. Planungsphase:

Festlegen der Marketingmaßnahmen

Marketingmaßnahmen

Im Anschluss bzw. gleichzeitig mit der Festlegung der lang- und kurzfristig zu erreichenden Marketingziele muss das Unternehmen darüber entscheiden, wie es im Markt vorgehen will, um die geplanten Ziele zu erreichen. Bei den Langfristzielen gilt es über „Weichenstellungen" für die künftigen Veränderungen des Unternehmens, z. B. bezüglich künftiger Kundengruppen, Leistungsprogramm, Standort und Erscheinungsform des Ladengeschäfts u. a. m., zu entscheiden. Diese grundlegenden Entscheidungen, die auf Muss- und Kann-Zielen beruhen, werden auch mit Bestimmung der **Marketing-Strategie** bezeichnet. Sie bestimmt neben den Gegenwartsbedingungen in Betrieb und Markt wesentlich die auf kurzfristige Wirkung ausgelegten taktischen Marketingmaßnahmen. Es sind die Entscheidungen, mit denen das Unternehmen im Grundsatz festlegt, mit welchen Maßnahmenkombinationen es die kurzfristigen Marketingziele (z. B. Umsatz- oder Mengenvorgaben, Bekanntheitserhöhung oder Beschäftigungsausgleich) gegenüber Wettbewerbern und Zielgruppen durchsetzen möchte. Hier gilt es, die vorgesehenen Marketingmaßnahmen nach Art, Umfang und zeitlichem Einsatz einzelnen Abschnitten der Wirtschaftsperioden (z. B. Quartal, Monat, Woche) zuzuordnen, um für diese Zeiträume wirkungsoptimale Maßnahmenkombinationen zu erhalten.

5. Planungsphase:
Bestimmen der Marketingkontrollmaßnahmen

Marketingkontrolle

Die Planungsüberlegungen sind unvollständig, wenn nicht bereits vor Durchführung der Marketingmaßnahmen festgelegt wird, an welchen Zielen und wie die Marketingwirkungen gemessen werden sollen. Erst durch diese Kontrollphase mit ihren Soll-Ist-Vergleichen wird die Marketingplanung zu einem echten Führungsinstrument. Durch diese regelmäßigen Vergleiche kann das Unternehmen die Erfolge seiner auf Kurz- oder Langfristwirkung ausgerichteten Marketingmaßnahmen im Hinblick auf die zu erreichenden Ziele überwachen und, falls notwendig, Korrekturmaßnahmen ergreifen. Überwachung ist insoweit eine Zwischenkontrolle, die ergänzt wird durch die Endkontrolle am Ende der Wirtschaftsperiode. Erst bei diesem endgültigen Soll-Ist-Vergleich kann das Unternehmen feststellen, in welchem Umfang es seine geplanten Marketingziele erreicht hat. Bei Nichterfüllen der Zielvorgaben gilt es, die Gründe für Art und Umfang der Abweichungen über **Ursachenanalysen** zu ermitteln und über Konsequenzen für die Marketingpläne in den nächsten Wirtschaftsperioden zu entscheiden. Dies kann z. B. dazu führen, dass etwa die künftigen Maßnahmenkombinationen beim Marketing-Mix in ihrer Zusammensetzung oder im zeitlichen Einsatz geändert werden. Auch können etwa Langfristziele des Unternehmens aufgegeben oder müssen für neue Zeiträume formuliert werden. Erst mit der Kontrollphase und den hier gewonnenen zusätzlichen Planungsinformationen wird die Marketingplanung zu einem fortlaufenden Informationsprozess zur Ausrichtung des Unternehmens auf die Erfordernisse des Marktes. Dies zeigt auch nachstehendes Schaubild.

Abweichungs- und Ursachenanalyse

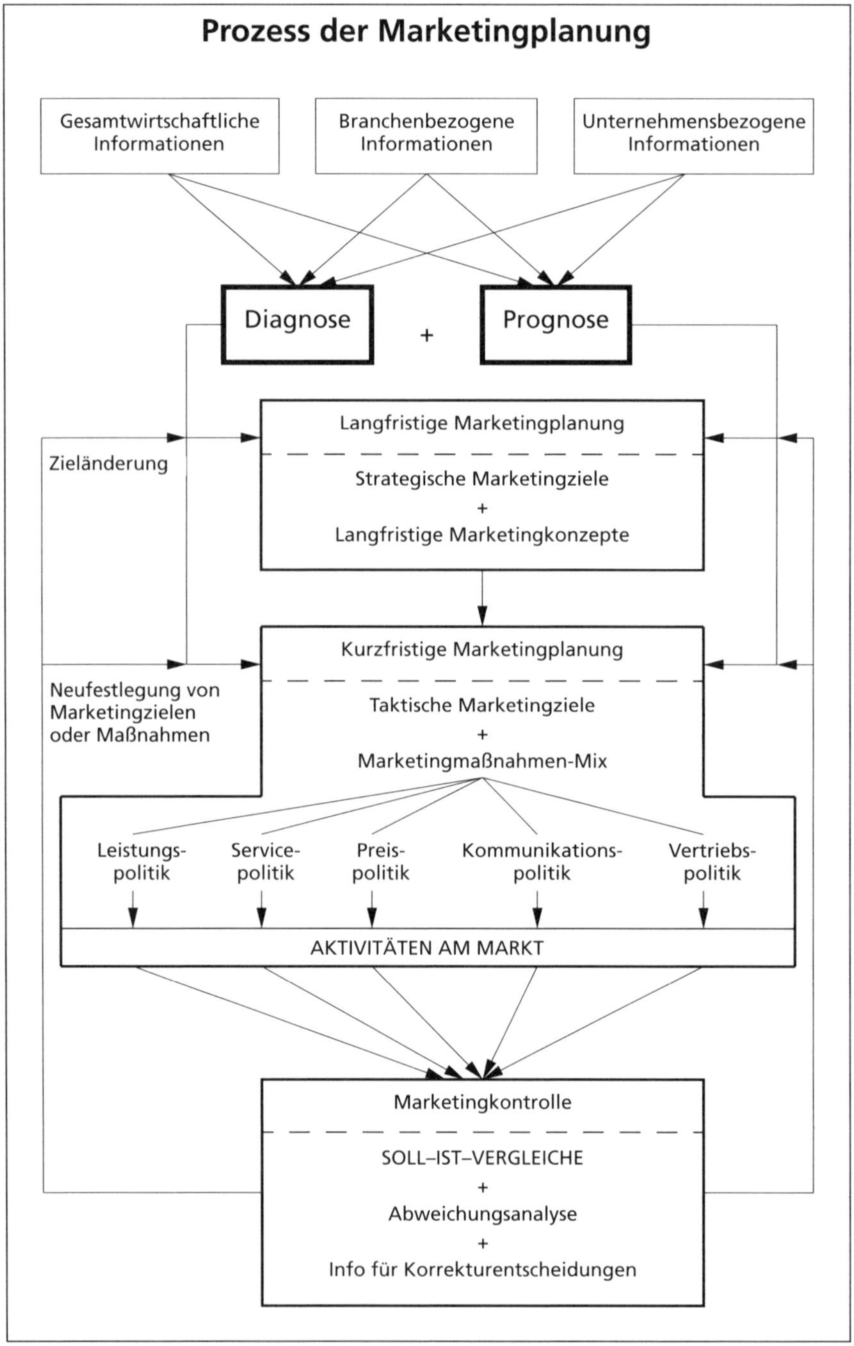

Prozess der Marketingplanung

Prozess der Marketingplanung

Die Darstellung lässt klar die 5 Prozessphasen der Marketingplanung und zwei wesentliche Merkmale eines solchen systematischen Vorgehens erkennen. Dies ist zum einen die von lang- nach kurzfristig zunehmende **Planungsgenauigkeit,** bedingt durch kontinuierliche Informationsgewinnung (z. B. regelmäßige Soll-Ist-Vergleiche) und größere Erfahrung bei der Prognosebildung für kürzere Zeiträume, z. B. bei 1-Jahres-Planung. Zum anderen ist es die **zunehmende Verbindlichkeit der Planwerte** für das kurzfristige Verhalten. Damit ist jedoch keine Einschränkung der marktnotwendigen Flexibilität gemeint. Es soll vielmehr sichergestellt werden, dass das Unternehmen seine Ziele durch bewusstes Marktverhalten erreicht.

Aufbau einer Marketingplanung

Wie ein kleineres Unternehmen z. B. eine Jahres-Planung für Marketingmaßnahmen durchführen könnte, zeigt die folgende Abbildung.

Die Gestaltung der Marketingplanung, d. h. die Vorgabe der Marketingziele, kann in Form einer Alternativplanung oder in Form einer rollenden Planung erfolgen.

Alternativplanung

Bei der **Alternativplanung** versucht das Unternehmen für verschiedene, von ihm prognostizierte Situationen jeweils einen eigenen Ziel- und Maßnahmenplan zu erstellen. Das Unternehmen legt seinem Handeln zunächst einen Marketingplan zugrunde. Es hält die anderen Pläne in Reserve, um beim Eintreten von vorher genau festgelegten Umweltsituationen sofort auf einen anderen Marketingplan überwechseln zu können.

Nachstehendes Zahlenspiel für geplante Marketingmaßnahmen bei rückläufigen Aufträgen (Absatzmengen) soll den Einsatz dieser Planungsart verdeutlichen:

Absatzmengeam 1. 6. 20 . .	Maßnahmen
10 000	wie geplant
9 000	zusätzlicher Einsatz von 5000,– € für persönliche Werbebriefe an die Kunden.
8 000	Preissenkung um 10 % und zusätzlich 5000,– € für persönliche Werbebriefe.
7 000	Preissenkung um 25 % und Einsatz eines Reisenden für die Steigerung des Absatzes.

Das Unternehmen kann z. B. auch bestimmte Konkurrenzmaßnahmen, im folgenden Beispiel sind es Preisänderungen, zum Anlass für geänderte Marketingmaßnahmen nehmen.

Eigener Preis der Leistung	Preis der Konkurrenz	Maßnahmen
200,–	200,–	Ausgangsbasis
200,–	180,–	Preis bleibt auf 200,– €, aber die Ausgaben für Werbung werden um 10 000,– € erhöht. In der Werbung soll die hohe Produktqualität in den Vordergrund gestellt werden.
180,–	150,–	Senkung des Preises auf 150,– €. Es soll die gleiche Werbestrategie verfolgt werden wie oben.
200,–	220,–	Beibehaltung des Preises.

Planung Marketing und Kosten

Marketingmaßnahmen- und Kostenplanung										
Planungsabschnitte / Marketing-Instrumente		1. Quartal		2. Quartal		3. Quartal		4. Quartal		Marketingkosten insgesamt
SOLL / IST		Maßnahmen	Kosten	Maßnahmen	Kosten	Maßnahmen	Kosten	Maßnahmen	Kosten	€
Informationsgewinnung		1. 2. 3.								
	SOLL									
	IST									
	Änderungen									
Marktleistungen	SOLL									
	IST									
	Änderungen									
Serviceleistungen	SOLL									
	IST									
	Änderungen									
Preise und Konditionen	SOLL									
	IST									
	Änderungen									
Werbung, Verkauf und PR	SOLL									
	IST									
	Änderungen									
Distribution	SOLL									
	IST									
	Änderungen									
Marketingaufwand insgesamt	SOLL									
	IST									
	Änderungen									

Aufbau einer 1-Jahres-Marketingmaßnahmen- und Kostenplanung

Bei Eintreten einer der genannten Wettbewerbsmaßnahmen geht das Unternehmen entsprechend den geplanten Marketingaktivitäten vor.

Rollende Planung

Wird das **Konzept der rollenden Planung** gewählt, dann muss sich das Unternehmen – zwangsläufig – auch mit Fragen der langfristigen Marketingplanung befassen, was beim Konzept der Alternativplanung nicht unbedingt erforderlich ist. Die rollende Planung ist geprägt durch **Verbesserung des Informationsstandes mit Hilfe von laufenden Überwachungen** (Soll-Ist-Vergleiche) sowie zusätzlichen Erkenntnissen und Erfahrungen im Zeitablauf. Mit Ende jeder Planungsperiode werden die vorliegenden Planwerte auf deren Richtigkeit für die nächste Periode überprüft, falls erforderlich angepasst und eine weitere Planungsperiode hinzugefügt.

Überlappende Marketing- und Unternehmensplanung

Das in der folgenden Abbildung dargestellte Beispiel einer 3-Jahres-Planung soll das Prinzip der rollenden Planung verdeutlichen. Vor Ende 2007, spätestens zu Beginn 2008, wurde überprüft, in welchem Umfang die Marketingziele im abgelaufenen Jahr im Einzelnen erreicht wurden, ob die Planwerte für die kommenden Planperioden 2009 und 2010 geändert werden müssen und welche Anhaltspunkte sich das Unternehmen für das neue 3. Planjahr 2010 vorgibt. Unter diesem Gesichtspunkt der **Verknüpfung von kurzfristigen Soll-Vorgaben und längerfristigen Orientierungsdaten** ist die überlappende Marketing- und Unternehmensplanung für jedes Unternehmen angeraten. Mit diesem Vorgehen wird das Unternehmen geradezu gezwungen, kontinuierliche Planung zu betreiben. Ein wesentlicher Vorteil, der bei der Alternativplanung nicht gegeben ist; dort kann auch für Einzelfälle, also mehr „nach Bedarf" geplant werden.

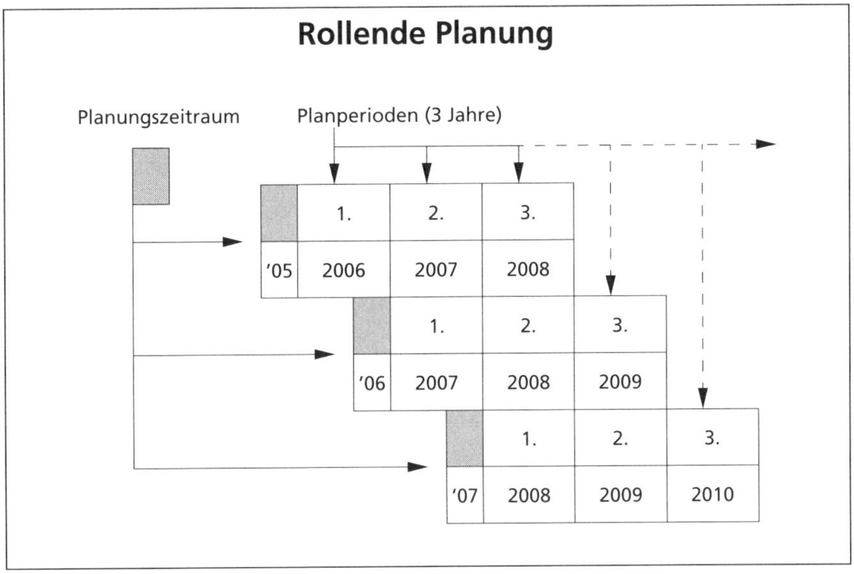

Prinzip der rollenden Planung

5.3 Marketingkontrolle

5.3.1 Aufgaben und Ablauf

Aufgabe der Marketingkontrolle

Im Rahmen der Ausführungen zur Marketingplanung wurde bereits darauf hingewiesen, dass **Planung ohne Kontrolle nicht sinnvoll** ist; das Unternehmen hat ohne **Vergleich von realisiertem Ist und geplantem Soll** keine Bestätigung für die Richtigkeit oder Fehlerhaftigkeit seines bisherigen Verhaltens. Damit fehlt dem Unternehmen aber eine wichtige Information für sein künftiges Verhalten im Betrieb und gegenüber Kunden und Konkurrenten.

Die **Aufgaben der Marketingkontrolle** sind:

- Ermittlung von Ergebnissen,
- Bestimmung von Maßstäben zur Beurteilung der Ergebnisse,
- Analyse der Abweichungsursachen,
- Auslösung von Korrekturmaßnahmen.

Informationen der Marketingkontrolle

Korrekturentscheidungen können sich auf Zusammensetzung und Einsatz des Marketing-Mix, auf kurz- oder langfristig angestrebte Marketingziele oder auf die Durchführung der Marketingmaßnahmen erstrecken.

Erst mit Hilfe der Marketingkontrolle kann festgestellt werden, ob und in welchem Umfang die erzielten Ergebnisse auf

- nicht vorhersehbare Zufallseinflüsse (z. B. Witterungseinfluss, Personalmangel, kurzfristiger Nachfragerückgang o. Ä.),
- Fehlverhalten bei der Bestimmung der Marketingziele und Maßnahmen (ungenügende Konkurrenzanalyse, Fehleinschätzung der Nachfrageentwicklung) oder
- Fehlverhalten (Mängel) bei der Durchführung (Nichteinhalten der geplanten Maßnahmen, keine Zwischenkontrollen u. a. m.)

zurückzuführen sind. An den Erkenntnissen über Art und Umfang des festgestellten Fehlverhaltens muss das Unternehmen seine Korrekturmaßnahmen ausrichten.

Verknüpfung von Marketingplanung und -kontrolle

Prozess der Marketing-Steuerung

Durch die Verknüpfung von Marketingplanung und -kontrolle mit Soll-Ist-Vergleichen pro Monat und Quartal ist eine reale **Marketing-Steuerung** möglich. Durch die Abschreibung der jeweiligen Monatsergebnisse (Ist) vom Rest-Soll für das laufende Jahr hat das Unternehmen an jedem Monats- und Quartalsende eine genaue Information über bisherige Zielerreichung und das Umsatzziel für die restlichen Monate des Jahres.

Zieht das Unternehmen zur Bewertung der Ergebnisse noch Vergleichswerte aus der Vergangenheit hinzu, hat es einen relativ guten Informationsstand für eventuell notwendige Korrekturen oder zusätzliche Marketingmaßnahmen, um das Jahresumsatzziel zu erreichen. Diese Betrachtungen lassen erkennen, dass es sich bei der Marketingkontrolle um eine fortlaufende Beobachtung, Überprüfung und Beurteilung der Bedingungen im Markt und des Marktverhaltens des Unternehmens handelt. Nur so können einerseits Marktchancen und Marktrisiken rechtzeitig erkannt und andererseits **Marketing-Schwachstellen** identifiziert werden.

Dieser Prozess kontinuierlicher Informationsgewinnung und -verarbeitung für Marketingplanung und -kontrolle kann nach einem auf der folgenden Seite wiedergegebenen Schema (Anlehnung an Kotler) gestaltet und überprüft werden.

Phasen des Marketing-Entscheidungsprozesses

Diese Darstellung zeigt in der oberen Reihe die Phasen der Ermittlung und Verwirklichung von Marketingmaßnahmen der **Analyse** (mit Diagnose und Prognose), der **Planung** (mit Zielfindung, Planerstellung und Bestimmung von „Standardwerten" oder Soll-Vorgaben, z. B. bezüglich Kosten, Absatzmengen oder Umsatzwerten) sowie der **Durchführung** (mit Ausführung der geplanten Maßnahmen und Ermittlung der erzielten Ergebnisse). In der unteren Reihe wird die **Kontrolle** als Fragenkette dargestellt, die in alle bisherigen Marketingaktivitäten hineingreift, wenn die Schlüsselfrage einer „zufrieden stellenden Zielerreichung" verneint wird. Dann muss es zu den hier exemplarisch aufgeführten Analysen und Korrekturentscheidungen kommen, um in späteren Plan- und Durchführungsperioden bessere Ergebnisse bei den Kontrollen feststellen zu können.

5.3.2 Strukturkontrollen

Vergleichsarten

Zur Messung und Beurteilung von Ergebnissen einer Wirtschaftsperiode kann man z. B. auf
- **Soll-Ist-Vergleiche** (Vergleichswerte sind aus einer Wirtschaftsperiode)
- **Zeitvergleiche** (Vergleichswerte sind aus verschiedenen Wirtschaftsperioden)
- **Betriebsvergleiche** (Vergleichswerte sind aus ähnlich gelagerten Unternehmen)
- **Branchenvergleiche** (Vergleichswerte sind Durchschnittswerte der Branche) zurückgreifen.

Näheres findet sich in den Ausführungen im Band „Finanz- und Rechnungswesen".

Dabei hat das Unternehmen zu prüfen, ob es nicht mehrere der Vergleichsarten gleichzeitig einsetzt, um bessere Beurteilungsinformationen zu erhalten. Solche Vergleiche finden ihren Niederschlag in beschreibender Form als „Bericht" oder in konzentrierter Form als **„Kennzahl"**.

Kennzahlen sind überwiegend Durchschnitts- und Verhältniszahlen, die bestimmte Marketingsituationen und -beziehungen überschaubarer und verständlicher darstellen sollen, als dies durch eine reine Gegenüberstellung absoluter Zahlen möglich ist.

Struktur- und Beziehungs-Kennzahlen

Durch die Kombination von zahlenmäßig fassbaren Marketingtatbeständen (z. B. Gesamtumsatz/Kundenzahl in Periode Z) und dies etwa noch im Zeitvergleich (Durchschnittsumsatz pro Kunde in Perioden X und Y) erhält das Unternehmen Erkenntnisse über **Strukturgrößen** (z. B. Umsatz-, Kunden- oder Auftragsstruktur) und über **Beziehungsgrößen** (z. B. Gewinn pro Umsatzeinheit, Umsatzzuwachs pro € Preisreduktion oder Mehrumsatz durch XY € Verkaufsförderung). Im Zusammenhang mit der Marketingkontrolle sind es einerseits **Kunden- und Umsatzstruktur** und andererseits Marketing-**Erfolgsanalysen,** die für das Unternehmen von besonderem Interesse sind.

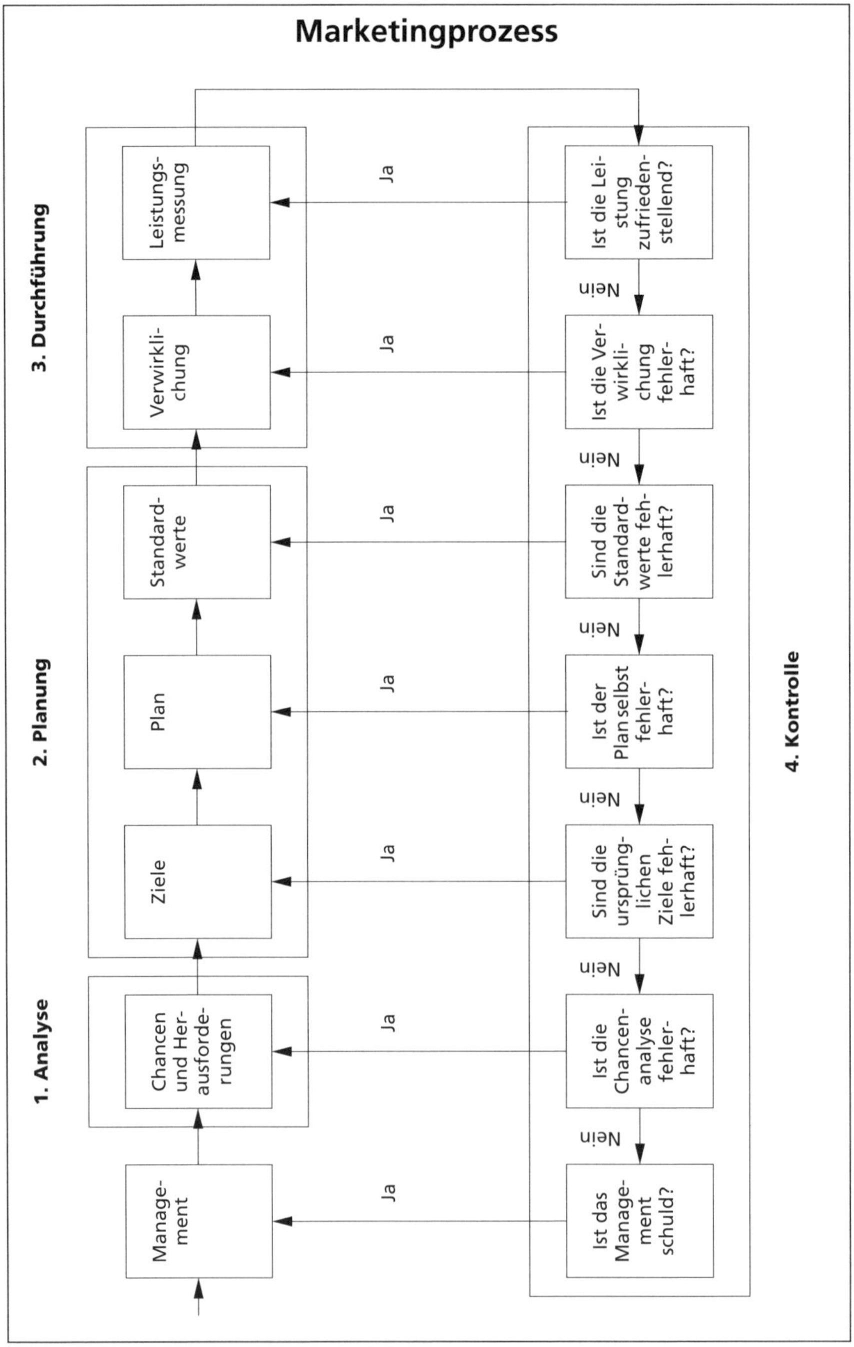

Phasen des Marketing-Planungs- und Kontrollprozesses

Beispiel:

Strukturanalyse (Beispiel)

Für das künftige Marketingverhalten des Unternehmens ist es wichtig zu wissen, ob und in welchem Umfang Dauer- und Zufallskunden gegeben sind und wie das Auftragsvolumen strukturiert ist. Ergibt sich z. B., dass 10 % des Umsatzes mit 80 % der erhaltenen Aufträge gemacht wurden (vgl. Problematik der Reparaturaufträge), so stellt sich für das Unternehmen die Frage nach Verzicht auf diese 10 % Umsatzanteil. Durch Ersparnis oder Einschränkung auftragsfixer Kosten, die mit jedem Auftrag anfallen (Rechnung schreiben, Zeitplanung etc.), könnte u. U. ein höherer Gewinn erzielt werden; insbesondere wenn die erzielten Preise nicht sehr ertragsstark sind. Natürlich ist zu prüfen, ob solche Kleinaufträge zur Gewinnung von Anschlussaufträgen oder Großaufträgen unbedingt zu erbringen sind. Andererseits ist aber auch zu prüfen, ob solche Kleinaufträge nicht über Kooperation mit anderen, kleineren oder größeren Unternehmen erbracht werden können. Die positiven Wirkungen bei Kosten und Erträgen der beteiligten Unternehmen sind nicht zu unterschätzen.

Das folgende Beispiel soll die Aussagekraft solcher Strukturanalysen für die Marketingentscheidungen eines Unternehmens verdeutlichen:

Strukturanalyse

Größenklasse	Jahresumsatz in € (Klassen)	Umsatz €	Umsatz %	Kunden Anzahl	Kunden %	Rechnungen Anzahl	Rechnungen %
I	0,– bis 15,–	2 224,–	0,1	280	13,6	322	3,8
II	16,– bis 30,–	5 021,–	0,3	221	10,7	268	3,1
III	31,– bis 50,–	7 020,–	0,4	177	8,6	262	3,1
IV	51,– bis 75,–	11 230,–	0,7	182	8,8	347	4,0
V	76,– bis 100,–	8 960,–	0,5	103	5,0	242	2,8
Zwischensumme		34 455,–	2,0	963	46,7	1 441	16,8
VI	101,– bis 200,–	40 141,–	2,3	278	13,5	725	8,5
VII	201,– bis 500,–	108 376,–	6,4	331	16,0	1 449	16,8
VIII	501,– bis 1 000,–	157 242,–	9,3	221	10,7	1 437	16,7
IX	1 001,– bis 2 000,–	229 288,–	13,5	160	7,7	1 290	15,0
X	2 001,– bis 5 000,–	218 262,–	12,8	73	3,5	909	10,5
XI	5 001,– bis 10 000,–	133 379,–	7,9	20	1,0	562	6,5
XII	über 10 000,–	778 857,–	45,8	15	0,9	778	9,2
Summe		1 700 000,–	100,0	2 061	100,0	8 591	100,0

Aufgliederung des Umsatzes, der Kundenzahl und der Rechnungen nach Jahresumsatz-Größenklassen.

Es zeigt sich, dass hier 46,7 % der Kunden nur 2 % des Gesamtumsatzes bringen. Eine weitere Analyse muss klarstellen, aus welchem Kundenkreis diese Kleinaufträge kommen.

Umsatz der Abnehmergruppen

Abnehmergruppen	Jahresumsatz		Zahl der Kunden		Umsatz je Kunde	Zahl der Rechnungen		Umsatz je Rechnung
	€	%		%	€		%	€
1. Großhandel	1 620 100,–	95,3	610	29,6	2 655,–	6 460	75,2	250,–
2. Industrie	66 300,–	3,9	993	48,2	67,–	1 589	18,5	41,–
3. Gewerbliche Verbraucher	5 100,–	0,3	180	8,7	28,–	198	2,3	25,–
4. Sonstige Kunden	8 500,–	0,5	278	13,5	30,–	344	4,0	24,–
Summe	1 700 000,–	100,0	2 061	100,0	825,–	8 591,–	100,–	198,–

Gliederung des Umsatzes nach Abnehmergruppen

Es sind die Abnehmergruppen „Sonstige Kunden" und „Gewerbliche Verbraucher", die überwiegend Kleinaufträge bringen. Das Unternehmen hat zu entscheiden, ob es sich von diesen Kunden trennt, höhere Umsätze zu erreichen versucht oder die Situation belässt.

Die Situation wird noch transparenter, wenn man den Markt nach der Konkurrenzdichte in verschiedenen Absatzgebieten untersucht. Hier könnte sich folgendes Bild ergeben:

Konkurrenzdichte

Absatzgebiet	Potenzielle Kunden	Konkurrenten	Konkurrenzdichte
I	216	9	24,0
II	312	21	14,9
III	413	7	59,0
IV	171	4	42,8

Konkurrenzdichte in verschiedenen Absatzgebieten

Im Markt II ist bei durchschnittlich 14,9 Kunden pro Unternehmen mit einem wesentlich härteren Auftragswettbewerb zu rechnen als etwa in dem kleineren Markt IV, wo mit 42,8 Kunden pro Wettbewerber gerechnet wird. Weitere Hinweise erhält das Unternehmen, das seinen Standort im Markt II haben soll, wenn es einen Kundenumsatz-Zeitvergleich für diesen Markt durchführt. Eine Analyse einer Umsatzsteigerung von 20 % könnte folgendes Bild ergeben:

Kundenumsatz im Zeitvergleich

Markt II				
Abnehmergruppe	Umsatz € 2001	Umsatz € 2002	Umsatzzuwachs	Auftragsbestand
Privat	20 000,–	10 000,–	–50 %	–
Einzelhandel	30 000,–	45 000,–	+50 %	6,0 Monate
Großhandel	40 000,–	60 000,–	+50 %	4,5 Monate
Sonstige	10 000,–	5 000,–	–50 %	–
Summe	100 000,–	120 000,–	+20 %	–

Kundenumsatz – Zeitvergleich

Bei den unterschiedlichen Entwicklungen ist zu prüfen, ob es sich um einen allgemeinen Trend oder um unternehmensspezifische Erscheinungen handelt. Außerdem ist die negative Situation bei den Auftragsbeständen bei Privatkunden dahin zu prüfen, ob dies eine Auswirkung gezielter oder unterlassener Marketingmaßnahmen darstellt.

5.3.3 Erfolgskontrollen

Kontrollen

Zusätzlich zu solchen Strukturkontrollen muss das Unternehmen in mehr oder weniger großen Zeitabständen auch **Absatz-Erfolgskontrollen** bei seinem Leistungsprogramm machen. Dadurch lassen sich wertvolle Erkenntnisse über die **Ertragskraft einzelner Leistungen oder Leistungsbereiche** gewinnen und Hinweise zur **Entwicklung, Stabilisierung oder Aufgabe von Leistungen** ableiten.

Absatzerfolg

Produkte	Umsatz in €	in % des Gesamtumsatzes	Aufträge (Stück)	Deckungsbeitrag I	Auftragsfixe Kosten	Deckungsbeitrag II	% des Gesamtdeckungsbeitrags
A	900 000,–	53	1 800	600 000,–	4 500,–	595 500,–	61,75
B	600 000,–	35	2 400	350 000,–	6 000,–	344 000,–	35,70
C	100 000,–	6	4 000	40 000,–	10 000,–	30 000,–	3,10
D	50 000,–	3	2 000	5 000,–	5 000,–	0	0
E	40 000,–	2	1 400	3 000,–	3 500,–	– 500,–	–0,05
F	10 000,–	0,5	1 200	2 000,–	3 000,–	–1 000,–	–0,10
G	10 000,–	0,5	1 600	–	4 000,–	–4 000,–	–0,40
Summe	1 700 000,–	100,0	14 200	1 000 000,–	36 000,–	964 000,–	100,0
Auftragsfixe Kosten je Auftrag = 2,50 €							

Absatz-Erfolgskontrolle

Informationen über ertragsstarke oder schwache Leistungen

Hier wird deutlich, daß 2 von 7 Leistungsarten 88 % des Umsatzes erbringen. Die restlichen 12 % des Umsatzes bringen 5 Leistungsarten, wobei die Leistungen E, F und G nur einen Umsatzanteil von 3 % aufweisen. Steht das Unternehmen vor der Frage, sich auf einzelne Leistungen zu konzentrieren und ein gewinnbezogenes Marketing zu entwickeln, dann genügt diese Umsatzanalyse allein nicht mehr. Es müssen die Kostenbedingungen bei den einzelnen Leistungsarten mit berücksichtigt werden. Es gilt festzustellen, welches **ertragsstarke und ertragsschwache Leistungen** sind, wie hoch die Beiträge der Leistungen zur Abdeckung der fixen Kosten und damit letztlich zur Gewinnerzielung sind.

Ermittlung von Deckungsbeiträgen

Aufgrund dieser Erkenntnisse wird das Unternehmen jene Leistungen ausbauen, die bereits einen hohen Deckungsbeitrag erbringen oder in Zukunft erwarten lassen. Als **Beurteilungsmaßstab** dient in der Regel der **Deckungsbeitrag II,** der, aus allen Leistungen summiert, für die Deckung der Unternehmungsfixkosten (Kosten der Betriebsbereitschaft) und für die Gewinnerzielung benötigt wird.

Die **Ermittlung der Ertragskraft einer Leistung oder eines Auftrags** erfolgt nach dem Schema:

	Erlös (Umsatz) pro Leistungseinheit (Auftrag)
./.	variable Kosten (Einzelkosten)
=	Deckungsbeitrag I (DB I)
./.	auftragsfixe Kosten
=	Deckungsbeitrag II (DB II)

Ergänzt man die Werte aus der Abbildung „Absatzerfolg" noch um
- die Zahl der Aufträge,
- die erzielten Roherlöse (Deckungsbeitrag I) pro Leistungsart (Auftrag) sowie
- um Angaben über die auftragsfixen Kosten (beispielhaft 2,50 € je Auftrag),

dann lassen sich folgende Ertragsinformationen gewinnen:

Die Produktgruppen A, B und C bestreiten zusammen 94 % des Umsatzes und erbringen 100,55 % DB II. Die Produkte D – G tragen nicht oder negativ zum Gewinn bei. Bestehen vom Markt in Form von Kundenerwartungen oder von der Fertigungsseite des Unternehmens keine zwingenden Erfordernisse für die Beibehaltung des Leistungsangebots von D, E, F und G, dann sollten sie aufgegeben werden. Dies wird offensichtlich, wenn man diese Gesichtspunkte noch einem Zeitvergleich unterzieht – falls entsprechende Zahlen aus Vorjahren ermittelbar. Dann erhält das Unternehmen eine klare Erfolgsanalyse seines bisherigen Markt- und Marketingverhaltens.

Folgendes Beispiel soll dies verdeutlichen:

Einzelkennzahlen zur Ergebnisanalyse

Ergebnisanalyse

Leistungen	Umsätze I. Quartal	Zahl der Aufträge	Durchschnittsumsatz pro Auftrag	erwirtschafteter Deckungsbeitrag (DB)	DB in % vom Umsatz	Deckungsbeitrag pro Auftrag		
						lfd. Jahr	Vorjahr	± % geg. Vorjahr
Leistungsteilprogramm „A"	150 000,–	30	5 000,–	90 000,–	60 %	3 000,–	2 880,–	+ 4 %
Leistungsteilprogramm „B"	150 000,–	50	3 000,–	100 000,–	$66^2/_3$ %	2 000,–	2 000,–	± 0 %
Leistungsteilprogramm „C"	100 000,–	20	5 000,–	50 000,–	50 %	2 500,–	2 250,–	+11 %
insgesamt	400 000,–	100	4 000,–	240 000,–	60 %	2 400,–	2 300,–	+ 4 %

Ergebnisanalyse I. Quartal

Die Analyse zeigt, dass das Leistungsteilprogramm „B", obwohl gleich umsatzstark wie Teilprogramm „A", bei kleinerem Umsatz pro Auftrag die ertragsstärkste Gruppe seiner Leistungen darstellt. Bei einem durchschnittlichen Gesamtdeckungsbeitrag von 60 % vom Umsatz ist „B" also überproportional. Unter diesen Gesichtspunkten sollte das Unternehmen seine Aktivitäten auf „B" konzentrieren. Diese Empfehlung könnte sich jedoch ändern, wenn die Deckungsbeiträge pro Auftrag und deren Entwicklung gegenüber dem Vorjahr mit zur Beurteilung herangezogen werden. Hier zeigen „A" und „C" Steigerungen, während „B" stagniert und im laufenden Geschäftsjahr um fast 17 % unter dem durchschnittlichen Deckungsbeitrag pro Auftrag liegt.

Das heißt, das Unternehmen hat im I. Quartal zu viele Aufträge der Gruppe „B" ausgeführt; es sollte sich künftig verstärkt um Aufträge für das Teilprogramm „A" oder „C" bemühen. Gezielte und erfolgreiche Marketingbemühungen (mehr Aufträge) bringen bei diesen Leistungen dem Unternehmen noch bessere Ergebnisse. Allerdings dürfen Entwicklungen im Markt (z. B. Konkurrenzaktivitäten, Veränderungen in den Einstellungen, Erwartungen oder in den Kaufgewohnheiten der Kunden oder einzelner Kundengruppen) bei der Bewertung der Kennzahlen nicht außer Acht gelassen werden.

Neben diesen **Einzelkennzahlen** zur Zwischen- und Endkontrolle von Marketingaktivitäten, deren Ergebnisse und Wirkungen kann das Unternehmen zur Kontrolle (und letztlich auch zur Planung) seiner Gesamtaktivitäten in einer Wirtschaftsperiode auch auf **Kennzahlensysteme** zurückgreifen. Ein solches Kennzahlensystem kann erfolgen durch Aufspaltung einer (Haupt-)Kennzahl in Unter-Kennzahlen, die in der Mittel-Zweck-Beziehung zueinanderstehen. Sie lassen von „unten" nach „oben" die Ursachen für das Ergebnis bei der Hauptkennzahl erkennen und ermöglichen entsprechende Korrekturmaßnahmen. Näheres ist im Band „Finanz- und Rechnungswesen" beschrieben.

Marketing-orientiertes Kennzahlen-system

Die Besonderheit eines **marketingorientierten Kennzahlensystems** besteht im Aufzeigen des Zusammenhangs von Gewinnerzielung, Kapitaleinsatz und erwirtschaftetem Umsatz als der zentralen Zielgröße.

Beispiel:

Beeinflussung von Umsatzrendite und Kapitalumschlag

Die **Rentabilität eines Unternehmens** ergibt sich aus der Multiplikation von erzielter Umsatzrendite oder Umsatzgewinnrate (Gewinn: Umsatz) und erzieltem Kapitalumschlag (Umsatz: Kapitaleinsatz) einer Wirtschaftsperiode. So kann z. B. eine Rentabilität von 18,37 % des eingesetzten (Gesamt-)Kapitals erreicht werden durch eine Umsatzrendite (Umsatzgewinnrate) von 10 % und einem Kapitalumschlag von 1,837 in dieser Periode oder über eine Umsatzrendite von 20 % und einen Kapitalumschlag von 0,9185 pro Jahr. Es zeigt sich, dass die gleiche Rentabilität mit unterschiedlichen Teilergebnissen erreicht werden kann. Erst die Analyse dieser Kennzahlen bringt Klarheit für Marketing- und Betriebsentscheidungen. Es gilt die **Beeinflussungsgrößen der Umsatzrendite und des Kapitalumschlags** zu erkennen und so zu steuern, dass die geplante Unternehmensrendite auch erreicht werden kann. Dies betrifft z. B. die Preis- und Mengenstruktur beim Gesamtumsatz einerseits sowie die Mengen- und Wertstruktur bei den Kosten und der Vermögensstruktur des Unternehmens andererseits. Insofern müssen alle Marketingmaßnahmen unter dem Gesichtspunkt ihrer Wirkung auf das Unternehmen insgesamt getroffen werden.

Marketing- und Kostendenken

Erfolge oder Misserfolge im Marketing beeinflussen letztlich nicht Kunden-, Preis- und Mengenstruktur des Umsatzes, sondern wirken auf Umsatzrendite und Kapitalumschlag des gesamten Unternehmens. Daher muss das **Marketingdenken** eine zentrale Stellung neben dem **Kostendenken** einnehmen.

Die Überlegungen, Entscheidungen und Maßnahmen im **Marketing** (Leistungsangebot) müssen insoweit das **Ergebnis von ganzheitlich ausgewogenen Kosten- und Ertragsüberlegungen** sein, wenn der Erfolg oder Fortbestand des Unternehmens auch langfristig gesichert werden soll.

Wiederholungsfragen zum 5. Kapitel

Nach den Fragen steht in Klammern der Verweis auf die entsprechende Seite im Buch.

1. Worin unterscheiden sich Planung und Improvisation? (Seite 204)
2. Welche Hauptaufgaben lassen sich bei der Marketingplanung zuordnen? (Seite 207–209)
3. Wie würden Sie die Aussage begründen, dass durch Marketingplanung die Flexibilität des Unternehmens vergrößert wird? (Seite 209)
4. Was sind die Phasen (Arbeitsschritte) einer Marketingplanung? (Seite 209–211)
5. Worin sehen Sie Unterschiede zwischen Prognosen und Planung? (Seite 209)
6. Worin sehen Sie die Vorteile des Konzepts der rollierenden Planung für ein Unternehmen? (Seite 215)
7. Welche Funktion hat die Kontrolle im Prozess der Marketingplanung eines Unternehmens? (Seite 210, 212)
8. Welche Vergleichsarten kann ein Unternehmen zur Marketingkontrolle verwenden? (Seite 217)
9. Welche Informationen lassen sich mit Struktur- und Erfolgsanalysen im Rahmen der Marketingkontrolle gewinnen? (Seite 217–222)
10. Welche Überlegungen führen dazu, dem Marketing- und Kostendenken eine zentrale Stellung einzuräumen? (Seite 223, 224)

Teil II: Management (Kurt Nagel)

6. Tendenzen in der Unternehmensführung

Die Welt im Bereich der Unternehmensführung steht Kopf. Vieles, was früher richtig war, ist heute mehr und mehr mit einem Fragezeichen zu versehen. Dies betrifft alle Gebiete: Erfahrungen, Konzepte und Methoden ebenso wie Prognosen, Werteinstellungen und Umfeldänderungen. Die Turbulenzen nehmen zu.

Voraussetzungen erfolgreichen Unternehmertums

Wer bisher erfolgreich agierte, kann morgen nur gute Zahlen schreiben, wenn Postulate wie
- Flexibilität,
- Schnelligkeit,
- Innovation und ein
- Mitunternehmertum

ständig gelebt werden.

Siehe hierzu Abbildung 1 „Paradigmen-Wandel" (Die nachfolgenden Abbildungsnummern beziehen sich auf den Teil II „Management").

Paradigmen-Wandel

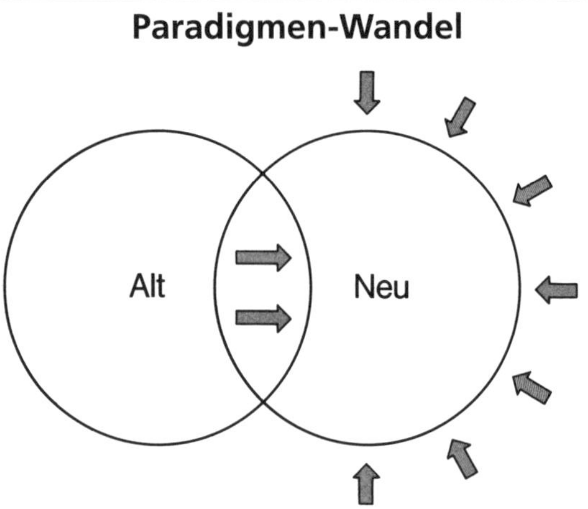

- Die Turbulenzen nehmen zu
- Wettbewerbsvorteile werden in Monaten gemessen
- Den Innovatoren gehört die Zukunft
- Das „Machen" steht im Vordergrund
- „Joker" der Zukunft: Flexibilität und Schnelligkeit
- Die Mitarbeiter sind Mitunternehmer

Abb. 1: Paradigmen-Wandel

Von der Notwendigkeit der **Flexibilität** sprechen alle. Im Vordergrund stehen dabei Aussagen wie:

Flexibilität

- Die klassische Aufbauorganisation mit zahlreichen hierarchischen Ebenen ist einfach zu schwerfällig. Die „Pyramide" im Organisationsaufbau ist durch eine „Zwiebel" mit möglichst wenig Entscheidungsebenen abzulösen.
- Das Denken in „Abteilungen" und „Zuständigkeiten" ist problematisch. In einer Zeit, in der in Europa zahlreiche Barrieren niedergerissen werden, kann man Unternehmen nicht „abteilen" und ein Klima für Abteilungs- und Ressortegoismen schaffen. Das sterile Praktizieren von Zuständigkeiten bewirkt bei den Betroffenen nichts anderes, als dass man „ständig zu" ist.
- Flexibilität setzt ein Denken in Prozessen voraus. Diese Prozesse dürfen nicht nur auf die Unternehmung selbst fixiert sein, sondern sie sind übergreifend im Sinne der Einbindung der Lieferanten und Kunden zu optimieren.
- Mit organisatorischen Voraussetzungen klassischer Art wie z. B. Stellenbeschreibungen kann man Flexibilität nicht realisieren. Sind diese nicht ein gutes Beispiel für gegenteilige Eigenschaften von Flexibilität? Stehen sie doch für Begriffe wie
  - statisch,
  - inhaltlich überholt,
  - eine geringe Nutzung des Mitarbeiterpotentials,
  - fehlende Mitwirkung der Betroffenen und
  - starres Korsett.

Zu einem wichtigen Joker in der nahen und ferneren Zukunft wird die **Schnelligkeit.** Es werden nicht mehr die großen Unternehmen die kleinen fressen, sondern die schnellen die langsamen.

Schnelligkeit

Die Veränderungen in der Umwelt nehmen dramatisch zu. Dies gilt u. a. für
- die Orientierungsrichtung,
- die Einflussgrößen,
- die Umwelt-/Unternehmensgeschwindigkeit,
- die Selbst- und Fremdbestimmung,
- den Bekanntheitsgrad der Ereignisse und
- die Prognostizierbarkeit der Zukunft.

Das **ökologische Gesetz des Lernens** bringt zum Ausdruck, dass eine Spezies nur dann überleben kann, wenn ihre Lerngeschwindigkeit gleich oder größer ist als die Änderungsgeschwindigkeit des Umfeldes. Dieses Gesetz lässt sich auch auf Unternehmen übertragen. Eine Analyse der Änderungsgeschwindigkeit der externen und internen Faktoren ist unabdingbar.

Ökologisches Gesetz des Lernens

Bezüglich der Schnelligkeit wird darauf hingewiesen, dass diese nicht nur in physischen Prozessen stattzufinden hat, sondern insbesondere im Kopf. Es gilt einfach auch, Entscheidungen schneller zu treffen. Tom Peters, einer der großen Gurus für erfolgreiches Management, signalisiert: „Heute sind häufig neun von zehn Entscheidungen allein schon deshalb falsch, weil sie zu spät

Schnelle Entscheidungen

getroffen werden." Solange einzelne Manager einen hohen Anteil ihrer Zeit einfach darauf verwenden, den Stuhl, auf dem sie sitzen, nach rechts und links, nach oben und unten durch unzählige Verifikationsprozesse abzusichern und nicht bereit sind, ein angemessenes Risiko einzugehen, kann von Schnelligkeit nicht gesprochen werden.

> Michael Porter, ein weltbekannter Wettbewerbsstratege, verdeutlicht dies durch eine treffende Aussage: „Wer heute nicht agiert, wird künftig gezwungen sein, einen Wandel hinzunehmen, den **andere** eingeleitet haben."

Bedeutung der Informations- und Logistiksysteme

Bei der Realisierung der Schnelligkeit spielen Informationssysteme und Logistiksysteme eine wesentliche Rolle. War bisher die strategische Produktivkraft das Kapital, sind es jetzt **Information, Wissen und Kreativität** der Mitarbeiter und Führungskräfte in einem Unternehmen.

Die Informationstechnologie durchdringt alle Bereiche, jeder kommuniziert mit jedem, ein sehr hoher Grad an Transparenz wird erreicht; es findet eine verstärkte Delegation von Verantwortung, Aufgaben und Befugnissen statt.

Es kommt zu Verknüpfungen von selbstständigen, organisatorischen Einheiten; informationswirtschaftliche Einheiten entstehen über die betriebswirtschaftlichen Einheiten (Unternehmen) hinaus. Das Management sieht sich damit neuen Dimensionen der Investitionsentscheidungen und damit größeren Risiken gegenüber. Es wächst der Zwang zu „Muss-Investitionen".

Bedeutung von Innovationen in der Zukunft

Mehr und mehr wird den **Innovatoren** die Zukunft gehören. Innovationen werden sich dabei nicht nur auf Produkte beziehen, sondern verstärkt auf Märkte, Zielgruppen und Prozesse. Es gilt, Bestehendes in Frage zu stellen und zu verändern. Innovationen gedeihen nur in einem vertrauensvollen Klima, das geprägt ist von einer positiven Einstellung der Unternehmensführung und der Mitarbeiter. Innovationen entstehen im ganzen Kopf des Menschen. Wichtig wird dabei sein, beide Hirnhälften einzusetzen. Während die linke Hirnhälfte die Sinneseindrücke logisch-analytisch verarbeitet, rational, linear, folgerichtig und konservativ denkt, kann die rechte Hirnhälfte ganzheitlich aus der Erfahrung heraus denken und sehr kreativ und phantasievoll arbeiten. Die „logische" linke und die „kreative" rechte Seite müssen gleichzeitig aktiviert werden, um größtmögliche Innovationen zu erreichen.

Genauso wichtig wie die zielgerichtete Beeinflussung der Sachaufgaben ist die optimale Lösung der Personenaufgaben (siehe Abbildung 2 „Ziele der Unternehmensführung").

Mitarbeiter der Zukunft

Der **Mitarbeiter der Zukunft muss unternehmerisch denken und handeln.** Zukunftsorientierte Unternehmen sind heute mehr denn je auf Innovationen, auf die Entwicklung neuer Ideen, Techniken und Produkte angewiesen. Organisationen benötigen Mitarbeiter, die durch ihre Fähigkeiten solche Erneuerungsprozesse auslösen, die eine Firma wettbewerbsfähig machen. Dazu ist jedoch die **Zusammenarbeit aller Unternehmensmitglieder**, eine **Kürzung überflüssiger Hierarchieebenen** und ein **vernetztes, kybernetisches Denken** notwendig. Um diese Fähigkeiten aber nutzen zu können, ist es ratsam, die eigenen Gaben und Schwachstellen zu analysieren. Es ist wichtig, sich dabei insbesondere auf die eigenen Stärken zu besinnen. Viele Menschen verfügen über ein eindrucksvolles Wissen und Können; das meiste davon bleibt jedoch ungenutzt, weil die Einsatzbereitschaft mangels innerer Einstellung zur Aufgabe fehlt – und diese ist es, die Leistung und Ergebnisse schafft.

Heute sehen sich zahlreiche Unternehmen – vom Erfolg vergangener Jahrzehnte verwöhnt – einem harten Verdrängungswettbewerb ausgesetzt, bei dem sie nicht selten die Verlierer sind. Dies macht deutlich, dass heute mit den Konzepten der Vergangenheit kaum noch Gewinne erzielt und erst recht nicht die Probleme der Zukunft gelöst werden können. Es sind nur die herausragenden Unternehmen, die heute bereits die menschlichen Fähigkeiten als ihre zukünftigen Ressourcen betrachten, die bewusst und aktiv kultiviert werden müssen. In Zukunft werden Finanzen und Maschinenpark passive Handelsgüter sein, während das Humankapital – als Investment betrachtet – eine aktiv sprudelnde Quelle ist, die durch das Einbeziehen hoch motivierter Menschen in das Firmengeschehen ausgeschöpft wird. Dieses menschliche Potenzial ist es, das eine Brücke schlägt vom ausklingenden Industriezeitalter zum längst begonnenen Informationszeitalter.

Bedeutung der Mitarbeiter für Unternehmenserfolg

Arbeitszufriedenheit und Motivation der Mitarbeiter haben heute entscheidenden Einfluss auf den Unternehmenserfolg. Die Erwartungshaltung der Mitarbeiter tendiert dabei mehr und mehr zur Selbstverwirklichung in der Arbeitswelt. Es ist ein Wertewandel eingetreten. Die Intensivierung der Ansprüche auf Lebensqualität und Selbstverwirklichung der eigenen Person ist zum allgemein erklärten Ziel geworden. Das Anerkennungsbedürfnis wurde noch vor dem Besitzbedürfnis die stärkste Antriebskraft für menschliche Leistungen. Während früher das ökonomische Prinzip eine Spezialisierung der Tätigkeitsfelder erforderlich machte, kommt durch die technische Neuorientierung eine Umkehr: Dezentralisierung der Entscheidung, Schaffung von überschaubaren Einheiten, Einsetzen von aktionsorientierten Arbeitsgruppen, verstärkte Selbststeuerung des Einzelnen und Integration unterschiedlicher Tätigkeitsfelder sind die Lösungsansätze von heute und die der Zukunft.

> Ferner werden **die** Unternehmen erfolgreich sein, in denen die Mitarbeiter erkennen, dass ihre Leistung zum Aufbau der Firma gleichzeitig einen direkten Beitrag zu ihrer persönlichen Entfaltungsmöglichkeit darstellt.

Die wesentlichen Entwicklungen im Bereich der Unternehmensführung gehen aus der Abbildung 3 „Tendenzen in der Unternehmensführung“ hervor.

Ziele der Unternehmensführung

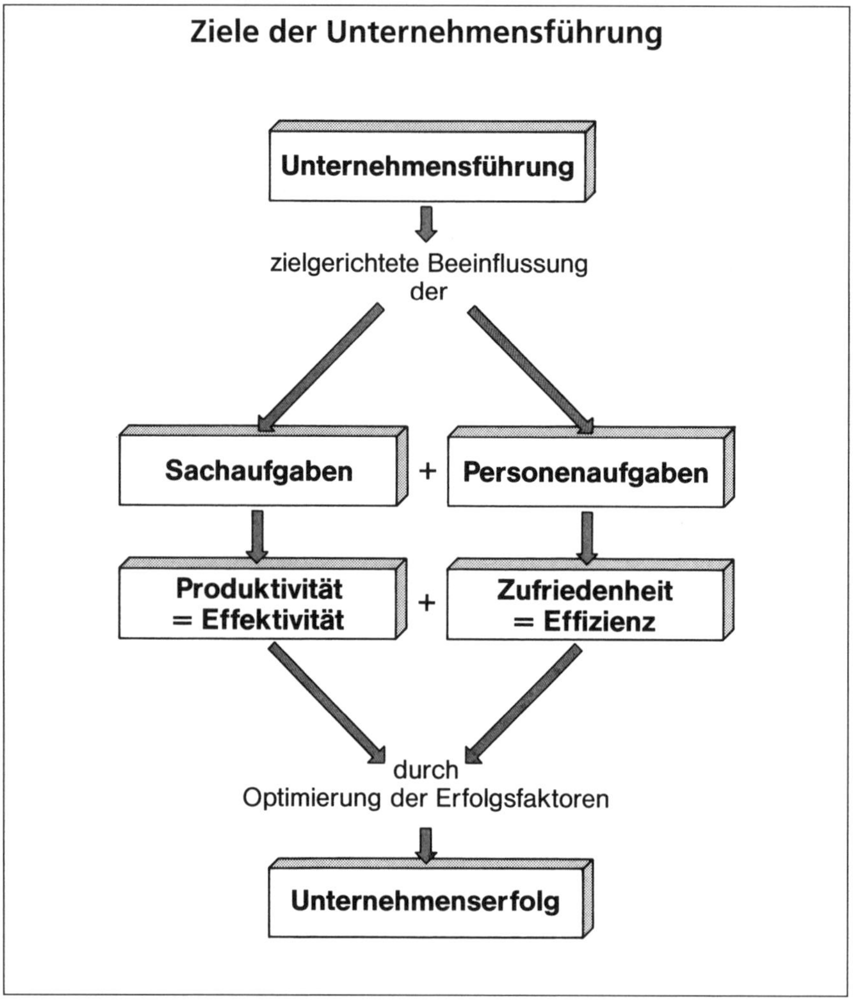

Abb. 2: Ziele der Unternehmensführung

Tendenzen in der Unternehmensführung

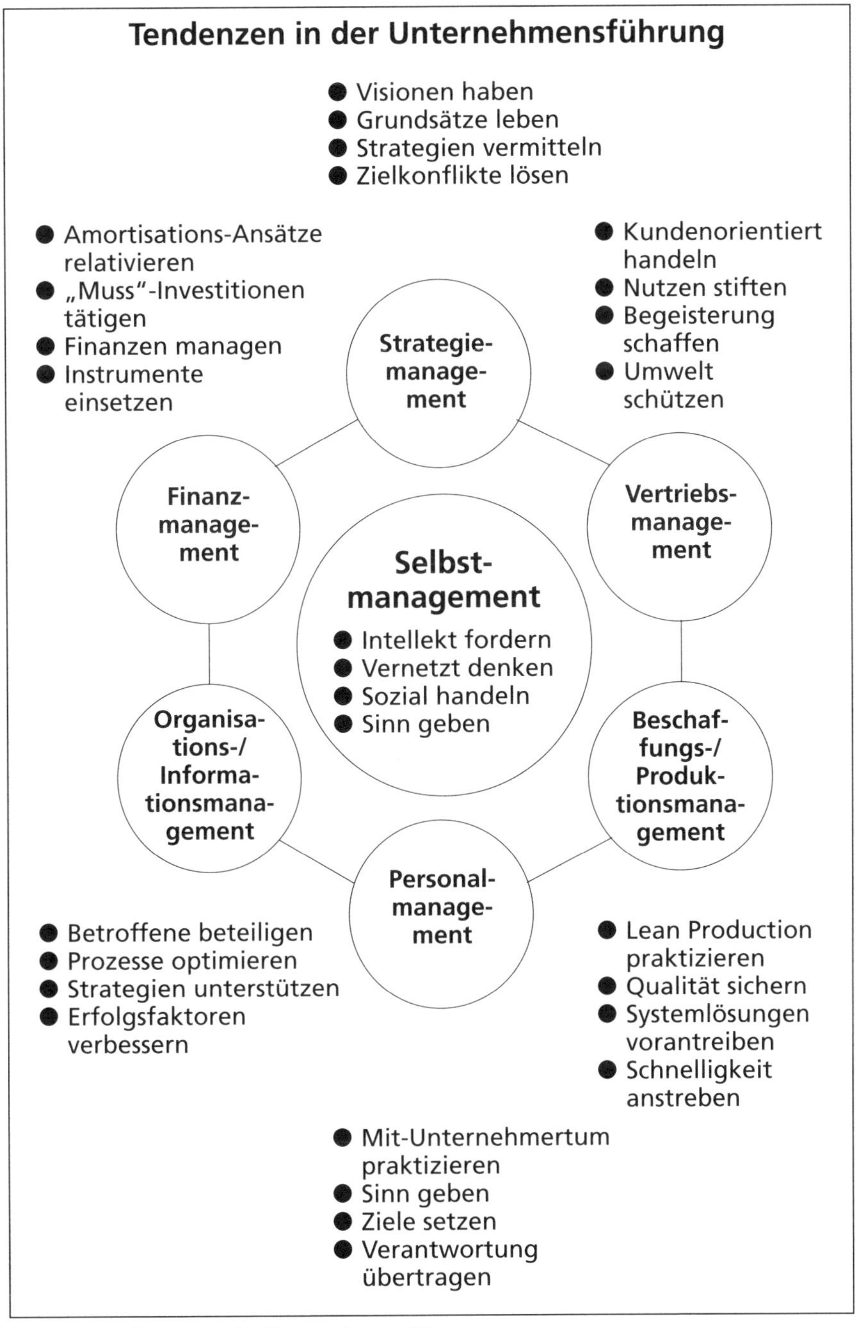

Abb. 3: Tendenzen in der Unternehmensführung

Wiederholungsfragen zum 6. Kapitel

Nach den Fragen steht in Klammern der Verweis auf die entsprechende Seite im Buch.

1. Was versteht man unter dem ökologischen Gesetz des Lernens? (Seite 227)
2. Wie interpretieren Sie die Rolle des Mitarbeiters als Mitunternehmer? (Seite 228, 229)
3. Welche Ziele verfolgt die Unternehmensführung? (Seite 230)
4. Skizzieren Sie die wesentlichen Tendenzen in der Unternehmensführung. (Seite 231)

7. Das Wertesystem

7.1 Elemente der Unternehmensführung

In der heutigen Zeit wird den Unternehmen mehr und mehr deutlich, dass bei sich verändernden Umweltsituationen kurzfristige Anpassungen oft nur schwer möglich sind. Es tritt klar die Forderung nach einer längerfristigen Absicherung auf. Dies bedeutet die Einbindung der Planungs- und Kontrollsysteme in die Unternehmensgrundsätze und -strategien (siehe Abbildung 4 „Elemente der Unternehmensführung").

Unternehmensgrundsätze

Die **Grundsätze einer Organisation** (Geschäftsgrundsätze, Corporate Identity und Corporate Image) geben den Rahmen für die Unternehmensstrategie ab.

Unternehmensgrundsätze schaffen für alle Mitglieder einer Organisation ein „Wir-Gefühl". Führungskräfte und Mitarbeiter haben sich mit den Grundsätzen zu identifizieren. Zunächst ist es notwendig, diese Grundsätze eindeutig zu erarbeiten. Denn für Werte und Aufgaben, die man als erstrebenswert und wertvoll erkannt hat, können Mitarbeiter sich wesentlich effizienter einsetzen als für solche, deren Wert man nur vage ahnen kann oder gar anzweifeln muss.

> In zahlreichen Untersuchungen kam zum Ausdruck, welche Bedeutung Geschäftsgrundsätze für den Unternehmenserfolg haben.

Bedeutung

Durch das Vorhandensein eines gelebten Wertgefüges existiert für die Betriebsmitglieder ein verlässlicher sozialer Bezugsrahmen, der ihnen ein Zusammengehörigkeitsgefühl, d. h. ein „Wir-Bewusstsein", vermittelt.

Strategische Planung

Aus Untersuchungen geht hervor, dass das Top-Management als seine wichtigste Aufgabe die strategische Planung ansieht. Nach einer Studie der Hochschule St. Gallen und der Personalberatung Heidrick and Struggles bezeichneten Entscheidungsträger als ihre wichtigste Aufgabe die strategische Planung (57 % der Nennungen). Die Frage, wieviel Zeit sie für diese Aufgabe wahrnehmen, wurde in der Untersuchung mit 8,6 % beantwortet.

In der Praxis verfügen die wenigsten Unternehmen über klare Strategien. Die Strategien sollten dabei auf einen Planungshorizont von durchschnittlich drei bis fünf Jahren ausgelegt sein. Dieser Zeitraum deckt sich häufig auch mit den durchschnittlichen Produkt-Lebenszeiten.

Aufgabe

Die **strategische Planung** hat z. B. Antworten auf Fragen zu geben wie:

- Wie sieht die Nachfrage nach den von uns angebotenen Produkten bzw. Dienstleistungen mittel- und längerfristig aus?
- Wie wird der Wettbewerb sich in der Branche mittelfristig und langfristig entwickeln?
- Wie verändern sich die Wettbewerbskräfte in den nächsten Jahren?
- Verfügen wir über genügend hohe Eintrittsbarrieren gegenüber neuen Wettbewerbern?
- Welche Stärken können mittelfristig gegenüber den Konkurrenten ausgebaut werden?

Elemente der Unternehmensführung

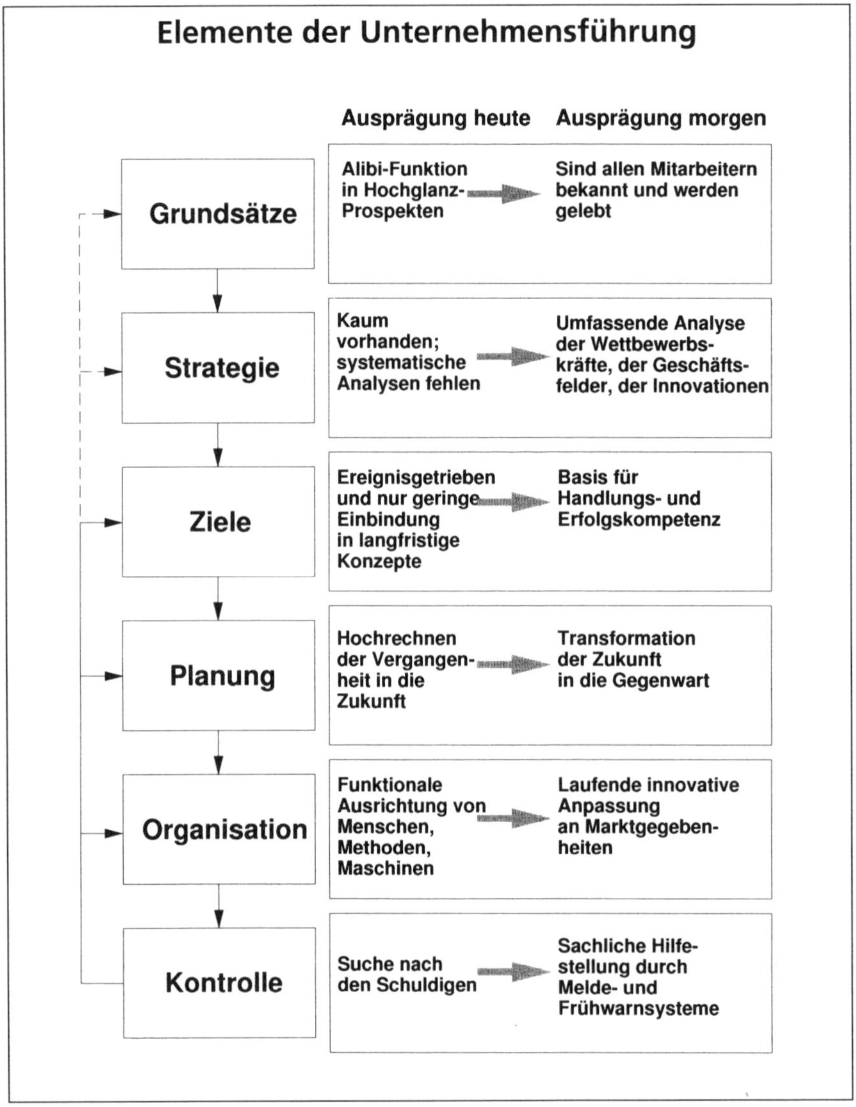

Abb. 4: Elemente der Unternehmensführung

- Welche strategische Ausrichtung wird angestrebt (Kostenführerschaft, Differenzierung, Nischenorientierung)?
- Welche Geschäftsfelder werden in welchem Umfang unseren Umsatz ausmachen?
- Welche innovativen Ansätze sehen wir für unser künftiges Geschäft?

Diese Überlegungen machen die strategische Planung aus. An dieser Stelle sei auch auf die Abgrenzung zur taktischen und operativen Planung verwiesen, die vorwiegend für die mittelfristige bzw. kurzfristige Sicht verwendet wird. Die wesentlichen Anforderungen an den strategischen Plan und die Unterschiede zum operativen Plan gehen aus der Abbildung 5 „Operativer und strategischer Plan – Vergleichende Darstellung" hervor.

Unternehmensziele

Aus der Strategie sind die Ziele abzuleiten. Die Zielrichtung ist dabei eine angemessene Rendite in der langen Sicht. Daneben können aber weitere, sich ergänzende oder miteinander konkurrierende Teilziele, gegebenenfalls nichtwirtschaftlicher Art, verfolgt werden. Die Ziele zu finden und zu setzen ist die Primäraufgabe der Unternehmensführung. Von ihr kommt die Idee als Ausgangspunkt aller Aktivitäten.

Unsicherheitsfaktoren

Bei der operativen Definition des Zieles und dessen Auflösung in immer detailliertere Teilziele, bis hin zu den Anweisungen für die Arbeitsdurchführung, muss aber berücksichtigt werden,

- dass die Ziele in die Zukunft gerichtet sind und somit zwar wünschenswerte, aber keine sicheren Erwartungen darstellen;
- dass somit auch die Teilziele zwar logisch vom Gesamtziel abgeleitet sind, aber zwangsläufig den Unsicherheitsgrad des Gesamtzieles in sich tragen;
- dass die Definitionen der Aktivitäten zur Erfüllung der jeweiligen Teilaufgabe nach dem ökonomischen Prinzip zwar optimal sein sollen, aber nicht unbedingt sein müssen. Hier werden durch Lernvorgänge aus Erfahrung stets Verbesserungen in Richtung auf das Optimum angestrebt;
- dass die Teilaufgaben Menschen übertragen werden, die
  - nicht über das absolute Gedächtnis verfügen und somit notwendige Aktivitäten auslassen oder falsch absolvieren können und
  - das Recht des Irrtums bzw. des intelligenten Auswegs aus einer unklaren Situation für sich beanspruchen können und das auch tun.

Taktische operative Planung

Die **Planung,** in diesem Sinne die taktische und operative Planung, legt die Schritte zur Erreichung der Ziele fest. Bei der Erarbeitung von Planzahlen werden die Weichen für ein gutes, **effizientes Kontrollsystem** gestellt.

Bei einer mathematischen Gleichung ist ein falsches Ergebnis nicht aus sich falsch; der Fehler liegt auf der linken Seite, im logischen Ansatz. Dort müssen wir auch den Fehler suchen. Wie soll aber der Fehler gefunden werden, wenn der Ansatz nie formal existierte und kein Kontrollsystem für die einzelnen Prämissen besteht? Das heißt, dass die Intensität unserer Kontrollsysteme erheblich verbessert werden muss. Diese Forderung aufzustellen ist sicherlich gedanklich richtig, bei manueller Datenverarbeitung aber genauso sicher nicht voll praktikabel. Bei dem heutigen Stand der Informationsverarbeitung wird die Forderung sinnvoll. Ihre Erfüllung wird den Informationsgrad und damit die Handlungssicherheit erheblich erhöhen.

Unterschied operative und strategische Planung

Operativer und strategischer Plan
Vergleichende Darstellung

Kriterien	Operativer Plan (OP)	Strategischer Plan (SP)
Planungszeitraum	erstreckt sich auf die Zeit, für die die Verantwortlichen ihre OP-Ziele als verbindlich betrachten müssen	erstreckt sich auf die Lebenszeit des am längsten lebenden Produktes
Beteiligung	(möglichst) alle Führungskräfte bis zum Kostenstellenleiter	obere Führungsebene unter Beteiligung von Stabskompetenz
Entscheidungsprozess	überwiegend dezentral	zentral
Entscheidungsgegenstand	viele Einzelentscheidungen, vor allem Finanz- und Marketingsektor; Schwergewicht verschieden. Es gilt das Ausgleichsgesetz der Planung: der Engpasssektor bestimmt den Inhalt und die Form des OP	Entscheidungen mit strategischer Bedeutung: Geschäftsfelder, Kernkompetenzen, Produkte usw.
Ziele	prognoseorientierter OP: bedingt verbindliche Ziele über die prognostizierten vorgegebenen Größen,z. B. Umsatz, Gewinn, Auftragseingang budgetorientierter OP: genau spezifizierte und verbindliche Vorgaben über Mengen- und Finanzgrößen und über die dazu genehmigten Ressourcen	formal ähnlich wie beim OP, aber ohne direkte Verbindlichkeit; außerdem Formulierung der Ziele des Unternehmens
Inhalt	Aufzeichnung des laufenden Geschäfts; ein ausgeglichener Vorschlag, wie in der gegenwärtigen Umwelt mit den Beschränkungen im Rahmen des SP die OP-Ziele erreicht werden; enthält ein detailliertes Zahlenwerk über die Mengen und Finanzen des Unternehmens mit einem unternehmenseigenen Kennzahlensystem	Überlegung, wie langfristig Ziele erreicht werden sollen; Beschreibung, wie die gegenwärtige und zukünftige Produktpalette den Anforderungen des Marktes entspricht und welche Ressourcen benötigt und welche Restriktionen beachtet werden müssen; auch Zahlen, aber Schwergewicht ist: Identifikation von Problemen, die zwischen Funktionen und Bereichen auftreten, und von Risiken und Möglichkeiten des Marktes
Kontrolle	Plan-Ist-, Plan-Plan-, Ist-Ist-Vergleich für viele Positionen mit Abweichungsanalyse und kurzfristigen Anpassungsmaßnahmen; erforderlich ist ein Mindestmaß an Formalismus, z. B. regelmäßige Durchführung	Kontrolle im OP-Sinn nicht möglich; lediglich Überprüfung von Annahmen und gesetzten Bedingungen
Steuerung	steuert alle Tätigkeiten, durch welche vorhandene Produkte auf gegenwärtige Märkte verteilt werden, und beeinflusst somit die Funktionen und Bereiche direkt. Sie spezifiziert die gesamte Arbeit, die im Planungszeitraum getan werden muss; dabei spielt die Kontrolle eine wichtige Rolle	in der Entstehungsphase des SP wird mit Strategien experimentiert (gedanklich); nach Genehmigung durch Unternehmensleitung gibt SP Orientierung für Ziele und Ressourceneinsatz des OP

Abb. 5: Operativer und strategischer Plan – Vergleichende Darstellung

Organisation des Unternehmens

Die **Organisation** hat die Aufgabe, die Voraussetzungen für die Durchführung der Pläne zu schaffen. Damit ist die Planung die Voraussetzung für organisatorische Maßnahmen, und die Organisation stellt sicher, dass das Geplante realisiert wird.

Kontrolle

Die **Kontrolle** vergleicht die tatsächlichen mit den geplanten Ergebnissen. Die Kontrolle hat die Aufgabe:

- in jeder Phase der Zielverfolgung den Erfolg der Aktivitäten zu registrieren, zu messen und mit der bei der Zielauflösung (Planung) gesetzten Sollgröße zu vergleichen;
- die Differenz zwischen Soll und Ist zu analysieren, daraus Anpassungsmaßnahmen abzuleiten, die dann wieder in Anweisungen für neue Aktivitäten formuliert werden;
- dass die gesamte Feststellung, Analyse und Umformung der Differenzen in neue Maßnahmen in einer so großen zeitlichen Übereinstimmung und sachlichen Dichte erfolgt, dass eine nur geringe Abweichung vom gesamten Zielaspekt garantiert ist.

Dieser Gesamtkomplex von Beobachten, Messen, Differenzieren und neuem Einwirken im Sinne eines Regelkreises wird als Kontrolle bezeichnet. Wollten wir es kybernetisch ausdrücken, würden wir sagen: **„Kontrolle ist das Wirksamwerden von Regelkreisen".**

7.2 Die Unternehmensgrundsätze

Generelle Unternehmensgrundsätze

Ein auf Dauer und Bestand gerichtetes Unternehmen muss feste Grundsätze haben, die normalerweise unverändert sind. **Generelle Grundsätze** können sein:

- „Achtung vor den Rechten und der Würde jedes Mitarbeiters",
- „Bester Kundendienst",
- „Hervorragende Qualität",
- „Faire geschäftliche Beziehungen zu den Lieferanten",
- „Hohe Verantwortung des Unternehmens gegenüber der Umwelt".

Geschäftsgrundsätze schaffen in Unternehmen ein „Wir-Gefühl", das eine hohe Leistungsbereitschaft auf allen Ebenen initiiert. Sie können u.a. festlegen

Bereiche für Grundsätze

- **Tätigkeitsfeld der Unternehmung**
  - Produkte, Abnehmerkreis, Schwerpunkte des künftigen Angebots,
- **Wachstums- und Expansionspolitik**
  - Vorbedingungen, Grenzen, Vorgehen, Konkurrenz,
- **Finanzpolitik**
  - Finanzierung, Investition, Kreditpolitik, Gewinnpolitik, Bilanzpolitik, Kostenrechnung,
- **Absatzpolitik**
  - Auftragsstruktur, Leistungsbereitschaft, Absatzmethode, Absatzwege, Werbepolitik, Preispolitik, Kundendienst,

- **Beschaffungspolitik**
  - Lager- und Vorratspolitik, Kredit und Leasing,
- **Beziehungen zu Kapitalgebern**
  - Banken, Anteilseigner,
- **Beziehungen zu den Mitarbeitern**
  - Personalpolitik, Einstellungsprinzipien, Gehaltspolitik,
- **Beziehungen zur Öffentlichkeit, Verbänden**
  - Public Relations, Informationspolitik.

Anforderungen an Grundsätze

Die Geschäftsgrundsätze müssen von allen Mitarbeitern einer Organisation „gelebt" werden. Dies bedeutet, dass die Grundsätze

- schriftlich fixiert,
- den Mitarbeitern laufend bekannt gegeben und
- verstärkt publiziert werden.

Im Folgenden werden die Unternehmensgrundsätze einer mittelständischen Bauunternehmung wiedergegeben. Mit den Unternehmensgrundsätzen wurde eine Basis geschaffen, die sowohl bei Auftraggebern als auch bei Auftragnehmern Partnerschaften gedeihen lässt. Dies führte zu dem Wahlspruch dieses Hauses „Partner für die Zukunft".

Praxis-Beispiel:

„Um unsere gemeinsame Zukunft selbst noch erfolgreicher zu gestalten, sind diese Unternehmensgrundsätze entstanden. Sie bewirken in zunehmendem Maße ein positives, einheitliches Erscheinungsbild unseres Unternehmens und geben unserer Arbeit ihren Sinn. Jeder Mitarbeiter hat sich selbst entschieden, in dieser Unternehmung zu arbeiten. Dadurch hat er sowohl die Chance, aber auch die Pflicht, an der Verwirklichung der Unternehmensziele mitzuarbeiten. Rechtzeitige Information aller Mitarbeiter über die Ziele, Leistungen und Fehlentwicklungen im Unternehmen macht jeden Einzelnen für den Erfolg mitverantwortlich. In dem Maß, in dem sich jeder mit den Unternehmenszielen identifiziert, schafft er auch die Voraussetzungen für seinen persönlichen Erfolg. Darüber hinaus sind alle Mitarbeiter zur Schwachpunktanalyse und -beseitigung aufgefordert. Aufgeschlossenheit gegenüber Neuem, Toleranz und Mut zu Veränderungen sind Voraussetzungen für die Entwicklung des Unternehmens und der persönlichen Entwicklung jedes Einzelnen. Jeder Mitarbeiter ist nach außen Mitrepräsentant der Firma. Daraus erwächst die Verpflichtung, sein Tun und Handeln an den Firmengrundsätzen zu orientieren. Gegenseitiges Vertrauen bildet die Grundlage dieser Unternehmensgrundsätze. Das Vertrauen unserer Kunden können wir nur durch fachkompetente Lösung der Aufgabenstellung und klare, faire und zielorientierte Handlungsweise gewinnen.

Die Unternehmensgrundsätze sind:

1. Dem Kunden dienen.
2. Verantwortungsbewusstsein gegenüber Umwelt und Natur, Gemeinwesen, Lieferanten und Öffentlichkeit.
3. Mitarbeiterförderung.

1. Dem Kunden dienen

Den Belangen unserer Kunden fühlen wir uns in höchstem Maße verpflichtet.

Gemeinsame Lösungen

Zusammen mit unserem Auftraggeber erarbeiten wir für jede an uns gestellte Bauaufgabe die optimale Lösung und berücksichtigen dessen individuelle Anforderungen in vollem Umfang.

Innovationskraft

Aufgeschlossen, kreativ und offen für die Entwicklung neuer Technologien. Fähigkeit zum Umdenken, positive Einstellung und Vertrauen in die Zukunft sowie in die Leistungsfähigkeiten des menschlichen Geistes, für die Probleme von morgen Lösungen zu finden.

Glaubwürdigkeit

Zuverlässigkeit in der Einhaltung von Terminzusagen und von Preisgarantien haben Vorrang vor kurzfristigem wirtschaftlichem Erfolg. Wir geben kein Versprechen, das wir nicht halten können – wenn wir etwas versprechen, setzen wir alles daran, es zu halten.

2. Verantwortungsbewusstsein

gegenüber Umwelt und Natur, Gemeinwesen, Lieferanten und Öffentlichkeit. Wir begreifen uns selbst als Teil des Ganzen, unser Denken ist deshalb ganzheitlich. Wahrung der Balance des Ganzen, statt Herausgreifen von Einzelproblemen. Faire und partnerschaftliche Behandlung gilt auch gegenüber unseren Auftragnehmern und Lieferanten. Verzicht auf Machtmissbrauch gegenüber dem jeweils schwächer Gestellten.

3. Mitarbeiterförderung

Aufbauender, fördernder Umgang mit jedem Mitarbeiter. Vertrauen in die Fähigkeiten jedes einzelnen Menschen. Die Gemeinsamkeit im Wollen und Können bestimmt im Wesentlichen unseren Erfolg. Positiv denken und handeln heißt: Trotzdem bejahen, trotz der Kenntnis der ganzen Wirklichkeit. Positive Grundhaltung heißt auch, die Notwendigkeit akzeptieren, hin und wieder deutlich ‚nein' zu sagen."

Wiederholungsfragen zum 7. Kapitel

Nach den Fragen steht in Klammern der Verweis auf die entsprechende Seite im Buch.

1. Skizzieren Sie die Elemente der Unternehmensführung. (Seite 233)
2. Was versteht man unter einem operativen Plan und was unter einem strategischen Plan? (Seite 236)
3. Nennen Sie Beispiele für Unternehmensgrundsätze! (Seite 237, 238)
4. Welche Bedeutung haben Unternehmensgrundsätze in der Praxis? (Seite 238, 239)

8. Strategien

Strategien müssen systematisch erarbeitet werden. Dazu ist es notwendig, mehrere Bausteine zu beachten. Die Abbildung 6 „Entwicklung und Umsetzung von Strategien" verdeutlicht die Einordnung der Wettbewerbsanalyse **(Ziffer 1).**

Elemente zur Strategieentwicklung

Die **Wettbewerbsanalyse** kann unterschiedlichen Zielen dienen. Im Vordergrund stehen u. a.

Wettbewerbsanalyse

- die Analyse der Mitbewerber,
- die Entwicklung der Absatzmärkte,
- die Analyse der Abnehmer von heute,
- die Erwartungen der Abnehmer von morgen,
- Status und Tendenzen im Lieferantenmarkt,
- die Entwicklung der Branche bzw. Subbranche,
- die Bedrohungen des Wettbewerbs,
- Einflüsse der Technologie auf den Markt bzw. die Märkte,
- der Wettbewerb unter internationalen Aspekten.

Das Erarbeiten von Strategien verlangt neben der Analyse der Wettbewerbskräfte auch eine detaillierte **Produktanalyse.** Diese wird heute vornehmlich mit Hilfe der Portfolio-Analyse durchgeführt **(Ziffer 2).** Sie macht deutlich, mit welchen Produkten eine Organisation derzeit verstärkt ihren Umsatz generiert und welche Chancen das heutige Produktangebot in der Zukunft hat.

Produktanalyse

Daraus können Überlegungen abgeleitet werden wie:

- Stellt der Anteil der Produkte mit einem hohen Marktpotential die künftigen Umsatzentwicklungen sicher?
- Ist eine angemessene Aufteilung der gesamten Produktpalette hinsichtlich **„Nachwuchsprodukte"** (Produkte, die neu auf den Markt kommen), **„Sterne"** (Produkte, die ein starkes Wachstum aufweisen), **„Melkkühe"** (Produkte mit einem hohen Marktanteil) und **„Auslaufprodukte"** (Produkte mit einem zurückgehenden Marktanteil) gegeben?
- Welche Gewinne/Deckungsbeiträge erbringen die einzelnen Produkte?
- Wie ist die Struktur der Marktanteile heute und wie wird sich diese verändern?

Auch die **Fixierung der strategischen Ausrichtung** hat einen hohen Stellenwert im unternehmerischen Gesamtkonzept. Die Abbildung „Entwicklung und Umsetzung von Strategien" **(Ziffer 3)** lässt dies erkennen. Bezüglich dieses Bausteins geht es u. a. um die Beantwortung der folgenden Fragen:

Strategische Ausrichtungsanalyse

- Welche der drei strategischen Ausrichtungen:
  - Kostenführerschaft,
  - Differenzierung (Mehrwert),
  - Nischenstrategie,
- ist für die Organisation dominant?

Abb. 6: Entwicklung und Umsetzung von Strategien

- Wie kann der „Mehrwert“ gelebt werden?
- Gelten für einzelne Produktbereiche unterschiedliche strategische Ausrichtungen?
- Ist die strategische Grundrichtung den
  - Mitarbeitern,
  - Kunden,
  - Lieferanten und
  - der Öffentlichkeit

  bekannt?

Innovations-analyse

Neben einer Markt-, Produkt- und strategischen Ausrichtungsanalyse, die vorwiegend auf diskreten Datenanalysen und logischen Schlussfolgen auf der Basis einer erkennbaren Rechenhaftigkeit ermittelt werden, gilt es künftig mehr und mehr, eine **Innovationsanalyse** auf der Basis einer Vision **(Ziffer 4)** durchzuführen. Die Zukunft wird immer weniger aus den Trends der Vergangenheit und Gegenwart abgeleitet werden können. Daher gilt es, mehr und mehr Innovationen zu erarbeiten.

Diese müssen sich jedoch auf alle Ebenen der Innovationsansätze beziehen:
- die Marktinnovationen,
- die Produktinnovationen,
- die Prozessinnovationen.

Es sind diesbezüglich Fragen zu analysieren wie:
- Welche Marktinnovationen zeichnen sich ab?
- Lassen sich Wettbewerbsvorteile durch Prozessverbesserungen erreichen?
- Können Wettbewerbsvorteile durch eine verstärkte Ökologieausrichtung erreicht werden?
- Wie lassen sich die „Austrittsbarrieren" für Kunden im Sinne eines **Gewinner-Gewinner-Spiels** (d.h. Verkäufer und Käufer müssen gewinnen) noch weiter erhöhen?
- Welche Produktinnovationen zeichnen sich ab?
- Wie können wir unsere Innovationen möglichst rasch realisieren, um eine „Tempo-Führerschaft" zu erreichen?

Strategiefindung

Die Analyse des Wettbewerbs, die Produktanalyse, die Analyse der strategischen Ausrichtungen und die Innovationsanalyse bilden die Grundlage für das Erarbeiten der Strategie.

Das Ziel einer eindeutigen Strategie liegt im Finden einer Position, in der sich ein Unternehmen am besten gegen die Wettbewerbskräfte schützen oder diese entsprechend positiv beeinflussen kann. Die strategischen Aussagen erstrecken sich in der Regel über einen Planungshorizont von drei bis fünf Jahren. Aus den strategischen Orientierungen werden die Ziele abgeleitet.

Bedeutung der Erfolgsfaktoren zur Zielbeeinflussung

Für die Umsetzung der Ziele haben die **Erfolgsfaktoren (Ziffer 5)** eine große Bedeutung, beeinflussen diese doch im Wesentlichen die Zielerreichung. Daher ist es wichtig, die Erfolgsfaktoren einer Organisation zu kennen und zu wissen, wie gut diese Faktoren heute ausgeprägt sind, wie die Ausprägungen morgen (z. B. in einem oder in zwei Jahren) aussehen sollten und mit welchen Aktivitäten die Differenz, das Delta (Δ), zu lösen ist.

8.1 Wettbewerbsanalyse

Wettbewerbsanalyse

Bei der Wettbewerbsanalyse geht es insbesondere um die
- Mitbewerber-Analyse und die
- Kundenanalyse.

Bezüglich der **Mitbewerberanalyse** haben zahlreiche Organisationen erhebliche Schwachstellen. Häufig fehlt die Konkurrentenanalyse ganz. Von einer systematischen Konkurrentenforschung kann nur ein bestimmter Anteil von Unternehmen sprechen. Die Konkurrenzforschung sollte heute gezielt von jedem Unternehmen nach dem Prinzip „Kenne deinen Gegner" betrieben werden.

Die Hauptursachen für fehlende Konkurrenzanalysen liegen im Mangel
- an relevanten Daten und
- in der systematischen Auswertung von Daten.

Mitbewerber-anlayse

Bei der Mitbewerber-Analyse gilt es, möglichst umfassend Daten über die Mitbewerber zu erfassen, diese in computergestützten Systemen zu speichern und eine gezielte Auswertung vorzunehmen.

Neben dem in Abbildung 7 dargestellten Beispiel einer Wettbewerbsanalyse ist es notwendig, verstärkt auch **qualitative Merkmale** und **Aktivitäten** zu erfassen.

Inhalt einer Wettbewerbsanalyse

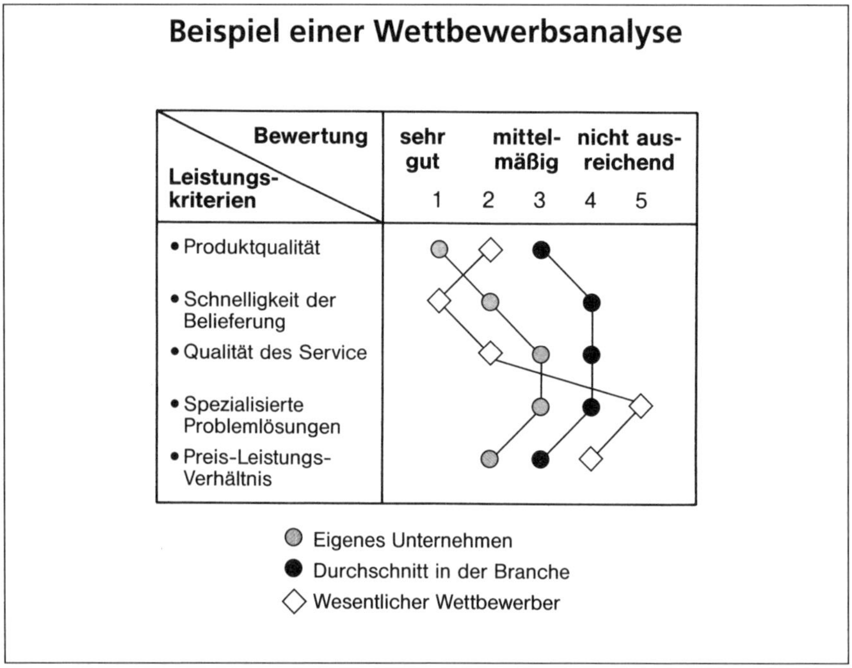

Abb. 7: Beispiel einer Wettbewerbsanalyse

Kundenanalyse

Von großer Bedeutung für eine **Kundenanalyse** ist das Herausfinden der jeweiligen Entscheidungskriterien. „Was ist für den Kunden wichtig?" Die Kriterien, die für den Kunden einen hohen Stellenwert haben, gilt es bestmöglich zu erfüllen. Ist man diesbezüglich den Mitbewerbern unterlegen, dürfte man schlechte Karten für das Verbessern der Marktposition haben. Das Ziel muss es sein, in diesen Kriterien eine eindeutige Führungsrolle anzustreben. Führen Sie bezüglich der Entscheidungskriterien der Kunden daher ständig Meinungsbefragungen durch und versuchen Sie in den Kriterien, die von vitalem Kundeninteresse sind, den Mitbewerbern überlegen zu sein. Sensibilisieren Sie sich diesbezüglich durch Fragen wie in der folgenden Abbildung 8 „Mögliche Fragen zur Ermittlung der Kundenmeinung".

Das Arbeitsblatt „Kundenanalyse" (Abbildung 9) sollte verstärkt zur Segmentierung der Kunden eingesetzt werden.

Mögliche Fragen zur Ermittlung der Kundenmeinung

	ungenügend		befriedigend		sehr gut
1. Die Werte der Kundenfreundlichkeit werden von unseren Mitarbeitern mit Überzeugung gelebt	0 2	4	6	8	10
2. Neueste Entwicklungen werden von uns schnellstens wahrgenommen und genutzt	0 2	4	6	8	10
3. Wir gelten als innovatives Unternehmen	0 2	4	6	8	10
4. Unser Servicekonzept bietet unseren Kunden einen optimalen Mehrwert	0 2	4	6	8	10
5. Das Preis-/Leistungsverhältnis kann als hervorragend bezeichnet werden	0 2	4	6	8	10
6. Wir halten unsere zugesagten Liefertermine pünktlich ein	0 2	4	6	8	10
7. Wir wollen, dass unsere Kunden eine sehr gute Qualität erhalten	0 2	4	6	8	10
8. Unsere Organisation ist flexibel und schnell	0 2	4	6	8	10
9. Im Falle einer Reklamation werden Pannen schnell und zufriedenstellend behandelt	0 2	4	6	8	10
10. Die Informations- und Kommunikationspolitik mit dem Kunden kann als optimal bezeichnet werden	0 2	4	6	8	10

Abb. 8: Mögliche Fragen zur Ermittlung der Kundenmeinung

Inallt einer Kundenanalyse

Kundenanalyse

Kriterien / Zielgruppen	Umsatzanteil heute	Umsatzanteil morgen	Gewinnanteil heute	Gewinnanteil morgen	Wichtigkeit für uns	Entscheidungs-Kriterien des Kunden	Risiken für uns	Maßnahmen
1.								
2.								
3.								
4.								

Abb. 9: Kundenanalyse

8.2 Produkt-/Dienstleistungsanalyse

Das Erarbeiten von Strategien verlangt neben der Analyse der Wettbewerbskräfte auch eine detaillierte **Produktanalyse.** Diese wird heute vornehmlich mit Hilfe der Technik der **Portfolio-Analyse** durchgeführt. Sie macht deutlich, mit welchen Produkten eine Organisation derzeit verstärkt ihren Umsatz generiert und welche Chancen das heutige Produktangebot in der Zukunft hat.

Produktanalye mit Portfolio-Analyse

Daraus können Überlegungen abgeleitet werden wie:

- Stellt der Anteil der Produkte mit einem hohen Marktpotential die künftigen Umsatzentwicklungen sicher?
- Ist eine angemessene Aufteilung der gesamten Produktpalette hinsichtlich „Nachwuchsprodukte", „Sterne", „Melkkühe" und „Auslaufprodukte" gegeben?
- Welche Gewinne/Deckungsbeiträge erbringen die einzelnen Produkte?
- Wie ist die Struktur der Marktanteile heute, und wie wird sich diese verändern?

Produkt-Lebenszyklus als Grundlage der Analyse

> Grundlage des Produkt-Portfolios bildet dabei das Modell des **Produktlebenszyklus:** dieser Zyklus zeigt den typischen Verlauf von
> 1. Entstehungsphase
> 2. Wachstumsphase
> 3. Reifephase
> 4. Sättigungsphase.

Siehe hierzu Abbildung 10 „Produktlebenszyklus".

In den einzelnen Phasen ist

- der Umsatz,
- der Gewinn,
- das Marktpotential,
- der Marktanteil,
- der Cashflow,
- die Rentabilität,
- die Technologie usw.

sehr unterschiedlich. Daher muss Sorge dafür getragen werden, dass das Produkt-Portfolio sich optimal zusammensetzt, d.h. eine gute Mischung von Produkten aus den einzelnen Lebensphasen gegeben ist.

Aufgabe der Portfolio-Analyse

Die **Portfolio-Analyse** hat vor diesem Hintergrund die Aufgabe, die Produkte und das Produktionsprogramm unter Berücksichtigung der Unternehmensziele zu optimieren. Dabei ist davon auszugehen, dass das Produktionsprogramm bereits heute Produkte enthält, die gewinnträchtig sind; außerdem sollte sichergestellt sein, dass Investitionen in Produkte erfolgen, die zukünftig Gewinne erwarten lassen.

Überträgt man die vier Produktlebenszyklus-Phasen in eine Matrix, die aus den Achsen Marktattraktivität und Wettbewerbsstärke besteht, dann ergeben sich, wenn man die Achse jeweils in niedrig und hoch unterteilt, vier Felder (siehe Abbildung 10 „Produktlebenszyklus und Produkt-Portfolio" und Abbildung 11 „Portfolio-Analyse").

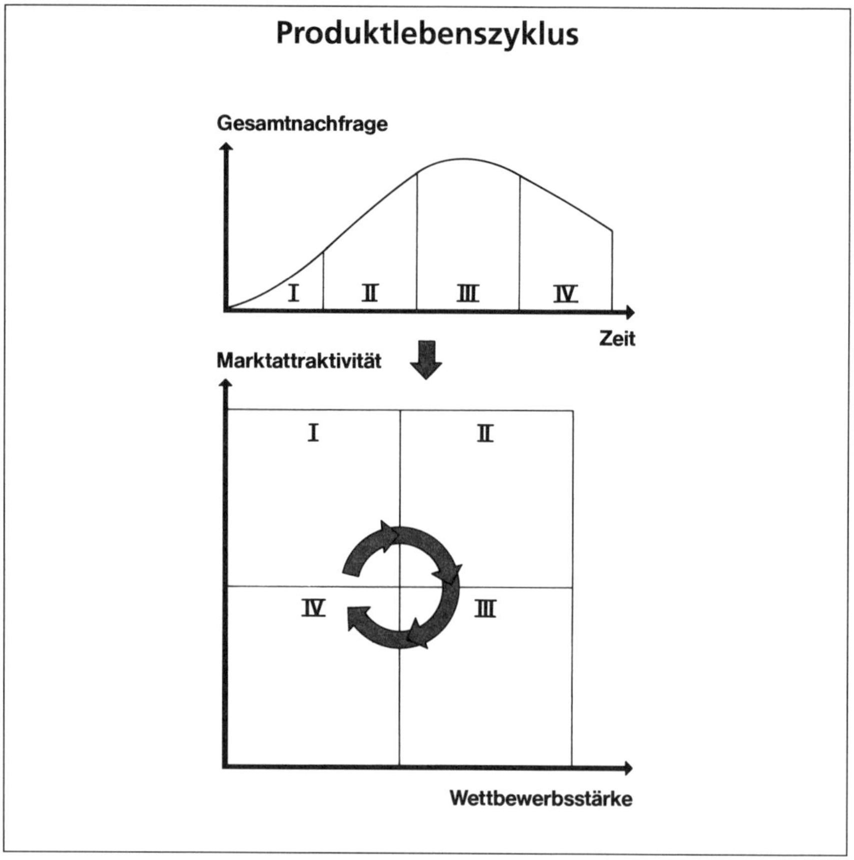

Produkt-Portfolio

Abb. 10: Produktlebenszyklus und Produkt-Portfolio

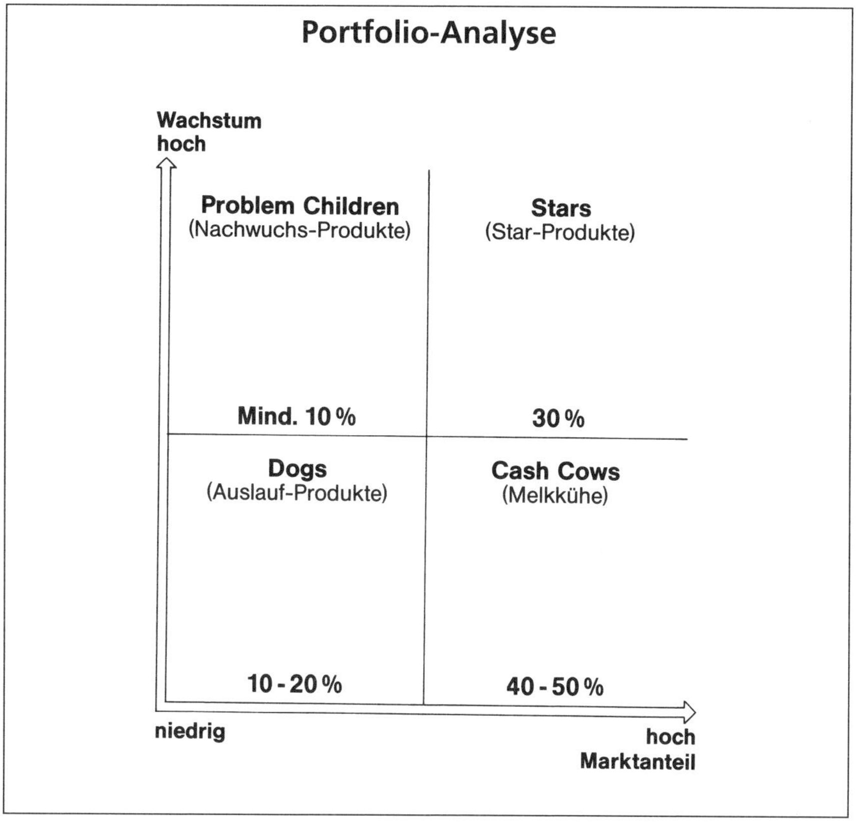

Abb. 11: Portfolio-Analyse

8.3 Analyse der strategischen Ausrichtung

Michael Porter hat sich intensiv mit den Typen der Wettbewerbsstrategien auseinander gesetzt.

Wettbewerbsstrategien

Danach gibt es nur drei Strategien, die eine Unternehmung verfolgen kann. Diese sind:

1. Umfassende Kosten- oder Preisführerschaft,
2. Differenzierung,
3. Konzentration auf Schwerpunkte (Nischen).

Die Unternehmen versuchen, durch die konsequente Realisierung einer Strategie Wettbewerbsvorteile gegenüber den Branchenkonkurrenten zu erreichen.

8.3.1 Die Strategie der Kosten- oder Preisführerschaft

Strategie der Kosten- oder Preisführerschaft

Es ist das Ziel der **Kosten- oder Preisführerschaft,** die Stückkosten unter das Niveau der wichtigsten Mitbewerber zu drücken, um dann durch eine Politik der niedrigen Preise entscheidende Wettbewerbsvorteile auf den Märkten zu erreichen. Für diese Strategie ist die **Kostenminimierung aller betrieblichen Funktionen** eine wesentliche Voraussetzung. Große Marktanteile und der Preis als wesentliches Kaufkriterium des Kunden sind erstrebenswerte Elemente dieser Strategie.

Die Strategie einer umfassenden Kosten- oder Preisführerschaft wurde im eigentlichen Sinne von Frederick Taylor begründet. Ihm ging es vor allem um eine hohe Effizienz im Produktionsbereich und – damit einhergehend – um starke Kostensenkungen.

Er machte deutlich, dass dies u. a. erreicht werden könne durch:

Faktoren zur Kostensenkung

- Einführung der Arbeits- und Zeitstudien,
- arbeitsablaufbezogene Auswahl und Anweisung der Mitarbeiter, um möglichst optimale Bewegungsabläufe zu erreichen,
- starke Arbeitsteilung,
- Produktion hoher Stückzahlen,
- verstärkten Einsatz von Maschinen und sonstiger Technologie.

Henry Ford realisierte diese Strategie durch die Einführung der Fließbandarbeit im Jahre 1913. Aus den nachfolgenden Zahlen geht hervor, wie stark er bei der Produktion der „Tin Lizzy", wie sein Auto genannt wurde, auf Kostenführerschaft setzte.

Marktentwicklung des Modell T von Ford			
Jahr	Preis $	Absatz	Marktanteil
1909	950	12 000	9,7 %
1913	550	182 000	39,4 %
1921	355	845 000	55,7 %

Abb. 12: Marktentwicklung des Modells T von Ford

Seit rund zwei Dekaden wird die Kostenführerschaft von einzelnen Organisationen verstärkt angestrebt. Die Unternehmen versuchen, diese Strategie u. a. zu erreichen durch:

- Minimierung der Forschungs- und Entwicklungskosten,
- Minimierung der Beschaffungskosten und Einstandspreise,
- Minimierung der Produktionskosten,
- Minimierung der Verwaltungskosten,
- Minimierung der Vertriebskosten,
- Minimierung der Personalkosten.

Das Unternehmen konzentriert sich bei dieser Strategie auf preisorientierte Käufer und will sich durch einen günstigen Preis gegenüber der Konkurrenz profilieren.

In diesen Organisationen sind **strenge Kostenkontrollen** und ein **hoher Technologie- und Organisationsgrad** in allen Funktionsbereichen von vitalem Interesse. Ist die Situation bezüglich der Kosten für eine Unternehmung günstig, dann schützt diese Position gegenüber starker Konkurrenz. Auch werden dadurch die Eintrittsbarrieren für neue Wettbewerber erheblich höher gesetzt als bei einer nur durchschnittlichen oder gar schlechten Kostensituation. Die Strategie der Kostenführerschaft bedingt üblicherweise immer eine **bestimmte Unternehmensgröße** und einen **entsprechenden Marktanteil.** Für mittelständische Unternehmen eignet sich daher diese Wettbewerbsstrategie in ihrer stärksten Ausprägung nur bedingt. Es muss betont werden, dass Kostensenkungen bei allen drei Wettbewerbsstrategien angestrebt werden sollten – dies verlangt im Grundsatz jedes ökonomische Handeln. Besonders ausgeprägt müssen diese Maßnahmen aber dann sein, wenn es um die Realisierung der Kostenführerschaft geht.

Organisationsvoraussetzungen

Unternehmensbedingungen

Im Grundsatz kann es nur einen Kostenführer in einer Branche geben. Versuchen mehrere Anwärter der Kostenführerschaft durch immer weitergehende Preisreduzierungen die Position des Kostenführers einander streitig zu machen, so sinkt zwangsläufig die Rentabilität aller Mitbewerber.

8.3.2 Die Strategie der Differenzierung

Für zahlreiche Unternehmen kommt es mehr und mehr darauf an, das Produkt oder die Dienstleistung zu differenzieren, d. h. die Strategie der Differenzierung konsequent zu verfolgen.

Strategie der Differenzierung

> Differenzierungsstrategien werden dann ins Auge gefasst, wenn das Produkt oder die Dienstleistung dem Kunden zusätzliche Produkt- oder Leistungsvorteile bringt. Es wird dem Kunden etwas gegeben, was für ihn eine über den Preis hinausgehende Bedeutung hat.

Im Gegensatz zum „Preisunterschied“ bei der Strategie der Kostenführerschaft wird hier auf den **„Leistungsunterschied“** gesetzt.

Bei dieser Strategie besteht das Ziel, sich von den anderen Unternehmen abzuheben. Es geschieht vor allem dadurch, dass man für die Kunden einen „Mehrwert“ schafft.

Dies ist u. a. möglich durch:

Faktoren zur Schaffung eines „Mehrwerts“

- Geschäftsgrundsätze,
- Markennamen,
- Kundendienst,
- Technologie,
- Qualität,
- Servicenetz.

8.3.3 Die Strategie der Konzentration

Strategie der Konzentration

Beschränkung auf „Marktnische"

Die Konzentration auf Schwerpunkte, auch Nischenstrategie genannt, versucht im Rahmen der Spezialisierung in bestimmten Zielsegmenten Wettbewerbsvorteile zu realisieren. Die **Konzentrationsstrategie** zielt nicht auf die branchenweise Umsetzung ab. Hier geht es um die Beschränkung auf ein Segment, auf eine „Marktnische", wobei sowohl die Differenzierung als auch die Kostenführerschaft zur Anwendung kommen können.

Bei der **Variante des Kostenschwerpunktes** strebt das Unternehmen in seinem Zielsegment einen Kostenvorteil an, bei der **Variante der Differenzierung** einen Differenzierungsvorteil, d.h. einen Mehrwert für die Kunden.

Das Ziel der Nischenstrategie ist also, in einer kleinen Marktnische eine gewisse **Immunität gegen die Wettbewerbskräfte** zu erreichen. Die Konzentration kann sich auf einen bestimmten Teil des Produktprogramms, auf eine spezifische Abnehmergruppe oder einen geographisch abgegrenzten Markt erstrecken.

8.4 Innovations-Analyse

Mehr und mehr wird den Innovatoren die Zukunft gehören.

Innovationsansätze

Die Innovationsansätze beziehen sich auf
- die **Marktinnovationen** (neue Märkte und Geschäftsfelder),
- die **Produktinnovationen** (die richtigen Produkte zur richtigen Zeit der richtigen Zielgruppe),
- die **Prozessinnovationen** (Innovationen im logistischen Bereich).

Die Praxis verhält sich bei der Auswahl der Innovations-Techniken noch viel zu brav, indem sie vorwiegend klassische Methoden verwendet. Die neuen Techniken sind kaum bekannt.

Innovationsgewinn

Beim Gewinnen von Innovationen sind Fragen zu analysieren wie:
- Welche **Marktinnovationen** zeichnen sich ab?
- Lassen sich Wettbewerbsvorteile durch **Prozessverbesserungen** erreichen?
- Können Wettbewerbsvorteile durch eine verstärkte **Ökologieausrichtung** erreicht werden?
- Wie lassen sich die **„Austrittsbarrieren"** für Kunden im Sinne eines Gewinner-Gewinner-Spiels noch weiter erhöhen?
- Welche **Produktinnovationen** zeichnen sich ab?
- Wie können wir unsere Innovationen möglichst rasch realisieren, um eine **„Tempo-Führerschaft"** zu erreichen?

Einsatz von Arbeitsgruppen

In der Praxis empfiehlt sich u. a. ein verstärktes Arbeiten mit kleinen Arbeitsgruppen.

Solche Arbeitsgruppen haben häufig die Organisationsform von
- Lernstatt-Gruppen,
- Teams,
- Werkstattgesprächen,
- Qualitätszirkeln.

Besonders **Qualitätszirkel** sind für mittelständische Unternehmen eine Möglichkeit, das Mitarbeiterpotential verstärkt zu nutzen. Nachstehend seien einige Anmerkungen zu dieser Organisationsform gegeben.

Inhalt:

Eine Gruppe
- greift ohne Vorgabe von anderer Seite Probleme aus dem eigenen Tätigkeitsbereich auf,
- versucht Lösungsvorschläge zu erarbeiten
- und diese im Rahmen ihrer Kompetenzen oder mit Hilfe anderer zu realisieren.

Die Gruppe
- gibt sich ihre Ziele selbst vor,
- arbeitet freiwillig,
- versucht Mitarbeiter, soweit erforderlich, aus allen Organisationsebenen einzubeziehen.

Voraussetzungen:
- Die Unternehmensleitung muss sich mit der Planung und Einführung von Qualitätszirkeln identifizieren.
- Die Entscheidungsträger haben die Strategien zu entwickeln, die Richtlinien vorzugeben, die Mittel bereitzustellen und die Zirkelaktivitäten zu fördern.
- Sämtliche Führungskräfte sollten die Aktivitäten fördern und ein positives Klima schaffen.
- Für die einzelnen Qualitätszirkel sind Leiter, die eine Moderatorenfunktion ausüben, zu ernennen.

Ideenfindung

Diese Gruppen verwenden in hohem Umfang eine Reihe von bewährten Techniken zur Ideenfindung. Nachstehend werden einige Techniken kurz aufgeführt. Diese Basistechniken können grundsätzlich immer dann angewandt werden, wenn es gilt, Ideen zu produzieren.

Bei der **Ideenproduktion** ist zu beachten:
- Ideenerhebung und Ideenbewertung sind getrennt durchzuführen.
- Ideen sind grundsätzlich schriftlich festzuhalten.
- Es ist sinnvoll, Ideen, die von einem Einzelnen oder in einer Gruppe produziert werden, formalisiert zu erfassen. Eine einzelne Person sollte sich des Aufschreibverfahrens bedienen.
- Ideen, die unzureichend oder auf das erste Betrachten hin den Eindruck des Unbrauchbaren vermitteln, sind weiterzuentwickeln unter den Aspekten

- Erweiterungsmöglichkeiten,
- Reduktion des ersten Ansatzes,
- Kombination mit anderen Ideen,
- Übertragung auf andere Bereiche.

8.5 Erfolgsfaktoren

Bedeutung der Erfolgsfaktoren zur Zielerreichung

Für die Umsetzung der Ziele haben die **Erfolgsfaktoren** eine große Bedeutung, beeinflussen diese doch im Wesentlichen die Zielerreichung. Daher ist es wichtig, die Erfolgsfaktoren einer Organisation zu kennen, und zu wissen, wie gut diese Faktoren heute ausgeprägt sind, wie die Ausprägungen morgen (z. B. in einem oder in zwei Jahren) aussehen sollten und mit welchen Aktivitäten die Differenz, das Delta, zu lösen ist.

Analyse branchenspezifischer Erfolgsfaktoren

Jede Organisation sollte bei der Ermittlung der Erfolgsfaktoren zunächst die **branchenspezifischen Erfolgsfaktoren** analysieren.

Im Folgenden werden für einzelne Branchen gegenwärtig typische Faktoren aufgelistet.

Erfolgsfaktoren für Fertigungsunternehmen:

- Preis-/Leistungsverhältnis
- Maßgeschneiderte Lösungen
- Hervorragende Qualität
- Hoher Servicegrad
- Betriebssicherheit (Produkthaftung)
- Pünktliche Lieferung
- Innovative Lösungsansätze
- Flexibilität
- Nutzung der Konstruktionserfahrung
- Kurze Durchlaufzeiten
- Optimale Lagerhaltung

Erfolgsfaktoren für Baumaschinenhersteller:

- Herausragende Technik
- Innovative Lösungsansätze
- Schnelle Lieferbarkeit der Ersatzteile
- Günstiges Preis-/Leistungsverhältnis
- Leichte Bedienbarkeit
- Wartungsfreundlichkeit
- Gute Kundenschulung
- Nähe zum Kundendienst

Erfolgsfaktoren in der Speditions-Branche:
- Fahrplan-Einhaltung
- Auslastung der Fahrzeuge (Lkws)
- Auskunft über den Sendungsstatus
- Keine Fehlverladung
- Richtige, zeitgerechte Anlieferung
- Korrekte Berechnung
- Benzin-Verbrauch

Erfolgsfaktoren für Kfz-Reparaturwerkstätten:
- Hoher Servicegrad
- Lieferschnelligkeit
- Kurze Durchlaufzeiten
- Optimale Lagerhaltung
- Qualifizierte Mitarbeiter
- Motivation der Mitarbeiter
- Sicherung der regelmäßigen Werkstattauslastung

Welche Schritte empfehlen sich bezüglich der Analyse der Branchen-Erfolgsfaktoren (siehe Abbildung 13 „Analyse der Branchen-Erfolgsfaktoren")?

Schritt 1: **Versuchen Sie, die für Ihre Branche typischen Faktoren zu erarbeiten und aufzulisten.**

Schritt 2: **Ermitteln Sie für die einzelnen Erfolgsfaktoren die branchendurchschnittliche Ausprägung auf einer Skala von 0 – 10 (0 = nicht vorhanden, sehr schlecht; 10 = höchste Ausprägung, sehr gut).**

Schritt 3: **Versuchen Sie für Ihre wesentlichen Wettbewerber eine Einordnung zu finden.**

Schritt 4: **Bewerten Sie für Ihr Haus die Ausprägung „heute" und „morgen", und versuchen Sie, die rechnerische Größe des Handlungsbedarfs (Differenz zwischen Ist und Soll) zu ermitteln.**

Schritt 5: **Ziehen Sie aus den zusammengetragenen Werten die erforderlichen Schlüsse, indem**
- Einzelpersonen/Teams die notwendigen Aktivitäten erarbeiten,
- konkrete Lösungsvorschläge diskutiert und
- die ausgewählten Maßnahmen realisiert werden.

Analyse unternehmensspezifischer Erfolgsfaktoren

Nach der Ermittlung der branchenspezifischen Erfolgsfaktoren geht es um die Analyse der **unternehmensspezifischen Erfolgsfaktoren.**

Durchführung der Analyse

Analyse der Branchen-Erfolgsfaktoren

Branche:

Erfolgsfaktoren	Durchschnittl. Ausprägung in der Branche	Wesentliche Wettbewerber				Unsere Ausprägung 0 = sehr schlecht 10 = sehr gut		
		A	B	C	D	heute	morgen	$\triangle$

Abb. 13: Analyse der Branchen-Erfolgsfaktoren

Die spezifischen Erfolgsfaktoren können auf allen hierarchischen Ebenen einer Organisation (z. B. auf Unternehmens-Ebene, Bereichs-Ebene, Abteilungs-Ebene, Team-Ebene) und im persönlichen Bereich eingesetzt werden.

Im Folgenden wird die Vorgehensweise am Beispiel der Unternehmens-Ebene dargestellt. Diese Vorgehensweise lässt sich jedoch analog auf alle anderen Ebenen und auch auf die persönliche Ebene herunterbrechen.

Schritt 1: Erarbeiten der Erfolgsfaktoren

1. Erfolgsfaktoren erarbeiten

Für diesen Schritt eignet sich sehr gut der Einsatz der Abfrage-Technik mit Karten (Kartentechnik). Der Ablauf dürfte sich üblicherweise wie folgt darstellen:

1. **Erarbeiten der Abfrage**

   Diese könnte z. B. wie folgt formuliert werden:
   - „Wenn ich an meine Verantwortung in unserem Hause denke, dann kommt es insbesondere darauf an, dass ... (siehe Abbildung 14 „Wenn ich an meine Verantwortung ...") oder
   - „Welche wesentlichen Erfolgsfaktoren sehen wir für unsere Organisation?"
2. **Schreiben der Karten**
3. **Einsammeln und Mischen der Karten**
4. **Anstecken und Ordnen der Karten auf einer Pinnwand**
5. **Gemeinsames Erarbeiten der Oberbegriffe**
6. **Zusammenstellen der Oberbegriffe.**

Im Allgemeinen dürften in einer solchen Sitzung 8 – 14 Oberbegriffe erarbeitet werden. Um sicherzustellen, dass keine wesentlichen Erfolgsfaktoren fehlen, sollte man einen Abgleich mit den Branchen-Erfolgsfaktoren durchführen.

Priorisierung der Erfolgsfaktoren

Ist man der Überzeugung, die wichtigsten Erfolgsfaktoren ermittelt zu haben, dann stellt sich die Frage nach der **Priorisierung.** Aus vielen Sitzungen mit Entscheidungsträgern in Wirtschaft und Verwaltung kam der Verfasser zu dem Ergebnis, dass die klassischen Priorisierungsansätze

- die Anzahl der Karten pro Oberbegriff und
- die Vergabe von Klebepunkten zur Gewichtung der Oberbegriffe

Vernetzungstechnik

nicht genügend objektiv und zielorientiert sind. Entscheidend bei der Analyse der Erfolgsfaktoren ist der Einfluss der Faktoren untereinander. Hier gibt uns die Vernetzungstechnik ein sehr brauchbares Instrument zur Priorisierung. Mit Hilfe der Vernetzungstechnik können die Einflüsse der einzelnen Faktoren näher analysiert werden. In den folgenden Ausführungen wird die Anwendung dieser Technik verdeutlicht.

Schritt 2: Ermitteln der aktiven und passiven Faktoren

2. Aktive und passive Faktoren ermitteln

Die gegenseitige Wirkung der einzelnen Erfolgsfaktoren lässt sich in Anlehnung an Vester mit einer Vernetzungsmatrix darstellen. Die Einflussstärken können zum Beispiel sein (siehe Abbildung 15 „Vernetzung der Erfolgsfaktoren"):

0 = kein Einfluss

1 = geringer Einfluss

2 = starker Einfluss.

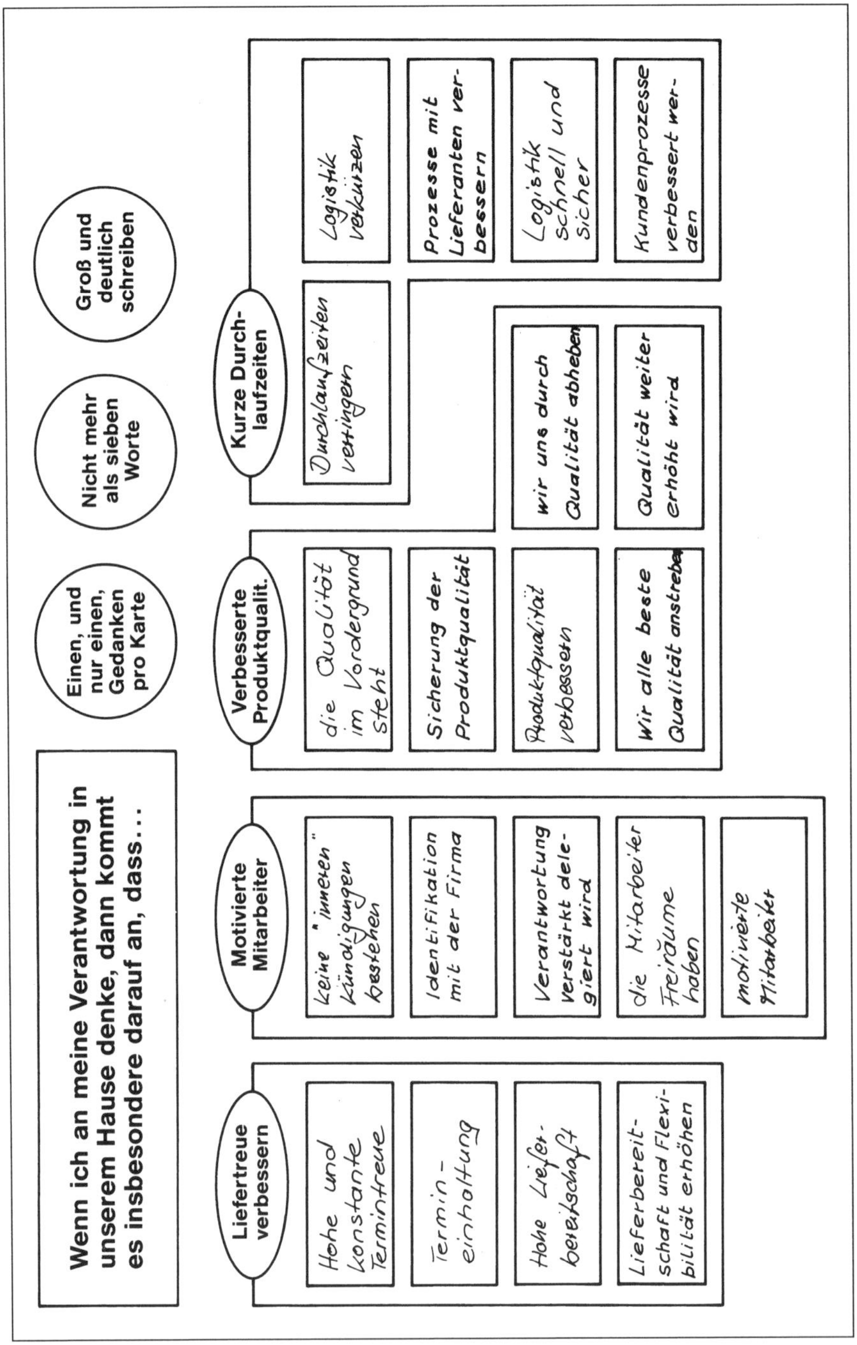

Abb. 14: Wenn ich an meine Verantwortung …

Vernetzung der Erfolgsfaktoren

Erfolgsfaktoren Wirkung von ↓ auf →	(1)	(2)	(3)	(4)	**Aktiv-Summe**
(1) Produktqualität		2	1	0	3
(2) Liefertreue	1		2	1	4
(3) Durchlaufzeiten	1	1		0	2
(4) MA-Motivation	2	2	1		5
Passiv-Summe	**4**	**5**	**4**	**1**	**14**

Einflussstärke: 0 = kein, 1 = gering, 2 = starker Einfluss

Vernetzungs-Matrix

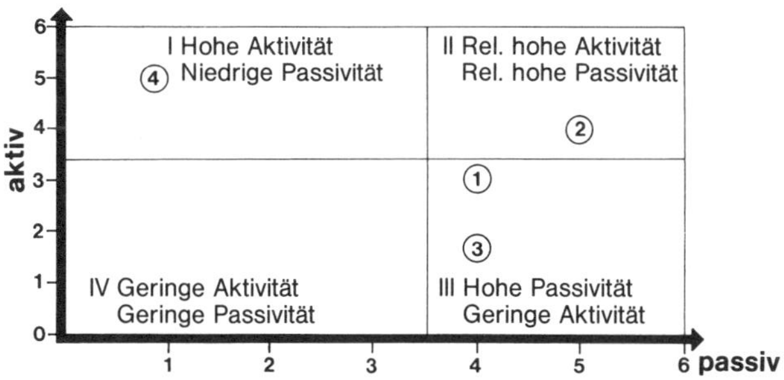

Berechnungen:

Begrenzung der Aktiv- und Passiv-Achsen

Anzahl der Elemente ((n) - 1) x 2

Beispiel: (4 - 1) x 2 = 6

Schnittpunkt der Aktiv-/Passiv-Achse

Addition der Aktiv-/Passiv-Summe: Anzahl der Elemente

Beispiel: 14 : 4 = 3,5

Abb. 15: Vernetzung der Erfolgsfaktoren und Vernetzungs-Matrix

Trägt man in eine Matrix die Erfolgsfaktoren ein, dann besteht die Möglichkeit, ihren gegenseitigen Einfluss zu ermitteln. Unser Beispiel (siehe Abbildung 15 „Vernetzung der Erfolgsfaktoren") geht aus von den vier Erfolgsfaktoren:

1. Produktqualität,
2. Liefertreue,
3. Durchlaufzeiten und
4. Mitarbeiter-Motivation.

Für jeden Faktor ist seine Wirkung auf die anderen Faktoren zu ermitteln. So beeinflusst in unserem Beispiel die Mitarbeiter-Motivation die Produktqualität und die Liefertreue stark (jeweils mit 2 angegeben), die Durchlaufzeiten mittelmäßig (mit 1 gekennzeichnet). Aus der Matrix wird deutlich, dass die Mitarbeiter-Motivation die anderen Faktoren insgesamt stark beeinflusst (Aktivsumme 5), während die Wirkungen auf diesen Erfolgsfaktor selbst gering sind (Passivsumme 1). Addiert man die Aktivwerte aller Erfolgsfaktoren und teilt diese Summe durch die Anzahl der Faktoren, dann erhält man den Mittelwert 3,5 (14 : 4). Mit Hilfe dieses Wertes und der Begrenzung der Aktiv- und Passivachsen ergibt sich das in der Abbildung 15 „Vernetzungs-Matrix" dargestellte Diagramm. Die Begrenzungswerte erhält man durch die Multiplikation der Anzahl der Faktoren minus eins (der Faktor beeinflusst sich selber nicht) und dem Wert für starken Einfluss.

In unserem Beispiel ergibt die Begrenzung der Aktiv- und Passiv-Achsen:

$(4 - 1) \times 2 = 6$.

In die Felder sind dann auf der Basis der ermittelten Koordinaten die einzelnen Faktoren zu positionieren. Die einzelnen Felder können wie folgt charakterisiert werden:

Feld I: Erfolgsfaktoren mit hoher Aktivität und geringer Passivität

Feld II: Erfolgsfaktoren mit relativ hoher Aktivität und relativ hoher Passivität

Feld III: Erfolgsfaktoren mit hoher Passivität und geringer Aktivität

Feld IV: Indifferente Erfolgsfaktoren, d. h. geringe Aktivität und Passivität.

Die Rangfolge der einzelnen Erfolgsfaktoren kann auf der Basis der vier Felder wie folgt angegeben werden:

Rang 1: 4) Mitarbeiter-Motivation

Rang 2: 2) Liefertreue

Rang 3: 1) Produktqualität

Rang 4: 3) Durchlaufzeiten.

An diesem Beispiel wird deutlich, dass mit den Faktoren zu beginnen ist, die eine hohe Aktivität haben, also mit den Faktoren in den Feldern I und II.

Für das Erarbeiten eines individuellen Beispiels können Sie das Arbeitsblatt „Vernetzungsmatrix der Erfolgsfaktoren" (Abbildung 16) verwenden.

3. Status der aktiven Faktoren feststellen

Schritt 3: Feststellen des Status der aktiven Faktoren

Aus der Vernetzungsmatrix geht hervor, dass ein besonderes Augenmerk den aktiven Faktoren zu widmen ist. Diese sind in das Arbeitsblatt „Ausprägung der Erfolgsfaktoren" (Abbildung 17) einzutragen. Üblicherweise werden auch die passiven Faktoren mit aufgenommen. Für die Ausprägung steht die bereits mehrfach erwähnte Skalierung von 0–10 zur Verfügung. Die Werte sind in die Spalte „Ausprägung heute" einzutragen.

4. Soll-Wert aktiver Faktoren festlegen

Schritt 4: Festlegen des Soll-Wertes der aktiven Faktoren

In das Arbeitsblatt „Ausprägung der Erfolgsfaktoren" (Abbildung 17) sind in der Spalte „Ausprägung morgen" die wünschenswerten Verbesserungen in dem anvisierten Planungshorizont festzuhalten. Danach schließt sich die Ermittlung der Differenzen und das Festlegen der Prioritäten an. Zur Bestimmung der Prioritäten können mehrere Kriterien herangezogen werden. Die

Abbildung „Einflüsse auf die Priorisierung“ (Abbildung 18) zeigt einige Entscheidungshilfen auf.

Schritt 5: Festlegung der Aktivitäten

5. Aktivitäten festlegen

In diesem Schritt sind konkrete Vorschläge für Verbesserungsmaßnahmen festzulegen (siehe Abbildung 19 „Erfolgsfaktoren und Aktivitätenplan“).

Schritt 6: Nutzenabsicherung

6. Nutzen absichern

Für die ausgewählten Maßnahmen versucht man zunächst die Kosten zu ermitteln. Diese lassen sich üblicherweise relativ gut erfassen. Schwieriger ist im Allgemeinen die Bewertung des Nutzens. Wenn sich der Nutzen pro Maßnahme in zahlreichen Fällen auch nicht in Mark und Pfennigen ermitteln lässt, so sollte man jedoch auf alle Fälle ein Wertgefüge aufstellen, um die Entscheidung auch unter dem Aspekt der Wirtschaftlichkeit abzusichern. Es sollte jedoch nicht vergessen werden, dass es eine Reihe von Entscheidungen gibt, die sich als Muss-Projekte darstellen. Solche Projekte sind unabhängig von Kosten-/Nutzen-Erwägungen zu realisieren. Sie sind von entscheidender Bedeutung für das Überleben einer Organisation bzw. für den Aufbau vitaler Erfolgspositionen.

Vernetzungsmatrix der Erfolgfaktoren

Vernetzungsmatrix Wirkung von ↓ auf →	A	B	C	D	E	F	G	H	I	J	Aktiv-Summe
A											
B											
C											
D											
E											
F											
G											
H											
I											
J											
Passiv-Summe											

Einflussstärke:
0 = Kein Einfluss
1 = Geringer Einfluss
2 = Starker Einfluss

Abb. 16: Vernetzungsmatrix der Erfolgsfaktoren

Ausprägung der Erfolgsfaktoren

Kritische Erfolgsfaktoren	Ausprägung (0 – 10) heute	morgen	△	Prioritäten
Beispiel:				
Produktqualität	4	8	4	②
Liefertreue	3	9	6	①
Durchlaufzeiten	5	9	4	④
Mitarbeiter-Motivation	4	7	3	③

Abb. 17: Ausprägung der Erfolgsfaktoren

Einflüsse auf die Priorisierung

- Standort im Vernetzungsgitter
- Soll-/Ist-Differenz (△)
- Wettbewerbs-Situation
- Strategische Orientierung
- Ressourcen-Situation
- Dauer der Realisierung
- Risiken
- Kosten
- Nutzen

Abb. 18: Einflüsse auf die Priorisierung

Erfolgsfaktoren und Aktivitätenplan

Priorität	Erfolgsfaktor	Aktivitäten zur Verbesserung der Erfolgsfaktoren	Fristigkeit

Abb. 19: Erfolgsfaktoren und Aktivitätenplan

Wiederholungsfragen zum 8. Kapitel

Nach den Fragen steht in Klammern der Verweis auf die entsprechende Seite im Buch.

1. Skizzieren Sie die wesentlichen Analysen für das Erarbeiten von Strategien. (Seite 241–243)
2. Wie könnte eine Mitbewerber-Analyse durchgeführt werden? (Seite 243, 244)
3. Was sollte im Rahmen einer Kunden-Analyse erfasst werden? (Seite 244, 245)
4. Welche Phasen umfasst der Produkt-Lebenszyklus? (Seite 247)
5. Was versteht man unter der Strategie der Differenzierung? (Seite 251)
6. Welche Erfolgsfaktoren haben für Ihr Unternehmen einen hohen Stellenwert? (Seite 254, 255)
7. Beschreiben Sie die Anwendung des Systems der Erfolgsfaktoren. (Seite 257 ff.)

9. Unternehmensziele

9.1 Die Notwendigkeit von Zielsystemen

Bedeutung strategischer Planung

Zahlreiche Untersuchungen haben in den beiden letzten Dekaden zum Ausdruck gebracht, dass Ziel-, Planungs- und Kontrollsysteme für Unternehmen sich auszahlen. Es ist bewiesen, dass im Durchschnitt Strategen weit besser abschneiden als Nichtstrategen, und dass man in einer Zeit, die durch ein rasantes Tempo der Veränderung in allen Lebensbereichen gekennzeichnet ist, mit strategischer Planung und strategischer Unternehmensführung den Schlüssel für erfolgreiches Wirtschaften leichter findet.

Aufbau eines geschlossenen Zielsystems

Die Unternehmensleitung in mittelständischen Organisationen hat dafür zu sorgen, dass ein **geschlossenes Zielsystem** aufgebaut wird. Dies ist aus einer Reihe von Gründen notwendig:

Bedeutung

- Jedes Unternehmen braucht klare Zielsetzungen. Nur dann wird Erfolg
  - objektiv messbar und
  - Fortschritt sichtbar.
- Ziele schaffen automatisch Ordnungsprinzipien und Prioritäten für alle Mitarbeiter.
- Zielsysteme sorgen bei den Führungskräften und Mitarbeitern für eine Beschäftigung mit der Zukunft. Sie führen zum Agieren anstelle von nur Reagieren.

9.2 Einteilung der Ziele

1. Formale Ziele

Formale Ziele

Diese werden gewöhnlich als Hauptziele der Unternehmungen definiert:

- Gewinnziele,
- Renditeziele,
- Kostenziele,
- Umsatzziele,
- Marktanteilsziele,
- Kapitalziele.

2. Materiale Ziele

Materiale Ziele

Diese richten sich auf die Absatzgüter und das zu ihrer Erstellung notwendige technische Produktionspotential:

- Produkte und funktionsgerechte Gestaltung,
- Produktqualität und deren laufende Verbesserung,
- Differenzierung der Produkte,
- Verfolgung der technischen Perfektion,
- Lieferservice.

3. Soziale Ziele

Soziale Ziele

Diese Ziele beziehen sich auf den arbeitenden Menschen, seine Arbeitskraft und den Arbeitsprozess:

- Sicherung der Arbeitsplätze,
- Gestaltung des Betriebsklimas,
- Fürsorge und Vorsorge für die Mitarbeiter,
- Aus- und Weiterbildungskonzepte,
- Streben nach Mitentscheidung und Mitverantwortung,
- Streben nach sozialem Aufstieg.

Beziehungen zwischen den Zielen

Zwischen den Zielen, die eine Unternehmung verfolgt, gibt es Beziehungen verschiedener Art, wie z. B.:
- **indifferent** (neutral): die Realisierung eines Zieles hat keinen Einfluss auf die Realisierung eines anderen Zieles;
- **konkurrierend:** die Realisierung eines Zieles schließt die Realisierung eines anderen Zieles ganz aus oder beeinflusst den Grad der Zielerreichung sogar negativ;
- **komplementär:** die Realisierung eines Zieles wirkt sich positiv auf die Realisierung eines anderen Zieles aus;
- **total:** ist eine dieser Beziehungen dann, wenn sie für jeden Grad der möglichen Zielerreichung gültig ist;
- **partiell:** ist eine Zielbeziehung dann, wenn sie nur in einem bestimmten Bereich (z. B. zwischen 1 und 30 %) der gradmäßigen Zielerfüllung gilt und sich ab einem bestimmten Grenzwert (z. B. ab 30 %) in eine andere Zielbeziehung verwandelt – z. B. von einer konkurrierenden in eine komplementäre Zielsetzung.

Aus dem unten aufgezeigten Zahlenbeispiel geht u.a. hervor, dass
- alle drei Ziele nur in den Produktionsmengenbereichen von 30.000 bis 40.000 und 70.000 bis 80.000 Stück miteinander komplementär sind,
- das Zielstreben nach „möglichst hohem Umsatz" mit dem Ziel „möglichst hoher Gewinn" nur in dem Bereich von 60.000 bis 70.000 Stück nicht komplementär ist. In diesem Falle liegt eine Ziel-Konkurrenz vor.

Zahlenbeispiel für Zielkomplementarität bzw. -konkurrenz:

Absatz-menge (1000 Stck.)	Preis €	Kosten €	Kapital (Mio. €)	Umsatz-Ziel (Mio. €)	Gewinn-Ziel (Mio. €)	Rendite-Ziel %
30	55	800	4,0	1,65	0,85	21,25
40	50	900	4,4	2,00	1,10	25,00
50	45	1000	5,0	2,25	1,25	25,00
60	40	1100	5,3	2,40	1,30	24,50
70	35	1200	5,6	2,45	1,25	22,30
80	30	1300	6,0	2,40	1,10	18,30

Vgl. hierzu: Brauer, K.M. (Hrsg.), Allgemeine Betriebswirtschaftslehre, Würzburg und Ulm

9.3 Formulierung von Teilzielen

Festlegung von Teilzielen

Die Erarbeitung von Teilzielen muss unter folgenden Aspekten konzipiert werden:

- **Klarer Zeitbezug**
  Ohne Zeitbezug ist jede Zielsetzung sinnlos. Es muss festgelegt werden, bis zu welchem Zeitpunkt oder innerhalb welcher Zeitspanne ein bestimmtes Ziel erreicht werden soll.
- **Präzise Formulierung**
  Jeder Mitarbeiter sollte ein klar umrissenes Ziel von seiner Führungskraft erhalten, die dieses aus ihrer eigenen Zielvorgabe ableitet. Alle Ziele sind eindeutig abzugrenzen und, soweit möglich, wert- und/oder mengenmäßig zu fixieren.
- **Beste Verträglichkeit**
  Die Ziele dürfen den Geschäftsgrundsätzen nicht widersprechen. Etwaige Zielwidersprüche müssen auf ein Minimum reduziert werden.
- **Kooperative Festlegung**
  Die Ziele sind in gemeinsamen Gesprächen zwischen Entscheidungsträgern und Mitarbeitern festzulegen. Sie müssen realistisch und erreichbar formuliert werden.
- **Angemessene Prioritäten**
  Die Ziele sollten durch eine Gewichtung, d.h. einen Dringlichkeitserfüllungsmaßstab, in eine Rangreihe gebracht werden. Zur Durchführung eines Zieles werden dem Mitarbeiter übertragen:
  - die zur Aufgabenerfüllung notwendigen sachlichen und personellen Mittel,
  - klar abgegrenzte Befugnisse,
  - die mit der Zielerreichung verbundene Durchführungsverantwortung.
- Innerhalb des so definierten Delegationsbereiches handelt der Mitarbeiter selbstständig.
- Der Vorgesetzte hat die Ergebnisverantwortung. Daraus resultiert seine Verpflichtung, die Zielerreichung zu kontrollieren.

9.4 Kooperative Zielvereinbarung

Ziele haben für ein praktiziertes Mitunternehmertum einen hohen Stellenwert (siehe Abbildung 20 „Gebote zum Mitunternehmertum"). Vor diesem Hintergrund sind auch die klassischen Stellenbeschreibungen neu zu sehen. Stellenbeschreibungen sind heute fast ausschließlich statisch und sachbezogen, lassen nur eine geringe Mitwirkung der Betroffenen zu, Mitarbeiter können meist nur reagieren und ihr vorhandenes Potenzial wird stark eingeengt.

Kooperative Zielvereinbarung

Gegenüber den Stellenbeschreibungen sind Zielsysteme dynamisch, beziehen sich auf die Person, machen aus Betroffenen Beteiligte, lassen die Mitarbeiter agieren und ihre Fähigkeiten nutzen. Für die kommenden Jahre ist daher neben einer generellen Stellenbeschreibung ein **„kooperatives Zielvereinbarungs-System"** ein unabdingbares „Muss" für Wirtschaft und Verwaltung.

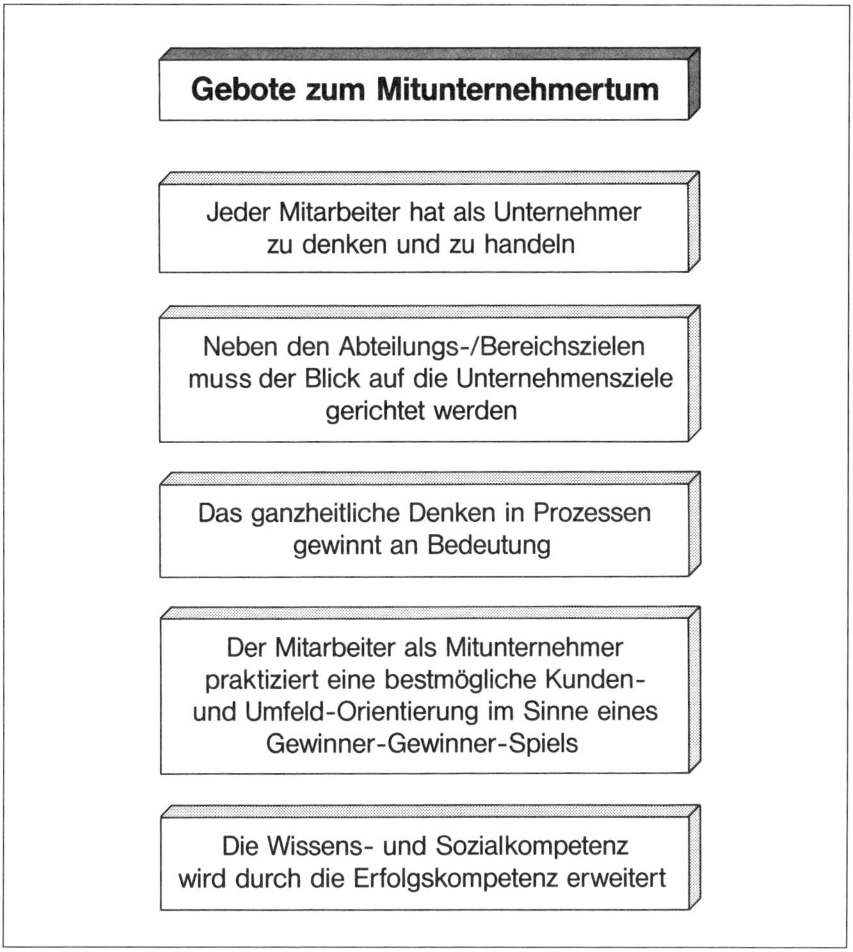

Abb. 20: Gebote zum Mitunternehmertum

Grundsätze

Beim Erarbeiten der Zielvereinbarungen sollten folgende Grundsätze gelten:

1. Die Ziele sind **gemeinsam zu vereinbaren,** d. h. vom Mitarbeiter und der Führungskraft werden die Vorstellungen gemeinsam eingebracht und dann zusammen formuliert.
2. Die Mitarbeiter-Ziele haben sich **an den übergeordneten Zielen** der Abteilung, des Bereiches und der Unternehmung zu orientieren.
3. Ein Ziel stellt immer ein **Ergebnis** dar. Es sollten nicht die Aktivitäten als Ziel formuliert werden, sondern die Ergebnisse der Aktivitäten.
4. Die Ziele sind **konkret zu quantifizieren,** zeitpunkt- oder zeitraumbezogen.
5. Die Ziele berücksichtigen den **„Reifegrad" des Mitarbeiters,** d. h. es ist von der jeweiligen Fach-, Sozial- und Erfolgskompetenz auszugehen und das mögliche Potential zu berücksichtigen.
6. **Anspruchsvolle** Ziele motivieren am stärksten. Die Ziele sollten aber realistisch sein.
7. Bei der Formulierung von Zielen genügt im Allgemeinen eine geringe Anzahl von Zielen. **Überschaubarkeit** geht vor übertriebene Vielzahl. Die Ziele müssen aber klar abgegrenzt werden.
8. Die Ziele sollten **widerspruchsfrei** formuliert werden.
9. Eine **Anpassung an geänderte Bedingungen** muss bei allen vereinbarten Zielen möglich sein. Dies bedeutet, dass Ziele kein unabänderliches Dogma darstellen.
10. Die Ziele sind **schriftlich** zu formulieren. Es empfiehlt sich, ein Formblatt dafür zu entwickeln.

Für Unternehmen wird es immer wichtiger, dass die Mitarbeiter nicht nur Kenntnis über

- die Geschäftsgrundsätze,
- die Strategien,
- die Ziele und
- die Erfolgsfaktoren

haben, sondern dass diese auch im Sinne der Entscheidungsträger gelebt werden. Dies ist aber nur möglich, wenn man die aus unternehmerischer Sicht wichtigen Komponenten auf Team-(Abteilungs-) und Mitarbeiterebene überträgt. Was nützen die besten Aussagen über Corporate Identity, wenn diese nicht von allen Abteilungen – entsprechend der jeweiligen Aufgabe – interpretiert, übertragen und praktiziert werden. Es wäre daher wünschenswert, dass jedes Team sich entsprechend den Unternehmensgrundsätzen, die eine generelle, übergreifende, häufig aber zu abstrakte Wirkung haben, ein **Missions-Papier** erstellt, das diese **Grundsätze abteilungsspezifisch interpretiert**. Diese Überlegungen gelten auch für die Aussagen über die Strategien, Ziele und Erfolgsfaktoren.

Abteilungsspezifische Interpretation der Grundsätze

Aus der Sicht des einzelnen Mitarbeiters bedeutet dies, dass die erarbeiteten Grundsätze, die nun konkret für ein Team fixiert wurden, auch gelebt werden. Es ist zu verdeutlichen, dass der entscheidende Unterschied zur Konkurrenz jede Mitarbeiterin und jeder Mitarbeiter ist. Dies bedeutet u.a. ein gelebtes

Mitunternehmertum, die „**Kooperative Zielvereinbarung**" und die Optimierung der unternehmerischen und persönlichen Erfolgsfaktoren.

Kontrolle bei kooperativer Zielvereinbarung

Das System der „Kooperativen Zielvereinbarung" umfasst nicht nur den Prozess der Zielplanung, sondern natürlich auch die **Kontrolle der Zielerreichung.** Die Kontrolle hat in einem solchen Regelkreis keine nachgeordnete Funktion, sondern ist ein integraler Bestandteil der „Kooperativen Zielvereinbarung". Die Bewertung der erbrachten Leistung gehört ebenso wie die Planung der Förderungsmaßnahmen zu diesem System.

Die Abbildung 22 „Formblatt zur Zielvereinbarung" zeigt ein mögliches Muster für die Fixierung der Ziele. Es wäre wünschenswert, wenn die Mitarbeiter ihre Zielvorschläge in einem solchen Formular konkretisieren würden. In der Praxis wird deutlich, wie schwer es einem Mitarbeiter fällt, seine Ziele zu beschreiben und – wenn möglich – in ein Prioritätensystem und in ein Quantengefüge einzuordnen. Viele Mitarbeiter bekunden, dass es nicht einfach sei, eine Aufgabe, die sie zwar mit dem „kleinen Finger" beherrschen und täglich durchführen, klar zu formulieren. Auch wenn das Beschäftigten mit den Zielen schwer fällt – es führt auf dem Weg zum unternehmerisch denkenden Mitarbeiter nichts an einer **schriftlichen Fixierung der Ziele** vorbei: Es empfiehlt sich auch für Abteilungsleiter bei der Festlegung der Abteilungsziele, die Mitarbeiter voll mit einzubinden. Nur wer die Ziele gemeinsam erarbeitet, schafft auch die Voraussetzung für eine Zielerreichung. Solche Mitarbeiter haben einen höheren Grad an Identifikation mit dem Unternehmen. Es ist dann nicht mehr „unsere Firma", sondern „meine Firma".

Nachfolgend wird in Abbildung 21 ein Beispiel für eine Zielvereinbarung gegeben.

Mitarbeiter im Vertrieb		
Zielsetzung	**Rang**	**Termin bzw. Indikator für Erfüllung**
1. Erreichen der Umsatzziele		
• Produktgruppe 1	A	400.000,– € 31. 12.
• Produktgruppe 2	A	180.000,– € 31. 12.
2. Einführung des neuen Produktes X		
• Präsentation bei 60 Schlüsselkunden	A	bis 15. 10.
• Umsatzziel	B	170.000,– € 31. 12.
3. Gewinnen von Neukunden		
• 15 Produktgruppe 1	B	bis 15. 11.
• 10 Produktgruppe 2	B	bis 15. 11.
4. Aufbau einer Mitbewerber-Datei nach vorgegebenem Muster	C	bis 15. 07.
5. Erfassen der Kundenpotentiale für die nächsten zwei Jahre	C	bis 15. 09.
6. Teilnahme an den vorgeschlagenen Weiterbildungsmaßnahmen	C	laufend

Abb. 21: Beispiel für eine Zielvereinbarung

Formblatt zur Zielvereinbarung

Name: Abteilung:

Arbeitsziele und Aufgaben:

Im Rahmen der Aufgabenstellung für 20__ haben wir vereinbart, dass Sie im Verlauf dieses Jahres folgende Ziele verwirklichen. Wir werden im nächsten Beurteilungs-Gespräch die Erfüllung der Ziele und Lösungen der Aufgaben besprechen und bewerten.

Zielsetzung	Rang (A/B/C)	Termin bzw. Indikator für Erfüllung

Datum

Unterschrift des Mitarbeiters

Unterschrift des Vorgesetzten

Abb. 22: Formblatt zur Zielvereinbarung

Wiederholungsfragen zum 9. Kapitel

Nach den Fragen steht in Klammern der Verweis auf die entsprechende Seite im Buch.

1. Welche Ziele kann eine Unternehmung verfolgen? (Seite 266, 267)
2. Was versteht man unter konkurrierenden und was unter komplementären Zielbeziehungen? (Seite 267)
3. Beschreiben Sie das System der kooperativen Zielvereinbarung. (Seite 268–270)
4. Tragen Sie Ihre Ziele in das Formular „Kooperative Zielvereinbarung" ein. (Seite 272)

10. Planung und Kontrolle

10.1 Begriff der Planung und Kontrolle

Planung

Unter **Planen** versteht man
- sich Vorstellungen über zukünftige Gegebenheiten bilden
- diese systematisch durchdenken
- mit gegebenen Situationen vergleichen
- und daraus Maßnahmen für die optimale Gestaltung der Zukunft ableiten.

In der Planung wird das kommende Geschehen gedanklich vorweggenommen, in ihr wird der Versuch gemacht, die Zukunft zu gestalten. Durch die Planung werden die Gesamtziele in operationale Teilziele zerlegt, die als Aufgaben formuliert werden, damit durch eine sinnvolle Zweck-Mittel-Kombination die Zielerreichung optimal möglich wird.

Kontrolle

Der Plan hat der späteren **Kontrolle** Maßstäbe (Sollgrößen) zu geben. Sie muss in zweierlei Hinsicht geschehen und von folgenden Fragen ausgehen:
- Werden die Planvorschriften eingehalten?
- Waren die Planungsprämissen richtig und führten sie zur Zielerreichung?

Der Vergleich von Soll- und Ist-Zustand eines Sachverhaltes wird als **Kontrolle** bezeichnet.

10.2 Zweck der Planung

Planungszweck: Ausrichtung auf Unternehmensziele

Eine gute Planung richtet **alle Unternehmensteile** auf die Erreichung der Unternehmensziele aus.

Diese zusammenfassende Schau für das ganze Unternehmen – auch bei der Durchführung von Einzelaktionen – macht das formale Planen letztlich effektvoll. Allerdings ist sie auch sehr schwierig zu erstellen, weil eines der größten Probleme der Unternehmensführung darin besteht, dass man eine Übersicht über das Ganze bekommt.

Aktionsmöglichkeiten untersuchen

Ein weiterer Planungszweck muss darin gesehen werden, **alle Aktionsmöglichkeiten systematisch zu untersuchen,** damit man aus den verschiedenen Handlungsalternativen die beste auswählen kann.

Eine Planung erfüllt also nicht schon dann ihren Zweck, wenn sie einen gangbaren Weg zur Zielerreichung zeigt, sondern erst dann, wenn sie den besten Weg zeigt. Das bedeutet nicht weniger, als dass die Planungsarbeit vielschichtig ist und dass der Planungsvorgang für den gleichen Planungszeitraum oftmals wiederholt werden muss.

Teilziele geben

Ein dritter Planungszweck liegt in der Forderung, jedem Aktionsträger ein vom Gesamtziel abgeleitetes klar definiertes **Teilziel** zu geben.

Damit ist die Frage der Zuständigkeiten, der Verantwortlichkeiten und der Befugnisse angesprochen, ohne deren eindeutige Klarstellung keine von Menschen getragene Organisation wirklich aktionsfähig ist.

10.3 Grundlagen der Planung

10.3.1 Analyse der Vergangenheit

Planungsgrundlagen: Vergangenheitsanalyse

Die **Vergangenheitsanalyse** dient dazu, uns für die Zukunft klüger zu machen, d. h. also, dass unsere dritte Planungsgrundlage (Prognosen externer Gegebenheiten für die Zukunft zu treffen) direkt aus der Vergangenheitsanalyse und letztlich nur aus dieser abgeleitet werden kann. Man darf das nicht so einfach sehen, als ginge es nur darum, die Vergangenheit trendmäßig in die Zukunft zu verlängern. Das wäre nur dann möglich, wenn keine neuen Ideen den alten hinzugefügt würden. Vielmehr muss man so sagen: „Kenntnis der Vergangenheit plus unternehmerische Idee schaffen die Zukunft."

10.3.2 Die vorhandenen bzw. zu schaffenden Kapazitäten

Kapazitäten

Alles Planen zielt darauf, Menschen und Mittel einzusetzen, um Ziele zu erreichen. Diese **Menschen und Mittel** sind unsere Kapazitäten. Sie sind die Basis der Strukturplanung. Die Kapazitäten sind in der Planung deshalb von so eminenter Bedeutung, weil hauptsächlich hier unsere Planungsengpässe liegen. Unsere Planungen werden also durch die Kapazitäten begrenzt. Strukturplanung ist langfristige Planung. Die Kapazitäten binden den größten Teil unserer Mittel und können an Gegebenheiten, die sich ändern, nicht kurzfristig angepasst werden. Darin liegt die Problematik.

10.3.3 Prognosen externer Gegebenheiten für die Zukunft

Prognosen stellen

Während aber die Vergangenheitsanalyse und die Kapazitätsstruktur für uns ein festes Wissen darstellen – Vergangenheitsanalyse als die Summe unserer Erfahrungen, die Kapazitätsstruktur als die Beschreibung dessen, was uns zur Verfügung steht –, ist die dritte Planungsgrundlage in weitem Maße unsicher. Hier sind **Prognosen** in eine weitgehend unbekannte Zukunft zu stellen. Gerade aber in die Zukunft und in den für uns am wenigsten beschreibbaren Raum, den Absatzmarkt, richten sich unsere unternehmerischen Ziele. Wir ersehen daraus, in welch entscheidendem Maße wir von guten Voraussagen über die unsichere Zukunft abhängig sind. Die gesamte unternehmerische Problematik konzentriert sich also letztlich auf die Qualität dieser dritten Planungsgrundlage.

10.3.4 Zielfindung und Zielsetzung

Zielsetzung

Vor der Planung steht die Idee, das schöpferische unternehmerische Wollen. Dieses schöpferische Wollen setzt die **Ziele** für die Zukunft. Die **Grundrichtung für die Unternehmensentscheidung** ist jeweils durch die Zielfunktion festgelegt, d.h. durch die Gesamtheit aller Ziele, die die Unternehmung verfolgt. Als Existenzbedingung ist für die Unternehmung eine angemessene **Rentabilität** auf lange Sicht erforderlich. Daneben können aber weitere, sich ergänzende oder miteinander konkurrierende **Teilziele,** gegebenenfalls auch nichtwirtschaftlicher Art, verfolgt werden. Diese dürfen nur nicht die Rentabilität der Unternehmung in der langen Sicht in Frage stellen.

10.4 Planhierarchie

Planhierarchie

Bei dem Versuch einer hierarchischen Ordnung der im Gesamtplanungsrahmen aufzustellenden Einzelpläne muss logischerweise derjenige Plan den höchsten hierarchischen Rang einnehmen, der dem Unternehmensziel am nächsten steht. Dies ist in einer normal funktionierenden Marktwirtschaft der Absatzplan. Somit ist der Absatzplan Ausgang aller Planungsarbeiten und bestimmend für die Planungsrichtung.

Absatzplan bestimmend

Die erste Planungsfrage (im Rahmen der Zielsetzung) ist also: „Was kann auf dem Markt zu welchen Bedingungen abgesetzt werden?" **(Absatzplan)**

Bereitstellung

Die zweite Frage lautet: „Können diese Waren oder Leistungen zu den jeweiligen Marktbedingungen bereitgestellt werden?" **(Bereitstellungsplan)**

Produktion

Dritte Frage: „Können diese Waren bzw. Leistungen erstellt werden?" **(Produktionsplan)**

Investition

Vierte Frage: „Was muss an Kapazitäten für die Leistungserstellung geschaffen werden?" **(Investitionsplan)**

Personal

Fünfte Frage: „Welche personellen Voraussetzungen müssen gegeben sein?" **(Personalplan)**

Beschaffung

Sechste Frage: „Welche Leistungen müssen für die eigene Leistungserstellung beschafft werden?" **(Beschaffungsplan)**

Kosten

Siebte Frage: „Was kosten Beschaffung, Investition, eigene Leistungserstellung?" **(Kostenplan)**

Finanzen

Achte Frage: „Woher kommen die finanziellen Mittel?" **(Finanzplan)**

Ausgleichsgesetz der Planung

Eine solche Planungsfolge wäre für jedes Unternehmen ideal, wenn nicht aus Engpassproblemen heraus die Planungsrichtung laufend verändert werden müsste. Infolge dieses Zwanges verschiebt sich oft die Einsicht in die Stufenleiter der Planungsfolge. Hier kommt das **Ausgleichsgesetz der Planung** zum Tragen, das besagt, dass jede Planung sich kurz- bzw. langfristig auf den „schwächsten" Bereich, den strukturellen Engpass der Unternehmung, einpendelt.

10.5 Planungsgrundsätze

Planungsanforderungen

Aus den bisherigen Betrachtungen lassen sich als **Anforderungen** an eine erfolgreiche bzw. erfolgsorientierte **Planung** im Klein- und Mittelbetrieb u.a. folgende Merkmale oder „Grundsätze" ableiten:

Systematisch

1. Die Planung in kleinen und mittleren Unternehmungen sollte als eine **koordinierte Vielzahl** von sachlichen und zeitlich abgestimmten Teil-(Bereichs)-Planungen aufgebaut und durchgeführt werden **(Planungssystem).**

Konstant

2. Die Planung bzw. die Planungen als Verfahren und Ergebnis des Treffens zukunftsbezogener Entscheidungen können nicht willkürlich angewandt werden (z. B. erst bei konjunkturellen oder saisonalen Schwierigkeiten), sondern bedürfen des **fortlaufenden Einsatzes**, um den Erfolg der Unternehmung auf lange Sicht zu sichern **(Planungskonstanz)**.

Schwerpunkte setzen

3. Die Planung sollte **alle Bereiche** erfassen, wobei jedoch Unterschiede hinsichtlich Umfang und Genauigkeit bei der Planwertermittlung in einzelnen Bereichen möglich sind **(Planungsschwerpunkte)**.

Wechselbeziehungen berücksichtigen

4. Die kurz- und mittelfristigen Teilpläne sind unter Berücksichtigung der jeweils vorliegenden oder erwarteten Markt-, Umwelt- und Unternehmensbedingungen aus den langfristigen (Ziel-)Planungen zu entwickeln, wobei die **Wechselbeziehungen** nicht übersehen werden dürfen **(Planungsinterdependenz)**.

Elastisch

5. Die Planung soll so aufgebaut sein (z. B. durch Einbau von Planungs- oder Abweichungstoleranzen), dass begrenzte, kurzfristig erforderliche **Planänderungen** und deren Auswirkungen auf andere Teilpläne möglichst rasch und reibungslos durchgeführt werden, ohne das gesamte System der Planwerte zu beeinflussen **(Planungselastizität)**.

Motivierend

6. Die Ausgestaltung als **elastische** und nicht als starre Planung gibt dem mit der Planungsführung beauftragten Mitarbeiter einen gewissen Handlungs- oder Entscheidungsspielraum, was Voraussetzung für die Anwendung fortschrittlicher Führungsstile und Führungsmethoden ist **(Motivationsfunktion)**.

Kontrollierbar

7. In das Planungssystem muss – auch bei der Ausgestaltung als elastische Planung – ein sachlich und zeitlich **entsprechendes Kontrollsystem** eingebaut sein. Erst durch eine fortlaufende, in mehr oder weniger großen Zeitabständen durchgeführte **Überprüfung der Noch-Gültigkeit** der Planansätze bzw. der Feststellung von **Soll-Ist-Abweichungen und der Ursachenanalyse** sind weitere „Zusatzinformationen" für eine evtl. erforderliche Anpassung der Planungen an die veränderten Bedingungen und/oder Erwartungen in Unternehmung und Umwelt zu erhalten **(Planungskontrolle)**.

In welchem Umfang und mit welchem Gewicht diese hier beispielhaft und in keiner Weise erschöpfend dargestellten Planungsgrundsätze in der einzelnen Unternehmung angewandt werden, ist insbesondere abhängig von Art und Größe der Unternehmung, der inneren Einstellung (Überzeugung) und der Qualifikation des Unternehmers und seiner Mitarbeiter.

10.6 Thesen zum Aufbau eines Planungssystems

Aufbau eines Planungssystems

- Die Mitwirkung des **oberen Managements** an der Planung sichert letztlich erst ihren Erfolg.
- Die Unternehmensleitung muss versuchen, eine **Identifikation der Mitarbeiter** mit den Plänen zu erreichen.
- **Alle Führungskräfte** müssen einheitlich und aktiv an der Planung teilnehmen.
- Wer einen wesentlichen **Sachbeitrag zur Problemlösung** liefern kann, sollte an der Planung mitwirken.
- Eine **Klausurtagung** in anderer Umgebung erhöht die Identifikation mit dem Problem und die Innovation der Problemlösung.
- Differenzierte **Gruppenarbeits- und Diskussionstechniken** unterstützen den Planungserfolg. Wesentliche Sach- und Diskussionsbeiträge dürfen nicht verloren gehen und sind deshalb bildlich insbesondere mit den Moderations-Techniken festzuhalten.
- Das Konzept der **Teamplanung** ist generell auf alle komplexen und innovativen Probleme anwendbar. Die Teamplanung leistet die Grobplanung und fördert die Feinplanung.
- Das Planungssystem muss **schrittweise** eingeführt werden. Psychologische Barrieren und Widerstände aus mangelndem Wissen können nur langsam überwunden werden.
- Das **Berichtswesen** muss dem Fortschritt beim Aufbau des Planungssystems angepasst werden.
- Die Organisationsstruktur sollte möglichst klare **Verantwortungsbereiche** zeigen und ebenfalls anpassungsfähig sein.
- Das **Planungs- und Kostendenken** und das **Planungswissen** müssen entwickelt werden.
- Planung erfordert einen **Lernprozess.** Rückschläge sind unvermeidlich. Besondere Gefahren drohen dann, wenn Planung als „Prophetie" verstanden wird. Prognosen sind ein Teil der Planung; neben dem „Zukunftswissen" ist vor allem das Wissen über die Zusammenhänge (Interdependenzwissen) wichtig.
- Je weiter der Planungshorizont in der Zukunft liegt, umso
  - wichtiger wird die **Analyse (Prognose) der Umwelt** – aber auch umso schwieriger,
  - weniger kann eine **formale Konsistenz des Planungssystems** durchgehalten werden (Tendenz zur Projektplanung).

10.7 Thesen zum Aufbau eines Kontrollsystems

Aufbau eines Kontrollsystems

- Ein **Kontrollsystem muss enthalten:**
  - Ist-Ist-Vergleiche,
  - Plan-Ist-Vergleiche,
  - Plan-Plan-Vergleiche,
  - Kontinuität des Inhalts über mehrere Zeiträume (aber anpassungsfähig),
  - zeitliche Zerlegung der Zahlen.
- **Nicht quantifizierbare Größen** müssen eingebaut sein und sollen behandelt werden. Beispiel: „Haben wir die richtigen Mitarbeiter im Bereich X …?"
- **Kontrollverfahren** sorgen für:
  - einheitliche Formate,
  - rechtzeitige Bekanntgabe der Kontrollinhalte an die Betroffenen (Ziele),
  - Wegfall unwichtiger Informationen,
  - regelmäßige Berichterstattung über Soll-Ist-Vergleiche,
  - die richtigen (betroffenen) Teilnehmer am Kontroll-Meeting.
- **Abweichungsanalysen** müssen automatisch vom System erzeugt werden, wenn Ziel und Wirklichkeit bei wichtigen Ergebnissen voneinander abweichen.
- **Maßnahmen** werden im Anschluss an die Abweichungsanalysen vorgeschlagen.
- Ausblick auf **neue Ziele** soll gegeben werden, wenn alte Ziele wirklich überholt sind.
- **Ergebnis und Zielerreichung** sind Gegenstand der Kontrolle, nicht die Person.
- **Schwer messbare Ergebnisse** müssen auch kontrolliert werden.
  Beispiel: Das Unternehmens-Image ist nur schwer messbar, aber doch so wichtig, dass es beobachtet (= kontrolliert) werden muss.
- **Wirtschaftlichkeit des Kontrollsystems:** Nicht viele und vollständige Informationen, sondern richtige Informationen sind anzustreben.
- **Wichtige Gegebenheiten und Schlüsselaufgaben** werden kontrolliert. Kontrolle ist nicht erforderlich, nur weil Ergebnisse leicht gemessen werden können oder weil Informationen zur Verfügung stehen.
- **Rechtzeitige Kontrollen:** Häufige Messungen sind keine Garantie für eine gute Kontrolle. Zeitabstände lassen sich nicht allgemein festlegen und hängen vom zu messenden Ergebnis ab.
- Es ist wichtiger, weniger genaue Daten schnell als genaue Daten später zu haben – **Geschwindigkeit geht vor Genauigkeit.**
- **Einfache Kontrollen:** Nur wer versteht, woran er gemessen wird, leistet das Gewünschte. Klare und einfache Angaben über die geforderte Leistung und die zulässigen Abweichungen beschleunigen den Kontrollvorgang.
- **Operationale Kontrollergebnisse:** Kontrollergebnisse sind Informationen, die nur dann sinnvoll sind, wenn sie zur Aktion auffordern.

10.8 Ausgewählte Formulare zur Planung

10.8.1 Finanzplanung

Finanzplanung

Bei der Finanzplanung geht es darum, der unternehmerischen Finanzpolitik ein bestimmtes Ordnungsgefüge zu geben. Die Finanzplanung ist grundsätzlich zukunftsorientiert und kann nur im Rahmen des Gesamtzusammenhanges aller Planungsbereiche gesehen werden. Das Postulat der „gegenseitigen Planabstimmung" bzw. das „Ausgleichsgesetz der Planung" zeigt, wie wichtig die Koordinierung aller betrieblichen Planungen ist. Daneben gelten für die Finanzplanung, genauso wie für jede andere Planung, die Postulate der Vollständigkeit, der ausreichenden Information, der Beweglichkeit und der hinreichenden Genauigkeit.

Der Finanzplan, als Ergebnis der Finanzplanung, hat im Wesentlichen zwei Aufgaben:

Aufgaben

- Aufrechterhaltung des finanziellen Gleichgewichts in langer und mittlerer Sicht, d.h. **Schaffung einer optimalen Kapitalstruktur,**
- Aufrechterhaltung des finanziellen Gleichgewichts in kurzer Sicht, d.h. **Sicherung der Liquidität.**

Der Rangordnung nach steht das Streben nach einer optimalen Kapitalstruktur an erster Stelle; erst dann folgt die Aufrechterhaltung der Zahlungsbereitschaft als eine Forderung, die unbedingt aufrechtzuerhalten ist. Die Stellung der Finanzplanung in der Gesamtplanung der Unternehmung ist dadurch gekennzeichnet, dass sehr viele Vorgänge finanzwirksam werden. Bei der Aufstellung von Finanzplänen gilt es nun, die finanzwirksamen Vorgänge der Planperiode zu erkennen, sie zu quantifizieren und abzustimmen. Dabei nimmt im Allgemeinen die Genauigkeit der Daten mit zunehmender zeitlicher Entfernung vom Betrachtungszeitpunkt ab. Diese Abnahme der Genauigkeit der Daten lässt es theoretisch sinnvoll erscheinen, eine Aufteilung in eine lang-, mittel- und kurzfristige Finanzplanung vorzunehmen.

Kurzfristiger Finanzplan

Mittelfristiger Finanzplan

Langfristiger Finanzplan

Die kurzfristigen Finanzpläne haben die Aufrechterhaltung der Liquidität zum Ziel. Sie werden meistens täglich, wöchentlich, monatlich und vierteljährlich aufgestellt. Die im **kurzfristigen Finanzplan** zu betrachtende Periode geht über einen Produktionszyklus (Geschäftsjahr, Saison) nicht hinaus. Die **mittelfristige Finanzplanung** erstreckt sich meistens über einen Zeitraum von zwei bis drei Jahren, während ein Planungshorizont von mehr als drei Jahren als langfristige Planung fixiert wird. Im **langfristigen Finanzplan** werden Entscheidungen behandelt, die die Struktur des Unternehmens betreffen (z. B. Einführung neuer Produkte, Bearbeitung neuer Märkte). Zielsetzung des lang- und mittelfristigen Finanzplanes ist das Streben nach der optimalen Kapitalstruktur.

Im Folgenden werden eine Reihe von Planungsblättern im Finanzbereich vorgestellt. Diese betreffen zunächst einmal die **Liquiditätsplanung.**

Liquiditätsplanung

Um genauere Aussagen über die Liquiditätsentwicklung in einer Unternehmung machen zu können, muss man in erster Linie die Entwicklung der zukünftigen Einnahmen und Ausgaben kennen. Hierbei ist die Planung der Einnahmen wesentlich schwieriger als die Planung der Ausgaben, da sich bei den Einnahmen im Allgemeinen der Zahlungstermin nicht genau vorhersagen lässt, während bei den Ausgaben das Unternehmen sein Zahlungsverhalten selbst bestimmen kann.

Das Planungsblatt „Liquiditätsplanung" (Abbildung 23) enthält die wesentlichen Einflussgrößen. Die Inhalte des Formulares sind selbsterklärend.

Einnahmen

Die **Einnahmen** resultieren im Wesentlichen aus dem Umsatzprozess und aus Sondergeschäften (z. B. Anlagenverkauf).

Ausgaben

Als **Ausgaben** fallen hauptsächlich an:

- fixe Ausgaben (z. B. Mieten und Gehälter),
- variable Ausgaben (variieren mit der Geschäftstätigkeit),
- budgetierte Ausgaben (Ausgaben, die der Disposition der Unternehmensleitung unterliegen; z. B. Werbung und Entnahmen bzw. Ausschüttungen).

Das Formular „Das Ergebnis der Finanzplanung" (Abbildung 24) zeigt die Möglichkeiten beim Auftreten von Unterdeckung und Überdeckung auf.

Die in den Plan eingesetzten Daten (Höhe und Anfalldatum der jeweiligen Einnahmen und Ausgaben) können in der Regel – bis auf die fixen und budgetierten Ausgaben – lediglich geschätzt werden. Je kürzer befristet der Finanzplan ist, desto besser wird es gelingen, relativ genaue Vorausschätzungen zu machen. Im langfristigen Finanzplan werden Entscheidungen behandelt, die die Struktur des Unternehmens betreffen (z. B. Investitionen, Einführung neuer Produkte, Bearbeitung neuer Märkte).

Ziel optimaler Kapitalstruktur

Mit dem **langfristigen Finanzplan** wird das **Ziel der optimalen Kapitalstruktur** verfolgt. Unter Kapitalstruktur verstehen wir hierbei den Umfang und die Zusammensetzung des der Unternehmung zur Verfügung stehenden Kapitals nach Kriterien wie zeitlicher Bindung, Kosten, Herrschaftsansprüchen und Risiken. Optimal ist die Kapitalstruktur dann, wenn eine Änderung dieser quantitativen und qualitativen Merkmale das Ergebnis der Unternehmung verschlechtern, d.h. die Erfolgschancen der Unternehmung in der langen Sicht nachteilig beeinträchtigen würde. Die wesentliche Zielkomponente ist dabei die Rentabilität des Eigenkapitals.

Die Erfolgsrechnung hat zum Ziel, den Periodenerfolg einer Unternehmung darzustellen und zu analysieren. Das Planungsschema geht aus dem „Formular zur Planung des Ergebnisses" (Abbildung 25) hervor.

Liquiditätsplanung

	Monat 1		Monat 2		Monat 3	
	Soll	Ist	Soll	Ist	Soll	Ist
1. Bestand an flüssigen Mitteln (Zu Beginn des Monats vorhanden): Kasse + Bank, Postscheck + freie Kredite (+ Überschuss Vormonat)						
= Summe flüssige Mittel						
2. Zahlungseingänge Einnahmen (Während des Monats erwartete Eingänge): aus Forderungen + Barverkäufe + Kundenanzahlungen + sonstige Einnahmen						
= Summe Einnahmen						
3. Zahlungsverpflichtungen/Ausgaben (Voraussichtliche Ausgaben während des Monats): Lohn, Gehalt, soz. Aufwendungen + Zahlung an Lieferanten + Bareinkäufe + Anzahlung an Lieferanten + Einlösung Wechsel + Tilgung von Krediten + Zinsen + Miete, Nebenkosten + Versicherungen + Steuern + sonstige Ausgaben + Privatentnahmen (+ Fehlbetrag Vormonat)						
= Summe Ausgaben						
4. Ergebnis						
Flüssige Mittel + Einnahmen ./. Ausgaben						
= Überschuss (+) Fehlbetrag (./.)						

Abb. 23: Liquiditätsplanung

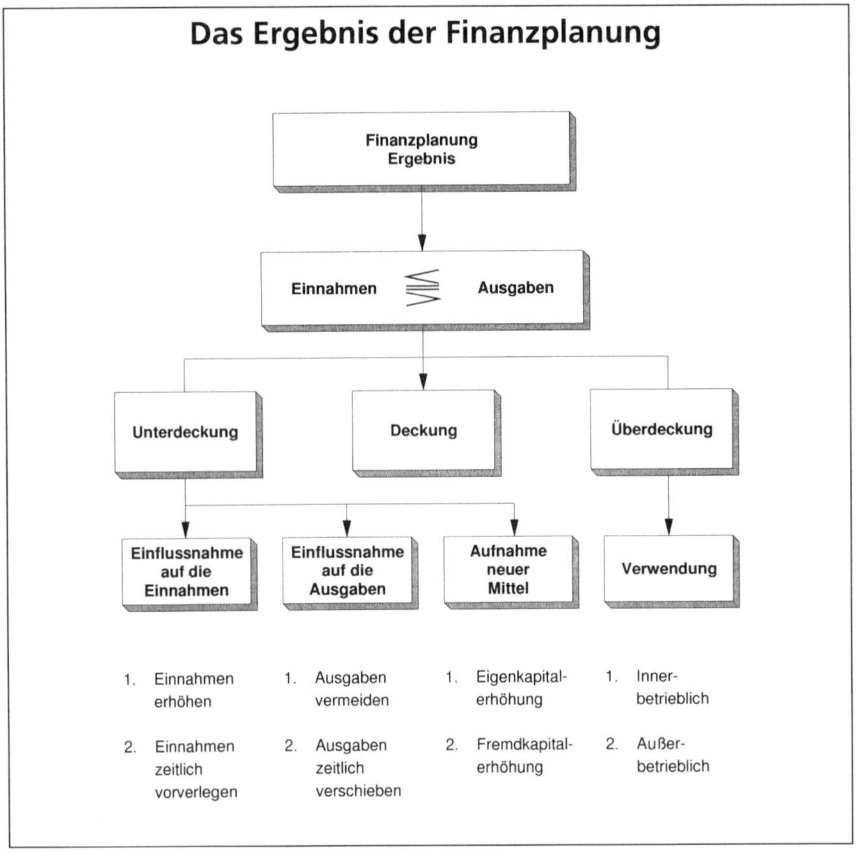

Abb. 24: Das Ergebnis der Finanzplanung

Formular zur Planung des Ergebnisses

1.	Umsatzerlöse		+	....		
2.	Erhöhung oder Verminderung des Bestands an fertigen und unfertigen Erzeugnissen		+/-	....		
3.	andere aktivierte Eigenleistungen		+	....		
4.	sonstige betriebliche Erträge		+	....		
5.	Materialaufwand					
	a)	Aufwendungen für Roh-, Hilfs- und Betriebsstoffe und für bezogene Waren	-	....		
	b)	Aufwendungen für bezogene Leistungen	-	....		
6.	Personalaufwand					
	a)	Löhne und Gehälter	-	....		
	b)	soziale Abgaben und Aufwendungen für Altersversorgung und für Unterstützung	-	....		
7.	Abschreibungen					
	a)	auf das Anlagevermögen	-	....		
	b)	auf das Umlaufvermögen	-	....		
8.	sonstige betriebliche Aufwendungen		-	....		
9.	Erträge aus Beteiligungen		+	....		
10.	Erträge aus anderen Wertpapieren und Ausleihungen des Finanzanlagevermögens		+	....		
11.	sonstige Zinsen und ähnliche Erträge		+	....		
12.	Abschreibungen auf Finanzanlagen und auf Wertpapiere des Umlaufvermögens		-	....		
13.	Zinsen und ähnliche Aufwendungen		-	....		
14.	Ergebnis der gewöhnlichen Geschäftstätigkeit				+/-	....
15.	außerordentliche Erträge		+	....		
16.	außerordentliche Aufwendungen		-	....		
17.	außerordentliches Ergebnis				+/-	....
18.	Steuern vom Einkommen und vom Ertrag				-	....
19.	sonstige Steuern				-	....
20.	Jahresüberschuss/Jahresfehlbetrag				+/-	....

Abb. 25: Formular zur Planung des Ergebnisses

10.8.2 Vertriebsplanung

Vertriebs-planung

Im Rahmen der Vertriebsplanung haben die Planung des Jahresumsatzes und die Vertriebsergebnisplanung in den meisten Unternehmen einen hohen Stellenwert. Daher wird im Rahmen dieser Ausarbeitung ein Vorschlag zur „Planung des Jahresumsatzes" (Abbildung 26) gemacht. Es soll aber gerade bei der Vertriebsplanung noch darauf hingewiesen werden, welchen Stellenwert die Primärdaten für eine gute Planung haben.

Wichtige Daten

Beim Vertrieb, der das privatwirtschaftliche Betreiben eines Unternehmens erst sinnvoll macht, verdienen die Daten

- über die vorliegenden Bedürfnisse (auch die durch aktives Marketing weckbaren),
- über die aktiven Kunden,
- über die möglichen Kunden und
- über die Konkurrenz

besondere Aufmerksamkeit.

In den meisten bisherigen Informationssystemen sind aber gerade diese Daten hinsichtlich systematischer Erfassung, Verarbeitung und Auswertung für Entscheidungen ausgesprochen stiefmütterlich behandelt worden.

Sie rangieren deutlich hinter informatorischen Aussagen über

- Umsatzvergleiche zwischen verschiedenen Perioden,
- Gewinnvergleiche der einzelnen Produkte in verschiedenen Zeiträumen,
- Umsatztendenzen,
- Gewinntendenzen usw.

Es herrschen also Informationen vor, die globale Aussagen über die Vergangenheit machen. Was wir aber notwendig brauchen, sind **Daten und Informationen** über die Umweltsituation.

Nutzbare Informationen

Die Informationsverbesserung in dieser Hinsicht erlaubt es uns, Unternehmenspolitik für die Zukunft zu machen. Die Ansatzpunkte sind durch die bestehenden Umweltkontakte, die wir in weit stärkerem Maße als bisher informatorisch auswerten müssen, klar gegeben. Ein Kundenauftrag, eine Auftragsfolge, eine Reklamation und deren Erledigung, Auftragsausfälle, Auftragsänderungen, Terminstellungen usw. sagen informatorisch viel aus; wir müssen diese Tatbestände aber erkennen, benennen, erfassen und analysieren.

Langfristige Vertriebs-planung

Je besser die der Planung zugrunde liegenden Daten sind, umso leichter hat man es bezüglich der Fixierung der einzelnen Planwerte. Die **langfristige Vertriebsplanung** muss, wie in den beiden ersten Kapiteln dargestellt wurde, an die Zielfunktion angepasst werden. In der langfristigen Planung werden die Weichen für die Entwicklung des Unternehmens gestellt. Je weiter der Planungshorizont hinausgerückt wird, desto größer ist auch die Unsicherheit der Erwartung. Daher wirft die langfristige Planung die schwierigsten Planungsprobleme auf. Hier werden Entscheidungen getroffen (z. B. Investitionen für das langfristige Wachstum; Entwicklung und Einführung neuer Produkte), die das Überleben des Unternehmens bestimmen. Es handelt sich um

„Einmalentscheidungen“, die sich nicht routinemäßig wiederholen. Die beiden Formulare „Marktplan für die nächsten 5 Jahre“ (Abbildung 27) und „Vertriebsplanung nach Produktgruppen und Märkten“ (Abbildung 28) können für die praktische Anwendung Hilfestellung geben.

Planung des Jahresumsatzes

Umsatzgruppen / Pl- + Ko-Zeiträume	Umsatzgruppe 1		Umsatzgruppe 2		Umsatz insgesamt	
Monate	Rest-SOLL	IST	Rest-SOLL	IST	Rest-SOLL	IST
(1) Januar	2.500.000,-	200.000,-	3.000.000,-	150.000,-	5.500.000,-	350.000,-
(2) Februar	2.300.000,-	100.000,-	2.850.000,-	200.000,-	5.150.000,-	300.000,-
(3) März	2.200.000,-	200.000,-	2.650.000,-	200.000,-	4.850.000,-	400.000,-
I. QUARTAL	2.000.000,-	500.000,-	2.450.000,-	550.000,-	4.450.000,-	1.050.000,-
(4) April	2.000.000,-		2.450.000,-		4.450.000,-	
(5) Mai						
(6) Juni						
II. QUARTAL						
(7) Juli						
(8) August						
(9) September						
III. QUARTAL						
(10) Oktober						
(11) November						
(12) Dezember						
IV. QUARTAL						
insgesamt 20..						
Über-, Unterdeckg. in % vom SOLL		±...%		±...%		±...%

Abb. 26: Planung des Jahresumsatzes

Das Informationssystem soll dem Management die für diese Entscheidungen notwendigen Informationen zur Verfügung stellen. Dazu müssen in der Datenbank die erforderlichen Daten gespeichert werden. Mit Hilfe der in der Methodenbank vorhandenen Hilfsmittel (z. B. statistischen Trendberechnungen, Simulationsmodellen) kann die Qualität dieser langfristigen Planung sehr verbessert werden.

Mittel- und kurzfristige Planung

Mittel- und kurzfristige Vertriebspläne sind auf den langfristigen Plan abzustellen. Während die langfristige Planung im Allgemeinen der Unternehmensführung selbst vorbehalten bleibt (echte Führungsentscheidungen), wird die mittel- und kurzfristige Planung an das mittlere und untere Management delegiert, da bei diesen Planungen der Grad der Unsicherheit nicht mehr so hoch ist.

Zukunftsgerichtetes Informationssystem

Das Informationssystem soll den Führungskräften hier zunächst zu genaueren Planvorgaben verhelfen. Diese Plandaten können durch mathematisch-statistische Prognose-Verfahren und/oder Simulationen gewonnen werden. Das **Speichern von Vertriebsplandaten in der Datenbank** ist eine wesentliche Voraussetzung für ein zukunftsorientiertes Informationssystem. Eine wirksame Steuerung und Kontrolle im Rahmen des Entscheidungsprozesses ist nur mit Hilfe besonderer Maßgrößen möglich, die den Charakter von Soll-Werten haben. In einem nur vergangenheitsorientierten Informationssystem, in dem die Ist-Daten einer früheren mit den Ist-Daten einer aktuellen Periode verglichen werden, sind eine vernünftige Steuerung und Kontrolle kaum möglich. Das Management wird durch das Speichern der Soll-Daten auf die Planabweichungen aufmerksam gemacht, und es kann somit die Planerfüllung steuern oder den Plan korrigieren. Die Formulare „Marktplan für die nächsten 5 Jahre" (Abbildung 27) und „Vertriebsplanung nach Produktgruppen und Märkten" (Abbildung 28) lassen sich auch für die mittel- und kurzfristige Vertriebsplanung einsetzen. In diesem Falle sind die adäquaten Planungszeiträume zu bestimmen.

10.9 Wesentliche Vorteile einer Planung

Vorteile einer Planung

Die wesentlichen Vorteile einer Planung sind:

- Bewusste Gestaltung der Unternehmenszukunft, Durchdenken der Möglichkeiten des Unternehmens, Erkennen seiner Stärken und Schwächen
- Erfassung und Verdichtung der wirtschaftlichen Daten des Unternehmens
- Frühzeitige Feststellung von Datenänderungen und deren Folgen und damit Verminderung des unternehmerischen Risikos
- Rechtzeitige Auswahl geeigneter Maßnahmen zur Verwirklichung gesetzter Ziele und weitgehende Vermeidung von unter Zeitnot und unter Druck zu treffenden Entscheidungen, deren Konsequenzen nicht voll zu übersehen sind
- Durchrechnen verschiedener möglicher Problemlösungen
- Entlastung von Routinearbeiten, bessere und leichtere Lenkung und Überwachung des Geschäftsablaufs.

Marktplan für die nächsten 5 Jahre

Produkte/ Produktgruppen		n-1	n	n+1	n+2	n+3	n+4
❶	Umsatz						
	Mengen						
❷	Umsatz						
	Mengen						
❸	Umsatz						
	Mengen						
❹	Umsatz						
	Mengen						
❺	Umsatz						
	Mengen						
❻	Umsatz						
	Mengen						
❼	Umsatz						
	Mengen						
Summe	Umsatz						
	Mengen						

Abb. 27: Marktplan für die nächsten 5 Jahre

Vertriebsplanung nach Produktgruppen und Märkten

	Jetzige Märkte				Neue Märkte				Summe	Summe
Heutige Produktgruppen	Plan Umsatz	Ist Umsatz	Plan Umsatz	Ist Umsatz	Plan Umsatz	Ist Umsatz	Plan Umsatz	Ist Umsatz	Plan Umsatz	Ist Umsatz
									Summe	Summe
Neue Produktgruppen	Plan Umsatz	Ist Umsatz	Plan Umsatz	Ist Umsatz	Plan Umsatz	Ist Umsatz	Plan Umsatz	Ist Umsatz	Plan Umsatz	Ist Umsatz

Abb. 28: Vertriebsplanung nach Produktgruppen und Märkten

Wiederholungsfragen zum 10. Kapitel

Nach den Fragen steht in Klammern der Verweis auf die entsprechende Seite im Buch.

1. Was versteht man unter Planung? (Seite 275)
2. Nennen Sie die wesentlichen Zwecke der Planung! (Seite 276, 277)
3. Skizzieren Sie die Hierarchie der Pläne. (Seite 277)
4. Nennen Sie wesentliche Planungsgrundsätze! (Seite 277, 278)
5. Versuchen Sie den Aufbau der Liquiditätsplanung zu beschreiben. (Seite 283)
6. Welche wesentlichen Vorteile hat die Planung? (Seite 288)

11. Organisation und Information

11.1 Eigenschaften von Organisationen

Definition „Organisation"

Wenn im Folgenden von Organisationen gesprochen wird, dann verstehen wir darunter soziale Gebilde, die
- dauerhaft ein Ziel verfolgen und
- eine formale Struktur aufweisen, mit deren Hilfe Aktivitäten der Mitglieder auf das verfolgte Ziel ausgerichtet werden sollen.

Hierzu müssen folgende Begriffe näher erklärt werden:
1. Ziel
2. dauerhaft
3. Mitglieder
4. formale Struktur.

1. Ziel:

Bedeutung der Ziele

Fast alle Definitionen von „Organisation" heben die Eigenschaft der Zielgerichtetheit oder Zweckbezogenheit hervor. Das Ziel wird als Hauptgrund für die Bildung von Organisationen gesehen. Oft ist es der einzige gemeinsame Bezugspunkt zwischen allen Beteiligten. Wesentlich ist jedoch, dass die Beteiligten
- nicht nur ein **gemeinsames Ziel** verfolgen, sondern
- auch zur Erreichung dieses Ziels **aufeinander angewiesen** sind.

Beispiel:

Die Passagiere in einem Flugzeug sind normalerweise keine Organisation. Sie haben zwar alle dasselbe Ziel (bestimmter Flughafen); sie sind aber nicht aufeinander angewiesen.

Doppelte Zielvorstellung

Individuen können aber nicht nur die Ziele der Organisation verfolgen, sondern auch ihre persönlichen Ziele. Diese Überlegung von den **doppelten Zielvorstellungen** der Organisationsmitglieder führt uns weiter zu der Frage nach dem Verhältnis dieser beiden Zielvorstellungen untereinander.

2. dauerhaft:

Dauerhaftigkeit

In der Literatur werden kurzfristige Zusammenschlüsse von Menschen im Hinblick auf ein bestimmtes Ziel (Beispiel: Deichbruch) nicht als „Organisationen" bezeichnet.

Gründe: Es ist anzunehmen, dass kurzfristige Zusammenschlüsse
- andere Eigenschaften und
- andere Probleme aufweisen als auf Dauer angelegte Zusammenschlüsse.

„Dauerhafte" Zusammenschlüsse bedeuten aber nicht, dass sich Organisationen nicht verändern. Wichtig im Rahmen dieses Punktes ist, dass der zielgerichtete Zusammenschluss von Personen **nicht von vornherein auf eine relativ kurze Dauer fixiert ist.**

3. Mitglieder:

Mitglieder

Die Bestimmung von Organisationsmitgliedern ist relativ schwierig. Je nach dem verwendeten Kriterium (Arbeitsstunden, Bezahlung, Einfluss auf Entscheidungen) kommt man zu unterschiedlichen Ergebnissen. Als Folge dieser Definitionsschwierigkeiten gibt es in der Literatur **unterschiedliche Abgrenzungen.** So rechnen z. B. einige Autoren Kunden und Lieferanten zu den Organisationsmitgliedern einer Unternehmung, andere dagegen nicht.

4. formale Struktur:

Formale Struktur

Die formale Struktur umfasst **alle Regelungen** für die Aktivitäten der Organisationsmitglieder. In den Unternehmungen soll die Struktur „bestmöglich" sein, d.h., ein optimales Verhältnis von Kosten und Nutzen soll für die Handlungen, die sich in dem organisatorischen Rahmen vollziehen, angestrebt werden.

11.2 Anforderungen an Organisationssysteme

Voraussetzungen zum Aufbau von Organisationssystemen

Beim Aufbau von Informations- und Organisationssystemen sind vor allem folgende Problemkreise zu bewältigen:

1. Das Vollständigkeitsproblem

Vollständigkeit relevanter Daten

Ein Informationssystem muss die Komplexität und Varietät des realen Systems in genügender Übereinstimmung wiedergeben. Gerade die **vollständige Erfassung aller relevanten Daten** ist für die Informationsgewinnung von großer Bedeutung. Man muss sich einfach darüber im Klaren sein, dass die aus dem Informationssystem fließenden Informationen – auch unter Einsatz aller mathematischen und technischen Hilfsmittel – nur so gut sein können, wie die erfassten Daten es zulassen. Im Rahmen der Vollständigkeit muss dabei besonders Wert auf die Fixierung von Plandaten gelegt werden. Nur dadurch lassen sich Steuerungs- und Regelungssysteme aufbauen.

2. Das Wahrheitsproblem

Logische Übereinstimmung Modell-Realität

Wahrheit besagt, dass das Modellsystem in logischer Übereinstimmung mit den abgebildeten Realitäten ist. Bei der Beurteilung dieser Grundproblematik im Rechnungswesen ist davon auszugehen, dass eine richtige Abbildung nur möglich ist, wenn

- die **Begriffe** klar definiert und genügend klassifiziert sind,
- die **Tatbestände** richtig bewertet werden und
- die **Struktur** der rechnerischen Modelle die Struktur der betrachteten realen Begebenheiten möglichst wirklichkeitsgetreu (isomorph) abbildet.

3. Das Zeitproblem

Jederzeitige Überprüfung der Tatbestände

Hinsichtlich dieses Problems muss es das Ziel sein, dass das Datenmaterial die **Tatbestände** des Unternehmens **zu jedem Zeitpunkt** widerspiegelt. Wird im Organisationssystem das Geschehen erst mit erheblichem zeitlichem Abstand erfasst und verarbeitet, dann gleicht es einer überholten Datenaufbewahrungsinstitution. Derartige Datenbestände sind zu Steuerungsmaßnahmen weitgehend ungeeignet. Sie besagen bestenfalls hinterher, was man vorher hätte tun müssen, wenn man rechtzeitig informiert gewesen wäre.

4. Das Zuordnungsproblem

Jederzeitige Zuordnung der Informationen

Hier wird die Forderung nach der optimalen Informationsmenge sowohl in quantitativer als auch in qualitativer Hinsicht gestellt. Das Informationssystem hat zu jedem Zeitpunkt alle relevanten Informationen **an die Stellen und Personen** zu leiten, die sie zur optimalen Steuereinwirkung auf das System benötigen. Hier muss festgestellt werden, dass es um das Aufgaben- und Informationsbewusstsein des Managements nicht sonderlich gut bestellt ist. Bei aller Fähigkeit, ihre Aufgaben zu begreifen und sich schnell zu informieren, sind sie meist nicht in der Lage, ihr Aufgabenprofil und ihren Informationsbedarf für einen Dritten verständlich zu formulieren.

11.3 Maximen für die Aufbau- und Ablauforganisation

11.3.1 Aufbauorganisation

Aufbauorganisation

Die **Aufbauorganisation** geht von der Gesamtaufgabe aus und gliedert diese in Einzelaufgaben, die von den Aufgabenträgern zu übernehmen sind. Es handelt sich bei der Aufbauorganisation zwar um eine statische Strukturierung, dennoch sollte auch hier eine gewisse Flexibilität von vornherein mitorganisiert werden.

Wesentliche Elemente

Wesentliche Maximen für die **Aufbauorganisation** sind:
- Möglichst **einfache Organisation** (zum Beispiel keine zu starke Detaillierung der Aufgabengliederung),
- möglichst **flexible Organisation** (zum Beispiel durch Austauschbarkeit der Personen, verstärktes Arbeiten mit kleinen Arbeitsgruppen),
- Grundsatz des **kürzesten Befehlsweges** (zum Beispiel wenig hierarchische Ebenen).
- **arbeitsgerechte Kontrollspanne** (der Führungskraft sind entsprechend der Art der Tätigkeit, der Notwendigkeit von Führung, Planung, Koordinierung und Kontrolle die angemessene Anzahl von Mitarbeitern zu unterstellen),
- Förderung von **Delegation und Kommunikation** (jeder Mitarbeiter sollte ein „Subunternehmer" sein),
- eindeutige fachliche und disziplinarische **Weisungsbefugnisse** (zum Beispiel durch Handbücher, Richtlinien und Führungsprinzipien).

Aufgabengliederung

Besondere Bedeutung kommt in der Aufbauorganisation der **Aufgabengliederung** zu. Wenn mehrere Menschen an einer gemeinsamen Aufgabe arbeiten, wird es zu einer irgendwie gearteten Arbeitsteilung kommen. Je mehr Menschen zusammenarbeiten, desto differenzierter ist in der Regel die praktizierte Aufgabengliederung. Die dabei **möglichen Gliederungskriterien** sind die folgenden (Kosiol):

1. Verrichtung

– nach Verrichtung

Aufgaben können nach Verrichtung, d. h. nach Tätigkeiten oder Arbeitsarten, gegliedert werden, zum Beispiel nach Einkauf, Produktion, Verkauf oder – differenzierter – nach Anfragen, Bestellen, Überwachen etc.

2. Objekt

– nach Objekt

Ein zweites, wichtiges Gliederungskriterium ist der Gegenstand, an dem sich die geforderte Tätigkeit vollziehen soll. Objekte können sein: Rohstoffe, Erzeugnisse, Personen, Märkte etc.

3. Rang

– nach Rang

Dieser Gliederungsaspekt beruht auf der Erkenntnis, dass die verschiedenen Teilaufgaben innerhalb der Gesamtaufgabe einen unterschiedlichen Rang besitzen und koordiniert werden müssen. Das führt zu einer Trennung von entscheidenden und ausführenden Tätigkeiten.

4. Phase

– nach Phase

Die Untergliederung in Planungs-, Durchführungs- und Kontrollvorgänge (Phasengliederung) ist ein weiteres Gliederungsprinzip. Seine Anwendung kommt den Forderungen der Systemtheorie besonders entgegen.

Alsbi– nach Zweck

Die unmittelbar den Sachzielen der Organisationseinheit dienenden Primäraufgaben werden von Sekundäraufgaben überlagert, die der fortlaufenden Erfüllung der Primäraufgaben zugute kommen: Verwaltung, Wartung, Pflege. Ihre Ausgliederung aus den Primäraufgaben ist ein weiteres Gliederungsprinzip.

Diese fünf Möglichkeiten der Aufgabengliederung stehen gleichwertig und unabhängig nebeneinander. Sie lassen sich miteinander kombinieren und erlauben eine beliebig feine Untergliederung der Aufgaben einer Organisationseinheit.

11.3.2 Ablauforganisation

Ablauforganisaton

Die Ablauforganisation ist die Ordnung von Arbeitsprozessen.

Wesentliche Elemente

Wesentliche Maximen für die **Ablauforganisation** sind:

- Die Organisation sollte **nach Regelfällen** ausgerichtet sein (zum Beispiel konkrete Festlegung des Wochenablaufes, eindeutiger Produktionsplan, Bearbeitung nach „Standards"),
- die Zahl der **Arbeitsstationen** ist zu minimieren (zum Beispiel sinnvolle Stellung der Maschinen entsprechend dem Ablaufprozess),
- ablaufmäßig **zusammengehörende Tätigkeiten** sollten von einer Person wahrgenommen werden (zum Beispiel Tendenz zur Gesamtbearbeitung eines Falles),
- die **Arbeitsmittel** müssen optimal eingesetzt sein (zum Beispiel Maschinen effizient nutzen, Fuhrpark wirtschaftlich einsetzen),
- die richtige **Information** gehört zur rechten Zeit an die richtige Stelle (zum Beispiel durch verstärkten Einsatz der modernen Informations- und Kommunikationstechniken).

11.4 Erhebungstechniken

Es gibt im Wesentlichen fünf Techniken zur Ermittlung der Ist-Tatbestände. Diese werden im Folgenden kurz beschrieben und anschließend in einer Synopse dargestellt (Abbildung 29).

Feststellung der Ist-Tatbestände

1. Fragebogen

An die Mitarbeiter der zu untersuchenden Abteilungen werden Formulare mit standardisierten Fragen verteilt. Die Beantwortung erfolgt als verbale Kurzinformation oder in Form quantitativer Aussagen.

Fragebogen

Vorteile:

- führt schnell zu schriftlich fixierten Ergebnissen,
- relativ geringer Kostenaufwand,
- relativ geringer Personalaufwand,
- Erfassbarkeit großer Untersuchungseinheiten.

Nachteile:

- Unschärfen durch Abwesenheit von Mitarbeitern,
- es treten leicht Missverständnisse auf,
- Gefahren in der Manipulation der Antworten.

2. Interview

Interviews bieten den sichersten Weg, den Ist-Zustand richtig zu ermitteln.

Interview

Vorteile:

- Informationen werden schneller erfasst,
- Zusammenhänge können in kurzer Zeit aufgedeckt werden,
- Zusatzfragen tragen zur Verdeutlichung bei,
- persönlicher Kontakt und persönlicher Eindruck.

Nachteile:

- gute Vorbereitung beider Interview-Partner,
- Interview-Technik muss erlernt werden.

Zur Ergänzung der durch das Interview gewonnenen Informationen dienen weitere Methoden.

3. Beobachtung

Es werden planmäßige Beobachtungen zum Überprüfen von Tatbeständen und zum Erkennen von Engpassfaktoren durchgeführt.

Beobachtung

Vorteile:

- Grundlage zur Analyse von außergewöhnlichen Tatbeständen,
- Wahrheitsgehalt von Aussagen kann stichprobenartig überprüft werden.

Nachteile:

- Verdacht der Kontrolle entsteht,
- die Ursachen von Vorgängen werden nicht deutlich,
- Beschränkung auf räumlich begrenzte Bereiche,
- personalintensiv.

4. Berichtsmethode (Selbstaufschreibung)

Bericht

Die Fachabteilungen führen eine ausführliche Beschreibung ihrer Arbeitsgebiete durch.

Vorteile:
- aktive Mitarbeit der Fachabteilungen an der Organisationsentwicklung,
- Verantwortung für Ausführlichkeit und Vollständigkeit liegt bei den Fachabteilungen,
- Möglichkeit, Bemerkungen und Begründungen für Aktivitäten beizufügen.

Nachteile:
- Auswertung der Berichte ist erschwert, da sie weitgehend formfrei und individuell gestaltet sind,
- Übergänge von einem Arbeitsgebiet zu anderen sind schwierig abzugrenzen.

5. Multimomentaufnahme

Multimomentaufnahme

Multimomentaufnahmen gehören zu den Untersuchungsmethoden der analytischen Statistik und ermöglichen auf der Basis stichprobenartig erfaßter Werte Rückschlüsse auf die Gesamtsituation. Anwendungsgebiete sind zum Beispiel:
- Transport- und Lagerwesen: Analyse von Auftragsdurchlaufzeiten zur Feststellung unbegründeter Liegezeiten,
- Fertigstellung: Analyse des Auslastungsgrades und der Stillstandszeiten von Maschinen,
- Arbeitsstudium: Analyse von Belastungs- und Tätigkeitsprofilen einzelner Mitarbeitergruppen.

Kriterien	**Methodik (Konzept)**	**Methodenziel**	**Zeitaufwand**	**Kosten**	**Effizienz**	**Einwirkung auf Betriebsablauf („Bremskosten")**
1. Fragebogen	standardisierte, formulierte Fragen	Erfassung großer Untersuchungseinheiten	schnelle, schriftlich fixierte Ergebnisse; gute Auswertungsmöglichkeit	relativ gering	Unschärfen möglich (Manipulation, Abwesenheit)	einmalige Unterbrechung, kann in ablaufbedingten Pausen erledigt werden
2. Interview	- Direktbefragung - individuellere Fragen	- Erfassung von Zusammenhängen in rel. kurzer Zeit - schnelle Erfassung gezielter Informationen	zeitaufwendig; Probleme bei der Auswertung	höherer Personalaufwand Dialog sehr aufwendig	Subjektivität möglich	einmalige Unterbrechung durch Interview
3. Beobachtung	planmäßige Beobachtung zur Überprüfung von Tatbeständen und Erkennen von Engpassfaktoren	Überprüfung von Tatbeständen, Erkennen von Engpassfaktoren	über längeren Zeitraum nötig, daher zeitaufwendig	personalintensiv	Wahrheitsgehalt kann stichprobenartig überprüft werden	geringe Störung, Beobachtung durch Dritte

Kriterien	Methodik (Konzept)	Methodenziel	Zeitaufwand	Kosten	Effizienz	Einwirkung auf Betriebsablauf („Bremskosten")
4. Berichtsmethode	planmäßige, zielgerichtete Beobachtung durch Fachabteilung selbst	individuelle Problemerfassung durch die Betroffenen	aufwendige Erfassung, außerdem erschwerte Auswertung (nicht EDV-gerecht)	wenn eine klare Form für die Analyse und Erfassung fixiert wird, ist der Kostenaufwand erträglich	umfassende Informationsgewinnung durch eigene Ideen; persönliche Über- bzw. Unterzeichnung der Probleme möglich	Aufnahme in den Betriebsablauf nötig
5. Multimomentaufnahme	stichprobenartige Erfassung ermöglicht Rückschlüsse auf Gesamtsituation	Analyse von Durchlaufzeiten und Auslastungsgrad; wird vorwiegend im Produktionsbereich verwendet	Beobachtung eines „Moments", im Allgemeinen geringer Zeitaufwand	abhängig von Stichprobenumfang	hohe Aussagekraft durch statist. Signifikanz	keine Störung, Aufzeichnung durch Dritte

Abb. 29: Erhebungstechniken

11.5 Phasenkonzepte in der Organisationsgestaltung

11.5.1 Vorteile von Phasenkonzepten

Phasenuntergliederung von Organisationsvorhaben

Es besteht über die Notwendigkeit, Organisationsvorhaben in Phasen zu untergliedern, einhellige Zustimmung, sind doch die Vorteile offenkundig:

1. Phasenkonzepte verdeutlichen die Vorgehensweise.

Vorgehensweise verdeutlicht

Die einzelnen Projektschritte werden
- transparent,
- objektiviert (auf das Ziel) und
- nachvollziehbar.

2. Phasenkonzepte grenzen das Risiko ein.

Risikobegrenzung

Dies gilt insbesondere für die
- zeitlichen,
- systemtechnisch und
- finanziell bedingten Risiken.

3. Phasenkonzepte tragen zu einer Verbesserung der Wissens-Kompetenz bei.

Wissenskompetenz verbessert

Allen Beteiligten an einem Projekt wird deutlich gemacht, welche Anforderungen an das Wissen und Können der Entscheidungsträger und Mitarbeiter zu stellen sind. Aus den einzelnen Aktivitäten lassen sich konkrete Anforderungen an die Fähigkeiten der Team-Mitglieder ableiten.

4. Phasenkonzepte tragen zu einer Verbesserung der sozialen Kompetenz bei.

Soziale Kompetenz verbessert

Phasenkonzepte basieren auf einer optimalen Zusammenarbeit aller. Wenn die in jüngster Zeit häufig strapazierte Aussage „Betroffene zu Beteiligten" zu machen ihre Berechtigung wirklich verdient, dann gilt dies im Projekt-Management. Ein Projekt auf der Basis eines niedrigen Reifegrades der sozialen Kompetenz ist von vornherein zum Scheitern verurteilt. Spielregeln der Zusammenarbeit sind hier unabdingbar. Neben der Sachebene hat die Beziehungsebene einen hohen Stellenwert (siehe Abbildung 30 „Vier Phasen des Organisierens"). Es gilt, die Beteiligten mit dem Projekt zu identifizieren, sie „aufzutauen", wenn erforderlich, Ansichten ändern und in der Einführung das System zu stabilisieren.

5. Phasenkonzepte tragen zu einer Verbesserung der unternehmerischen Kompetenz bei.

Unternehmerische Kompetenz verbessert

Alle Mitarbeiter eines Projektes haben sich als Mit-Unternehmer zu sehen. Nur wenn jeder einzelne Beitrag den qualitativen, zeitlichen und finanziellen Anforderungen gerecht wird, zeigt sich der Projekt-Erfolg. Phasenkonzepte verdeutlichen das Bewusstsein um die unternehmerischen Qualifikationen wie Initiative, Verantwortungsübernahme und bestmögliche Finalisierung der Aufgaben. Es gibt in der Wissenschaft und Praxis eine Vielzahl von individuellen Vorschlägen zur Phasengliederung. Sie unterscheiden sich insbesondere durch

- den Grad der Untergliederung,
- unterschiedliche Begriffe für ein und denselben Tatbestand und
- die mehr oder weniger starke Ausprägung auf eine spezifische Anwendung.

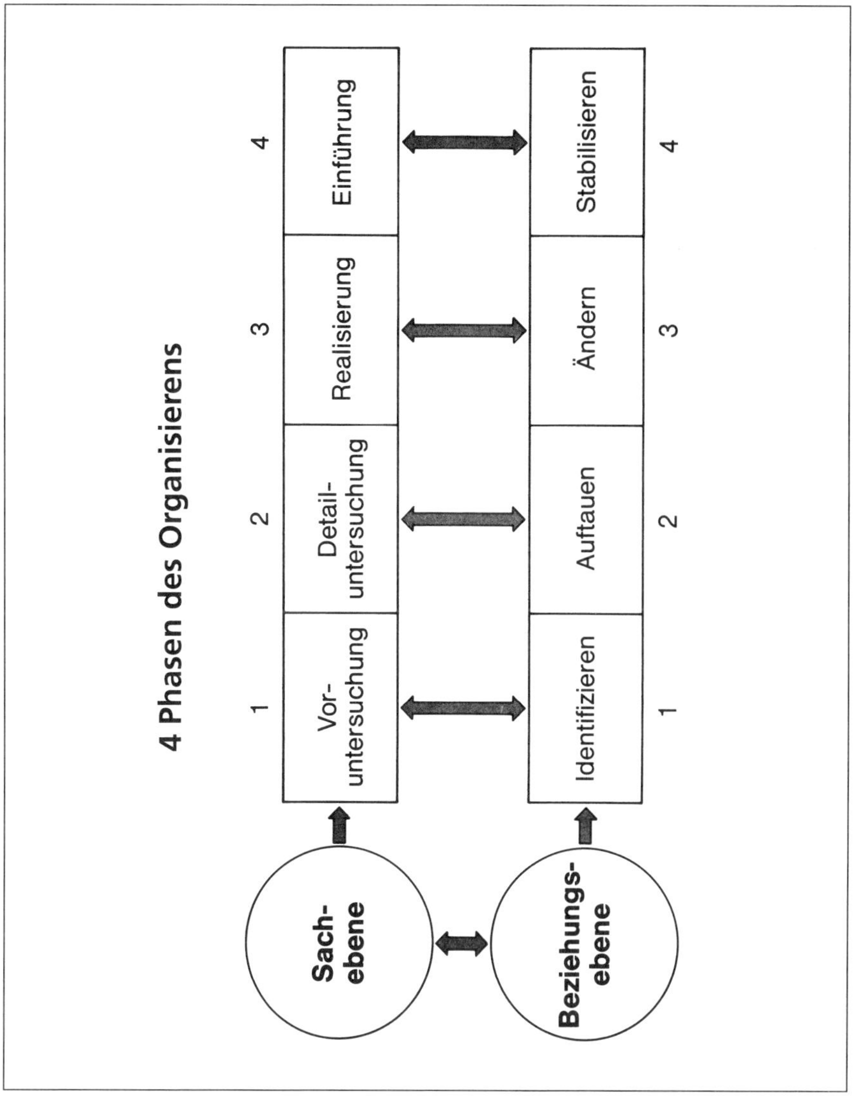

Abb. 30: Vier Phasen des Organisierens

Vier Organisationsphasen

11.5.2 Einzelne Phasen der Organisation

Organisationssystem: Einzelphasen bei Einführung

Üblicherweise werden Organisationsvorhaben in die folgenden Phasen unterteilt:
1. Voruntersuchung (Vorstudie),
2. Detailuntersuchung und Systemkonzeption,
3. Systemrealisation,
4. Einführung des Organisationssystems.

Sicherlich kann eine solche generelle Untergliederung nicht überraschen, ist sie doch letztlich die einzig stringente Vorgehensweise beim Abwickeln von Projekten. Innerhalb der vier Phasen gilt es jedoch, die wesentlichen Aktivitäten besonders zu beachten. So muss z.B. bei der Phase der Voruntersuchung der Frage nach dem Erkennen von wichtigen Projekten ein hoher Stellenwert beigemessen werden. Wer das Initiieren von Projekten nur dem Zufall überlässt, macht als Entscheidungsträger keinen guten Job. Das systematische Gewinnen von lebenswichtigen Projekten ist daher schon eine wesentliche Aufgabe im Rahmen der Voruntersuchung.

Die Unterteilung in die vier genannten Phasen ist der Praxis häufig zu grobkörnig. In einer Reihe von Organisationen wird eine stärkere Unterteilung vorgenommen.

1. Voruntersuchung

Voruntersuchung

Ausgangspunkt der Voruntersuchung ist die Erfassung des Ist-Zustandes. Neben der Erfassung der gegenwärtigen vorhandenen **Daten- und Informationsstrukturen** ist auch der **zukünftige Informationsbedarf** zu ermitteln. Für die Erstellung der Rahmenkonzeption (Soll-Vorschlag) ist außer der Ermittlung des Ist-Zustandes und des Informationsbedarfs die Erfassung der zukünftigen Entwicklung besonders wichtig.

2. Detailuntersuchung und Systemkonzeption

Detailuntersuchung, Systemkonzeption

In der Phase der Detailuntersuchung und Systemkonzeption sind im Wesentlichen folgende Tätigkeiten auszuüben:
- detaillierte Aufbauanalyse,
- detaillierte Arbeitsablaufanalyse,
- genaue Ermittlung des Informationsbedarfs,
- Fixieren der maschinellen Hilfsmittel,
- Zeit- und Kostenberechnungen,
- Nutzenanalysen,
- Personal- und Schulungsplanung.

3. Systemrealisation

Systemrealisation

In der Phase der Systemrealisation wird das geplante System realisiert. Es muss unter anderem über folgende Punkte Klarheit bestehen:
- detaillierte Arbeitsablaufpläne,
- Verpflichtung der Einzelaufgaben im gesamten Arbeitsablauf,

- optimale Abwicklung der Prozesse,
- Aufgaben der einzelnen Mitarbeiter.

4. Einführung des Organisationssystems

Einführung Organisationssystem

Die Einführung eines Organisationssystems bedarf einer guten Umstellungsplanung. Dabei muss vor allem entschieden werden, wie die **Umstellung sachlich und zeitlich** erfolgen sollte.

Hinsichtlich der Sachfrage stellen sich die Alternativen:
- Totalumstellung (also Umstellung in einem Zuge) oder
- Partialumstellung (Umstellung in den einzelnen Teilbereichen nacheinander).

Die schlagartige Gesamtumstellung wäre zwar ideal, lässt sich aber in den meisten Fällen organisatorisch nur mit einer exzellenten Planung und Vorbereitung durchführen. Hinsichtlich der zeitlichen Umstellung ergibt sich die Frage der Direkt- oder Parallelumstellung.

Im Rahmen der Ablauforganisation hat die Planung und Überwachung von Projekten häufig eine große Bedeutung. Hier ist es notwendig, auf die folgenden Fragen eine Antwort zu geben:
- Wie lange dauert das gesamte Projekt?
- Wann müssen die einzelnen Tätigkeiten begonnen werden, damit der Abschluss des Projektes nicht verzögert wird?
- Welche Abhängigkeiten gibt es unter den einzelnen Tätigkeiten?
- Was passiert bei einer Veränderung der Dauer oder Reihenfolge von Tätigkeiten?
- Welche Maßnahmen gibt es, um das Projekt noch rechtzeitig zu beenden?

Es gibt mehrere Verfahren, die verstärkt zur Steuerung von Projekten eingesetzt werden. Zu erwähnen sei auch hier insbesondere die **Netzplantechnik,** die ein bewährtes Instrument zur Planung von Aktivitäten darstellt.

Zu beachten ist neben der Sachebene mehr und mehr die **Beziehungsebene.** Diesbezüglich ist insbesondere wichtig:
- das Identifizieren mit dem Vorhaben,
- das Auftauen alter Gewohnheiten,
- das Ändern von Ansichten und
- das Stabilisieren des Systems.

11.6 Projektmanagement

Geeignete Vorhaben für Projektform

Schon immer gab es in allen Organisationen die Notwendigkeit, bestimmte Vorhaben in Projektform abzuwickeln. Für die Durchführung als Projekt bieten sich alle Aktivitäten an, die in zahlreiche Arbeitspakete zerlegbar sind und an denen mehrere Mitarbeiter, Teams, Stellen, Abteilungen, Bereiche oder Firmen beteiligt sind. In der Gegenwart gewinnt das Projektmanagement in Wirtschaft und Verwaltung mehr und mehr an Bedeutung. Die Gründe gehen aus der Übersicht „Was spricht für das Projektmanagement" (Abbildung 31) hervor.

Die Realisierung des Projektmanagements lässt unterschiedliche Auspolsterungen zu. Diese werden vorwiegend durch die Kriterien für den Projekterfolg bestimmt.

Projektmanagement: Erfolgskriterien

Die **Erfolgskriterien für das Projektmanagement** selbst sind:
- Sachziele,
- Terminziele,
- Kostenziele.

Zu realisierendes Objekt: Erfolgskriterien

Die **Erfolgskriterien für das zu realisierende Objekt** können sein:
- Akzeptanz durch die Betroffenen,
- Verbesserung der Kosten-/Nutzensituation,
- Gewinnen von strategischen Vorteilen.

Diese Überlegungen machen deutlich, dass der Projektleiter andere Schwerpunkte als ein Funktionsleiter setzt. Aus der Abbildung 32 „Synoptische Darstellung – Projektleiter versus Funktionsleiter" gehen die wichtigsten Unterschiede hervor.

Vorteile von Projektmanagement

Was spricht für das Projektmanagement?

- ☐ Rasches Agieren auf neue Markt- und Kundenanforderungen
- ☐ Die Organisationsform für praktizierte Schnelligkeit
- ☐ Ganzheitliche Betrachtung von Aufgaben
- ☐ Ganzheitliche Lösungen
- ☐ Statt isolierten und linearen Betrachtungen vernetztes Denken
- ☐ Kreativität hat außerhalb der Hierarchie größere Chancen
- ☐ Mitarbeiter und Führungskräfte werden intellektuell stärker gefordert
- ☐ Jeder Projektbeteiligte lernt den „Schrecken der Eigenverantwortung" kennen
- ☐ Zwang zur Verbesserung der Kommunikation
- ☐ Die formale Autorität wird ersetzt durch neue Erfolgskriterien:
  - Persönlichkeitskompetenz
  - Fachliche Kompetenz
  - Soziale Kompetenz
  - Unternehmerische Kompetenz
- ☐ Die Mitarbeiter werden als Mitunternehmer gefordert
- ☐ Konflikte beleben die Organisation
- ☐ Die funktionale Organisation verbindet sich mit derProzess-Organisation

Abb. 31: Was spricht für das Projektmanagement?

Unterschiede Projektleiter – Funktionsleiter

Synoptische Darstellung – Projektleiter versus Funktionsleiter	
Projektleiter	**Funktionsleiter**
Coach, Moderator	Manager
Generalist	Spezialist
Wechselnde Aufgaben	Routinisierte Aufgaben
Stellt in Frage	Vertritt das Bestehende
Vernetztes Denken	Lineares Denken
Ganzheitliche Lösungen	Abteilungsorientierte Lösungen
Innovative Verfahren	Klassische Methoden
Ideen verpflichten	Regeln dominieren
Ziel-/Ergebnis-orientiert	Bestmögliche Funktionserfüllung

Abb. 32: Synoptische Darstellung – Projektleiter versus Funktionsleiter

Definition „Projekt"

Die **Definitionen des Begriffes „Projekt"** sind recht vielfältig. In der Literatur und Praxis finden sich bei den einzelnen Beschreibungen eines Projektes meist die nachstehenden Anforderungen:

- Einmaligkeit des Vorhabens,
- klare Zielvorgaben,
- Abgrenzung zu anderen Vorhaben,
- zeitliche Begrenzungen,
- finanzielle Begrenzungen,
- spezifische Organisation des Projektes,
- team-, abteilungs- und bereichsübergreifend.

Nach **DIN 69901** wird ein Projekt wie folgt definiert:

Projekt nach DIN 69901

Ein Vorhaben, das im Wesentlichen durch die Einmaligkeit der Bedingungen gekennzeichnet ist, z. B.

- Zielvorgabe,
- zeitliche und finanzielle Begrenzungen,
- Abgrenzung gegenüber anderen Vorhaben,
- projektspezifische Organisation.

Verwendete Projektdefinition

Im Folgenden verstehen wir unter einem Projekt eine Aufgabe mit

- einmaligem Charakter,
- präzisen Zielvereinbarungen,
- konkreten Begrenzungen in zeitlicher und finanzieller Hinsicht,
- spezifischer Organisation und
- der Teilnahme von Mitarbeitern aus verschiedenen Organisationseinheiten

(siehe hierzu die Abbildung 33 „Projektmanagement und Standardisierte Organisation").

Voraussetzungen erfolgreicher Projektabwicklung

Um Projekte gut steuern und abwickeln zu können, sind die Entscheidungs-, Planungs-, Durchführungs- und Kontrollprozesse zu formalisieren. Hierzu ist es notwendig, in konkreten Richtlinien Aussagen zu formulieren über

- Entscheidungskompetenzen,
- Ziele von Auftraggebern, Projektleitung, Projektteam und Beteiligten aus den Fachbereichen,
- Kosten-/Nutzen-Analysen,
- Phasen der Organisationsabwicklung,
- Techniken und Werkzeuge,
- Kontrollpunkte,
- Verantwortlichkeiten.

Projektplanung und -überwachung

Im Rahmen der Ablauforganisation hat die **Planung und Überwachung von Projekten** häufig eine große Bedeutung. Hier ist es notwendig, auf die folgenden Fragen eine Antwort zu geben:

- Wie lange dauert das gesamte Projekt?
- Wann müssen die einzelnen Tätigkeiten begonnen werden, damit der Abschluss des Projektes nicht verzögert wird?
- Welche Abhängigkeiten gibt es unter den einzelnen Tätigkeiten?
- Was passiert bei einer Veränderung der Dauer oder Reihenfolge von Tätigkeiten?
- Welche Maßnahmen gibt es, um das Projekt noch rechtzeitig zu beenden?

Zwei Verfahren, die im mittelständischen Betrieb verstärkt zur Steuerung von Projekten eingesetzt werden, sind Balkendiagramme und Netzplantechnik.

Balkendiagramm zur Darstellung

Balkendiagramme sind die wohl älteste Darstellungstechnik von Arbeitsabläufen. Es sind rechtwinklige Koordinatensysteme, auf denen normalerweise auf der Abszisse (horizontale Achse) ein Zeitmaßstab eingetragen wird. Auf der Ordinate (vertikale Achse) können entweder Bearbeitungsstellen (Maschinen, Stellen, Abteilungen) oder (Teil-)Aufgaben aufgetragen werden.

Projektmanagement und Standardisierte Organisation Ausprägung wesentlicher Beurteilungskriterien		
Organisationsform / Kriterien	**Liniensystem**	**Projektmanagement**
Ziele	Oft unklar	Konkret
Zeitvorgabe	Auf Dauer	Zeitlich begrenzt
Zeitschätzung	Kalkulierbar	Schwer kalkulierbar
Abwicklung	Tagesarbeit	Sonderaufgaben
Art der Aufgabe	Sich wiederholend	Einmalig
Kosten	Bekannt	Nur schätzbar
Finanz. Vorgaben	Nur begrenzt	Konkret fixiert
Kontrolle	Systemimmanent	Durch Vorgaben
Messgröße	Funktionale Effizienz	Endergebnis
Ganzheitl. Lösung	Bedingt	Wesentliches Ziel
Agieren	Oft schwerfällig	Rasche Aktionen
Mitwirken	Mitarbeiter einer Funktion	Gemischte Teams
Delegation von Verantwortung	Wünschenswert	Unabdingbar

Abb. 33: Projektmanagement und Standardisierte Organisation

Sind auf der Ordinate Aufgaben eingetragen, spricht man von **Auftragsfortschrittsplan**, sind Maschinen eingetragen, spricht man von **Stellenbelegungsplan oder Kapazitätsauslastungsplan**.

Mit Hilfe von Balkendiagrammen (siehe Abbildung 34 „Generelles Balkendiagramm: Darstellung eines Bau-Ablaufes“) lassen sich im Allgemeinen folgende Fragen beantworten:

- Wann beginnt oder endet ein bestimmter Vorgang?
- Wie lange dauert das ganze Projekt?

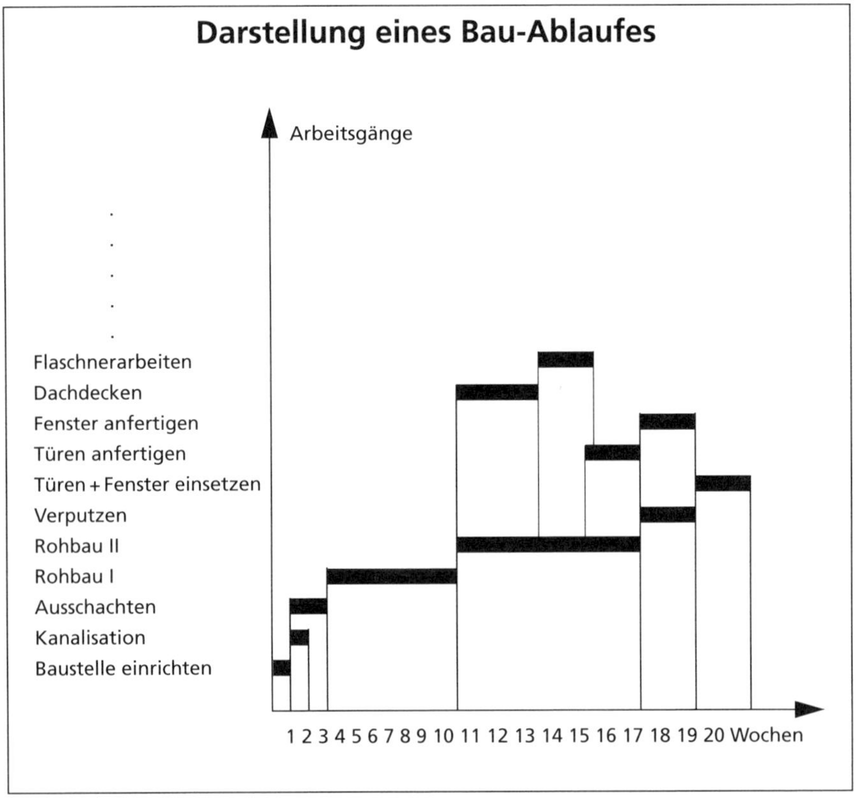

Abb. 34: Generelles Balkendiagramm: Darstellung eines Bau-Ablaufes

Nachteile

Die **Nachteile** der Balkendiagramme sind üblicherweise:

– Für die Planung:
  - Die Zusammenhänge zwischen den Arbeitsgängen sind nicht immer eindeutig erkennbar. Ist z. B. der Abschluss des Ausschachtens alleinige Voraussetzung für den Beginn von Rohbau I, oder muss auch die Kanalisation auf alle Fälle fertig sein?
  - Das Balkendiagramm zeigt nur eine von mehreren Möglichkeiten, wie das Projekt durchgeführt werden kann. Es sind keine Alternativen ablesbar. Dadurch werden keine Hinweise gegeben, wie die Planung zu verbessern ist, sei es im Hinblick auf den Fertigstellungstermin, den Einsatz von Arbeitskräften oder die Kosten.

– Für die Überwachung:
  - Da die Zusammenhänge zwischen den Arbeitsgängen nicht eindeutig erkennbar sind, lässt sich nicht verfolgen, wie sich die Verzögerung eines Arbeitsganges auf die folgenden auswirken wird.
  - Insbesondere hat man keinen Überblick darüber, wieweit der Gesamt-Fertigstellungstermin des Projektes gefährdet wird.

Netzplantechnik zur Darstellung

Bei Projekten jeglicher Art ist die **Netzplantechnik** ein sehr gutes Instrument zur Planung und Überwachung von
- Terminen,
- Kosten und
- Kapazitäten.

Wesen und Anwendung der Netzplantechnik seien an der Abbildung 35 „Netzplan mit den Ergebnissen der Vor- und Rückwärtsrechnung – Bau eines Brückenfundaments" gezeigt.

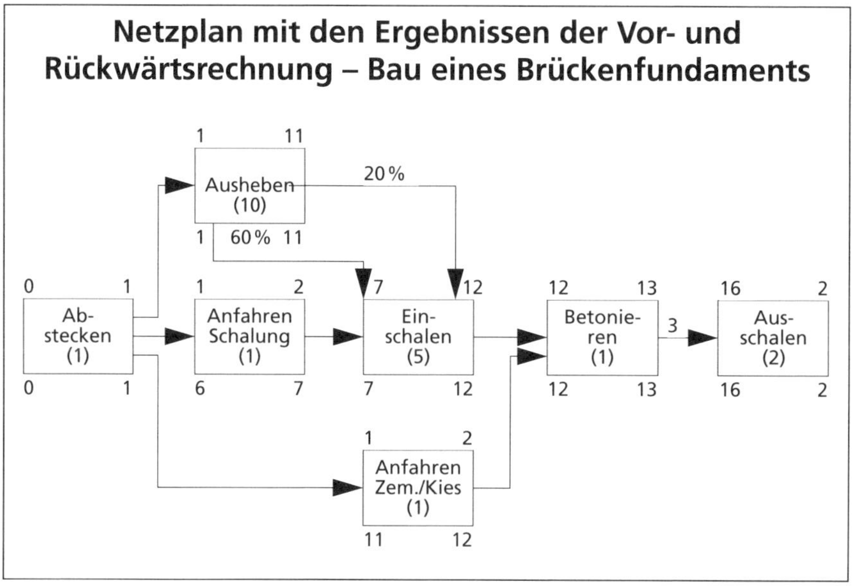

Abb. 35: Netzplan mit den Ergebnissen der Vor- und Rückwärtsrechnung – Bau eines Brückenfundaments

An diesem Beispiel werden die Vorteile der Technik deutlich:
- Das Projekt wird klar gegliedert,
- die Abhängigkeiten der einzelnen Vorgänge sind gut erkennbar,
- Planabweichungen und Engpässe lassen sich früh erkennen,
- Gegenmaßnahmen können rechtzeitig eingeplant werden.

Bei diesem Beispiel (Abbildung 35) ergeben sich je Vorgang 4 Termine:
- frühest möglicher Start (oben links angegebene Zahl)
- frühest mögliches Ende (oben rechts angegebene Zahl)
- spätest zulässiger Start (unten links angegebene Zahl)
- spätest zulässiges Ende (unten rechts angegebene Zahl).

Kritischer Weg

Betrachtet man diese Termine etwas näher, so fällt auf, dass es Vorgänge gibt, bei denen frühest mögliche und spätest zulässige Termine übereinstimmen.

Diese Übereinstimmung besagt Folgendes: Der Vorgang kann zeitlich nicht verschoben werden, ohne die Gesamtdauer zu vergrößern. Diese Vorgänge haben keinen zeitlichen Puffer, weshalb sie auch als **kritisch** bezeichnet werden; sie bedürfen der besonderen Beachtung der Projektleitung. Die Aneinanderreihung der kritischen Vorgänge bezeichnet man als **kritischen Weg.**

Elemente erfolgreichen Organisationsverhaltens

11.7 Erfolgreiches Organisationsverhalten

Auf die Organisation wirken die sechs im Folgenden fixierten Faktoren ein.

1. Strategien

Strategien

- beeinflussen die Aufbau- und Ablauforganisation
- sorgen für eine dynamische Organisation
- richten die Organisationsmitglieder gemeinsam aus
- implizieren Ziel- und Kontrollsysteme

2. Informationssysteme

Informationssysteme

- verändern die Durchführungs- und Führungsaufgaben
- bauen Hierarchiestufen und Stäbe ab
- lassen die materiellen Prozesse nachrangig erscheinen
- bedingen den Übergang isolierter zu integrierter „Fall-Bearbeitung"

3. Mitarbeiter

Mitarbeiter

- verlangen in der Rolle des Sub-Unternehmers nach mehr Verantwortung
- werden das klassische Funktionsmanagement durch das Innovationsmanagement ablösen
- sind verstärkt an hierarchieübergreifenden Gruppen beteiligt

4. Führungssysteme

Führungssysteme

- machen aus Betroffenen Beteiligte
- sorgen für die geistige Nutzung des Potenzials
- lassen ein Chancenmanagement zu
- generieren ein Denken in Netzwerken

5. Kunden

Kunden

- beeinflussen durch ihr Denken und ihre Wünsche die Organisation
- erwarten kürzere Reaktionszeiten
- wollen höchste Flexibilität
- erkennen das Gewinner-Gewinner-Spiel.

11.8 Wesentliche Methoden zum Aufspüren von Kosteneinsparungen

11.8.1 Gemeinkosten-Wertanalyse

Gemeinkosten-Wertanalyse

Die Gemeinkosten-Wertanalyse (GWA) ist die europäische Variante der „Overhead Value Analysis", die von der Beratungsgesellschaft McKinsey vorgestellt wurde. Die GWA geht davon aus, dass die Leistungen der indirekten Bereiche in Organisationen in Frage gestellt werden. Dabei handelt es sich um indirekt-produktive Unternehmensbereiche, in denen die Mitarbeiter mit Tätigkeiten beschäftigt sind, die nicht direkt an absatzbestimmten Produkten erfolgen. Da in diesen Bereichen fast nur Gemeinkosten anfallen, spricht man auch von „Gemeinkostenbereichen". Die Analyse der Gemeinkosten hat eine große Bedeutung, da ihr Anteil an den Gesamtkosten oft bis zu 50 Prozent und mehr beträgt.

Die Realisierung der Gemeinkosten-Wertanlayse sieht folgende drei Schritte vor:

Die Vorbereitungsphase

Vorbereitung

Von der Geschäftsleitung wird ein Lenkungsausschuss, der Entscheidungsträger aus den wesentlichen Funktionsbereichen umfasst, eingesetzt. Das GWA-Projektteam, das aus hauptamtlich tätigen Linienführungskräften besteht, ist Ansprechpartner für die Leiter der Untersuchungseinheiten, die für ihre Analyseeinheiten verantwortlich sind.

Das GWA-Projektteam fixiert in dieser Phase den zeitlichen Ablauf und gibt den Betroffenen und nicht direkt betroffenen Führungskräften die erforderlichen Informationen.

Die Analysephase

Analyse

Die Analysephase kann in den folgenden Vier-Wochen-Takt unterteilt werden:

Woche	Inhalt	Wesentliche Aktivitäten
1	Ist-Aufnahme	– Zusammenstellen aller in einer Untersuchungseinheit erstellten Leistungen – Kosten (Schätzungen) für jede Leistung ermitteln, – Personalaufwand in Mannjahren, – Sachkosten in €, – Abnehmer der Leistungen zuordnen.
2	Ideensuche	– Die Leiter der Untersuchungseinheiten haben Einsparungsvorschläge zu erarbeiten, mit denen eine Kostenreduktion von 40 Prozent erreicht wird. – Auch die Leistungsnutzer sind in Kreativitätsgruppen aufgerufen, ihre Ideen bei der Suche nach Einsparungsvorschlägen einzubringen.
3	Maßnahmenplanung	– Der Leiter jeder Untersuchungseinheit legt zusammen mit dem Projektteam auf der Basis der Wirtschaftlichkeit und des Risikos Einsparungsvorschläge in den drei Kategorien A, B und C vor. **A-Ideen** müssen sofort oder spätestens innerhalb von zwei Jahren nach Ende des Projektes abgeschlossen sein. **B-Ideen** bedeuten, dass über ihre Verwirklichung noch nicht entschieden werden konnte. **C-Ideen** kommen für eine Realisierung nicht in Frage. – Die B-Ideen sind noch einmal zu überprüfen und entweder der Kategorie A oder C zuzuführen.
4	Maßnahmenplanung	– Für A-Ideen werden detaillierte Aktionsprogramme aufgestellt. – Die Maßnahmenpläne werden dem Lenkungsausschuss und dem Betriebsrat zur Genehmigung/ Zustimmung vorgelegt.

Die Realisierungsphase

Realisierung

In dieser Phase geht es darum, die Kosteneinsparungsvorschläge möglichst rasch umzusetzen. Eine neue Strukturierung der Aufbauorganisation, eine Neukonzeption der Abläufe, eine Neuverteilung der Aufgaben sowie personelle Umbesetzungen sind häufig notwendig. Der so genannte Realisierungsverantwortliche, ein Mitarbeiter des Projektteams, hat für jeweils acht bis zehn Untersuchungseinheiten die Umsetzung der Kosteneinsparungsvorschläge sicherzustellen.

Verfahren der Wertanalyse

Wertanalyse

Der Inhalt und die Vorgehensweise bei der Anwendung dieser Methoden wird im Folgenden an einzelnen Schritten verdeutlicht:

Schritt 1:

Es wird ein Wertanalyse-Team gebildet. Dieses sollte aus Mitarbeitern der unterschiedlichen Organisationsbereiche bestehen.

Schritt 2:

Den einzelnen Produkten, Unternehmensprozessen und allem, was Kosten verursacht, werden A-, B- oder C-Werte zugeordnet. A macht dabei die Produkte oder Prozesse deutlich, bei denen die höchsten Kosten entstehen. C ist am wenigsten kostenintensiv.

Schritt 3:

In diesem Schritt werden für alle Systeme mit „A-Werten" die einzelnen Elemente (z. B. für ein Einzelteil oder für einzelne Teilprozesse) bezüglich ihrer Kosten bewertet. Man kann dann erkennen, bei welchen Produktteilen bzw. Prozessen es sich besonders lohnt, die Kosten zu senken.

Schritt 4:

Die einzelnen Funktionen werden analysiert und die dafür anfallenden Kosten (nur die variablen) ermittelt. Es lässt sich dann feststellen, wie teuer die einzelnen Funktionen sind.

Schritt 5:

Hier geht es um das Finden von innovativen Lösungsansätzen. Mit Hilfe der wesentlichen Kreativitäts-Methoden (z. B. Brainstorming, Brainwriting) versucht man, neue Lösungsalternativen zu finden.

Schritt 6:

Die Alternativen werden auf ihre Realisierung sowie auf Kosten und Nutzen hin untersucht. Effiziente Lösungsansätze werden dann realisiert.

11.8.2 ABC-Analyse

ABC-Analyse

Um in der Praxis einen Überblick zu gewinnen, ist es häufig hilfreich, zunächst eine ABC-Analyse durchzuführen. Das Prinzip der ABC-Analyse besteht in diesem Falle darin, die Produkte nach Klassen einzuteilen, um z. B. sichtbar zu machen, mit welchen Produkten welche Umsätze erzielt werden.

Die Abbildung 36 „ABC-Analyse" zeigt ein in der Praxis nicht selten anzutreffendes Verhältnis. Mit wenigen Produkten werden 50 bis 70 Prozent des Umsatzes erzielt bzw. mit nahezu 50 Prozent der Produkte nur 10 Prozent des Umsatzes realisiert.

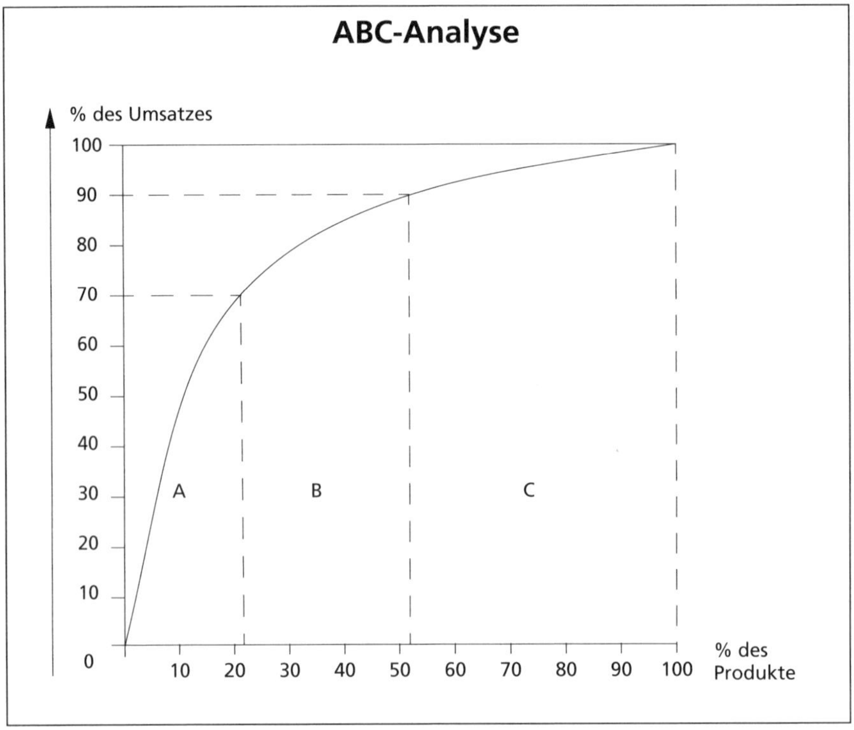

Abb. 36: ABC-Analyse

11.8.3 Die Pareto-Analyse

Pareto-Analyse Das von Vilfredo Pareto, einem italienischen Sozialwissenschaftler, entwickelte Prinzip, wonach ein großer Teil der Probleme auf einen relativ kleinen Teil der Ursachen zurückzuführen ist, wurde in der Praxis vereinfachend auch als 80:20-Regel bekannt, d.h. 80 Prozent der Probleme kommen von 20 Prozent der Ursachen.

Bei der Anwendung der Pareto-Analyse im Bereich des Auftretens von Fehlern lassen sich folgende Schritte unterscheiden:

Dokumentation der Fehler

Es werden für jede Fehlerart die absolute und relative Häufigkeit festgehalten. Die Auflistung könnte nach einem Beispiel von Haist/Fromm folgendes Aussehen haben:

Fehlerart	Absolute Häufigkeit	Relative Häufigkeit
F1	15	1,9 %
F2	7	0,9 %
F3	34	4,4 %
.		
F10	327	42,0 %
F11	8	1,0 %
F12	12	1,5 %
Summe:	778	100,0 %

Ordnen der Daten

Nach der Erfassung der Fehler werden diese in der gewünschten Reihenfolge geordnet. Im vorliegenden Beispiel werden die Fehler sortiert nach der Häufigkeit des Auftretens (siehe Abbildung 37 „Häufigkeit des Auftretens von Fehlern").

Pareto-Analyse
Häufigkeit des Auftretens von Fehlern

Fehlerart	Absolute Häufigkeit	Relative Häufigkeit	Kumulierte Summe
F 10	327	42,0 %	42,0 %
F 6	158	20,3 %	62,3 %
F 5	122	15,7 %	78,0 %
F 9	73	9,4 %	87,4 %
F 3	34	4,4 %	91,8 %
F 1	15	1,9 %	93,7 %
F 12	12	1,5 %	95,2 %
F 4	9	1,2 %	96,4 %
F 11	8	1,0 %	97,4 %
F 2	7	0,9 %	98,3 %
F 7	7	0,9 %	99,2 %
F 8	6	0,8 %	100,0 %

Abb. 37: Häufigkeit des Auftretens von Fehlern

Zeichnerische Darstellung des Pareto-Diagramms

Die horizontale Achse enthält die zu analysierenden Kriterien in der Reihenfolge ihrer Wichtigkeit für das Gesamtproblem. Auf der vertikalen Achse wird üblicherweise die Prozentskala aufgetragen. Trägt man die prozentualen Anteile pro Gegenstand als treppenartig aneinander gefügte Balken auf, dann entsteht meistens ein ähnliches Diagramm, wie es z. B. die Abbildung 38 „Pareto-Analyse: Beispiel für ein Pareto-Diagramm" wiedergibt. In diesem Falle enthalten die Achsen die Fehlerarten und die Fehleranteile in Prozent. Aus dem Diagramm geht hervor, dass die drei wichtigsten Fehlerarten (F10, F6, F5) ca. 80 Prozent aller Fehler ausmachen.

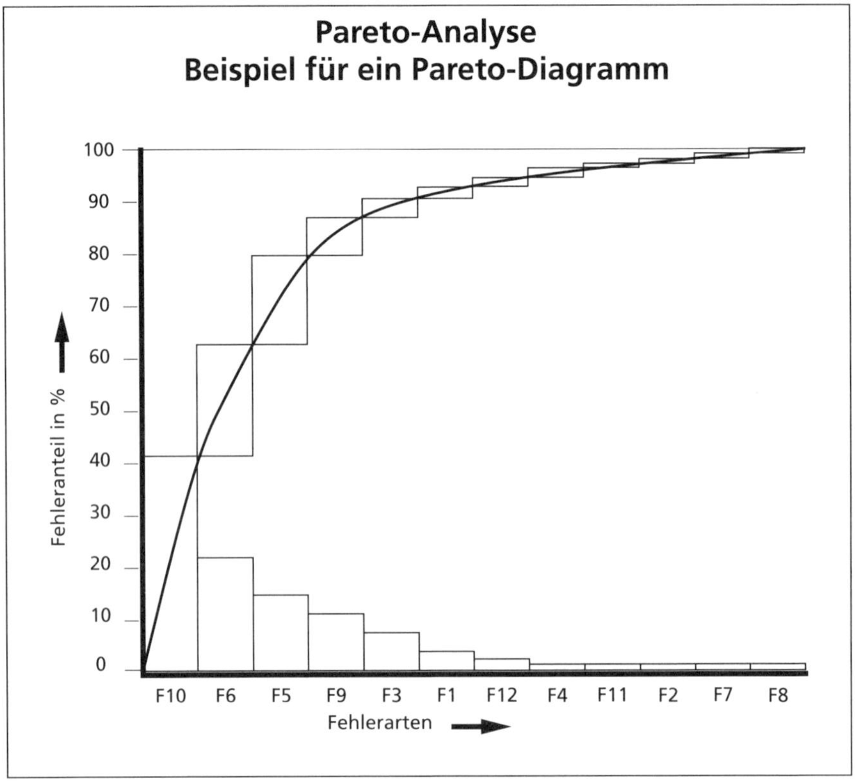

Abb. 38: Pareto-Analyse: Beispiel für ein Pareto-Diagramm

Auswertung des Diagramms

Das Diagramm legt zunächst für alle Beteiligten klar, welche Fehlerursachen sich in welchem Umfang auf das Problem auswirken. Hat man die wichtigsten Ursachen erkannt, dann gilt es Fragen zu beantworten wie:

- Welche Fehler werden wie und von wem beeinflusst?
- Welche Kosten entstehen für die Beseitigung der Fehler?
- Welcher Zeitaufwand ist notwendig, um die einzelnen Fehlerarten zu beseitigen?

11.8.4 Lean Management

11.8.4.1 Stellenwert und Begriffsklärung

Lean Management

Die Welle des Lean Management wurde ausgelöst durch die bekannte MIT-Studie über die Produktivitätsunterschiede der internationalen Pkw-Hersteller. Das erfolgreiche Abschneiden japanischer Unternehmen fand seine Hauptbegründung in deren schlanken Organisationen.

In einigen Fällen begann man das Erfolgssystem der Japaner zu analysieren und – sicherlich etwas zu vorschnell – zu kopieren. Gerd Gerken weist mit Recht darauf hin, dass man jedes System nur im Kontext mit geistigen Grundlagen und der jeweiligen Kultur verstehen kann. Basis der japanischen Lean-Konzepte sind:

1. Die „fließenden" Anpassungen im täglichen Geschäft.
2. Das „Wir – Ich" im Hinterkopf eines jeden Japaners.

Die Japaner sind in der Lage, jederzeit das Alte, Bewährte in Frage zu stellen. Sie können schneller, früher und ohne Zwänge alte Strukturen auflösen. Wenn zu diesen Fähigkeiten hinzukommt, dass auch im Kopf keine geistigen Barrieren bestehen und die Wir-Kultur das gemeinsame Umsetzen beschleunigt, dann ist man einfach für „lean" prädestiniert.

Allein bei diesen beiden Faktoren wird klar, dass man „Lean-Konzepte" nicht einfach 1 : 1 übertragen kann. Die deutschen Mitarbeiter und insbesondere die Führungskräfte sind z. B. stärker geprägt durch Erfolgsfaktoren wie Präzision und Ordnung. Es gilt, vor dem Hintergrund der jeweiligen Stärken Fragen nach „Lean Management" zu stellen.

Die Definitionen zum „Lean Management" sind inzwischen sehr zahlreich. Wie eine Münze, die man von Hand zu Hand reicht, kursiert dieser Begriff in Wirtschaft und Verwaltung, ohne dass jemand sich die Prägung genauer anschaut. Eine Gleichsetzung mit dem Begriff „schlank" wäre zu einfach.

Bevor ich zu einem eigenen Definitionsversuch komme, seien Aussagen von namhaften Praktikern und Wissenschaftlern vorangestellt.

Dr. Heinrich von Pierer, Vorstandsvorsitzender der Siemens AG, Berlin/München:

„Wir müssen bereit sein, von den besonders erfolgreichen Unternehmen zu lernen. Eine wirklich erfolgreiche Umsetzung erfordert aber eine sehr geschäftsspezifische Anwendung der mittlerweile vielfach erprobten Methoden, frei nach der Devise: Kapieren und besser machen – nicht kopieren. Auch für unser Unternehmen haben wir eine breit angelegte Kampagne in Gang gesetzt, mit der wir unsere Produktivität über die gesamte Wertschöpfungskette hinweg einer kritischen Prüfung unterziehen und mit geeigneten Maßnahmen deutlich erhöhen. Dabei steht die Kundenorientierung im Vordergrund. Das heißt: alles, was dem Kunden nicht unmittelbar nützt, ist Verschwendung und muss aus unserem Aktivitätenkatalog verschwinden. Der zweite Kernbegriff ist die Prozessorientierung. Dabei geht es darum, die Prozesse durchgängig zu machen, qualitativ zu verbessern und vor allem zeitlich zu verkürzen. Dies darf keine Einmalaktion bleiben, sondern muss eine kontinuierliche Aufgabe werden."

Dr. Gerd Bachmann, Vorstand Technik, Flachglas AG, Gelsenkirchen:

„Lean bedeutet nicht nur Abbau von Hierarchien, sondern einen Brückenschlag über alle Funktionsinseln. Konsequent durchgeführt bedeutet das eine Verlagerung von ‚Macht'.

Abbau und Abschaffung von Personal, Funktionen, Strukturen, Tradition ist die eine – oft leichtere Seite; Aufbau und Bewusstmachung neuer Bilder und

Handeln im neuen Geiste bewirken erst den wahren Erfolg. Umfassende Kommunikation ist der Schlüssel dazu."

Prof. Dr.-Ing. Hermann Krallmann, Lehrstuhl für Systemanalyse und Datenverarbeitung an der TU Berlin:

„Ziel der Lean-Philosophie ist die Bildung neuer Organisations- und Leistungseinheiten mit deutlicher Verantwortungsdelegation in Teams. Wesentlicher Erfolgsfaktor für diese nur langfristig durchsetzbaren Konzepte sind die Motivation und Qualifikation der Mitarbeiter. Denn eine erfolgreiche Umsetzung des Lean-Gedankens verlangt eine höhere Identifikation der Mitarbeiter mit dem Unternehmen, die Gruppenarbeit eine höhere fachliche und soziale Kompetenz."

Prof. Dr. Marcell Schweitzer, Wirtschaftswissenschaftliches Seminar der Universität Tübingen:

„Seit einigen Jahren findet die Frage nach einem systematischen, integrativen und zielorientierten Konzept der Anpassung bzw. Verbesserung von Potenzialen, Programmen und Prozessen in der Industrie eine teilweise Beantwortung durch das ‚Lean Production System'. Die wenig überraschende Grundidee dieses Ansatzes ist, dass ein System, das in Zeiten des Wohlstandes ‚Speck angesetzt' hat, ‚abspecken' muss, um in seiner Leistungserstellung wieder effizient, in seiner Leistungskraft produktiv und, daraus folgernd, in seiner gesamten Ergiebigkeit wieder zielorientiert zu werden. Es ist leicht einzusehen, dass eine auf diese Weise ‚verschlankte' Produktion gegenüber Marktwettbewerbern Vorteile hat und selbst einen strategischen Erfolgsfaktor darstellt."

„Aus dem Bereich der Produktion ist dieser Begriff bereits allgemein auf den gesamten Unternehmungsprozess übertragen worden und findet sich im Begriff ‚Lean Management' wieder. Diese erweiterte Begriffsinterpretation ist nahe liegend, da sich die Frage nach einer effizienten, produktivitäts- und zielorientierten Leistungserstellung nicht nur im Produktionsbereich stellt."

Dipl.-Ing. Dirk Bösenberg und Dr. Heinz Metzen, Autoren des Bestsellers „Lean Management – Vorsprung durch schlanke Konzepte":

„Leane Unternehmen kennzeichnet zusätzlich zur schlanken Produktion ein besonderes Verhältnis zu den Kunden, den Lieferanten, den Mitarbeiterinnen und Mitarbeitern sowie eine ungewöhnliche Finanzstrategie. Der Begriff ‚Lean Management' umfasst alle diese Aspekte und ist die logische Erweiterung von ‚Lean Production' ".

„Lean Management ist ein komplexes System, welches das gesamte Unternehmen umfasst. Es stellt den Menschen in den Mittelpunkt des unternehmerischen Geschehens. Seine Elemente sind fundierte geistige Leitlinien, Arbeitsprinzipien mit neuen Organisationsüberlegungen, integrierende Strategien zur Lösung der zentralen Unternehmensaufgaben, wissenschaftlich-ingenieurmäßige Methoden sowie eine Reihe pragmatischer Arbeitswerkzeuge für Mitarbeiter."

11.8.4.2 Arbeitsprinzipien von Lean Management

Arbeitsprinzipien

Die beiden Autoren Bösenberg und Metzen umschreiben die Arbeitsprinzipien von Lean Management recht treffend in zehn Punkten.

1. **Gruppe, Team**
   Die Aufgaben werden in der Gruppe oder im Team erledigt. Der Konsensgedanke ist bei der Lösung der Aufgabe dominant, interner Wettbewerb wird vermieden.
2. **Eigenverantwortung**
   Jede Tätigkeit wird in Eigenverantwortung durchgeführt. Den Rahmen dazu bilden die Standards, die für jede Tätigkeit erstellt werden. Kann die geforderte Qualität nicht eingehalten werden, wird der Arbeitsfluss unterbrochen und Hilfe angefordert.
3. **Feedback**
   Alle Aktivitäten, vom einzelnen bis zum kompletten Funktionsbereich, werden von einem außergewöhnlich intensiven Feedback begleitet. Die Reaktionen von Außenwelt, System oder Anlagen dienen zur Steuerung des eigenen Handelns.
4. **Kundenorientierung**
   Alle Aktivitäten sind streng auf den Kunden orientiert. Die Wünsche des Kunden haben oberste Priorität im Unternehmen.
5. **Wertschöpfung hat Priorität**
   Die wertschöpfenden Tätigkeiten haben oberste Priorität im Unternehmen. Das gilt für alle verfügbaren Ressourcen.
6. **Standardisierung**
   Formalisierung und Standardisierung der Arbeitsgänge durch einfache schriftliche und bildliche Darstellungen.
7. **Ständige Verbesserung**
   Die ständige Verbesserung aller Leistungsprozesse bestimmt das tägliche Denken. Es gibt keine endgültigen Ziele, sondern nur Schritte in die richtige Richtung.
8. **Sofortige Fehlerabstellung an der Wurzel**
   Jeder Fehler wird als Störung des Prozesses angesehen, dem bis auf die eigentliche Ursache nachzugehen ist.
9. **Vorausdenken, Vorausplanen**
   Nicht die erfolgreiche Reaktion, sondern die Vermeidung künftiger Probleme gilt als Ideal. Das Denken erfolgt wie bei einem Schachspieler über mehrere Züge im Voraus.
10. **Kleine, beherrschte Schritte**
    Die Entwicklung erfolgt in kleinen, beherrschten Schritten. Das Feedback auf jeden Schritt steuert den nächsten. Die Geschwindigkeit wird durch die schnelle Folge der Schritte erhöht.

11.9 Qualität und ISO-Normen

11.9.1 Qualität und Qualitätsmanagement

11.9.1.1 Die wesentlichen Gründe für den heutigen Stellenwert

Qualitätsmanagement

Die Themen Qualität und Qualitätsmanagement werden derzeit in vielen Unternehmen heiß diskutiert. Warum ist das so?

Haben nicht unsere Unternehmen, zumindest im technischen Bereich schon seit vielen Jahrzehnten eine traditionell positive Einstellung zu guter Qualität entwickelt? Wurden nicht schon im Mittelalter durch die Handwerkszünfte Standards gesetzt bezüglich Ausbildung und Qualität? Und dann ist da noch unser „Made in Germany" als weltweit anerkanntes Gütesiegel!

Warum reden wir dann heute von einer Erneuerung des Qualitätsgedankens und fordern Maßnahmen und Initiativen zur Verbesserung und Weiterentwicklung der Qualität?

Die Gründe dafür sind vielgestaltig. Beispielhaft sollen hier drei wichtige Gründe aufgeführt werden:

Zunehmender Wettbewerb

- Der Wettbewerb ist in den letzten Jahren wesentlich intensiver geworden. Japan hat Europa/Amerika ganze Industriezweige abgejagt, wie z. B. Uhren, Kameras, Unterhaltungselektronik, Schiffsbau, elektronische Bauteile etc.
- Die so genannten Tigerländer (Südkorea, Taiwan, Malaysia und Singapur) treten verstärkt als Wettbewerber auf.
- Jetzt kommen noch die offenen Grenzen innerhalb der EU hinzu. Damit werden schützende geographische Vorteile hinfällig.

Steigende Kundenerwartungen

- Die steigenden Erwartungen der Kunden im Blick auf die Qualität von Produkten und Dienstleistungen stellen heute besondere Anforderungen an Leistungsmerkmale wie: Zuverlässigkeit, Verfügbarkeit, Pünktlichkeit, Haltbarkeit, Wartungsfreiheit.
- Weiterhin erwartet der Kunde umfassende, komplette Lösungen für sein Problem, einfache Bedienbarkeit und leichte Handhabung für Produkte, verständliche Gebrauchsanweisungen, kompetente Beratung und Betreuung.

Kosten

- In der Diskussion um das Thema Qualität rückt die Betrachtung von Kostenaspekten zunehmend in den Blickpunkt. Was kostet Qualität?
- Können wir es uns – als Hochpreisland – noch leisten, Spitzenqualität in unsere Produkte „hineinzuprüfen"? Dabei fallen für Prüfungen und vor allem für interne und externe Fehlerkosten erhebliche Aufwendungen an, die nicht selten 20 bis 40 Prozent der gesamten Betriebskosten ausmachen.

Eine Untersuchung des Bundesministeriums für Forschung und Technologie ergab, dass im deutschen Maschinenbau ca. 50 Prozent der jährlichen qualitätsbezogenen Ausgaben für die Korrektur von Fehlern und Fehlerfolgen ausgegeben werden, aber nur ca. 10 Prozent der Ausgaben fließen in präventive Maßnahmen. Beispiele zeigen, dass durch vorbeugende Qualitätslenkungsmaßnahmen Fehlerkosten wirkungsvoll gesenkt werden können, sodass mit einer Steigerung der Qualität eine Verringerung der Gesamtkosten einhergeht.

11.9.1.2 Der Begriff „Qualität"

„Qualität"

Der Begriff „Qualität" hat sich in den letzten Jahren stark gewandelt. Ursprünglich war er eng verknüpft mit der Funktionalität und Zuverlässigkeit eines gelieferten Erzeugnisses. Dies kommt auch in der klassischen Formulierung von J. M. Juran: „Fitness for use" oder zu deutsch „Gebrauchseignung" zum Ausdruck.

Die Definition für Qualität in der DIN ISO 8402 lautet:

„Die Gesamtheit von Eigenschaften und Merkmalen eines Produktes oder einer Dienstleistung, die sich auf deren Eignung zur Erfüllung festgelegter oder vorausgesetzter Erfordernisse beziehen."

Haist und Fromm definieren Qualität als:

„Übereinstimmung mit den Anforderungen des Kunden bezüglich: Funktion, Preis, Lieferzeit, Sicherheit, Zuverlässigkeit, Umweltverträglichkeit, Wartbarkeit, Kosten, Beratung usw."

Weitere Definitionen und Aphorismen zu „Qualität" sollen zeigen, welch umfassende, ganzheitliche Inhalte mit diesem Begriff heute verknüpft werden:

„Qualität ist das Anständige." (T. Heuss)

„Qualität ist Voraussetzung unseres Lebens. Ihre Abwesenheit macht unzufrieden." (Bläsing)

„Qualität ist, wenn wir die Erwartungen unserer Kunden treffen!"

„Qualität ist, wenn der Kunde und nicht die Ware zurückkommt!"

„Qualität ist eine gelungene Arbeit, ein vernünftig gelöstes Problem!"

„Qualität ist die Erfüllung von Anforderungen an Produkte und Dienstleistungen ‚externer' sowie ‚interner' Kunden!"

„Qualität ist eine unverwechselbare persönliche Handschrift!"

„Qualität ist ein wichtiger Faktor für den Erfolg!"

11.9.1.3 Der Begriff „Qualitätsmanagement"

Qualitätsmanagement

Der schärfer werdende Wettbewerb, die steigenden Kundenforderungen und nicht zuletzt der Kostendruck hat viele Unternehmen veranlasst, ihre Qualitätskonzeption zu überdenken. Viele Organisationen sind nun auf dem Wege, ihre bestehende, im Lauf der Jahre gewachsene **Qualitätskontrolle** in Richtung eines aktiven Managements der Qualität weiterzuentwickeln und damit auf einen zeitgemäßen Stand zu bringen. Der Schwerpunkt liegt dabei auf Zielsetzungen, Tätigkeiten und Maßnahmen, die *vorbeugend* darauf hinwirken, dass Qualität gleich erzeugt wird und nicht erst im Nachhinein „hineinkontrolliert" wird.

Dabei wird nicht nur die Produktion, sondern es werden alle Bereiche/Arbeitsabläufe im Unternehmen in Betracht gezogen. Diese gezielte, systematische Vorgehensweise wird unter dem Begriff **„Qualitätsmanagement"** zusammengefasst.

Für den Aufbau eines Qualitätsmanagementsystems hat in den letzten Jahren das internationale Normenwerk ISO 9000 eine entscheidende Bedeutung erlangt.

Nutzen eines QM-Systems nach DIN EN ISO 9000

Externe Nutzenkategorien:

- Verbesserung der Wettbewerbssituation und des Images des Unternehmens
- Marketinginstrument (Zertifikat/QMH)
- Berücksichtigung bei Auftragsvergabe
- Bessere Marktposition in der EG und international
- Wirkt „Audittourismus" von Auftraggebern entgegen
- Erleichtert Nachweis der Sorgfaltspflicht hinsichtlich Produkthaftung
- Reduzierung des Risikos von Qualitätseinbrüchen
- Erhöhung der Kundenzufriedenheit

Interne Nutzenkategorien:

- Saubere Dokumentation der Prozesse
- Klare Definition der Zuständigkeiten
- Identifikation von Schwachstellen
- Anstoß zu Verbesserungen
- Verstärkung der Mitarbeitereinbindung in die Qualitätsbemühungen
- Förderung der Mitarbeiterqualifikation
- Erhöhung der „internen" Kundenzufriedenheit
- Wirkt vorbeugend
- Reduzierung der Qualitätskosten und damit Verbesserung der Produktivität
- Basis für die Implementation weiterführender Qualitätsmanagementkonzeptionen (TQM)

Abb. 39: Nutzen eines QM-Systems nach DIN EN ISO 9000

11.9.2 Die 4 P's des Qualitätssystems

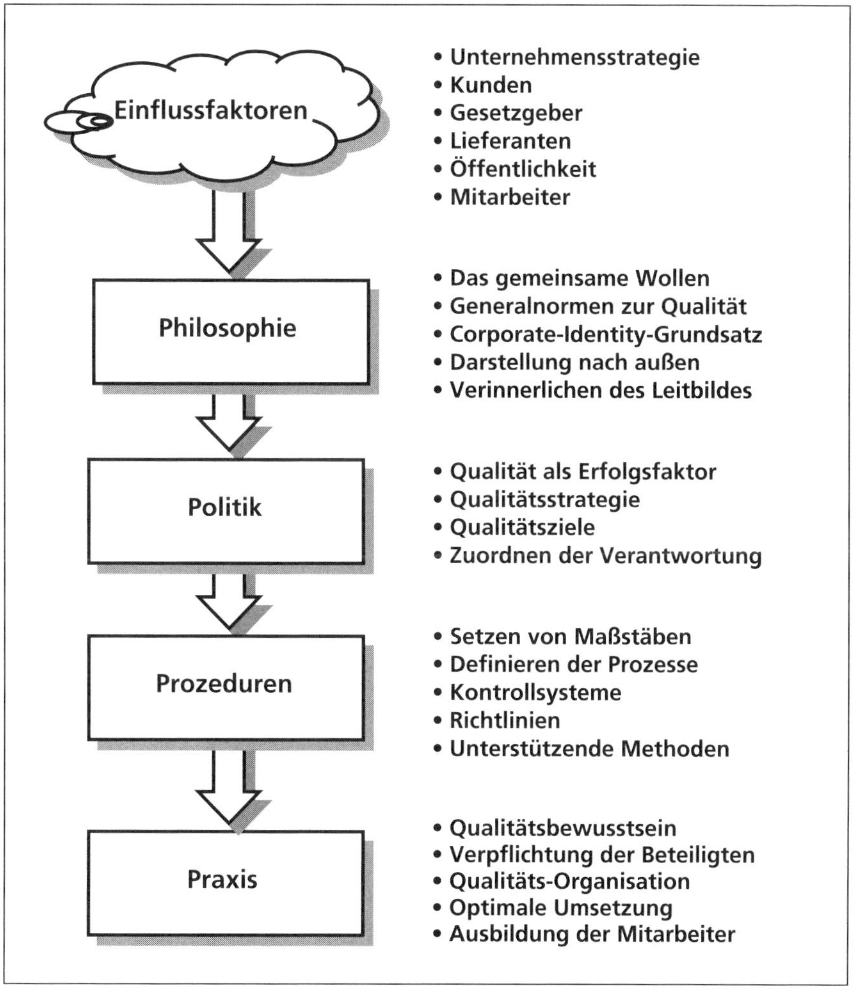

Abb. 40: Die 4 P's

Persönlicher Reifegrad der Qualität

1.0 Qualitätsphilosphie

1.1 Kenne ich die unterschiedlichen Leitsätze (Aussagen) zur Qualität?

1.2 Habe ich diese Leitsätze auf mein Aufgabenfeld hin präzisiert?

1.3 Versuche ich, diese Leitsätze ständig gegenüber internen und externen Kunden zu leben?

1.4 Motiviere ich andere, die unternehmerischen Qualitätsgrundsätze zu leben?

1.5 Bin ich mir ständig bewusst, dass meine Handlungsweisen als Qualitäts-Lieferant denselben Stellenwert wie die Produkte und DL unseres Hauses haben?

2.0 Qualitätspolitik

2.1 Trage ich auch dazu bei, dass in meinem betrieblichen Umfeld (Team, Abteilung, Bereich) eindeutige Qualitätsziele fixiert sind?

2.2 Stelle ich sicher, dass es in meinem Umfeld konkrete Maßzahlen zum Messen der Zielerreichung gibt?

2.3 Sind mir die Bedürfnisse meiner internen und externen Kunden voll bekannt?

2.4 Bemühe ich mich, die Kundenanforderungen fehlerfrei zu erreichen?

2.5 Lerne ich aus Fehlern der Vergangenheit und versuche ich laufend, Problemursachen zu eleminieren?

3.0 Qualitätsprozeduren

3.1 Kann ich behaupten, dass die Durchführung meiner Arbeiten auf bewährten Regeln mit den adäquaten Qualitätsstandards basiert?

3.2 Trage ich in meinem Umfeld dazu bei, dass Pannen / Reklamationen sehr schnell und kundenorientiert behandelt werden?

3.3 Kenne und nutze ich die Methoden, die zu einer Qualitätsverbesserung beitragen?

3.4 Bin ich im besten Sinne für meine Partner (Kunden, Lieferanten) ein Vordenker in Qualitätsverbesserung?

3.5 Versuche ich, mein Wissen bzgl. Qualitätssicherung und Qualitätsverbesserung auf dem neuesten Stand zu halten?

4.0 Qualitätspraxis

4.1 Entwickle ich genügend Eigeninitiative, wenn es um die Durchsetzung von Qualität geht?

4.2 Kann ich mich als Vorbild in Bezug auf „Qualität" bezeichnen?

4.3 Denke ich bei allen Maßnahmen zur Qualitätsverbesserung auch an die Kostenauswirkungen?

4.4 Versuche ich, die Qualitätsprozesse mit Kunden und Lieferanten im Sinnen, eines Gewinner-Gewinner-Spieles aufzubauen und durchzuführen?

4.5 Berücksichtige ich beim Einsatz aller Ressourcen, Prozesse und Methoden die Umweltverträglichkeit?

Unternehmerischer Reifegrad der Qualität

1.0 Qualitätsphilosphie

1.1 Ist das Streben nach Qualität als Geschäftsgrundsatz verankert?

1.2 Gibt es Leitsätze zur Qualität, die die Verantwortung gegenüber den Kunden und der Öffentlichkeit dokumentieren?

1.3 Wird verdeutlicht, dass „Qualität" nicht nur für die Produktion gilt, sondern für alle Funktionsbereiche?

1.4 Werden die Lieferanten voll in das Qualitätssystem eingebunden?

1.5 Sind die Leitsätze zur Qualität allen Führungskräften und Mitarbeitern bekannt und wird die Umsetzung verdeutlicht?

2.0 Qualitätspolitik

2.1 Existieren eindeutige Ziele zur Verbesserung der Qualität?

2.2 Gibt es konkrete Maßzahlen zum Messen der Zielerreichung?

2.3 Werden die Kundenbedürfnisse und Erwartungen regelmäßig ermittelt?

2.4 Führt eine intensive Analyse der Ergebnisse der Kundenmeinungen zur Verbesserung der Kundenzufriedenheit?

2.5 Werden Manager und Mitarbeiter über konkrete Ziele und Vorgaben in das Qualitätsthema eingebunden ?

3.0 Qualitätsprozeduren

3.1 Existieren die zur Verbesserung der Qualität notwendigen Richtlinien?

3.2 Erstrecken sich die Prozeduren/Programme auf alle Funktionsbereiche/ Prozesse des Unternehmens?

3.3 Werden die zur Verbesserung der Qualität in Frage kommenden Methoden (z.B. Null-Fehler-Standard, Ursachen-Wirkungs-Diagramm) eingesetzt?

3.4 Werden Ausbildungsprogramme eingeleitet, die die Nähe zum Kunden weiter fördern und die Qualität verbessern?

3.5 Existieren Mitbewerbervergleiche und Leistungsvergleichsbetrachtungen?

4.0 Qualitätspraxis

4.1 Wird sichergestellt, dass Qualitätsverbesserung ein langfristiger, kontinuierlicher Prozess ist?

4.2 Weiß jeder Mitabeiter, dass die Qualität seiner Leistung Nutzen sowohl für den internen als auch den externen Kunden stiftet?

4.3 Fördern Sie Vorschläge und Initiativen zur Verbesserung der Qualität?

4.4 Existieren entbürokratisierte und kundenorientierte Strukturen für ein effektives Qualitäts-Management?

4.5 Werden die Kunden maximal an das Unternehmen gebunden?

11.9.3 Vorgehensweise bei der Einführung eines Qualitätsmanagement-Systems nach DIN EN ISO 9001

Einführung eines QM-Systems

Die Vorgehensweise bei der Einführung eines Qualitätsmanagement-Systems nach DIN EN ISO 9001 hängt u. a. von der Größe, dem Umfang und der Komplexität der Produkte/Dienstleistungen, der Anzahl der Standorte usw. ab. Für ein Unternehmen oder eine Organisation mittlerer Größe könnte die Einführung eines Qualitätsmanagement-Systems nach DIN EN ISO 9001 in folgenden Schritten ablaufen:

Schritte	Kurzbeschreibung der Maßnahme
01*	Einführungsveranstaltung für das Management durchführen
02	Qualitätspolitik/-ziele für das Unternehmen festlegen
03	QM-Beauftragten/Q-Kreis benennen
04	Ggf. Aufbauorganisation entsprechend QM-Forderungen ergänzen
05*	QM-Schulungsplan erstellen
06*	Schulung des QM-Personals durchführen
07*	Ist-Aufnahme QM-relevanter Prozesse und Beschreibungen durchführen
08*	Struktur des QM-Systems festlegen
09*	ISO 9001 Projektplan erstellen
10*	„Zuständigkeitsmatrix" erstellen, d. h. Prozessschritte für jedes Normelement beschreiben und Zuständigkeiten für die einzelnen Prozessschritte festlegen
11*	Rahmenplan für QM-Dokumentation erarbeiten
12	Verantwortlichkeiten für die Erstellung des QM-Handbuchs festlegen
13*	QM-Handbuch, Verfahrens- und Arbeitsanweisungen erstellen
14	QM-Dokumentation in Kraft setzen
15*	Auditoren auswählen und schulen*
16*	Auditplan/Auditfragenliste erstellen
17*	Führungskräfte und Mitarbeiter informieren und schulen
18*	Interne Systemaudits durchführen
19	Korrekturen durchführen/ggf. QM-Dokumentation revidieren
20	QM-System anwenden

*Bei diesen Schritten kann eine kompetente externe Begleitung und Beratung aus fachlichen und wirtschaftlichen Gesichtspunkten empfehlenswert sein. Grundsätzlich gilt jedoch, dass das QM-System so weit als möglich selbst entwickelt werden sollte. Nur so kann ein unternehmensspezifisches System entstehen, das vom Management und von den Mitarbeitern getragen und gelebt wird.

Wiederholungsfragen zum 11. Kapitel

Nach den Fragen steht in Klammern der Verweis auf die entsprechende Seite im Buch.

1. Was versteht man unter dem Begriff „Organisation"? (Seite 293)
2. Nennen Sie wesentliche Maximen für die Aufbauorganisation. (Seite 295, 296)
3. Machen Sie Beispiele für die Gliederung einer Organisation nach Verrichtung und nach Objekten. (Seite 296)
4. Beschreiben Sie wesentliche Anforderungen an die Ablauforganisation. (Seite 296)
5. Skizzieren Sie die wichtigsten Erhebungstechniken und schildern Sie kurz deren Vor- und Nachteile. (Seite 297 ff.)
6. Was versteht man unter Phasenkonzepten? (Seite 299 ff.)
7. Was spricht für das Projektmanagement? (Seite 304)
8. Was sind Balkendiagramme? (Seite 306–308)
9. Welche Ziele verfolgt man mit Netzplänen? (Seite 309)

12. Entscheidungstechniken

12.1 Bedeutung einer systematischen Entscheidungsfindung

Es liegt im Wesen der Unternehmeraufgabe, dass ständig Entscheidungen – oft unter beträchtlichen Risiken – zu treffen sind. Von der Qualität dieser Entscheidungen hängt auch häufig der Erfolg eines kleinen oder mittleren Betriebes ab. Eine einzige Fehlentscheidung in einer wichtigen Sachlage kann zum Untergang eines Betriebes führen. Ruinös kann es sich aber auch auswirken, wenn ein beträchtlicher Teil „weniger wichtiger" Entscheidungen falsch getroffen wird. Die Inhaber von Klein- und Mittelbetrieben müssen daher viel mehr als bisher wissen, wie man rationale Entscheidungen trifft. Das Ziel des systematischen Entscheidungsprozesses ist es, die Wahrscheinlichkeit von Fehlentscheidungen zu verringern.

Bedeutung systematischer Entscheidungsprozesse

Schwierigkeiten

Zahlreiche Inhaber von kleinen und mittleren Betrieben haben Schwierigkeiten bei der richtigen Entscheidungsfindung.

Als Gründe kommen z. B. in Frage:

- Das wahre Problem wird oft nicht erkannt.
- Der Mensch trifft Entscheidungen aus seinem gewohnheitsmäßigen Verhalten heraus.
- Die Ziele und Entscheidungskriterien sind nicht bekannt.
- Die Informationen sind nicht ausreichend.
- Im Allgemeinen werden nur wenige Alternativen betrachtet.
- Entscheidungen müssen unter Zeitdruck gefällt werden.

12.2 Die Nutzwertanalyse – eine Technik zur Entscheidungsfindung

Entscheidungsfindung durch Nutzwertanalyse

Eine Technik zur besseren Entscheidungsfindung ist die Nutzwertanalyse. Sie erlaubt es, anhand mehrerer Kriterien und aufgrund subjektiver Wertvorstellungen eine Wahl unter verschiedenen komplexen Handlungsalternativen zu treffen. Gewählt wird die Alternative mit dem höchsten Nutzwert.

Die **wesentlichsten Schritte** bei der Durchführung der Nutzwertanalyse sind:

Ziel definieren

1. Ziel der Entscheidung definieren

Beispiele:

Kauf eines Betriebes, Standortwahl für eine Filiale, Auswahl einer Maschine, Kauf eines Pkws.

Forderungen festlegen

2. Festlegen der Forderungen, welche die Entscheidung unbedingt erfüllen muss

Hierunter fallen alle diejenigen Forderungen, die die Alternativen unbedingt erfüllen müssen, um zur Auswahl zugelassen zu werden.

Beispiel:

Preis eines Transporters nicht über 30.000,– €.

3. Aufstellen der Auswahlkriterien

Auswahlkriterien aufstellen

Die Auswahlkriterien stellen die eigentliche Grundlage zur Auswahl der Alternativen dar. Dabei sollte von Oberbegriffen ausgegangen werden. Diese sind dann schrittweise zu zergliedern.

Beispiel:

Oberbegriff beim Autokauf: Wirtschaftlichkeit.

Auswahlkriterien daraus: Preis, Benzinverbrauch, Steuer, Versicherung.

4. Gewichten der Auswahlkriterien

Auswahlkriterien gewichten

Beispiel:

Die Oberbegriffe werden nach der relativen Wichtigkeit für das Entscheidungsziel gewichtet. So kann man z. B. für die Oberbegriffe insgesamt 100 % vergeben. Für die aus den Oberbegriffen abgeleiteten Auswahlkriterien wird dann eine weitere Unterteilung der Prozentsätze vorgenommen, wie aus der nachstehenden Gewichtung, den Kriterien beim Kauf eines Hauses, hervorgeht:

				Gesamtanteil
Flächenangebot	20 %	davon Wohnfläche	50 %	= 10 %
		Abstellfläche einschl. Garagen	30 %	= 6 %
		Gartenflächen	20 %	= 4 %
Lage	20 %	davon Verkehrslage	70 %	= 14 %
		Umgebung	30 %	= 6 %
Baueigenschaften	30 %	davon Baualter	20 %	= 6 %
		Bauweise	10 %	= 3 %
		Bauausstattung	50 %	= 15 %
		Bauzustand	20 %	= 6 %
Kosten	30 %			= 30 %
				100 %

5. Erarbeiten der Alternativen

Alternativen erarbeiten

6. Bewerten der Alternativen

Alternativen bewerten

Für die praktische Durchführung können Punktbewertungsverfahren in Frage kommen. So kann man z. B. für die Erfüllung eines Auswahlkriteriums Wertzahlen von 1 bis 10 (1 = geringfügige Erfüllung, 10 = Wunsch wird am besten erfüllt) vergeben. Nach der Fixierung der Wertzahlen kann man die in Schritt 4 durchgeführte Gewichtung der Auswahlkriterien mit den Wertzahlen der Alternativen multiplizieren (G × W). Anschließend addiert man die G × W-Spalten (siehe Beispiel „Nutzwertanalyse bei Auswahl eines Wurst-Abfüll- und Dosierautomaten“ Abbildung 42).

Auswahlkriterien	Gewichtung (G)	Alternativen					
		1		2		3	
		Wertigkeit(W)	(G)×(W)	(W)	(G)×(W)	(W)	(G)×(W)
A	10	10	100	4	40		
B	15	8	120	6	90	6	90
C	30	4	120	7	210	5	150
D	35	5	175	6	210	4	140
E	5	10	50	4	20	6	30
F	5	10	50	6	30	4	20
Punktzahl			615		600		430
Stichwahl (Kriterien C+D)			295		420		290

Auswahl bester Alternativen

7. Auswahl der besten Alternativen als Entscheidung

Man wird die Alternative auswählen, die die beste Anpassung an die Auswahlkriterien zeigt und die geringsten Nachteile hat. Dieser Idealfall ist jedoch meist nicht gegeben. In der Praxis könnte z. B. die zweitbeste Alternative die bessere Entscheidung sein, wenn sie weniger Nachteile als die beste hätte. Bei Alternativen mit fast gleicher Punktzahl kann man z. B. auch zur Auswahl eine Stichwahl mit den wichtigsten Kriterien durchführen (siehe die oben dargestellte Tabelle). Zur Durchführung aller 7 Schritte kann das „Formular zur Entscheidungsfindung bei Anwendung der Nutzwertanalyse" (Abbildung 41) verwendet werden.

Vor- und Nachteile:

Wo liegen nun die Vor- und Nachteile eines solchen Verfahrens? Sicherlich wird mancher Unternehmer allein durch den Zwang zur schriftlichen Fixierung der Entscheidungskriterien und die Berechnung der Alternativen dies als eine zu zeitaufwendige Angelegenheit ablehnen. Hinsichtlich dieses Arguments sollte man jedoch berücksichtigen, dass sich das Bewertungsverfahren auch vereinfachen lässt. So kann man z. B. bestimmen, dass diejenige Alternative gewählt wird, die die drei oder vier wichtigsten Kriterien am besten erfüllt. Im Grundsatz sollte jedoch Klarheit darüber bestehen, dass nun einmal mehrere Entscheidungskriterien eine Entscheidung beeinflussen und dass die in Frage kommenden Alternativen die Kriterien unterschiedlich abdecken. Die Anwender der Nutzwertanalyse befürworten diese Technik vor allem wegen der **Objektivierung und Nachvollziehbarkeit der Entscheidungen**. Es gibt zahlreiche mittlere und größere Unternehmungen, in denen Führungskräfte gehalten sind, Entscheidungen ab einem bestimmten Wertgefüge auf der Basis dieser Methode zu treffen. Und was für die „Großen" gut ist, muss für die „Kleinen" nicht unbedingt schlecht sein!

Formular zur Entscheidungsfindung bei Anwendung der Nutzwertanalyse

<table>
<tr><td colspan="2">1.
Ziel der Entscheidung</td><td colspan="12"></td></tr>
<tr><td colspan="2">2.
Unbedingte Forderungen</td><td colspan="12"></td></tr>
<tr><td colspan="2" rowspan="2"></td><td colspan="12">5.
Alternativen</td></tr>
<tr><td colspan="3"></td><td colspan="3"></td><td colspan="3"></td><td colspan="3"></td></tr>
<tr><td rowspan="2">3.
Auswahlkriterien</td><td>4.</td><td colspan="3">6.</td><td colspan="3">6.</td><td colspan="3">6.</td><td colspan="3">6.</td></tr>
<tr><td>G</td><td></td><td>W</td><td>G×W</td><td></td><td>W</td><td>G×W</td><td></td><td>W</td><td>G×W</td><td></td><td>W</td><td>G×W</td></tr>
<tr><td></td><td></td><td></td><td></td><td></td><td></td><td></td><td></td><td></td><td></td><td></td><td></td><td></td><td></td></tr>
<tr><td>Ergebnisse</td><td></td><td colspan="3"></td><td colspan="3"></td><td colspan="3"></td><td colspan="3"></td></tr>
<tr><td colspan="2">7.
Entscheidung</td><td colspan="3"></td><td colspan="3"></td><td colspan="3"></td><td colspan="3"></td></tr>
</table>

Abb. 41: Formular zur Entscheidungsfindung bei Anwendung der Nutzwertanalyse

Beispiel zur Nutzwertanalyse

Am Beispiel der Auswahl eines Wurst-Abfüll- und Dosierautomaten soll die Anwendung der Nutzwertanalyse im Fleischerhandwerk gezeigt werden (Abbildung 42).

Beispiel:
Nutzwertanalyse bei Auswahl eines Wurst-Abfüll- und -Dosierautomaten

1. Ziel der Entscheidung	Kauf eines Wurst-Abfüll- und -Dosierautomatens							
2. Unbedingte Forderung	1. Preis nicht über € .... 2. Hohe Portionier- und Abdrehgeschwindigkeit							
3. Auswahlkriterien	4. Gewichtungen (G)		5. Alternativen					
			6. Automat 1		6. Automat 2		6. Automat 3	
			(W)	(G×W)	(W)	(G×W)	(W)	(G×W)
Preis, Rabatt		25	6	150	10	250	8	200
Maschinen-Leistung								
hohe nutzbare automatische Portionier- und Abdrehgeschwindigkeit	10		8	80	7	70	8	80
Portioniergenauigkeit	5		8	40	8	40	10	50
Fülleistung pro Stunde	5		6	30	6	30	8	40
Beschaffenheit des Portionier- und Fördersystems	5		7	35	4	20	7	35
Füllgutbehandlung durch die Maschine	5		10	50	6	30	8	40
schonendes Fördern, auch empfindlicher Massen	6		10	60	5	30	10	60
universelle Einsetzbarkeit für verschiedene Füllprodukte	10		6	60	4	40	10	100
Baukastenmögliche Ausbaufähigkeit der Maschine mit Zusatzgeräten	4	50	5	20	5	20	10	40
Ergonomieberücksichtigung für das Bedienungspersonal		3	8	24	8	24	8	24
Bedienbarkeit der Maschine einfach, schnell		3	8	24	6	18	10	30
Reinigungsfreundlichkeit, Hygiene		4	10	40	6	24	10	40
Design		2	10	20	5	10	8	16
Kundendienst		6	8	48	8	48	6	36
Firmenimage zur Maschinenhaltbarkeit		3	10	30	5	15	10	30
Wiederverkaufswert		4	8	32	10	40	10	40
Ergebnisse		100		743		709		861
Entscheidung								×

Abb. 42: Nutzwertanalyse bei Auswahl eines Wurst-Abfüll- und Dosierautomaten

12.3 Der Einsatz von Checklisten als Entscheidungshilfe – dargestellt am Beispiel Projektmanagement

Checkliste zu Projektmanagement

Die folgende Checkliste zum Projektmanagement ist unterteilt nach vier Adressaten-Gruppen:

- **Der Steuerungsverantwortliche (Auftraggeber)** (Abbildung 43)
- **Projekt-Leiter** (Abbildung 44)
- **Team-Mitglied** (Abbildung 45)
- **Team insgesamt** (Abbildung 46).

Jede Frage kann in einer Ausprägung von 5 – 0 beantwortet werden, wobei die einzelnen Zahlen stehen für:

5 = Ja; Immer

4 = Sehr überwiegend; Meistens

3 = Im Durchschnitt; Häufig

2 = Bedingt; Selten

1 = Sehr bedingt; Sehr selten

0 = Nein; Nie

Es wäre wünschenswert, wenn

- der Steuerungsverantwortliche seine Checkliste (Abbildung 43),
- der Projekt-Leiter seine Checkliste (Abbildung 44) und
- jeder Projekt-Mitarbeiter die Checkliste für das Team-Mitglied ausfüllen würde (Abbildung 45).

Die Summen sind in das folgende Fadenkreuz (Abbildung 47 „Die Realisierung des Projektmanagements“) zu übernehmen. Hierbei wird für die Auswertung der dritten Gruppe mit einem Durchschnittswert operiert.

Der Auswertungsbogen „Team insgesamt“ (Abbildung 46) wird von allen am Projekt Beteiligten ausgefüllt. Auch hier geht der Durchschnittswert in das Fadenkreuz ein.

Die Analyse lässt eine Reihe von Rückschlüssen auf Fragen zu wie:

- Welche Punktzahl gibt sich der Steuerungsverantwortliche?
- Wie sieht sich der Projektleiter?
- Wie beurteilen sich die Mitarbeiter?
- Wie sieht sich das Team insgesamt?

Da alle zwölf Fragen nach der gleichen Struktur aufgebaut sind, ergibt sich eine gute Überprüfung nach Selbstbild und Fremdbild. Eine Detaillierung der Antworten ist über den zweiten Auswertungsbogen möglich (Abbildung 48 „Detaillierte Auswertung der Checkliste ‚Projektmanagement‘“). Hier werden für jede einzelne Frage die erreichten Werte sichtbar gemacht. Die Analyse dieser Zahlen sollte sehr sorgfältig vorgenommen werden. Zum Schluss tragen Sie bitte die Werte in das Auswertungsdiagramm (Abbildung 47) und die Auswertungstabelle (Abbildung 48) ein.

Der Steuerungsverantwortliche	5	4	3	2	1	0
1. Habe ich dafür Sorge getragen, dass die Ziele eindeutig definiert sind?						
2. Sind die Rahmenbedingungen klar beschrieben?						
3. Ist mir bewusst, dass ich für die erfolgreiche Durchführung des Projektes die Gesamtverantwortung trage?						
4. Ich trage dafür Sorge, den richtigen Projektleiter auszuwählen und mit klaren Kompetenzen auszustatten.						
5. Durch mich wird sichergestellt, was ich vom Projektleiter und vom Team erwarte.						
6. Ich wirke darauf ein, dass das Team über die notwendigen Kompetenzen verfügt (Persönlichkeits-, Wissens-, soziale und unternehmerische Kompetenz).						
7. Mir ist es wichtig, dass sich das Projektteam als Team versteht. Ich versuche, meinen Beitrag dazu zu leisten.						
8. Die Kommunikation nach innen und außen wird von mir bestmöglich vorgelebt.						
9. Für die Lösung von Konflikten setze ich mich ein. Ich versuche durch mein Verhalten und fixierte Regeln die Voraussetzungen für ein gutes Konfliktmanagement zu schaffen.						
10. Die Motivation des Teams wird von mir in vielfältiger Weise unterstützt.						
11. Das Abhalten regelmäßiger Status-Besprechungen ist für mich selbstverständlich.						
12. Es wird aus meiner Sicht alles versucht, den Projekt-Erfolg herbeizuführen.						

Abb. 43: Der Steuerungsverantwortliche

Der Projektleiter						
	5	4	3	2	1	0
1. Die Ziele werden durch mich präzisiert und den Team-Mitgliedern bekannt gegeben.						
2. Die Beachtung der Rahmenbedingungen ist für mich ein wichtiger Erfolgsfaktor meiner Arbeit.						
3. Ich bin mir bewusst, dass ich für die erfolgreiche Durchführung des Projektes entscheidend verantwortlich bin.						
4. Ich trage dafür Sorge, die richtigen Mitarbeiter auszuwählen, um erfolgreich zu sein.						
5. Ich transferiere die Erwartungshaltung der Geschäftsleitung und versuche, alle Beteiligten in die Ziele einzubinden.						
6. Bei der Auswahl der Team-Mitglieder achte ich auf die richtige Mischung von Persönlichkeits-, Wissens-, sozialer und unternehmerischer Kompetenz.						
7. Ich versuche, eine Atmosphäre von Unterstützung und Vertrauen innerhalb des Teams zu fördern.						
8. Mit meinem Team, den Vorgesetzten und den beteiligten Fachbereichen kommuniziere ich bestmöglich.						
9. Konflikte versuche ich offen auszutragen und zur Teamentwicklung zu nutzen.						
10. Ich bemühe mich, das Team im Rahmen meiner Möglichkeiten zu motivieren.						
11. Ich gebe laufend Informationen an das Team und stimme mich mit den Verantwortlichen regelmäßig ab.						
12. Ich gebe alle meine Kraft, mein Wissen und Können, um das Projekt erfolgreich abzuschließen.						

Abb. 44: Der Projektleiter

Das Team-Mitglied	5	4	3	2	1	0
1. Ich kenne meine Ziele und weiß, was von mir erwartet wird.						
2. In meiner Rolle als Team-Mitglied handle ich wie ein Mitunternehmer und beachte die Rahmenbedingungen.						
3. Für die mir zugewiesenen Arbeiten bin ich voll verantwortlich.						
4. Ich versuche sicherzustellen, dass mein Beitrag für das Team effizient ist.						
5. Bei der Zielvereinbarung mit dem Projektleiter leiste ich einen aktiven Beitrag und versuche, meine Ziele bestmöglich zu erreichen.						
6. Ich versuche, die von mir erwarteten Kompetenzen zu erfüllen.						
7. Die Zusammenarbeit mit dem Projektleiter und den Teammitgliedern unterstütze ich in konstruktiver Weise.						
8. Ich kommuniziere gut mit meinen Teamkollegen und den Entscheidungsträgern.						
9. Ich unterdrücke Konflikte nicht, sondern spreche sie offen an.						
10. Die Motivation ist in meinem Innern verankert und wird durch externe Faktoren gut unterstützt.						
11. Ich gebe die notwendigen Informationen an meine Teammitglieder rechtzeitig und vollständig weiter.						
12. Meinen Beitrag zum Projekt-Erfolg versuche ich bestmöglich zu leisten.						

Abb. 45: Das Team-Mitglied

Das Team insgesamt						
	5	4	3	2	1	0
1. Die Ziele des Projektes und unsere Ziele sind uns bekannt.						
2. Über die Rahmenbedingungen unseres Projektes herrscht Klarheit.						
3. Aufgaben, Verantwortung und Befugnisse sind für alle Beteiligten klar definiert.						
4. Das Team hat die richtigen Fähigkeiten, um erfolgreich zu agieren.						
5. Wir sind überzeugt, dass die Geschäftsleitung, der Projekt-Leiter und jedes Team-Mitglied wissen, was von ihnen erwartet wird.						
6. Die für den Projekt-Erfolg erforderlichen Kompetenzen werden von uns gut abgedeckt (Persönlichkeits-, Wissens-, soziale und unternehmerische Kompetenz).						
7. Wir bekennen uns zum Team und leben den Teamgedanken bestmöglich.						
8. Die Kommunikation nach innen (im Team) und nach außen (Entscheidungsträger, Fachbereiche) ist gut.						
9. Konflikte werden nicht unter den Teppich gekehrt, sondern offen ausgetragen und zur Teamentwicklung genutzt.						
10. Die Motivation ist hoch; es macht Spaß, im Team zu arbeiten.						
11. In unserem Team wird die Informationsfunktion nach innen und außen gut wahrgenommen.						
12. Die Erfolgsorientierung aller am Projekt Beteiligten ist sehr hoch.						

Abb. 46: Das Team insgesamt

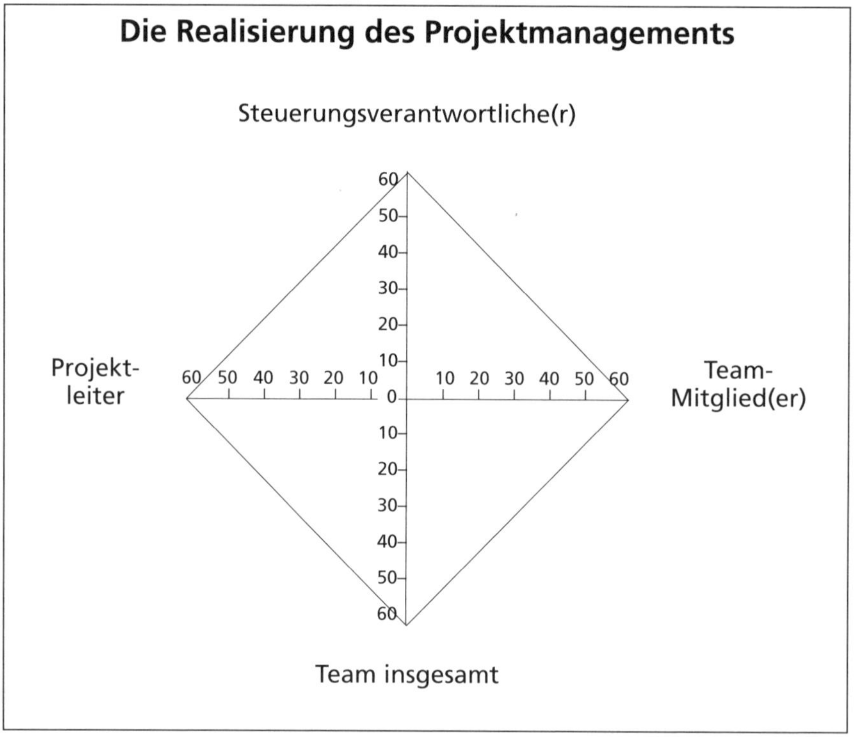

Abb. 47: Die Realisierung des Projektmanagements

Detaillierte Auswertung der Checkliste „Projektmanagement"

Fragen	1. Steuerungs-verantwortlicher	2. Projektleiter	3. Team-Mitglied	4. Team insgesamt	Kommentare
1. Zieldefinition					
2. Rahmenbedingungen					
3. Verantwortung					
4. Auswahl / Eignung					
5. Erwartungshaltung					
6. Kompetenz-Profilierung					
7. Team-Fähigkeit					
8. Kommunikation					
9. Konflikte					
10. Motivation					
11. Information					
12. Erfolgsorientierung					
Gesamt-Punktzahl					

Abb. 48: Detaillierte Auswertung der Checkliste „Projektmanagement"

Wiederholungsfragen zum 12. Kapitel

Nach den Fragen steht in Klammern der Verweis auf die entsprechende Seite im Buch.

1. Sie haben ein Kopiergerät zu kaufen. Wie gehen Sie mit Hilfe der Nutzwertanalyse vor? (Seite 328 ff.)
2. Was spricht für eine systematische Entscheidungsfindung? (Seite 328)
3. Worin sehen Sie die Vorteile des Einsatzes von Checklisten? (Seite 333)
4. Welche Schlüsse lassen sich aus dem dargestellten Beispiel „Checkliste Projektmanagement" ziehen? (Seite 333 ff.)

Stichwortverzeichnis

M

N

O

Die Autoren

Prof. Dr. Kurt Nagel, promoviert und habilitiert in Betriebswirtschaft, seit ca. 35 Jahren Ratgeber von Entscheidungsträgern in großen und mittelständischen Unternehmen in Managementfragen, Lehrbeauftragter und Honorarprofessor an der Universität Würzburg, Verfasser und Mitautor von ca. 40 Büchern, Inhaber der Beratungs- und Weiterbildungsfirma „Systeme für Erfolg".

Dr. Heinz Stark, Jahrgang 1940, Studium der Betriebswirtschaftslehre, 1971 Promotion mit einer Arbeit zum Thema „Beschaffungs-Marketing". Heinz Stark arbeitete im Bereich Betriebswirtschaft an der Universität Stuttgart und an der Akademie des Handwerks Baden-Württemberg. Seit 1994 ist er als Unternehmensberater tätig und war von 1994–2000 auch Mitglied der Geschäftsführung einer mittelständischen Holding in Baden-Württemberg. Spezialisiert auf Fragen der ganzheitlichen Unternehmensführung, des Marketing und der Beschaffung in mittelständischen und handwerklichen Unternehmen, Dozent zahlreicher Seminare und Autor vieler Veröffentlichungen.

Christa Muschert, Lehre bei der Deutsche Bank Stuttgart und Studium der Betriebswirtschaftslehre an der Universität Tübingen mit den Schwerpunkten Bankwirtschaft, Planung und Organisation sowie Marketing.

Seitdem Betriebswirtschaftliche Beraterin bei der Handwerkskammer Region Stuttgart in den Bereichen Existenzgründung, Betriebsoptimierung, Unternehmensfinanzierung, Betriebsübergabe und speziell Marketing.

Im Jahr 2000 Teilnahme als Beraterin und Multiplikatorin am transnationalen Projekt „Marketing im Handwerk und in kleinen Unternehmen", „Rise" genannt, durch die EU gefördert.

Seit 2001 Dozentin an der Akademie des Handwerks im Fachbereich Marketing. Zudem freiberufliche Dozentin und Referentin für Themen mit Marketing und Verkauf sowie Unternehmensberaterin im Bereich Marketing und Werbung mit eigener Werbeagentur.